PRINCIPLE AND TECHNIQUE OF FOOD PRESERVATION

食品保藏原理与技术

主　编　刘　成　熊政委

副主编　耿丽晶　龚方圆　甘　奕

北京大学出版社
PEKING UNIVERSITY PRESS

内 容 简 介

本书共 10 章，分别为绪论介绍了食品保藏原理及食品保藏技术的发展，然后分章节对食品原料的特性及其保鲜、低温保藏、冷冻保藏、干藏、腌渍和烟熏、化学保藏、辐照、罐藏的原理及其对食品保藏的作用以及在食品中的应用等方面进行了系统的论述，并介绍了一些新技术在食品保藏中的应用，如冰温贮藏等。

本书从教学、科研和生产实践出发，内容系统详实，突出了工程技术和实际应用方法。

本书可作为食品科学与工程、食品质量与安全、食品营养与健康专业学生的教材，也可作为从事食品研发、食品生产与管理、食品安全监管等领域的科研、技术及管理人员的参考书。

图书在版编目（CIP）数据

食品保藏原理与技术 / 刘成，熊政委主编. -- 北京：北京大学出版社，2024. 8. -- ISBN 978-7-301-35587-9

Ⅰ. TS205

中国国家版本馆 CIP 数据核字第 20246J50R8 号

书　　名	食品保藏原理与技术 SHIPIN BAOCANG YUANLI YU JISHU
著作责任者	刘　成　熊政委　主编
策划编辑	吴　迪
责任编辑	林秀丽
标准书号	ISBN 978-7-301-35587-9
出版发行	北京大学出版社
地　　址	北京市海淀区成府路 205 号　100871
网　　址	http://www.pup.cn　新浪微博：@ 北京大学出版社
电子邮箱	编辑部：pup6@pup.cn　总编室：zpup@pup.cn
电　　话	邮购部 010-62752015　发行部 010-62750672　编辑部 010-62750667
印 刷 者	河北文福旺印刷有限公司
经 销 者	新华书店
	787 毫米 ×1092 毫米　16 开本　18.5 印张　450 千字
	2024 年 8 月第 1 版　2024 年 8 月第 1 次印刷
定　　价	59.00 元

前　言

人类的生活离不开食品，食品的流通、储备、销售过程离不开保藏，食品保藏技术的市场需求快速发展。从社会角度来看，食品保藏是民生问题，关系国民健康与生活水平、食品安全与和谐社会创建等。我国非常重视食品保藏，投巨资修建大型、超大型各类食品保藏库（如粮食储备库、果品贮藏保鲜冷库、肉品冻库等），充分反映了食品保藏的重要性。

本书基于工程原理、工艺学、微生物学、生物化学等理论知识，解释各类食品腐败变质现象，并给出合理有效的解决措施，从而为食品的储藏加工提供理论指导和技术支持。食品保藏原理与技术是现代食品工业的重要组成部分，保藏技术的进步是食品工业发展的重要保障。随着高等学校教育改革的深入，“厚基础、强能力、宽适应”的方针已成为学校专业课程设置与建设、教学内容与方法改革的指南，尤其是在各高校均广泛开展食品专业工程教育认证的背景下，如何使食品类专业的学生能够掌握较广泛的专业基础知识，学会分析与解决食品加工、制造中的主要问题，同时紧跟国内外食品保藏技术的发展，了解国内外该领域内的最新技术和研究成果，重视理论与实践的结合，是本书编写几易其稿的主要原因。

本书从教学、科研和生产实践出发，重点对食品类专业本科生必须掌握的食品保藏原理与技术的应用现状及发展进行了分析和展望。

本书在编写过程中参考了大量资料和许多学者的研究成果，在此表示真诚的谢意。

编者

2024 年 5 月

目　　录

第1章　绪论

食品工业是世界各国的重要产业之一，在一些发达国家，如美国、德国和日本，食品工业是其国民经济的重要组成部分。世界500强中，每年至少有20个公司涉及食品行业，这充分显示食品工业在全球经济中所占的位置。食品工业是国民经济的重要组成部分，对国家经济增长、就业和农业农村发展起着重要作用，食品工业的发展可以提高农产品的附加值，促进农业现代化和农民收入增长。食品工业承担着生产、加工和销售各类合格、优质食品的重要任务，如何保藏以长时间维持食品品质，减少食物损失，成为食品工业快速发展的必然需求。

1.1　食品保藏原理

食品保藏是为防止食品腐败变质、延长食用期限及长期保存所采取的技术措施，是与食品加工相对应而存在的，但食品加工的主要目的之一是保藏食品，为了达到保藏食品的目的，必须采用合理的、科学的加工技术。因而食品保藏既是独立的一类加工技术，又是各类食品必不可少的保藏技术。

1.1.1　食品保藏的概念

食品保藏学是一门基于微生物学、食品化学、生物化学和食品工艺学等基础理论知识，研究食品腐败变质的原因及其控制方法，解释各种食品腐败变质现象的机理，阐明食品保藏的基本原理和技术，给出科学合理的预防措施，为食品的保藏提供理论和技术基础的学科。食品保藏是现代食品工业的重要组成部分。

食品保藏的主要内容和任务可归纳为以下几个方面。

① 研究食品保藏原理，探索食品生产、储藏、流通过程中腐败变质的原因和控制方法。

② 研究食品在保藏与流通过程中的物理特性、化学特性及生物学特性的变化规律，以及这些变化对食品营养品质和加工品质的影响。

③ 研究食品在保藏与流通过程中，各营养组分的变化规律、相互作用以及食品与环境因素之间的相互关系与规律。

④ 揭示各种食品变质腐败的机理及控制食品变质腐败应采取的技术措施。

⑤ 通过物理的、化学的、生物的或兼而有之的综合措施来控制食品质量变化，最大限度地保持食品质量，达到保鲜和延缓食品品质下降的目的。

⑥ 研究绿色、环保、低能耗的食品保藏新原理、新技术与相关装备。

1.1.2 食品保藏的方法

食品保藏具有特殊性，不仅要防止外部环境对食品的影响，还要减缓食品自身的酶促作用。外部环境主要为环境温度、相对湿度、气体成分等，食品自身的酶促作用为食品抵御疾病的能力、加工方式、包装类型等。食品保藏的方法很多，主要通过创造出控制一种或多种有害因素的条件，达到长期保藏的目的。现阶段通常采用的方法主要如下。

1. 除去食品中的微生物

通过高温杀灭食品中的微生物，将食品中的腐败微生物数量减少到无害的程度或全部杀灭，并长期维持这种状况，从而长期保藏食品，这种方法虽然简单高效，但是高温会对食品的营养、外观以及口感造成一定的不利影响。当前，我们可采用添加化学、生物防腐剂，辐照技术、高压脉冲电场技术、超高压技术、超声波技术、臭氧杀菌技术、微波杀菌技术和膜分离技术等使食品中的微生物数量降至长期保藏所允许的最低限度，达到在常温下保藏的目的，如罐藏、辐照保藏、保鲜剂保藏等均属于此类方法。

2. 控制食品中微生物的含量

微生物的生长繁殖对食物的腐败具有重要的影响。减少微生物的初始数量和采用某些物理的、化学的控制手段，不同程度地抑制微生物的生长繁殖，可使食品品质在一段时间内得以保持。通过控制水分、温度、O_2、营养素、污染程度和生长抑制剂等因素的一种或多种，即可抑制微生物的生长繁殖，达到减缓食物腐败的目的。

3. 通过抑制酶等变质因素

食品自身含有的氧化还原酶（如多酚氧化酶、抗坏血酸氧化酶、过氧化物酶、脂肪氧化酶）和水解酶（如果胶酶）等对食品的稳定性具有较大的影响。通过加热处理，控制pH、水分活度、环境的氧含量等方式来合理控制和利用这些酶，是保证食品长期稳定的基础。采摘后的果蔬仍然保持着一定的呼吸及代谢等生命活动，体内的生物化学反应向着分解方向进行，我们可以通过降低温度、流通空气、调节环境中的气体成分、外表涂抹保鲜剂、利用电场产生负氧离子等手段钝化或抑制果蔬代谢中的呼吸与酶的活动达到保鲜的效果。当然，如果能缩短食品从收获到消费的时间间隔，则是控制食品腐败的又一重要因素。

4. 通过发酵来保藏食品

利用某些微生物发酵过程中所产生的发酵产物或次级代谢产物——酸、乙醇、抗菌肽等来抑制腐败微生物的生长繁殖，从而保持食品品质。

1.2 食品保藏技术的发展

1.2.1 食品保藏技术的历史

食品保藏是一种古老的技术，公元前3000—前1200年，中国人和希腊人开始用盐腌制鱼，这应该是腌渍保藏技术的开端。大约公元前1000年时，出现了烟熏保藏肉类食品的技术，同时古罗马人开始用天然冰雪来保藏龙虾等食物，烟熏保藏技术和低温保藏技术初具雏形。我国《北山酒经》中记载了瓶装酒加药密封煮沸后保藏的方法，可以看作是罐藏技术的萌芽。1809 年，法国人发明罐藏食品的方法，现代食品保藏技术得以真正开始发展，1883 年前后出现了食品冷冻技术，1908 年出现了化学品保藏技术，1918 年出现了气调冷藏技术，1943 年出现了食品辐照保藏技术等。从此，各种新型保藏技术不断问世。

1.2.2　食品保藏技术发展趋势

随着科学技术的不断进步，食品保藏技术也在不断创新和发展。生活条件的改善使人们对食品品质提出了更高的要求。在传统食品保藏的基础上，一批新型食品保藏技术正在悄然改变着传统的食品行业，食品保藏技术发展整体呈现出如下趋势。

（1）基于现代生物科技和工程技术手段，开发更多绿色低碳、高效无损保藏技术，如冰温储藏技术、辐照技术、高压脉冲电场技术、超高压技术、超声波技术、臭氧杀菌技术、微波杀菌技术、膜分离技术等，能够更简便、更高效地完成对食品的保藏，逐渐显露新技术的优越性，符合现代食品工业对食品加工的更高要求。

（2）以最大限度提高食品新鲜度为目的的各类食品养鲜技术、锁鲜技术等为代表的食品保鲜减损技术与降本增效关键技术，仍是研究开发的重中之重。

（3）基于现代信息技术的食品质量追溯平台，利用大数据、云计算、物联网等先进技术，开发食品智能化监测预警系统等，构建集绿色种植与绿色养殖、品控物流、智能追溯等于一体的新型食品保藏加工技术、供应链技术体系。

1.2.3　食品保藏新技术

1. 冰温储藏技术

冰温是指 0℃以下、冰点以上的温度区域，也称冰温带。冰温储藏技术是将食品的储藏温度控制在其冰温带的范围内，即通过测试，确定不同食品的冰点温度，从而确定其冰温带，然后将该食品放置在自身的冰温带范围内的合适温度点进行储藏。冰温储藏技术作为一种新兴的保藏技术，将其充分地应用到食品保藏是目前研究的热点，结合其他保藏技术或保鲜剂处理等亦是研究的创新思路，同时贮藏期间营养物质的变化规律及机理探究，也将是今后相关科研工作者努力探索的方向。因为冰温储藏技术对于冰温设备要求特点高，较难精确控制食品的冰温带，且设备价格高，难以将其普遍应用于食品保藏中。这一直是限制冰温储藏技术广泛应用的因素，因此，还要通过科学技术的不断发展为冰温储藏技术能够普遍应用于食品保藏提供研究的基础。

2. 植物源天然产物的抑菌作用

开发植物源天然产物的抑菌作用是利用酚类及多酚类、精油、黄酮类的抑菌活性破坏致病菌细胞壁和细胞膜完整性、抑制生物大分子合成、影响细胞膜电位、胞内 pH 及细胞能量代谢等。抑菌过程对微生物的作用一般同时作用于几个方面，也有可能作用于一点而产生多方面的影响。

3. 新型保藏包装材料

近年来，新型包装材料，如天然抗氧化剂、纳米包装材料、可降解包装材料、可食性包装材料等安全性高，且绿色环保的食品保藏包装新材料不断出现。

4. 高压脉冲电场技术

高压脉冲电场技术是一种新兴的、可持续的、环保的食品加工技术，被认为是21世纪食品加工技术发展领域中的新技术之一。它以高强度、极短脉冲的形式将电能在短时间内传递到放置在两个电极之间的生物组织中，引起生物组织跨膜电位差，通过电渗透机制从而使细胞的渗透性增强。该技术因非加热特性、低能耗、加工时间短，能避免加热对提取物的特性和纯度造成的不良影响，最大程度地保持食品原有的色、香、味和营养价值等显著优点，在食品加工及保藏领域中被广泛地关注。

最新的研究进展使我们对食品保藏的理解更加深入，并为我们提供了一系列有效的保藏技术，其可以延长食品的保质期，并保持食品的营养成分和口感。然而，需要进一步的研究来评估这些新技术的安全性和可行性，并确保它们对消费者的健康没有负面影响。

这些研究进展将推动食品保藏加工技术的发展，提高食品的保质期和品质，满足人们对安全的、健康的和方便的食品的需求。

思考题

1. 食品工业在国民经济中的作用有哪些？
2. 食品保藏为何是食品工业快速发展的必然需求？
3. 最新的食品保藏技术有哪些？

第2章 食品原料的特性及其保鲜

食品原料品种众多、来源广泛，但不同类型原料间组分和质构差异较大，所适合的加工方式和形成的最终产品有显著差异。同时，食品原料在生产地与加工地、消费地之间存在时间和空间的差异，从采收到工厂加工或消费之间存在运输及保藏环节，为了保证食品原料的质量、减少损失，保藏期间应采取必要的保鲜手段。因此，充分了解食品原料本身的特性，掌握食品原料特性与食品保藏保鲜、加工制作工艺和最终产品的关系十分必要。

2.1 食品工业中常用的食品原料

2.1.1 基础原料

食品加工的基础原料通常是指食品加工中基本的、大宗使用的农产品，即构成某一食品主体特征的主要原料。基础原料按习惯常划分为果蔬类、畜禽肉类、水产类、乳蛋类及粮油类等。

1. 果蔬类

（1）水果及蔬菜的分类

按照果实形态结构、利用特征并结合其生长习性分类，水果大致可分为核果类、仁果类、浆果类、坚果类、柑橘类、热带及亚热带水果类、瓜果类和其他类。

① 核果类：常见种类包含桃、李、杏、梅、樱桃等。

② 仁果类：常见种类包含苹果、梨、山楂、枇杷、海棠等。

③ 浆果类：包含多种不同属的植物，如葡萄属、猕猴桃属、草莓属、桑属、无花果属、柿属等。不同果实在产地和结构上不大相同，绝大多数不耐保藏和运输。但某些种属的果实是食品加工中的重要原料，如葡萄是酿制葡萄酒的重要原料。

④ 坚果类：又称壳果类，在商品分类上被列为干果类，富含蛋白质、油脂、矿物质和维生素。有的坚果类品种可作油料。常见坚果类有板栗、核桃、银杏、松子、香榧、榛子等。

⑤ 柑橘类：为芸香科柑橘属、金柑属和枳属植物的总称，世界各国栽培的柑橘类水果主要为柑橘属，果实多肉多浆。不同于浆果类水果，柑橘类的结构比浆果类要复杂。柑橘类果实包括杂柑、橘、甜橙、柚、柠檬、金柑、佛手等。

⑥ 热带及亚热带水果类：果实多样，常见种类有香蕉、菠萝、芒果、荔枝、龙眼等。

⑦ 瓜果类：常见种类有西瓜、哈密瓜、香瓜、白兰瓜等。

⑧ 其他类：此类水果有甘蔗、荸荠、菱角、罗汉果等。

蔬菜是植物，因此绝大部分的蔬菜均具有根、茎、叶、花和果实等器官。按照食用器官的不同，蔬菜分为叶菜类、根菜类、茎菜类、果菜类、花菜类及菌藻类。

① 叶菜类：以叶、叶丛或叶球为食用部分的蔬菜，多为绿色（也有少量为白色、黄色或紫红色），常见种类有大白菜、菠菜、苋菜、油菜、芹菜、韭菜、茴香、芫荽等。

② 根菜类：以植物膨大的变态根作为食用部分的蔬菜，常见种类有萝卜、胡萝卜、甜菜、甘薯、葛等。

③ 茎菜类：以肥大的根茎为食用部分的蔬菜，常见种类有姜、莲藕、蘘荷、马铃薯、菊芋、洋葱、大蒜、百合、慈姑、芋、茎用芥菜、球茎甘蓝、竹笋、香椿等。

④ 果菜类：以植物的果实或幼嫩的种子作为食用部分的蔬菜，又可细分为瓠果类、茄果类、荚果类和杂果类。瓠果类常见种类有黄瓜、丝瓜、冬瓜、南瓜、葫芦、苦瓜等；茄果类常见种类有番茄、茄子、辣椒等；荚果类又称为豆类，常见种类有菜豆（四季豆、芸豆、玉豆、豆角）、豇豆（长豆角）、刀豆、扁豆、豌豆等；杂果类（瓠瓜类、茄果类和荚果类以外的果菜）通常以果实及种子为食用部分，常见的种类有玉米、菱角、秋葵等。

⑤ 花菜类：以花器或肥嫩的花枝为产品，据此又可分为花器类和花枝类。花器类常见种类有金针菜、朝鲜蓟等；花枝类常见种类有花椰菜、青花菜、紫菜薹、芥蓝等。

⑥ 菌藻类：包括食用菌类和食用藻类两大类。食用菌类主要有茶树菇、草菇、滑子蘑、金针菇、口蘑、平菇、香菇等；藻类是以无胚并以孢子进行繁殖的低等植物，食用藻类主要有海带、紫菜、发菜、海苔、石花菜、龙须菜、海白菜等。

（2）果蔬加工对原料的要求

常见的果蔬加工制品一般可分为罐头制品、果蔬汁制品、腌渍制品、干制品、果酒制品、速冻制品和果蔬副产品等。除果蔬副产品的加工利用外，其他各类果蔬加工制品对原料均有不同的要求。

① 果蔬加工对原料种类及品种的要求

果蔬的种类和品种繁多，但不是所有的种类和品种都适合于加工，更不是都适合加工成同一种加工品。就果蔬原料的加工特性而言，水果品种间的差别较小，而蔬菜品种间的差别则相对较大。正确选择适合加工的果蔬种类及品种是生产品质优良的制品的首要条件，而如何选择合适的原料就要根据各种制品的制作要求和原料本身的特性来决定。

制作果蔬汁及果酒制品时，通常应选择汁液丰富、取汁容易、可溶性固形物高、酸度适宜、风味芳香独特、色泽良好及果胶含量少的种类和品种。理想的果蔬原料有葡萄、柑橘、苹果、梨、菠萝、番茄、黄瓜、芹菜等。葡萄是世界上制酒最多的水果原料，80% 以上的葡萄用于制酒，并且已经形成了专门的酿酒品种系列，尤其是高档葡萄酒的制作对原料品种的要求更为严格。有的果蔬汁液含量并不丰富，如胡萝卜和山楂等，但它们具有特殊的营养价值及风味色泽，可采取特殊的工艺加工成透明型或混浊型的果蔬汁。

干制品果蔬原料要求是应选用干物质含量较高、水分含量较低、可食部分多、粗纤维少、风味及色泽好的种类和品种。较理想的干制品果蔬原料有枣、柿子、山楂、苹果、龙眼、杏、胡萝卜、马铃薯、辣椒、南瓜、洋葱、生姜、大蒜及绝大部分的食用菌等。

用于罐藏、果脯及冷冻制品的果蔬原料，要求选肉厚、可食部分大、质地紧密、糖酸比适当、色香味好的种类和品种。一般大多数的果蔬均适合此类制品的加工，而罐藏和果脯的原料还要求耐煮制。

对于果酱类制品，其原料要求含有丰富的果胶物质、风味浓、香气足以及较高的有机酸含量，水果中的山楂、杏、草莓、苹果等就是最适合加工这类制品的原料种类，而蔬菜类的番茄酱加工对番茄红素的要求更为严格。

蔬菜腌制对原料的要求不太严格，一般应以水分含量低、干物质含量高、肉质厚、风味独特、粗纤维含量少的原料为宜。不同的腌制工艺，其制品特性不一。腌渍制品可分为盐渍菜、酱渍菜、糖醋渍菜、糟渍菜等。优良的腌制蔬菜原料有芥菜类、根菜类、白菜类、黄瓜、茄子、蒜、姜等。果品腌制具有明显的地域特色，在食品工业中生产较少，如广西特产腌青李子、盐水咸酸柠檬等。

② 加工对成熟度的要求

果蔬原料的成熟度、采收期适宜与否，直接关系到加工成品的质量和原料的损耗。不同制品对果蔬原料的成熟度和采收期要求不同。在果蔬加工学中，一般将成熟度分为可采成熟度、加工成熟度（也称食用成熟度）和生理成熟度三个阶段。

可采成熟度是指果实充分膨大长成，但风味还未达到顶点的时期。这时采收的果实，需贮运并经后熟后方可达到加工的要求，如香蕉、苹果、桃等水果可以此时采收。一般工厂为了延长加工期，常在这时采收进厂入贮，以备后期加工。

加工成熟度是指果实已具备该品种应有的加工特征的时期，分为适当成熟与充分成熟。根据加工类别不同的要求，成熟度也不同，如：制造果蔬汁类，要求原料充分成熟、色泽好、香味浓、糖酸适中、榨汁容易、损耗率低；制造干制品类，要求果实充分成熟，否则会导致制品质地坚硬、缺乏应有的果香味，而且有的果实如杏，若青绿色未退尽，干制后会因叶绿素分解变成暗褐色，影响外观品质；制造果脯、罐头类，则要求原料适当成熟，这时果实因含原果胶类物质较多，组织比较坚硬，可以经受高温煮制；加工果糕、果冻类，则要求原料具有适当的成熟度，其目的是利用原果胶含量高，使制成品具有凝胶特性。

生理成熟度是指果实质地变软、风味变淡、营养价值降低的时期，一般称这个阶段为过熟。这种成熟度的果实除了可做果汁和果酱外（因无须保持形状），一般不适宜加工成其他产品，但葡萄的加工制品除外，因为此时期的葡萄果实含糖量高、色泽风味最佳，而其他类制品必须通过添加一定的添加剂或在加工工艺上进行特别处理，方可制出比较满意的加工制品，但这样势必会增加生产成本。

蔬菜供食用的器官不同，它们在田间的生长发育过程变化很大，因此采收期选择得恰当与否，对食品加工至关重要。青豌豆、菜豆等罐头用原料，以籽粒内含物呈白色浆液含水率在 50% 以上时采收为宜，如采收过早，果实发育不充分，难于加工，产量也低；若选择在最佳采收期后采收，则籽粒变老，糖转化成淀粉，失去加工罐头的价值。金针菜以花蕾充分膨大还未开放做罐头和干制品为优，花蕾开放后，易折断，品质变劣。青菜头、萝卜和胡萝卜等要充分膨大，尚未抽薹时采收为宜，此时的原料粗纤维少，否则过老者，其组织木质化或糠心，不堪食用。马铃薯、藕富含淀粉，则以地上茎开始枯萎时采收为宜，这时淀粉含量高。叶菜类与大部分果实类不同，一般要在生长期采收，此时粗纤维少、品质好。对于某些果菜类，如进行酱腌的黄瓜，则要求选择以幼嫩的乳黄瓜或小黄瓜进行采摘。总之，蔬菜种类繁多，而用于加工的每种原料的最适宜的采收期均不同，因此在加工时要视具体情况而定。

③ 加工对新鲜度的要求

加工原料越新鲜，加工的食品品质越好、损耗率也越低。因此，从采收到加工的过程应尽量缩短时间。蘑菇、芦笋要在采后 2～6 h 内加工；青刀豆、蒜薹、莴苣等不得超过 1～2 d；大蒜、生姜等采后 3～5 d，表皮即变干枯，去皮困难；甜玉米采后 30 h 就会迅速老化，含糖量下降了约 50%，而淀粉含量增加了约 50%，水分也大大下降。

2. 畜禽肉类

（1）畜禽肉的主要品种类型

① 猪：我国的猪种主要是肉用型。一般肉用型猪的体躯长、宽、深，臀部丰满，脂肪沉积较多。有些猪种正向加工型猪方向发展，加工型猪的背腰平直或稍带弓形，体长、腰宽，脂肪沉积量较少。目前我国本土猪种以浙江的金华猪、重庆的荣昌猪及广西的巴马香猪等为代表，具有独特的肉质。引进猪种包括英国的约克夏猪、丹麦的长白猪、美国的杜洛克猪等，以生长速度快、瘦肉率高为特点。

② 牛：肉用牛是一类以生产牛肉为主的牛，特点是体躯丰满、增重快、饲料利用率高、产肉性能好、肉质口感好。常见的国外优质肉用牛品种有瑞士的西门塔尔牛、英国的安格斯牛、法国的夏洛莱牛及利木赞牛及日本的和牛等，我国本土的主要肉用牛品种有黄牛、牦牛和水牛。

③ 羊：肉用羊的特点是体格大、生长快、肌肉多、脂肪少等，主要为绵羊和山羊。我国绵羊以蒙古肥尾羊、新疆细毛羊、山东及河南等省的小尾寒羊为优。山羊较绵羊体型小、皮厚，肉质逊于绵羊，以成都麻羊较有名。

④ 鸡：肉用鸡是人类饲养最普遍的家禽。我国优良的肉用鸡有长江流域一带的九斤黄鸡、广东的惠阳胡须鸡和清远麻鸡、江苏的溧阳鸡、云南的武定鸡等；肉蛋兼用的优良鸡品种，如江苏的狼山鸡及山东的寿光鸡等。

⑤ 鸭：我国是世界上养鸭最多的国家，鸭肉产量占世界鸭肉产量的 60% 以上。我国著名的鸭种有北京鸭、绍兴麻鸭、建昌鸭、高邮鸭等。

⑥ 鹅：肉用鹅多属大中型鹅种，主要有四川白鹅、皖西白鹅、浙东白鹅、长白鹅、固始鹅以及引进的莱茵鹅等。此外，还有肥肝用型鹅，这类鹅的引进品种主要有朗德鹅、图卢兹鹅，国内品种主要有狮头鹅、溆浦鹅。肥肝用型鹅经填饲后的肥肝重达 600 g 以上，优异的肥肝可重达 1000 g 以上，这类鹅也可用作产肉。

（2）畜禽肉加工制品类型

① 腌腊制品：肉经腌制、酱制、晾晒（或烤）等工艺加工而成的生肉类制品，具有携带方便、肉质紧密坚实、色泽红白分明、滋味咸鲜可口、风味独特、便于携运和耐贮藏等特点。根据腌腊制品的加工工艺及产品特点又可将其分为咸肉类、腊肉类、酱肉类和风干肉类。

② 肠类制品：以肉类为原料，经腌制或未经腌制，切碎成丁或绞碎成颗粒或斩拌乳化成肉糜，加入其他配料均匀混合之后灌入肠衣内，经烘烤、烟熏、蒸煮或发酵等工序制成的肉制品的总称。其品种繁多，各具独特风味，主要包括香肠、灌肠及香肚等。

③ 酱卤制品：将畜禽肉及可食副产品加调味料和香辛料，以水为加热介质煮制而成

的一类熟肉制品，口感酥润、风味浓郁。由于全国各地的消费习惯、加工方法和使用的配料不同，形成了许多具有地方特色的传统产品，深受消费者喜爱。

④ 熏烤制品：以熏制和烤制为主要加工工艺的一类肉制品。熏制和烤制为两种不同的加工方法，其产品分为烟熏制品和烧烤制品两大类。

⑤ 其他肉制品加工：主要包括油炸肉制品、肉干制品和发酵肉制品等。

3. 水产类

水产类产品是海洋和淡水渔业生产的水产动植物产品及其加工产品的总称。用作食品加工原料的水产类产品主要是鱼类、贝类、甲壳类和藻类，经过罐藏、腌制、干制、熟制、保鲜或冰冻等处理后直接供应市场。

我国现有的鱼类达3000余种，虾、蟹、贝类品种也很丰富，是世界上鱼贝类品种最多的国家之一，其中经济鱼类有300余种。大黄鱼、小黄鱼、带鱼和乌贼被称为我国四大海产经济鱼类，青鱼、草鱼、鲢鱼和鳙鱼为我国闻名世界的四大家鱼。罗非鱼和对虾等是近几十年迅速发展起来的养殖品种，是加工出口的主要品种。此外，东北产的鲑鱼以及长江下游的鲥鱼、银鱼和凤尾鱼，肉质鲜美，均为我国名贵鱼类。我国常见的水产植物有海带、紫菜、石花菜、龙须菜、裙带菜等。

我国已能生产水产加工品数百种，如烤鳗、鱼糜制品、海藻制品、鱼罐头以及传统的熏制品、糟制品、干制品、冷冻制品等。

4. 乳蛋类

（1）乳

乳是一种营养比较全面的食物。不同来源的乳有牛乳、羊乳、马乳等，其成分含量虽有所差异，但营养成分类似。作为食品加工的原料主要是牛乳。

鲜乳常用于加工成消毒乳（也称巴氏杀菌乳）、灭菌乳、酸凝乳（或不凝酸乳）、乳粉、炼乳、干酪、奶油等，以供直接食用或作为其他制品的辅助原料。

（2）蛋

蛋类主要有鸡蛋、鸭蛋、鹌鹑蛋、鹅蛋、鸽蛋等，是营养构成较全面的食物之一。

鲜蛋可用于加工再制蛋和蛋制品。再制蛋是指鲜蛋经过盐、碱、糟、卤等辅料加工腌制而不变形的完整蛋，主要有松花蛋、咸蛋和糟蛋，此外，还有卤蛋、茶叶蛋、虎皮蛋等。蛋制品是指新鲜蛋经过打蛋、过滤、冷冻（或干燥、发酵）、添加防腐剂等加工处理而改变了蛋形的蛋品，主要有冰蛋、干蛋品和湿蛋品。

5. 粮油类

粮油类指供人们食用的谷类、薯类、豆类等粮食和食用油及其加工成品和半成品的统称。

粮食作物的种子、果实以及块根、块茎及其加工产品统称为粮食。粮食按是否经过加工分为原粮和成品粮。原粮分为谷类、麦类、杂粮类和豆类，包括稻谷、小麦、玉米、高粱、谷子、大麦、荞麦、大豆、绿豆、蚕豆、芸豆、甘薯等。成品粮包括大米、小麦粉，小米、油菜籽、白芝麻、黑芝麻、葵花籽、香瓜籽、油茶籽等。

食用油来自油料植物的种子，主要有花生油、菜油、香油、葵花籽油、大豆油、玉米胚芽油、棕榈油、橄榄油等。

2.1.2 初加工产品

与食品加工不同，食品制造中通常采用的基础原料是经过初级加工的产品，具有严格的产品质量标准。在食品工业中，它既属于加工产品，又可作为加工原料，在食品加工过程中具有重要的功能。

1. 糖类

糖作为食品制造主要原料，常用于糖果、饼干、面包、饮料、果蔬糖渍及其他甜性食物的加工。常见的糖类有蔗糖、饴糖、淀粉糖浆、果葡糖浆、葡萄糖、蜂蜜等。

（1）蔗糖：为松散干燥、无色透明、坚硬的单斜晶体，是从甘蔗或甜菜中提取加工而成的，甜味纯正，易溶于水，熔点为185～186℃，当加热温度超过其熔点时，糖即焦化，成为焦糖。焦糖能够增加制品的色泽。若蔗糖溶液长时间煮沸会转化为等量的葡萄糖和果糖，称为转化糖浆。商品蔗糖按其形态和色泽可分为白砂糖、绵白糖、片糖、冰糖和红糖等。

（2）饴糖：又称麦芽糖，是以谷类或淀粉为原料，加入麦芽使淀粉糖化后加工而成的一种浅黄色、半透明、黏度极高的液体糖。目前多以淀粉酶水解来代替麦芽的制糖工艺，但从糖的风味来讲，仍以麦芽糖化的制品为优。麦芽糖多用于糖果生产、果蔬的糖渍和其他用途，也可制备成麦芽糖浆用于食品行业的各个领域，如加工焦糖酱色、糖果、果蔬饮料、酒、罐头、豆酱、酱油。

（3）淀粉糖浆：又称葡萄糖浆，由淀粉水解、脱色后加工而成的无色、透明、黏稠液体，甜味柔和，容易被人体直接吸收，主要应用在糖果、面包、罐头、蜜饯及医药糖浆方面。

（4）果葡糖浆：又称为异构糖，其制法是先把淀粉分解成葡萄糖，再经葡萄糖异构酶的作用，把部分葡萄糖转化成果糖。因果糖的甜度比蔗糖高，因此含42%果糖的果葡糖浆的甜度和蔗糖相近。果葡糖浆由于含果糖较多，吸湿性强，稳定性较低，易受热分解而变色。果葡糖浆渗透压高，易渗透过细胞膜，因此有利于果酱、蜜饯等糖渍食品的制作。此外，果葡糖浆也常用于饮料、糕点、糖果食品的制作。

（5）葡萄糖：为无色或白色结晶性粉末，味甜，具有吸湿性，广泛存在于自然界中，在水果和蜂蜜中含量较高。葡萄糖主要通过淀粉水解或从玉米糖浆中提取和加工制得，其常用于糖果、饮料、面包、罐头等食品的生产中。由于葡萄糖易于被人体吸收，常被用于运动饮料和营养补充品的配方中。

（6）蜂蜜：主要成分为葡萄糖和果糖，并含有少量蔗糖、糊精、果胶及微量蛋白质、酶、蜂蜡、有机酸、矿物质等。在食品加工中，蜂蜜往往只是少量配用，而不作为主要用糖。

2. 面粉

面粉是饼干、面包、糕点、快食面等面制品生产的主要原料，主要成分有淀粉、蛋白质、脂肪、矿物质、酶和水分等。面粉的品质和成分特性直接受小麦品种和产地的影响，不同小麦品种和产地的面粉在上述成分组成及整体品质上存在显著差异。

面粉按湿面筋含量可分为高筋粉、低筋粉和中筋粉。高筋粉湿面筋含量>30%，适宜制作面包、馒头、比萨、起酥糕点、泡芙和松酥饼等；低筋粉湿面筋含量<26%，适宜制作蛋糕、饼干、混酥类糕点等；中筋粉是介于高筋粉与低筋粉之间的一类面粉，湿面筋含

量≥ 26% 且≤ 30%，适宜制作水果蛋糕，也可以用来制作部分种类的面包。

除此之外，根据制品对面粉的不同要求，近年来还开发了各种各样的专用面粉，如专用粉、预混粉和全麦粉等。

3. 淀粉

淀粉呈白色粉状，是由 D– 葡萄糖组成的多糖，主要从玉米、高粱、木薯、红薯、马铃薯等植物中提取，并依其来源命名，如玉米淀粉、高粱淀粉、木薯淀粉、红薯淀粉、马铃薯淀粉等。淀粉按其结构可分为直链淀粉和支链淀粉。直链淀粉溶于热水，溶液黏稠度较低，具有很强的凝沉性质，易于结合成结晶状；支链淀粉溶于热水，生成的溶液稳定，具有较高的黏度，没有凝沉性质。不同原料来源的淀粉，其直链淀粉和支链淀粉比例不同，其含量详见表 2–1。一般淀粉中支链淀粉约占 80%，直链淀粉约占 20%。糯米、糯高粱、糯玉米等几乎不含直链淀粉，仅由支链淀粉构成，因而这类淀粉黏性特别好。

表 2–1　不同原料来源的淀粉中的直链淀粉含量

淀粉来源	直链淀粉含量 /（%）	淀粉来源	直链淀粉含量 /（%）
玉米	26	糯米	0
糯玉米	0	小麦	25
高链玉米	70～80	大麦	22
高粱	27	马铃薯	20
糯高粱	0	红薯	18
米	19	木薯	17

淀粉在食品工业中应用广泛，例如淀粉很久以来一直用于面团形成过程中对面筋润胀度的调节，特别是在饼干的生产中，不论是酥性面团还是韧性面团，添加 5%～10% 的淀粉都是必不可少的，这样可以增加面团的绵软性和可塑性，使制品具有松脆性。淀粉还在各类食品的生产中作为稳定剂和填充剂，如在蛋黄酱制造中将淀粉与卡拉胶等混合使用作为稳定剂，以替代蛋黄，降低产品胆固醇的含量。对于肉糜类制品来说，淀粉作为低成本的保水剂起到保水、抗压的作用，可在肉中形成凝胶体系，以维持一定的持水性和组织形态。淀粉及酸变性淀粉还可应用于凝胶糖果和膨化食品的生产。

淀粉是制作淀粉糖浆和淀粉软糖的主要原料，在糖果加工中常用作填充剂和防黏剂。在冷饮食品中，淀粉是冰淇淋、雪糕的增稠稳定剂。此外，淀粉也是发酵制品，如味精、柠檬酸、酒精等生产的主要原料。

4. 蛋白粉

作为食品原料的蛋白粉，主要包括乳粉、蛋粉、大豆粉和脱脂花生粉等。

根据乳粉的成分组成特点，制成的产品有全脂乳粉、全脱脂乳粉、半脱脂乳粉、乳清粉、脱盐乳清粉、脱盐脱乳糖乳清粉、酪乳粉、乳清浓缩蛋白等，可分别用于焙烤、冰淇淋、饮料等食品的加工。

蛋粉为蛋液经喷雾干燥而形成的粉状或易松散的块状物，水分一般低于 4.5%。全蛋粉呈浅黄色，蛋黄粉呈黄色，蛋白粉呈白色。全蛋粉、蛋黄粉、蛋白粉可用于制作饼干、面包、糖果、冰淇淋等产品，也用于制作混合蛋糕、鸡蛋面、炸糖圈、蛋黄酱等。

大豆粉包括全脂大豆粉、脱脂大豆粉、分离蛋白粉、浓缩蛋白粉等。全脂大豆粉是以大豆为原料，经烘烤后粉碎制成的。脱脂大豆粉则是大豆提油后，用饼粕生产的食用粉。我国人民有在面饼类食品中掺入大豆粉的习惯，因此大豆粉也可作为糕点的原料。大豆粉掺入量要适宜，若掺入量过多，食品会发硬、有粗糙感、风味降低且豆腥味浓。脱腥大豆粉经纯化、除杂等处理后，生产的分离蛋白粉、浓缩蛋白粉等的蛋白质含量高达85%～95%，目前已广泛用于饮料、婴儿食品、肉制品的生产。

脱脂花生粉是指采用提油后的花生饼生产的食用粉，常用于食品加工。例如做面条时掺入 2.5% 的脱脂花生粉，不仅能提高面条营养价值，还不会影响面条筋力；用脱脂花生粉代替 15%～20% 的面粉，可制作快速发酵面包、蛋糕、饼干，在其他配方不改变时，能够增加产品中水溶性维生素和蛋白质的含量，使氨基酸含量趋于平衡，显著提高营养价值。

5. 油脂

油脂为油和脂的统称，主要化学成分都是高级脂肪酸与甘油形成的酯。通常将常温（25℃）下呈液态的称为油，呈固体或半固体的称之为脂。商业用油脂通常根据油脂加工的原料而命名，也有按照工艺或用途命名的，如食用油脂、饲料用油脂和工业用油脂。但只有食用油脂才能作为食品生产原料。

油脂是人类生活中重要的营养物质和主要食物之一，其产生的热量高，能够赋予食品良好的风味、质构和色泽，油脂在食品加工、产品营养及保健功能上有重要的作用。

（1）食用油脂的种类

食用油脂按其原料的来源可分为植物性油脂和动物性油脂两类。植物性油脂有大豆油、菜籽油、花生油、棕榈油、可可脂等；动物性油脂有猪油、奶油、鱼油等。

植物性油脂（可可脂除外）黏度低、流散性强、胆固醇含量低、不饱和脂肪含量高，易被人体吸收，一般来说其吸收率和营养价值都比动物性油脂要高。植物性油脂熔点低，在常温下呈液态，可塑性比动物性油脂差，色泽黄而深，使用量过高时容易使制品产生走油现象，所以在油脂工业上常采用氢化技术提高其熔点，即氢化植物性油脂，多用于制造人造奶油、咖啡伴侣中的植脂末以及起酥油等。此外，可可脂是巧克力制品的主要原料，能赋予巧克力口感细腻柔滑的特性。

不同来源的动物性油脂性质差异较大。猪油中以猪板油的香味最好，其起酥性优良，但稳定性较差，经适度氢化后稳定性变好。猪油在常温下为白色固体，熔点为 32℃左右。奶油又称黄油、白脱油，是从牛乳中分离加工而成的，具有良好的可塑性，在常温下质地柔软，表面紧密，色泽呈淡黄色，熔点为 37℃，乳化性较好，是食品加工中最理想的油脂之一，因其价格高、货源少，一般多用于制作较高级的食品。鱼油产量相对较少，主要将其作为营养补充剂使用，尤其是鱼油中的二十二碳六烯酸（DHA）和二十碳五烯酸（EPA）对人体心、脑的有益作用很大，是重要的多不饱和脂肪酸的主要供给者，常可作为健康食品辅料或做成软胶囊直接服用。

（2）油脂在食品生产中的作用

油脂能够提高食品的酥性程度，改善食品风味。许多食品干燥硬脆、口感粗糙、难以下咽，就是因为其中的含脂量过低。含脂量高的食品，如酥性饼干等，口感就比较松酥易化，能使人更有食欲。

在粮油食品制作中，添加油脂能阻碍水分渗透，尤其液体油比固体油的影响更大。例如调制面团时，油脂分布可在面团中蛋白质或淀粉粒的周围形成油膜，从而限制面团的吸水作用。油脂在面团中的含量越高，面团的吸水率就越低，进而可控制面团中面筋的胀润性。除此之外，油膜的相互隔离作用可以使面团中的面筋微粒不易形成彼此黏合的面筋网络，而是使面团的黏度和弹性降低，提高了其可塑性，可防止萎缩变形，最终形成面团的酥性结构，赋予制品酥、松、脆的特点。

2.1.3　辅助原料（以下简称辅料）

食品加工辅料是指以赋予食品风味为主，且使用量较少的一类食品原料。常用的辅料主要包括调味料、香辛料、添加剂。

1. 调味料

调味料主要赋予食品色、香、味，其一般包括咸味、甜味、酸味和鲜味等调味料，既可以改善食品的感官性能，使食品更加美味可口，还可以增进人们的食欲和促进消化液的分泌。有些调味料还具有一定的营养价值和加工性能。常用的调味料有食盐、味精及核苷酸、酱油、酱类和食醋等。

（1）食盐

食盐是重要的调味品，能增进人们的食欲和促进胃中消化液的分泌，有维持人体正常生理机能、调节血液渗透压等重要作用，是人体不可或缺的矿物质来源。食盐还是酿造调味料的重要原料之一，不仅能赋予各种调味品以适口的咸味，还能在食物发酵过程及成品中发挥一定的防腐作用。一般食品中食盐浓度达 15%（质量分数，下同）时就可抑制细菌的发育。食品加工中常利用食盐这一特性达到保藏食品的目的（如盐渍食品等）。

在饼干、面包等的生产中，食盐是辅料。适量食盐可使面团中的面筋质地变密、弹性与强度增强，面团的持气能力提高，面包的色泽得以改善。适量的盐对酵母生长和繁殖有促进作用，而对杂菌有抑制作用，但食盐用量过多时也可对酵母产生抑制作用，因此食盐用量一般不超过面粉总量的 3%。此外，在糖液中添加适量的食盐，可使制品更加可口。

（2）味精及核苷酸

味精的主要成分是含有一分子结晶水的 L- 谷氨酸钠，有强烈的肉类鲜味，是一种常用的鲜味剂，广泛用于食品的调味。添加味精能增进食品的鲜味和香味。除用作调味外，味精还可添加于蘑菇、竹笋等罐头中，可补充和强化鲜味。

核苷酸作为鲜味剂主要是核苷酸二钠（I+G）。I 代表 5’- 肌苷酸，IMP；G 代表 5’- 鸟苷酸，GMP。两者各占 50%，鲜味比味精要强。I+G 通常与味精一起使用，起协同增鲜作用，现已广泛用于食品加工中。

鲜味物质还可来自酵母和动植物水解液及其制品，主要是其中的鲜味氨基酸或肽起增鲜作用。

（3）酱油

酱油根据生产工艺划分为酿造酱油和配制酱油。酿造酱油是重要的发酵调味料，也是我国传统的特产。酿造酱油以大豆和 / 或脱脂大豆、小麦和 / 或麸皮为原料，经由微生物发酵制成的具有特殊色、香、味的液体调味品。酱油的鲜味主要由氨基酸钠盐（尤其是谷氨酸钠）构成，其他的氨基酸及琥珀酸也可赋予酱油一定的滋味。配制酱油则是以酿造酱油为主体，与酸水解植物蛋白调味液、食品添加剂等物质调配而成的液体调味品。酸水解植物蛋白中含有的 3- 氯 1,2- 丙二醇有一定毒性，含量应控制在 1 mg/kg 以下。

一般酱油中含有 15% 以上的食盐，为适于肾脏病患者食用，目前已开发低钠或无钠酱油。在酱油中添加一些辅料，可配制成各种美味的产品，称为花色酱油，如蘑菇酱油、虾子酱油等。此外，还可将酱油直接喷雾干燥制成酱油粉，或者利用真空浓缩设备将酱油的水分挥发制成固体酱油。

（4）酱

酱是我国传统的酿造调味料，主要以粮食或豆类为主要原料，经以米曲霉为主的微生物发酵制成，营养丰富、易于消化吸收。酱的品种很多，有豆酱、蚕豆酱、甜面酱、豆瓣辣酱等，还有许多花式酱类制品，既可作为菜肴，又可作为调味料，具有特殊的色、香、味，是一种受欢迎的大众化调味副食品。

（5）食醋

食醋按生产工艺可分为酿造食醋和配制食醋。酿造食醋是我国历史悠久的发酵食品之一，其不仅能够提高食品风味，还能增进人们的食欲，帮助人体消化。酿造食醋的品种很多，比较著名的有山西陈醋、镇江香醋、浙江玫瑰米醋、福建红曲醋、四川麸醋、东北白醋等。通常 100 mL 食醋中含有 3.5 g 以上的醋酸，另有少量的氨基酸、还原糖。酿造食醋的原料在长江以南地区习惯上以糯米、大米为主；长江以北地区则以高粱、小米为主。实际上，凡是含有淀粉和糖分的物质均可作为酿造食醋的原料。配制食醋是以合成醋酸为原料加工的或用合成醋酸和酿造食醋混合调制而成的食醋。

2. 香辛料

香辛料是指一类具有特殊芳香气味和 / 或辛辣成分的天然植物性原料。香辛料的芳香成分多为挥发油，因其含量少，也常称为精油，其成分随原料不同而异，辛辣成分也各不相同。在一些食品中加入香辛料，可使食品具有独特的芳香气味和滋味，能够刺激人们的食欲。有些香辛料还兼具有杀菌、防腐的作用。香辛料也可看作是特殊的调味料。在食品加工中常用的香辛料有葱、姜、蒜、辣椒、丁香、八角、茴香、桂皮、肉豆蔻、咖喱粉和五香粉等。

3. 食品添加剂

食品添加剂是指为改善食品品质和色、香、味，以及为了防腐、保鲜和加工工艺的需要而加入食品中的人工合成物质或天然物质，包括食品用香料、胶基糖果中基础剂物质、食品工业用加工助剂。按其来源分为天然食品添加剂与人工合成食品添加剂两类，天然食品添加剂主要来自于动植物组织或微生物的代谢产物。人工合成食品添加剂是通过化学手段使元素和化合物发生一系列化学反应而制成的。

目前我国食品添加剂有 23 个类别，包括酸度调节剂、抗结剂、消泡剂、抗氧化剂、漂白剂、膨松剂、营养强化剂、防腐剂、稳定和凝固剂、甜味剂、增稠剂、着色剂、护色剂、乳化剂、酶制剂、增味剂、胶姆糖基础剂、面粉处理剂、被膜剂、水分保持剂、食用香精、食品工业用加工助剂及其他添加剂。在现代食品工业中，食品添加剂的使用提升了产品品质、丰富了食品种类，能够满足不同消费者对食品多元化的需求，可以说“没有食品添加剂就没有现代食品工业”。但食品添加剂的使用品种、范围和用量必须符合《食品安全国家标准 食品添加剂使用标准》（GB 2760—2024）的要求，不可滥用和乱用。

2.2 果蔬原料的贮运加工特性及保鲜

2.2.1 果蔬的主要化学成分

1. 水分

水分是果蔬的主要成分，其含量依果蔬种类和品种而异，一般水果含水量为 70%～90%，蔬菜含水量为 75%～95%，少数果蔬如黄瓜、番茄、西瓜、草莓的含水量高达 95% 以上，含水分较低的如山楂也占 65% 左右。

水分的存在是植物完成生命活动过程的必要条件，也是影响果蔬嫩度、鲜度和味道的重要成分，与果蔬的风味品质有密切关系。含水量高的果蔬，其细胞膨压大，具有饱满鲜亮的外观和脆嫩的口感质地。果蔬含水量高是其耐贮藏性差、容易腐烂变质的重要原因。果蔬采收后，随着贮藏时间的延长会发生不同程度的失水而引起萎蔫、失重和失鲜，使商品价值下降，其失水程度与果蔬种类、品种及贮运条件有密切关系。

2. 碳水化合物

碳水化合物是果蔬中干物质的主要成分。果蔬中碳水化合物的种类很多，包括低分子的糖（单糖和寡糖）和高分子的多聚物（多糖），多糖主要有淀粉、纤维素和半纤维素、果胶物质等。

（1）单糖和寡糖

植物体中的单糖包括丙糖（甘油醛、二羟丙酮）、丁糖（赤藓糖）、戊糖（核糖、脱氧核糖、木糖、阿拉伯糖）、己糖（葡萄糖、果糖、半乳糖、甘露糖）和庚糖（景天庚酮糖）。果蔬中葡萄糖、半乳糖、果糖、阿拉伯糖、木糖、甘露糖等的含量较高。果蔬中所含的单糖能与氨基酸发生羰氨反应或与蛋白质反应生成黑蛋白，使制品发生褐变，尤其在干制、罐装食品的杀菌或高温贮藏时易发生这类非酶褐变。

植物体中的寡糖包括双糖（蔗糖、麦芽糖、纤维二糖）、三糖（棉子糖、麦芽三糖）和四糖（水苏糖）等，其中最主要的是蔗糖。蔗糖在植物体中分布广泛，是高等植物组织中最常见的成分，也是植物体中有机物运输的主要形式，还是糖类贮藏和积累的主要形式，对植物的代谢功能有十分重要的作用。通常甘蔗、甜菜和水果中的蔗糖含量较多。

大多数果蔬中含蔗糖、葡萄糖和果糖，各种糖的多少因果蔬种类和品种等而有差别。在果蔬的成熟和衰老过程中，其含糖量和含糖种类也在不断变化，例如：杏、桃和芒果等果品成熟时，蔗糖含量会逐渐增加；成熟的苹果、梨和枇杷以果糖为主，也含有葡萄糖，蔗糖含量也逐渐增加；未熟的李子几乎没有蔗糖，待到成熟时其蔗糖含量会有一个迅速增加的过程；胡萝卜主要含蔗糖，甘蓝主要含葡萄糖。蔬菜的含糖量较果品少，一般的蔬菜随着逐渐成熟则含糖量日益增加，块茎、块根类蔬菜成熟度越高而含糖量越低。

（2）多糖

多糖是由许多单糖分子脱水缩合而成的高分子化合物。多糖根据其功能可将多糖分为两大类：形成植物骨干结构的不溶性多糖，如纤维素、半纤维素、木质素等；贮藏的营养多糖，如淀粉、菊糖等。

① 淀粉

淀粉是植物中最重要的贮藏多糖，虽然果蔬不是人体所需淀粉的主要来源，但某些未熟的果实含有大量的淀粉，如未完全成熟的香蕉含有 20%～25% 的淀粉，而成熟后降至 1% 以下。块根、块茎类蔬菜中含淀粉较多，如藕、菱、芋头、山药、马铃薯等，其淀粉含量与成熟程度成正比增加。凡是以淀粉形态作为贮藏物质的蔬菜种类大多能保持休眠状态，有利于贮藏。对于青豌豆、甜玉米等以幼嫩籽粒供食用的蔬菜，其淀粉含量会影响食用及加工产品的品质，对这些品种而言，淀粉含量的增加将导致其品质的下降。淀粉不溶于冷水，但在热水中会极度膨胀成为胶态，变得易于人体吸收。

在植物体内，淀粉可转化为糖，这种转化是依靠酶的作用进行的。在磷酸化酶和磷酸酯酶的作用下，这种转变是可逆的，如马铃薯在不同温度下贮藏时就有这种表现，贮藏在 0℃以下时，块茎还原糖含量可达 6% 以上；而贮藏在 5℃以上时，块茎还原糖含量往往不足 2.5%。在淀粉酶和麦芽糖酶的作用下，淀粉转变为葡萄糖的反应是不可逆的。

② 纤维素和半纤维素

纤维素和半纤维素均不溶于水，这两种物质构成了果蔬的形态和体架，是细胞壁的主要结构成分，对细胞壁有支撑作用。

纤维素在果蔬皮层中含量较多，与木质素、栓质、角质、果胶物质等形成复合纤维素，对果蔬有保护作用，对果蔬的品质和贮藏有重要意义。果蔬在贮藏过程中，组织老化后，纤维素会木质化和角质化，果蔬组织变得坚硬粗糙，使果蔬不易咀嚼、品质下降。

半纤维素在化学上与纤维素无关，只是与细胞壁的纤维素分子在物理上相连而已。半纤维素由葡萄糖、半乳糖、甘露糖、木糖、阿拉伯糖（单糖的衍生物：葡萄糖醛酸、半乳糖醛酸和甘露糖醛酸等）构成，其中以木糖为最多。半纤维素在植物体中有着双重作用，既有类似纤维素支撑组织的功能，又有类似淀粉的贮存功能。

③ 果胶物质

果胶物质主要存在于果实、块茎、块根等植物器官中，果蔬的种类不同，果胶的含量和性质也不相同。水果中的果胶一般是高甲氧基果胶，蔬菜中的果胶一般多为低甲氧基果胶。果胶物质以原果胶、果胶和果胶酸三种不同的形态存在于果蔬组织中。果蔬组织细胞间的结合力及果蔬的硬度与果胶物质的形态、数量密切相关。果胶物质形态的不同直接影响果蔬的食用性、可加工性和耐贮藏性。

原果胶是可溶性果胶与纤维素缩合而成的高分子物质，不溶于水，具有黏结性。它们在胞间层和蛋白质及钙、镁等形成蛋白质－果胶－阳离子黏合剂，使相邻的细胞能紧密地黏结在一起，赋予果蔬脆硬的质地。未熟果蔬的组织坚硬就是与原果胶的存在有一定的关系，原果胶含量越高，果实硬度也越大；果蔬未成熟时，果胶物质大部分以原果胶的形式存在，随着果蔬成熟度提高，原果胶在原果胶酶的作用下逐渐分解为果胶，并与纤维素分离，使黏结作用下降，使导致细胞间结合力松弛，果蔬硬度也就随之而下降。果胶易溶于水，存在于植物细胞壁和细胞内层，是半乳糖醛酸甲酯及少量半乳糖醛酸通过 α-1,4- 糖苷键连接而成的直链高分子化合物。随着果蔬的进一步成熟，果胶在果胶酶的作用下水解为果胶酸和甲醇。果胶酸是一种由多个半乳糖醛酸链通过 α-1,4- 糖苷键连接结合而成的多聚半乳糖醛酸。由于果胶酸无黏结性，相邻细胞间没有了黏结性，果蔬的质地变软，因此过熟果蔬呈软烂状态。若果胶酸在果胶酯酶的作用下进一步则分解成为糖类（己糖和戊糖）和 D- 半乳糖醛酸，则果蔬解体。果胶物质在果蔬中的变化过程如图 2-1 所示。

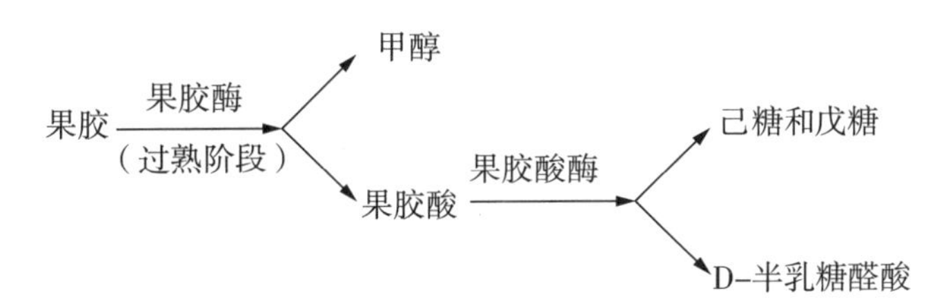

图 2-1　果胶在果蔬中的变化过程

山楂、柑橘、苹果、番石榴等含有大量的果胶物质。果胶溶液黏度高，果胶物质含量较高的果蔬原料生成果蔬汁时，取汁较难，需要将果胶物质水解以提高出汁率，也容易造成果汁澄清困难，但对于浑浊型果汁的果胶物质则具有稳定作用。果胶物质对果酱类食品具有增稠作用。

3. 有机酸

有机酸是分子结构中含有羧基（-COOH）的一类化合物。果蔬的酸味主要来自有机酸，如柠檬酸、苹果酸、酒石酸等（统称为果酸），此外还有少量的草酸、琥珀酸、延胡索酸、醋酸、乳酸和甲酸等，蔬菜中的含酸量较水果少。

有机酸是果蔬酸味的主要来源，但是酸的浓度与酸味之间不是简单的相关关系。酸味与酸根种类、可滴定的酸度、缓冲效应及其他物质（特别是糖）的存在都有关系。通常果蔬的风味常以糖酸比来衡量。不同果蔬所含有机酸种类、数量及存在形式不同，如水果中游离酸含量比结合酸高，很少有例外（葡萄主要以酒石酸氢钾的形式存在于组织中）；而叶子（如菠菜、竹笋等蔬菜）中的结合酸含量常常占优势。通常幼嫩的果蔬酸含量较高，随着果蔬的成熟或贮藏期的延长，酸含量逐渐下降。

有机酸的代谢具有重要的生理意义。果蔬中的苹果酸和柠檬酸在三羧酸循环中占有重要地位。在果蔬采后的贮运过程中，这些有机酸可直接作为呼吸底物而被消耗，使果蔬的酸含量下降，有机酸的消耗较可溶性糖降低更快。由于有机酸的含量降低，糖酸比提高。贮藏温度越高，有机酸消耗越多，糖酸比也越高，果蔬风味变甜、变淡，食用品质和贮运性也随着时间下降，故糖酸比是衡量果蔬品质的重要指标之一。此外，糖酸比也是判断部分果蔬成熟度和采收期的重要参考指标。此外，有机酸会影响果蔬加工过程中的酶促褐变和非酶促褐变；果蔬中的花色素、叶绿素及单宁色泽的变化也与有机酸有关；有机酸能与铁和锡反应，会腐蚀设备和罐藏容器；一定温度下，有机酸会促进蔗糖和果胶等物质的水解，影响果蔬制品的色泽和组织状态；有机酸含量的多少与果蔬制品 pH 的高低，决定了罐头杀菌条件的选择。

4. 含氮物质

果蔬中存在的含氮物质种类很多，主要是蛋白质，其次是氨基酸、酰胺及某些铵盐和硝酸盐等。果蔬中蛋白质含量差别较大，水果中的蛋白质主要存在于坚果类中，其他类水果中的蛋白质含量较少；蔬菜中的蛋白质含量相对水果来说较为丰富，一般在0.6%～9%。果蔬特别是蔬菜含有丰富的氨基酸，氨基酸种类较多。果蔬中游离氨基酸为水溶性，存在于果蔬汁中。一般果蔬含氨基酸都不多，但对人体的综合营养却具有重要价值。氨基酸含量多的果蔬有桃、李、番茄等，含量少的有洋梨、柿子等。在蔬菜的20多种游离氨基酸中，含量较多的有14～15种，有些氨基酸具有鲜味。绿色蔬菜中的9种氨基酸中以谷氨酰胺最多。叶菜类有较多的含氮物质，如莴苣的含氮物质占干重的20%～30%，其中主要是蛋白质。蔬菜中的辛辣成分如辣椒中的辣椒素、花椒中的山椒素，均为具有酰胺基的化合物。生物碱类的茄碱、糖苷类的黑芥子苷、色素物质的叶绿素和甜菜色素等都是含氮物质。

5. 脂肪

在植物体中，脂肪主要存在于种子和部分果实（如油梨、油橄榄等）中，在根、茎、叶中的含量很小。不同种子的脂肪含量差别很大，如核桃为65%、花生为45%、西瓜籽为19%、冬瓜籽为29%、南瓜籽为35%，脂肪含量高的种子是油脂工业的极好原料。脂肪容易氧化酸败，尤其是不饱和脂肪酸含量较高的植物油脂原料，如核桃仁、花生、瓜籽等干果类及其制品，在贮藏加工中应注意这些特性。

植物的茎、叶和果实表面常有一层薄的蜡质，主要是高级脂肪酸和高级一元酸所形成的脂肪，它可防止茎、叶和果实的凋萎，也可防止微生物侵害。果蔬表面覆盖的蜡质堵塞部分气孔和皮孔，有利于果蔬的贮藏。因此，在果蔬采收、分级包装等操作时，应注意保护这种蜡质。

6. 单宁

单宁也称鞣质、鞣酸、单宁酸，属于多酚类化合物，是一类由儿茶酚、焦性没食子酸、根皮酚、原儿茶酚和五倍子酸等单体组成的复杂混合物，其结构和组成因来源不同而有较大的差异，具有收敛性涩味，对果蔬及其制品的风味起重要作用。

一般蔬菜中的单宁含量较少，水果中的单宁含量较多。未成熟的柿子含有1%～2%的可溶性单宁，具有强烈的涩味。当人为采取措施使可溶性单宁转变为不溶性单宁时，则果蔬的涩味减弱，甚至完全消失。生产上常通过温水浸泡和高浓度二氧化碳等方式诱导柿子产生无氧呼吸而达到脱涩的目的。未熟的香蕉果肉具有涩味，当香蕉成熟时，单宁含量减少，涩味减弱。

单宁在贮运过程中易发生氧化褐变，生成暗红色的根皮鞣红，影响果蔬的外观色泽，降低产品的商品品质。去皮或切开后的果蔬在空气中变褐色，即是单宁氧化所致。在加工过程中，对含单宁的果蔬，如处理不当，常会引起不同的变色，如单宁遇铁变黑色，与锡长时间共热呈玫瑰色，遇碱则变蓝色。单宁的这些特性会直接影响制品的品质，有损制品的外观，因此，果蔬加工所用的工具、器具、容器设备等的选择十分重要。

单宁与糖和酸的比例适当时，能呈现良好的风味。果酒、果汁中均应含有少量单宁，因它具有强化酸味的作用。单宁易溶于热水，部分溶于凉水，与水生成胶体溶液。当压榨果汁时，单宁溶于果汁中，与果汁中的蛋白质结合，生成不溶解的化合物，有助于汁液的澄清，这在果汁、果酒生产中有重要意义。

7. 糖苷类物质

果蔬中的多种糖苷类物质由糖和其他含羟基化合物（如醇、醛、酚、鞣酸）结合而成，大多数具有苦味或特殊的香味，部分有剧毒（如苦杏仁苷和茄碱苷等），在食用时应注意。

苦杏仁苷普遍存在于桃、李、杏、樱桃等果实的果核及种仁中。未成熟的马铃薯的块茎、番茄和茄子中茄碱苷含量较高，成熟后则降低。芥菜、萝卜含黑芥子苷较多，黑芥子苷本身呈苦味，在芥子酶的作用下可生成具有特殊辣味和香气的芥子油、葡萄糖及硫酸氢钾，苦味消失，蔬菜腌制可利用这一特性使腌制品具有特殊的香辣味。橘皮苷是柑橘类果实中普遍存在的一种苷类，在橘皮及橘络内含量最多，有强烈的苦味。

8. 色素物质

色泽是人们评价果蔬质量的一个重要因素，在一定程度上可以反映果蔬的新鲜程度、成熟度及品质的变化。果蔬中的天然色素是果蔬赖以呈色的主要物质。天然色素一般对光、热、酸、碱和某些酶均比较敏感，这些因素会影响果蔬产品的色泽。色素物质的含量及其采后贮运加工过程中的变化对于果蔬产品的品质有重要影响。

果蔬的色素种类很多，有时单独存在，有时几种色素同时存在。不同的生长发育阶段、环境条件及贮藏加工方式，果蔬的各种色素会有所变化。果蔬产品的色素物质主要包括叶绿素类、类胡萝卜素、花色素和黄酮类色素等。

9. 芳香物质

各种果蔬都含有其特有的芳香物质，一般含量极微，只有十万分之几到万分之几，少数果蔬，如柑橘、芹菜、洋葱中的含量较多。芳香物质是油状的挥发性物质，因含量极少，故又称为挥发油或精油。芳香物质的种类很多，果蔬中的芳香物质以酯类、醇类、萜类为主，其次为醛类、酮类及挥发酸等。有些植物的芳香物质不是以精油的状态存在的，而是以糖苷类或氨基酸状态存在的，必须借助酶的作用生成精油才有香气，如苦杏仁油、芥子油及蒜油等。

各种果蔬的芳香物质组分、存在部位及主体成分有很大差异，但不论各种果蔬释放的挥发性物质组分差异如何，只有成熟或衰老时才有足够的数量累积，显示出该品种特有的香气。可以说芳香物质是果蔬成熟或衰老过程的产物，具有呼吸跃变的果蔬在呼吸高峰后芳香物质才有明显的积累，而在植株上正常成熟的果蔬远比提前采收的果蔬芳香物质累积得多。例如，市场上出售的哈密瓜、香瓜、甜瓜、桃等香气味道远不如正常成熟采收的果蔬。无呼吸高峰的果实芳香物质积累可作为果蔬成熟或衰老的标志。通常产生芳香物质多的果蔬耐藏性较差。

芳香物质易氧化且热敏感，加工时间过长会使芳香物质逸出，产生其他风味或异味，影响制成品质量。而且，制成品中芳香物质含量也不能太高，否则不仅影响风味，还易氧化变质。

10. 维生素

果蔬是人体获得维生素的主要来源。果蔬中所含的维生素种类很多，可分为水溶性和脂溶性两类。

（1）水溶性维生素

① 维生素C：不同果蔬中维生素C含量差异较大，含量较高的果蔬有鲜枣、山楂、猕猴桃、草莓、柑橘、辣椒、绿叶蔬菜、花椰菜等。维生素C溶于水，易被氧化，与铁等金属离子接触后会加剧氧化，在碱性及光照条件下容易被破坏。在加工过程中进行切分、烫漂、蒸煮和烘烤时，果蔬的维生素C极易发生损耗，应采取措施减少损耗。

② 维生素B_1：在酸性条件下稳定、耐热，在中性及碱性条件下极容易受到破坏。豆类蔬菜、芦笋、干果类中的维生素B_1含量较多，应避光贮存，减少环境中的氧气。

③ 维生素B_2：耐热、耐干燥及氧化，在果蔬贮运加工中不易被破坏，但在碱性溶液中遇热不稳定。甘蓝、番茄、豌豆、板栗等中的维生素B_2含量较多。干制品中的维生素B_2仍能保持其活性。

（2）脂溶性维生素

① 维生素A原（胡萝卜素）：天然果蔬中并不存在维生素A，但在人体内可由胡萝卜素转化而来。新鲜果蔬中含有大量的胡萝卜素，如胡萝卜、南瓜、番茄、黄瓜、柑橘、杏、枇杷、芒果、柿子等。维生素A及维生素A原的性质相对稳定，烫漂、高温杀菌、碱性、冷冻等处理前后的变化不大，但由于其分子的高度不饱和性，在果蔬加工中容易被氧化，加入抗氧化剂可以得到保护。在果蔬贮运时，冷藏、避免日光照射有利于减少胡萝卜素的损耗。

② 维生素E及维生素K：存在于植物的绿色部分，性质稳定。莴苣富含维生素E，菠萝、甘蓝、花椰菜、青番茄富含维生素K。维生素E对热、酸稳定，对碱不稳定，对氧敏感，但油炸时维生素E活性明显降低。所有维生素K的化学性质都较稳定，能耐酸、热，正常烹调中只有很少的损耗，但对光敏感，易被碱和紫外线分解。

11. 矿物质

果蔬中含有多种矿物质，如钙、磷、铁、镁、钾、钠、碘、铝、铜等，小部分以游离态形式存在，大部分以结合态形式存在，如硫酸盐、磷酸盐、碳酸盐等或与有机物结合的盐类（如蛋白质中含有硫和磷、叶绿素中含有镁等）。新鲜果蔬中矿物质的含量、水分和其他有机物质相比非常少，但如果以干物质计，矿物质含量是相当丰富的，为干重的1%～5%。蔬菜中矿物质的含量高于水果。蔬菜中雪里蕻、芹菜、油菜等不但含钙量高，而且易被人体吸收利用；菠菜、苋菜、空心菜等由于含较多的草酸，影响人体对其中钙、铁的吸收。

在果蔬中，矿物质影响果蔬的质地及贮藏效果。钙是植物细胞壁和细胞膜的结构物质，在保持细胞壁结构、维持细胞膜功能方面有重要意义，可以保护细胞膜结构不易被破坏，能够提高果蔬本身的抗病性，预防贮藏期间果蔬生理病害的发生。有研究显示，钙、钾含量高时，果实硬、脆度大、果肉致密，贮藏中软化进度慢、耐贮藏。矿物质较稳定，在贮藏中不易损失。矿物质在果蔬加工中一般也比较稳定，其损耗往往是通过水溶性物质的浸出而流失的，如烫漂等加工果蔬时矿物质损耗的比例与其溶解度呈正相关。矿质成分的损耗并非都有害，如硝酸盐的损耗对人体健康是有益的。

12. 酶

果蔬细胞中含有各种各样的酶。酶的结构十分复杂，支配着果蔬的全部生命活动过程，同时也是贮藏和加工过程中引起果蔬品质变坏和营养成分损失的重要因素。果蔬中所有的生物化学作用都是在酶的参与下进行的。果蔬成熟衰老中的物质合成与降解涉及众多的酶，主要有两大类：一类是氧化酶，包括抗坏血酸氧化酶、过氧化氢酶、过氧化物酶、多酚氧化酶等；另一类是水解酶，包括果胶酶、纤维素酶、淀粉酶、蛋白酶等。

果蔬在生长、成熟及贮藏后熟中均有各种酶进行活动，酶是影响制品品质和营养成分的重要因素，如：苹果、香蕉、芒果、番茄等在成熟中变软就是果胶酶类酶活性增强的结果；成熟的香蕉、苹果、梨及芒果等在淀粉酶及磷酸化酶的作用下，果实中的淀粉水解为葡萄糖，甜度增加；过氧化物酶及多酚氧化酶则会引起果蔬的酶促褐变。

2.2.2　果蔬原料的采后处理与贮藏保鲜

1. 果蔬的采后处理

（1）果蔬预冷

预冷是指将新鲜采收的果蔬品在运输、贮藏或加工以前迅速除去田间热，将产品温度降至适宜温度的过程，是创造良好温度环境的第一步。大多数果蔬都需要预冷，恰当的预冷可以有效减少果蔬贮运过程中的腐烂，最大限度地保持果蔬的新鲜度和品质。

果蔬采收后，高温对果蔬品质的保持十分不利，特别是在热天或烈日下采收的果蔬，采后损失率更大。为保持果蔬的新鲜度、优良品质和货架寿命，最好在产地采收后就立即进行预冷，尤其是一些组织娇嫩、营养价值高、采后寿命短或有呼吸高峰的果蔬，若不能及时预冷，在贮运过程中很快就会达到成熟状态，甚至腐烂变质，大大缩短贮藏寿命。另外，未经预冷的果蔬在贮运过程中要降低其温度就要加大制冷剂的热负荷，则设备能耗、动力及商品都会遭受更大的损失。果蔬采后的及时预冷会减少采后损失，同时抑制腐败微生物的生长、酶活性和呼吸强度，有效保持果蔬的品质和商品性。因此，预冷是果蔬低温冷链保藏运输中必不可少的环节。

目前，果蔬预冷的方式一般分为自然预冷和人工预冷。人工预冷主要包括水冷、冰接触预冷、风冷和真空预冷等。

（2）果蔬被膜

被膜即人为地在产品表面涂一层膜，目前已成为果蔬商品化处理中的必要措施之一，可有效延长果蔬的货架寿命和提升商品质量。被膜处理能减少果蔬水分的蒸发，增加产品光泽，改善外观品质，利于保藏和提高果蔬价值。被膜能够适当堵塞果蔬表面上的气孔和皮孔，对气体交换起到一定的阻碍作用，可以在一定程度上调节果蔬表面微环境的 O_2 和 CO_2 浓度，从而抑制果蔬的呼吸，延缓新陈代谢，减缓养分损耗，达到延缓果蔬后熟和衰老的目的。被膜还能减轻果蔬表皮的机械损伤和作为防腐剂的载体，起到抑制病原微生物浸染的作用。

商业上使用的大多数被膜剂都以石蜡和巴西棕榈蜡混合作为基料。石蜡可以有效地控制水分蒸发，而巴西棕榈蜡能使果蔬产生诱人的光泽。近年来，含有聚乙烯、合成树脂物质、乳化剂和润湿剂的蜡涂料逐渐普遍起来，常作为杀菌剂的载体或防止衰老、生理失调和发芽抑制的载体。以无毒、无害、天然物质为原料的涂料日益受到人们的青睐，如在涂料中加入中草药成分、抗菌肽、氨基酸等天然防腐剂，制成各种配方的混合制剂，在保鲜的同时兼具防腐的作用。此外，我国还积极研究用多糖类物质作为被膜剂，如海藻酸钠、葡甘聚糖、壳聚糖等。

（3）果蔬包装

果蔬包装是标准化、商品化，保护产品、保证安全贮运和销售的重要措施。果蔬在包装前应进行修整，使果蔬新鲜、清洁、无机械伤、无病虫害、无腐烂、无畸形、无各种生理病害，参照国家或地区标准化方法进行分级。果蔬包装需在阴凉处进行，以防日晒、风吹、雨淋。果蔬在容器内的排列形式以既有利于通风透气，又不会引起果蔬在容器内滚动、相互碰撞为宜。包装量需适度，应根据果蔬自身特点采取散装、捆扎包装或定位包装，以防止过满或过少而造成果蔬损伤。包装容器中可放置乙烯吸附剂，而一些熏硫果蔬产品还可加入 SO_2 吸附剂，还可在纸箱外面涂抹一层石蜡、树脂防潮。包装加包装物的质量根据果蔬种类、搬运和操作方式可略有差异，一般不超过 20%。用以果蔬销售的小包装应美观、吸引消费者和便于携带，并在一定程度上起到延长果蔬货架期的作用。此外，销售包装上应标明果蔬的质量、品名、价格和生产日期等。

果蔬常用的包装技术主要有罐头式包装、无菌包装、塑料热收缩包装、塑料拉伸包装、泡罩包装、贴体包装和气调包装等。根据果蔬的品种特性和贮运、销售性等，选择适宜的包装方式，可有效延长其保鲜期和货架期。

2. 果蔬的贮藏保鲜技术

果蔬采后腐烂损失十分严重，每年有 20%～40% 的新鲜果蔬在采后变质腐烂。加之果蔬采后商品化处理、保鲜技术、贮运设施仍比较落后，采后贮藏保鲜的果蔬不足产量的 20%。贮藏保鲜技术的发展对延长果蔬采后贮藏寿命、减少果蔬采后腐烂损失起到决定性的作用。

（1）果蔬物理保鲜

① 热处理

热处理是采用 35～60℃的热水、热空气或热蒸气处理果蔬一段时间，通过杀灭或抑制病原菌生长，延缓果蔬成熟衰老进程，达到延长保鲜期目的的一种物理方法。采后热处理以其无化学残留、安全和简便易行等优点，在果蔬保鲜中有较好的应用前景，随着热处理方法的不断改进和完善，已在多种果蔬采后处理中实现商业应用。

② 短波紫外线照射

短波紫外线（UV-C）波长 100～280 nm。采后 UV-C 照射对苹果、柑橘、桃、草莓、马铃薯等多种果蔬的腐烂病害均有较好的效果。UV-C 抑制果蔬采后病害的主要机制包括延缓成熟衰老和诱导提高抗病性，此外 UV-C 也具有直接抑菌的效果。UV-C 照射可抑制果蔬采后呼吸作用，减少乙烯释放，降低果蔬体内细胞壁代谢酶活性，能够保持果蔬较高的硬度，具有操作简便、安全性高、无残留、生产成本低等优点，可与其他采后处理方法配合使用。

③ 辐照处理

辐照处理是利用一定剂量的射线辐照果蔬，起到灭菌、杀虫、抑制后熟等生理活动，从而达到防虫、抑菌、延长果蔬贮藏寿命的一种保鲜处理方法。其常用于抑制马铃薯、洋葱等根茎类蔬菜的发芽；抑制果蔬后熟作用，延长贮藏寿命；杀灭果蔬上的害虫及微生物，控制采后病害的发生。

④ 高压电场处理

果蔬经高压电场处理后，受到带电离子的空气作用时，自身的电荷就会起到中和作用，对采后生理代谢产生一定影响，引起呼吸强度减慢，有机物消耗相对减少，从而达到贮藏保鲜的目的。在高压电场作用下，果蔬内部的细胞结构特别是细胞膜结构易发生变化，使膜上的电性物质发生重排、激发、电离等作用。高压电场中产生的一些活性离子作用于膜上的酶系统，并可使酶钝化。此外，高压电场也能使细胞内的自由水发生电离、激发等，产生具有化学活性的自由基，这些自由基作用于生物大分子，可引起生物损伤，进而干扰生物代谢过程。

（2）果蔬化学保鲜

果蔬化学保鲜是减少采后腐烂病害的重要方法，由于化学药剂对诸多采后病原微生物有直接的毒杀作用，因此其保鲜效果更加显著。化学保鲜可以弥补低温贮藏的不足，对不耐低温贮运的果蔬有明显的优势。常见的化学保鲜剂包括杀菌剂、涂膜保鲜剂、乙烯抑制剂、生理活性调节剂、其他（气体发生保鲜剂、吸附性保鲜剂）等。

① 杀菌剂

杀菌剂的生产成本低、价格便宜、保鲜效果好、使用方便，在果蔬化学保鲜方法中占有主导地位，其主要通过喷洒、浸果、浸纸垫、熏蒸等方式直接杀死果蔬上的病原菌。长期使用同一种杀菌剂，往往会出现药效降低的现象，即抗药性。病原菌的抗药性存在交叉抗性的现象，即病原菌如果对某一杀菌剂产生抗性，那么对作用机制相同的其他药剂也会产生抗性。为了克服抗药性的产生，生产上可以选择作用机制不同的杀菌剂交替使用，或者采用混配的方法，将单方改为复方。此外，杀菌剂的残留越来越受到消费者、政府机构及世界贸易组织的广泛关注，已经成为制约果蔬商品流通、出口贸易和市场竞争的关键因素。因此，在果蔬化学保鲜的商业使用中，应尽量控制杀菌剂的使用浓度或配合其他保鲜方法综合使用。

② 涂膜保鲜剂

果蔬涂膜保鲜处理是将成膜物质（包括可食用蜡、天然树脂、明胶、淀粉、壳聚糖等）制成适当浓度的水溶液或者乳液，通过浸渍、涂抹、喷洒等方法均匀涂布于果蔬表面，达到延长果蔬保鲜期、提高果蔬商品性的过程。近年来，涂膜保鲜剂中以动植物多糖类、蛋白质类等高黏度成膜保鲜剂在果蔬保鲜研究中发展最快，应用也最为广泛。

③ 乙烯抑制剂

乙烯抑制剂主要通过与果蔬发生生理生化反应，从而阻止内源乙烯的生物合成或抑制其生理作用，分为乙烯生物合成抑制剂和乙烯作用抑制剂两类。乙烯生物合成抑制剂主要通过抑制乙烯生物合成中的两个关键酶，即 ACC 合成酶（ACS）和 ACC 氧化酶（ACO），而达到抑制乙烯产生的目的。乙烯作用抑制剂主要通过自身作用于乙烯受体而阻断乙烯的正常结合，从而抑制乙烯所诱导的一系列果蔬的成熟衰老过程。目前乙烯作用抑制剂具有很好的保鲜效果，并在多种果蔬中得到广泛应用，其中以丙烯类物质最为常见，主要包括环丙烯（CP）、1- 甲基环丙烯（1-MCP）和 3,3- 二甲基环丙烯（3,3-DMCP）等，它们在常温下为气体，无色、无味、无毒。

④ 生理活性调节剂

生理活性调节剂通过调节果蔬生理活性，达到延缓果蔬成熟衰老、延长果蔬贮藏寿命的目的。目前研究应用的生理活性调节剂主要分生长素类、赤霉素类、细胞分裂素类等。柑橘、葡萄等水果采用生长素类浸果，可降低果实腐烂率，防止落果。赤霉素类可抑制细胞衰老，延缓果皮褪绿变黄、果肉变软等后熟症状。细胞分裂素类具有保护叶绿素，抑制衰老的作用，可用来延缓绿叶蔬菜及食用菌的衰老。茉莉酸及其甲酯、水杨酸、油菜素内酯、甜菜碱等生理活性物质在延缓果蔬衰老、提高果蔬采后抗病能力、延长保鲜期等方面都有很好的效果，并且具有潜在应用前景。但由于生理活性调节剂的使用剂量还不规范，对人体健康、环境污染等方面存在争议，目前还不能得到广泛的商业化使用。

⑤ 其他

气体发生保鲜剂通过自身挥发或化学反应产生气体，具有杀灭病原菌或脱除乙烯的效果。常用的气体发生保鲜剂包括二氧化硫发生剂、乙醇蒸气发生剂、一氧化氮发生剂和卤族气体发生剂等，其中以二氧化硫发生剂最为常见。

吸附性保鲜剂主要通过吸附清除贮藏环境中的乙烯、降低氧气含量、脱除过多的二氧化碳来达到较好的气调效果，以抑制果蔬后熟，延长果蔬贮藏寿命。常用的吸附性保鲜剂主要有乙烯吸收剂、吸氧剂和二氧化碳吸附剂。

（3）果蔬生物保鲜

① 生物拮抗菌保鲜

生物拮抗菌保鲜是利用生防菌与病原微生物之间的拮抗作用，选择对果蔬本身没有伤害、安全的微生物来抑制由病原微生物引起的果蔬腐烂、败坏、变质等的生物保鲜方法。目前已经筛选出多种对果蔬采后病害具有明显防治效果的细菌、酵母菌和小型丝状真菌，其中酵母菌具有遗传稳定、抑菌效果明显且安全性高、对寄主没有致病性、对大多数杀菌剂不敏感、能与多种化学和物理方法结合使用等优点，成为防治果蔬采后病害的主要生防菌。

② 天然提取物防腐剂

天然提取物防腐剂按其提取来源可分为植物源、动物源和微生物源防腐剂。植物源的天然提取物防腐剂有植物精油、茶多酚等，具有良好的抗菌能力；动物源的天然提取物防腐剂有壳聚糖、昆虫抗菌肽及鱼精蛋白等；微生物源的天然提取物防腐剂有乳酸链球菌素、纳他霉素、聚赖氨酸等。天然提取物防腐剂具有安全无毒、抗菌性强、溶解性好、稳定性好、作用范围广等优点，越来越受到果蔬采后保鲜领域的青睐。

2.3 肉原料的贮运加工特性及保鲜

2.3.1 肉的组织结构及物理性质

1. 肉的组织结构

动物体中主要可利用部分的组织组成比例如下：肌肉组织35%～60%、脂肪组织2%～40%、结缔组织9%～11%、骨骼组织7%～40%。因动物种类、饲养条件及年龄的不同，上述动物组织的组成比例有较大差异。肌肉的结构和组织组成直接决定了肉的质量，肌肉内结缔组织和脂肪组织的多少以及结缔组织的结构和脂肪沉积的部位等均是影响肉质的主要原因。

（1）肌肉组织

肌肉组织是构成肉的主要组成部分，分为横纹肌、心肌和平滑肌三种，具有较高的食用价值。从食品加工角度来看，肌肉组织主要指在生物学中被称为横纹肌的一部分。因横纹肌是附着在骨骼上的肌肉，所以也叫骨骼肌，又因这部分肌肉可以随动物的意志伸长或收缩，完成运动机能，故又叫随意肌，这是与不随意的平滑肌（即内脏肌）、心肌相对而言的。

（2）脂肪组织

脂肪组织是畜、禽胴体中仅次于肌肉组织的第二个重要组成部分，对改善肉质、提高风味有重要作用。脂肪组织由退化了的疏松结缔组织和大量的脂肪细胞所组成，多分布在皮下、肾脏周围和腹腔内。脂肪的气味、色泽、密度等因动物的种类、品种、饲料供给、个体发育状况及脂肪在体内的位置不同而有所差异。

（3）结缔组织

结缔组织是构成肌腱、筋膜、韧带以及肌肉内外膜、血管、淋巴结的主要组成部分，分布在体内各部位，起支持和连接器官组织的作用，能够使肉保持一定硬度且具有弹性。结缔组织由细胞、纤维和无定形基质组成，一般占肉类组织的 9%～13%，其含量和肉的嫩度有密切关系。

（4）骨骼组织

骨骼组织为肉的次要组成部分，由骨膜、骨质及骨髓构成，其食用价值和商品价值均较低，在运输和贮藏时要消耗一定能源。通常将骨骼粉碎制成骨粉作为饲料添加剂。此外，还可将其熬出骨油和骨胶。利用超微粒粉碎机将骨骼组织制成骨泥，可作为肉制品的良好添加剂，也可用作其他食品以强化钙和磷的含量。

2. 肉的主要物理性状

肉的物理性状主要包含体积质量、比热容、热导率、冰点、色泽、肉质和嫩度、滋味和香气等，这些性状与肉的形态结构、种类、性别、年龄、肥度、经济用途、存在部位、宰前状态等各方面的因素有关，在肉的加工贮藏中将直接影响肉品的质量。

（1）体积质量

体积质量是指每立方米体积的质量（kg/m^3）。肉体积质量的大小与动物种类、肥度有关。脂肪含量多则体积质量小，例如去掉脂肪的猪、牛、羊的肉体积质量为 1020～1070 kg/m^3，中等肥度猪肉的体积质量为 940～960 kg/m^3，牛肉的体积质量为 970～990 kg/m^3，而猪脂肪的体积质量仅为 850 kg/m^3。

（2）比热容

肉的比热容指的是 1 kg 肉升降 1℃所需要的热量。肉的比热容受到肉中水分和脂肪含量的影响，含水量大则比热容大，其冻结或融化的潜热增高，肉中脂肪含量多则相反。

（3）热导率

肉的热导率是指肉在一定温度下，每小时每米传导的热量（以 kJ 计）。肉的热导率受组织结构、部位以及冻结状态等因素的影响，很难准确测定。肉的热导率大小决定着肉冷却、冻结及解冻时温度变化的快慢。肉的热导率可随温度下降而增大。因冰的热导率比水大 4 倍，所以冻肉比鲜肉更易导热。

（4）冰点

肉的冰点是指肉中水分开始结冰的温度，也称冻结点，取决于肉中盐类的浓度，盐类浓度越高，冰点越低。纯水的冰点为 0℃，肉中一般含水分 60%～70%，并且含有各种盐类，因此冰点低于纯水。一般猪肉、牛肉的冰点为 -1.2～-0.6℃。

（5）色泽

肉的色泽对肉的营养价值并无多大影响，但在某种程度上会影响消费者的食欲和商品价值。如果是微生物引起的色泽变化还会影响肉的卫生质量。肉的色泽本质上是由肌红蛋白（Mb）和血红蛋白（Hb）产生的。肌红蛋白为肉自身的色素蛋白，肉色的深浅与其含量多少有关。血红蛋白则存在于血液中，对肉色泽的影响视放血是否充分而定。在肉中，血液残留多，则血红蛋白含量多，肉色深。放血充分的肉则肉色正常，放血不充分或不放血的肉则肉色深且暗。

（6）肉质和嫩度

肉质是指用感官所获得的品质特征，主要由视觉和触觉等因素构成。视觉因素是从表面上识别的瘦肉断面的光滑程度、脂肪存在量和分散程度、纹理的粗细，常用粗、细、凸、凹等词汇形容。触觉因素是由皮肤接触及在嘴中咀嚼时感受到的肌肉的细腻、光滑程度、软硬状况。通常所说的口感是通过口腔内的牙、上腭、舌等感受肉软硬、弹性、黏度等的综合印象。

肉的嫩度指肉在入口咀嚼时组织状态所感觉的现象。与肉的嫩度相矛盾的是肉的韧性，肉的韧性指的是肉被咀嚼时具有的高度持续性的抵抗力。影响肉嫩度的最基本因素是肉中的肌原纤维和纤维的粗细、结缔组织的数量及状态、各种硬质蛋白的比例等，还有动物受宰后所处的环境条件以及肉热加工的情况。

（7）滋味和香气

决定肉滋味和香气的成分都是一些能引起复杂生物化学反应的有机化合物。尽管构成肉滋味和香气的成分微量且复杂，但是它们非常敏感，即使在极低的浓度下也能被察觉。例如：将乙二酰稀释到四千万分之一的水中还能被闻到；甲硫醇即便稀释到二十亿倍的水中仍有气味。

烹调时肉的滋味和香气成分是由原存于肌肉中的水溶性和油溶性的前驱体挥发性物质放出而生成的。生肉的水浸出物质经加热而产生的风味可存在于烹调肉的汤汁中，其在烹调时会强烈地散发出来。烹调时肉汁和肌原纤维中成分的相互作用也会促进肉滋味和香气成分的增强。从生牛肉中分离出的前驱体挥发性物质经烹调之后会产生明显的牛肉滋味和香气，未经烹调加工的水浸出物的透析扩散物和脂肪一起加热时，则会产生烧牛肉的香气。对水溶性透析扩散物的进一步分析结果表明，其含有肌苷酸（或与无机磷酸盐相结合）、葡萄糖、糖蛋白等物质。烹调加工的时间和温度对肉的滋味和香气也有强烈的影响。非加压烹调肉的温度多在 100℃左右，肉产生的滋味和香气物质比较少；而加压烹调肉类，肉的内外层均可达到较高的温度，肉产生的滋味和香气物质则较多。因此，适当的高温烹调可增强肉的滋味和香气。

2.3.2　肉的化学组成

1. 水分

水是肉中含量最多的成分，不同组织中水分含量差异很大，其中肌肉的含水量为 70%～80%，皮肤为 60%～70%，骨骼为 12%～15%。畜、禽越肥水分含量越少，老年动物比幼年动物的水分含量少。肉中水分含量多少及存在状态会影响肉的加工质量及贮藏性。按肉中水分的存在形式，大致可分为结合水、不易流动水和自由水。

水分与肉的量和质的关系极为重要。肉品的加工和贮藏在多数情况下是针对水分进行的。加工干制品时，会首先失去自由水，其次失去不易流动水，最后才失去结合水。冷加工肉时，水分的冻结也是依上述顺序先后变成冰晶。腌制肉过程中，改变渗透压是以水分为对象的。水分存在形式的改变，以及量的多少影响着微生物的生长，从而影响肉的保存期，同时改变肉的风味。当肉的水分减少超过一定限度时，蛋白质等重要营养物质发生不可逆的转变，会导致肉品质的降低。

2. 蛋白质

肌肉中蛋白质的含量约为 20%，依其构成部位和在盐溶液中的溶解度通常分为三种：肌原纤维蛋白质，由丝状蛋白质凝胶构成，占肌肉蛋白质的 40%～60%，与肉的嫩度密切相关；存于肌原纤维之内、溶解在肌浆中的蛋白质，占肌肉蛋白质的 20%～30%，称肌肉的可溶性蛋白；构成肌鞘、毛细血管等结缔组织的基质蛋白质。肉类蛋白质中含有较多人体内不能合成的 8 种必需氨基酸。因此，肉的营养价值很高。在加工和贮藏过程中，若蛋白质受到了破坏，肉的品质及营养价值就会大大降低。

3. 脂肪

脂肪对肉食用品质影响甚大，肌肉内脂肪的多少直接影响着肉的多汁性和嫩度。动物脂肪主要成分是甘油三酯，占脂肪的 96%～98%，此外还有少量的磷脂和固醇脂。肉类脂肪含有 20 多种脂肪酸，其中饱和脂肪酸以硬脂酸、软脂酸居多；不饱和脂肪酸以油酸居多，其次为亚油酸。磷脂及胆固醇所构成的脂肪酸酯类是能量的来源之一，也是构成细胞的特殊成分，其对肉制品的质量、色泽、气味具有重要作用。不同动物脂肪的脂肪酸组成不同，鸡脂肪和猪脂肪所含的不饱和脂肪酸较多，牛脂肪和羊脂肪含有的不饱和脂肪酸较少。

4. 浸出物

浸出物是指除蛋白质、维生素外能溶于水的浸出性物质，包括含氮浸出物和无氮浸出物。含氮浸出物为非蛋白质的含氮物质，包括游离氨基酸、核苷酸及肌苷、磷酸肌酸、尿素等，影响着肉的风味，为香气的主要来源。无氮浸出物为不含氮的、可浸出的有机化合物，包括糖类化合物和有机酸，糖类化合物主要有糖原、葡萄糖、麦芽糖、核糖、糊精等，有机酸主要是乳酸及少量的甲酸、乙酸、丁酸和延胡索酸等。糖原主要存在于肝脏和肌肉中，肝脏中含 2%～8%，肌肉中含 0.3%～0.8%。若宰前的动物消瘦或处于疲劳、病态，则肉中糖原贮备少。糖原含量对肉的 pH、保水性、色泽等均有影响，并且影响肉的贮藏性。

5. 其他营养物质

肉中的矿物质含量一般为 0.8%～1.2%，主要是一些无机盐类和元素。它们有的以螯合状态存在，例如肌红蛋白中的铁、核蛋白中的磷；还有的以游离状态存在，例如钾、钠、镁等。钾、钠与细胞的通透性有关，可提高肉的保水性。

肉中的主要维生素有维生素 A、维生素 B_1、维生素 B_2、维生素 C、烟酸、叶酸、维生素 D 等。在某些器官如肝脏中，各种维生素含量都较高。

2.3.3 肉的加工特性和贮藏保鲜

引起肉腐败变质的主要原因是微生物的繁殖、酶的作用和氧化作用。理论上，肉的贮藏保鲜就是杜绝或延缓这些作用的进程。屠宰加工中，应采用良好的卫生操作规范及合适的包装和保鲜方法，尽可能防止微生物的污染。

1. 冷鲜肉

冷鲜肉是指对屠宰后的胴体迅速冷却，使胴体温度在 24 小时内降为 0～4℃，并在后续的加工、流通和零售过程中始终保持在 0～4℃的鲜肉。因为在加工前经过了预冷排酸，使肉完成了“成熟”的过程，所以冷鲜肉看起来比较湿润，摸起来柔软有弹性，加工起来易入味，口感滑腻鲜嫩，并可在 -2～5℃温度下保存 7 天。与未经过降温冷却处理的热鲜肉相比，冷鲜肉微生物污染少、安全程度高、质地柔软、汁液流失少、营养价值高，是鲜肉处理及消费的主要趋势。因其在低温下逐渐成熟，某些化学成分和降解形成的多种小分子化合物的积累使冷鲜肉的风味明显改善，肌肉蛋白质正常降解，肌肉排酸软化，嫩度明显提高，非常有利于人体的消化吸收。且因其未经冻结，食用前无须解冻，不会产生营养流失，克服了冻结肉的这一营养缺陷。

2. 冷冻肉

冷冻可以抑制微生物的生长和繁殖，延缓肉成分的化学反应，控制酶的活性，从而减缓肉腐败变质的过程。当温度降到 -15～-10℃时，除少数嗜冷菌外，其余微生物都已停止发育。鲜肉需要先经降温冷却、冻结，而后在 -18℃以下的温度进行冻藏。

一般生产上的冻结速度常用所需的时间来区分。如中等肥度猪半胴体由 0～4℃冻结至 -18℃，需 24 小时以内为快速冻结；24～48 小时为中速冻结；若超过 48 小时则为慢速冻结。快速冻结和慢速冻结对肉质量有着不同的影响。慢速冻结时，在最大冰晶生成带（-5～-1℃）停留的时间长，纤维内的水分大量渗出到细胞外，使细胞内液浓度增高，冻结点下降，造成肌纤维间的冰晶越来越大；当水转变成冰时，体积增大 9%，肌细胞遭到机械损伤。这样的冻结肉在解冻时可逆性小，引起大量的肉汁流失，因此慢速冻结对肉质影响较大。快速冻结时温度迅速下降，很快地通过最大冰晶生成带，水分重新分布不明显，冰晶形成的速度大于水蒸气扩散的速度，在过冷状态停留的时间短，冰晶以较快的速度由表面向中心推移，结果使细胞内和细胞外的水分几乎同时冻结，形成的冰晶颗粒小而均匀，因而对肉质影响较小，解冻时的可逆性大，汁液流失少。

3. 其他贮藏保鲜方法

肉类其他的贮藏保鲜方法还有辐照保鲜法、真空包装法、气调包装法、活性包装法、抗菌包装法和涂膜保鲜法等。

2.4　水产原料的贮运加工特性及保鲜

2.4.1　水产原料

1. 原料及特性

水产原料种类很多，我国鱼类有 3000 种左右，鱼体的主要化学组成如蛋白质、水分、脂肪及呈味物质随季节的变化而变化。在一年当中，鱼类有一个味道最鲜美的时期，一般鱼体脂肪含量在刚刚产卵后为最低，之后逐渐增加，至下次产卵前 2～3 个月时肥满度最大，肌肉中脂肪含量最高。多数鱼类味道最鲜美的时期和脂肪积蓄量在很多时候是一致的。鱼体部位不同，脂肪含量有明显的差别。一般是腹肉、颈肉的脂肪较多，背肉、尾肉的脂肪较少。脂肪多的部位水分少，水分多的部位脂肪亦少。贝类中的牡蛎的蛋白质和糖原亦随季节变化很大。

水产原料的新鲜程度要求很高，这是因为鱼肉比畜禽肉更容易腐败变质。一般在清洁的屠宰场屠宰畜禽时，立即去除其内脏。而鱼类在渔获后，不是立即清洗，多数情况下是连带着容易腐败的内脏和鳃运输。另外，渔获时容易造成鱼类死伤，因此即使在低温时细菌侵入鱼体的概率也很大。鱼类比陆地上动物的组织软弱，加之外皮薄，鳞容易脱落，细菌容易从受伤部位侵入。鱼体内还含有活力很强的蛋白酶和脂肪酶类，其分解产物如氨基酸和低分子含氮化合物促进了微生物的生长繁殖，会加速腐败。鱼类、贝类的脂肪中含有大量的 EPA、DHA 等不饱和脂肪酸，这些组分易于氧化，会促进其质量的劣变。此外，鱼类死后僵直的持续时间比畜禽短，会导致自溶迅速发生，肉质软化，很快就会腐败变质。

2. 品质要求及质量鉴定

不同产品对于水产原料的要求略有不同，如：制作鱼罐头通常要求取鱼中段，最好是肉厚而肥的新鲜鱼类；制作鱼露通常使用小鱼或鱼类的剩余部分，如头部、内脏和骨头，这些部分通常会被切碎或压碎，以便更容易提取出鱼的汁液。

在水产品的收购、加工过程中，对水产品鲜度的鉴定是必要的。通常水产品鲜度的鉴定多以感官鉴定为主，辅以化学和微生物学方面的测定。不同种类的水产品，其鲜度的感官不同。就鱼类来说，一般以人的感官来判断鱼鳃、鱼眼的状态，鱼肉的松紧程度，鱼皮和鱼鳃中所分泌的黏液的量、黏液的色泽和气味，鱼肉横断面的色泽，等等。鲜度良好的鱼类处于僵硬期或僵硬期刚过时，腹部肌肉组织弹性良好，体表、眼球保持鲜鱼固有状态，色泽鲜艳，口鳃紧闭，鳃耙鲜红，气味正常，鳞片完整并紧贴鱼体，肛门内缩。鲜度较差的鱼类腹部和肌肉组织弹性较差，体表、眼球、鳞片等失去固有的光泽，颜色变暗，口鳃微启，气味让人不愉快，肛门稍有膨胀，黏液增多、变稠。接近腐败变质的鱼类的腹部和肌肉失去弹性，眼珠下陷、浑浊无光，体表鳞片灰暗，口鳃张开，肛门凸出，呈污红色，黏液浓稠。腐败变质的鱼类鳃耙有明显腐败，腹部松软、下陷或穿孔（腹溃）等现象，这些可看作为鱼类腐败的主要特征。

一些鳞片脱落和机械损伤的鱼类，即使其他方面质量良好，但仍容易腐败、不易保存，不能看作质量良好的鱼类。

2.4.2 鱼类的贮藏保鲜

鱼类的贮藏保鲜实质上就是采用降低鱼体温度来抑制微生物的生长繁殖以及组织蛋白酶的作用，延长僵硬期，抑制自溶作用，延迟腐败变质进程的过程。其通常分为冷却保鲜和冻结保藏两类。

1. 冷却保鲜

冷却保鲜是将鱼体温度降到0℃左右，在不冻结状态下可保持鱼体5～14 d不腐败变质。常用的冷却保鲜方法有冰鲜法与冷海水保鲜法。冰鲜法即用碎冰将鱼类冷却以保持鱼的新鲜状态，其质量最接近鲜活水产品的生物特性。冷海水保鲜法是把鱼类浸没在混有碎冰的海水里（冰点为-3～-2℃），并由制冷系统保持鱼体温度在-1～0℃的一种保鲜方法，其最大的优点是冷却速度快，缺点主要是鱼体吸水膨胀、鱼肉略带咸味、表面稍有变色、蛋白质容易损失，造成鱼类在流通环节中容易腐烂，并易受海水污染。

2. 冻结保藏法

冻结保藏法即是把鱼体先放置在-40～-25℃的环境中冻结，然后再置于-30～-18℃的条件下保藏的方式，保藏期一般可达半年以上。低温保存的最新技术是冰壳冷冻法（CPE法），主要用于高档水产品的贮藏，与一般冷冻机冷冻法相比，冷冻温度从-45～-30℃降到-100～-80℃，通过最大冰晶生成带将冷冻时间由1 h缩短到30 min以内，且不会损伤组织，不损害胶体结构，无氧化作用。

2.5 乳与蛋原料的贮运加工特性及保鲜

2.5.1 乳的特性及保鲜

乳是哺乳动物分娩后，由乳腺分泌的一种白色或微黄色的具有生理作用与胶体特性的液体。依泌乳期的不同，常将乳分为初乳、常乳和末乳，饮用和用于加工乳制品的乳主要是常乳。

1. 乳的物理性质

乳的物理性质对于选择正确的工艺条件及鉴定乳品质有着与化学性质同样重要的意义。

（1）乳的色泽

新鲜正常牛乳呈不透明的乳白色或稍带淡黄色。乳白色是乳的基本色调，这是由乳中的酪蛋白酸钙-磷酸钙胶粒及脂肪球等微粒对光的不规则反射形成的。牛乳中脂溶性的胡萝卜素和叶黄素使乳略带淡黄色，而水溶性的核黄素则使乳清呈现荧光性黄绿色。

（2）乳的滋味与气味

乳中含有挥发性脂肪酸及其他挥发性物质，所以赋予了乳特殊的香味。这种香味随温度的高低而异。乳经加热后香味变强烈，冷却后则减弱。例如，牛乳除了原有的香味外，还很容易吸收外界的各种气味，所以挤出的牛乳如果在牛舍中放置时间过长则会带有牛粪味或饲料味，若与鱼虾类放在一起则带有鱼腥味，贮存器不良时则会产生金属味，消毒温度过高则会产生焦糖味。总之，乳的气味易受外界因素影响，所以各个处理过程都必须注意周围环境的清洁，以避免各种因素的影响。

乳中含有乳糖，因此新鲜纯净的乳稍带甜味。乳中除甜味外，因其中含有氯离子，所以也稍带咸味。常乳中的咸味因受乳糖、脂肪和蛋白质等调和而不易觉察，但是异常乳（如乳房炎乳）中氯的含量较高，故带有浓厚的咸味。

（3）乳的冰点、沸点

牛乳的冰点一般为 -0.565～-0.525℃。乳糖和盐类是导致乳冰点下降的主要因素。正常牛乳中乳糖和盐类含量的变化很小，所以冰点很稳定。如果在牛乳中掺入 10% 的水，其冰点会上升约 0.054℃，据此可根据冰点的变动情况来判定牛乳的掺水程度。

酸败牛乳的冰点会降低，因此冰点的测定要求牛乳的酸度控制在 20°T（°T 为滴定酸度的吉尔涅尔度简称）以内。

牛乳的沸点在 101.33 kPa 下为 100.55℃。乳的沸点受乳中固形物含量的影响。乳在浓缩过程中的沸点上升。当牛乳浓缩到原体积的一半时，其沸点上升到 101.05℃。

（4）乳的酸度和氢离子浓度

乳蛋白分子中含有较多酸性的氨基酸和自由羧基，加上受磷酸盐等酸性物质影响，乳是偏酸性的。刚挤出的新鲜乳的酸度称为固有酸度或自然酸度。挤出的乳在微生物的作用下发生乳酸发酵，导致乳的酸度逐渐升高，由发酵产酸而升高的这部分酸度被称为发酵酸度或发生酸度。固有酸度和发酵酸度之和即为总酸度。一般情况下，乳品工业所测定的酸度就是总酸度，其是指以标准碱液用滴定法测定的滴定酸度。我国乳、乳制品及其检验方法中规定酸度试验以滴定酸度为标准。滴定酸度有多种测定方法及其表示形式。我国滴定酸度用乳酸百分率（乳酸 %）或吉尔涅尔度（°T）来表示。正常牛乳酸度为 0.15%～0.18% 或 16～18°T。

若从酸度的含义出发，酸度还可用氢离子浓度指数（即 pH）表示。pH 为离子酸度或活性酸度。正常新鲜牛乳的 pH 为 6.4～6.8，酸败乳或初乳的 pH 在 6.4 以下，乳房炎乳的 pH 在 6.8 以上。

（5）乳的比重和密度

乳的比重是指在 15℃时，一定容积牛乳的质量与同容积同温度条件下水的质量比。正常乳的比重平均约为 1.032。

乳的相对密度是指在 20℃时，乳的质量与同容积水在 4℃时的质量之比。正常乳的相对密度平均约为 1.030。乳的比重及相对密度在同温度下其绝对值相差甚微，乳的相对密度较比重小 0.0019，因此乳品生产中常以 0.002 的差数进行换算。乳的相对密度在挤乳后 1 h 内最低，随后逐渐上升，最后升高 0.001 左右，这是由于乳中气体的逸散、蛋白质的水合作用及脂肪的凝固使容积发生变化，故不宜在挤乳后立即测试乳的相对密度。

（6）乳的黏度与表面张力

20℃时水的黏度为 0.001 Pa·s，正常乳的黏度为 0.0015～0.002 Pa·s。乳的黏度随温度的升高而降低。乳中脂肪及蛋白质对黏度的影响最显著。一般在正常的乳成分范围内，非脂乳固体含量一定时，含脂率越高，乳的黏度越高。当含脂率一定时，非脂乳固体的含量越高，乳的黏度越高。初乳、末乳的黏度都比常乳高。在加工乳品时，黏度还受脱脂、杀菌、均质等操作的影响。黏度在乳品加工中有重要意义。在浓缩乳制品方面，黏度过高或过低都不正常。以加工甜炼乳而言，黏度过低可能会引起分离或糖沉淀，黏度过高则可能会导致浓厚化。贮藏中的淡炼乳，如黏度过高则可能会产生矿物质沉积或形成冻胶体。此外，在生产乳粉时，如黏度过高可能会妨碍喷雾，产生雾化不完全或导致水分蒸发不良等。

乳的表面张力与乳的起泡性、乳浊状态、微生物的生长发育、热处理与杀菌作用、均质处理及风味等均有密切关系。测定表面张力可以鉴别乳中是否混有其他添加物。20℃时，乳的表面张力为 0.04～0.06 N/cm。乳的表面张力可随温度的上升而降低，随含脂率的降低而增大。乳经均质处理后，脂肪球表面积增大，表面活性物质吸附于脂肪球界面处，从而增加了表面张力。但如果不先将脂肪酶经热处理使其钝化，均质处理则会使脂肪酶活性增加，导致乳脂水解生成游离脂肪酸，使表面张力降低。表面张力与乳的泡沫性有关。在加工冰淇淋或搅打发泡稀奶油时希望可以有浓厚而稳定的泡沫形成，但运送、净化、稀奶油分离以及杀菌时则不希望有泡沫形成。

2. 乳的化学组成及其性质

乳的化学成分很复杂，至少有上百种，主要有水分、乳脂类、蛋白质、乳糖、无机盐类、维生素、酶类及其他成分。正常乳中各种成分的组成大体上是稳定的，但同时也受动物的品种、个体、畜龄、地区、泌乳期、挤乳方法、饲料、季节、环境、温度、健康状态等因素的影响，其中变化最大的成分是乳脂类，其次是蛋白质，乳糖含量则比较稳定。

（1）水分

水是乳中的主要组成成分，在乳中占 85.5%～89.5%，水中溶有有机质、无机盐和气体。

乳中的水可分为游离水、结合水和结晶水三种。乳中的水绝大部分是游离水，其为乳的分散剂，很多生化过程都与游离水有关；其次是结合水，其与蛋白质结合存在，没有溶解其他物质的特性，冰点以下也不结冰；此外还有极少量与乳糖晶体共同存在的水称结晶水。奶粉中之所以保留了 3% 左右的水分，就是因为有结合水与结晶水的存在。

（2）乳脂类

乳脂类在乳中占 2.5%～6.0%，其中 97%～99% 为乳脂肪，约 1.0% 为磷脂，还有少量游离脂肪酸、甾醇等物质。乳脂肪不溶于水，而是以脂肪球形式分散于乳浆中，形成乳浊液。脂肪球呈圆形或略带椭圆形，球表面有一层脂肪球膜，具有保持乳浊液稳定的作用，可使脂肪球稳定地分散于乳浆中，互不黏联结合。

乳脂肪中含有较多的挥发性脂肪酸，在室温下呈液态，易挥发。乳脂肪具有特殊的香味和柔软的质体，易为人体消化吸收，但容易受光、热、氧、金属、酶、微生物的作用氧化或分解而产生气味。

乳脂肪的含量受牛品种、季节、饲料等因素影响。乳脂肪不仅与乳的风味有关，还是稀奶油、全脂奶粉的主要成分。

（3）蛋白质

乳中蛋白质含量占 2.9%～5.0%，其中 83% 为酪蛋白，乳清蛋白仅占 16% 左右，另外还含有少量的脂肪球膜蛋白质。

酪蛋白属于结合蛋白质，与钙、磷等结合形成酪蛋白胶粒，并以胶体悬浮液的状态存于乳中，在弱酸或皱胃酶的作用下可发生凝固。当向乳中加酸调节 pH 时，酪蛋白胶粒中的钙与磷酸盐会逐渐游离出来；当 pH 达到酪蛋白等电点 4.6 时，酪蛋白就会形成沉淀。另外，微生物的作用可使乳中的乳糖被分解为乳酸，当乳酸量较高足以使 pH 达到酪蛋白的等电点时，同样会发生酪蛋白的酸沉淀，这便是乳的自然酸败现象。

除去酪蛋白后剩下的液体被称为乳清，乳清中存在的蛋白被称乳清蛋白。乳清蛋白都不含磷，可溶于水，具有良好的溶解性和稳定性。

（4）乳糖

乳中的糖类 99.8% 以上为乳糖，此外还有极少量的葡萄糖、果糖和半乳糖等。

乳糖的甜味比蔗糖弱，甜度约为蔗糖的 1/6。乳中的乳糖有 α－乳糖及 β－乳糖。但由于 α－乳糖只要有水分存在时就会与一分子结晶水结合而变成 α－乳糖水合物，即普通乳糖，所以乳中实际上有三种类型的乳糖。乳糖极易被落入乳中的乳酸菌分解生成乳酸，导致乳的酸度升高，严重时会使乳凝结，从而失去加工奶粉、炼乳等的价值，故鲜乳必须及时处理。

（5）无机盐类

乳中含有 0.6%～0.9% 的无机盐类物质，主要元素有钙、钾、钠、镁、磷、硫、氯等。乳中的钾、钠大部分以可溶状态的氯化物、磷酸盐及柠檬盐形式存在；钙、镁除少部分以可溶状态存在外，大部分与酪蛋白、磷酸及柠檬酸结合以胶体状态存在乳中。

乳中无机盐类的平衡，尤其是钙、镁和磷酸、柠檬酸之间的平衡，对乳的稳定性很重要。如果乳在较低的温度下产生凝固，可能就是因为钙、镁过剩，若向乳中添加入磷酸钠盐或柠檬酸钠盐，就可起到稳定作用。生产淡炼乳时，常利用这种平衡关系，向乳中添加这种稳定剂。低酸度酒精阳性乳（指与 70% 酒精试验发生凝结现象而其酸度在正常范围内的乳）一般是因为钙离子含量过高，柠檬酸钙或磷酸钙含量过低。

乳中含有的微量元素在有机体的生理过程和营养方面具有重要意义。牛乳中铁的含量比人乳少，因此在考虑婴儿营养时有必要给予强化。铜、铁有促进脂肪氧化的作用，乳被污染时容易产生氧化臭味，故在加工中应注意防止沾污。

（6）维生素

乳中的维生素种类较多，虽然含量极微，但在营养方面有着重要的意义，乳中的维生素主要有维生素 A、维生素 D、维生素 B_1、维生素 B_2、维生素 C、维生素 B_6、泛酸、尼克酸、胆碱等。

乳中维生素的含量易受品种、个体、年龄、泌乳期、饲料、季节等因素影响而变化。乳在杀菌过程中除了维生素 A、维生素 D、维生素 B_2 等外，其他维生素都会遭到不同程度的破坏，一般损失率在 10%～20%，灭菌处理损失往往可达 50% 以上。

维生素 B_1 和维生素 C 在日光照射下会遭到破坏，用褐色避光容器包装乳与乳制品，避免日光直射，可减少维生素的损失。

（7）酶类

乳中含有多种酶，对乳的质量影响极大。乳的主要来源有两个途径：一个是由乳腺所分泌，为乳中原来就存在的酶；另一个是挤乳时落入乳中的微生物代谢所产生的酶。以下是与乳品加工有关的酶。

① 磷酸酶：乳中的磷酸酶主要为碱性磷酸酶，也有少量的酸性磷酸酶。碱性磷酸酶在 62.8℃、30 min 或 72℃、15 s 加热处理后钝化，可以利用这个性质来检验低温巴氏杀菌处理的消毒乳杀菌是否充分。这项试验非常有效，即使在消毒乳中混入仅 0.5% 的生乳也能够被检出。

② 过氧化物酶：过氧化物酶可使过氧化氢分解产生活泼的新生态氧，使多元酚、芳香胺和某些无机化合物氧化。过氧化物酶作用的最适温度为 25℃，最适 pH 为 6.8。如经 85℃、10 s 加热杀菌后，过氧化物酶即钝化失去活力。过氧化物酶主要来自白细胞的细胞成分，是乳中固有的酶，与细菌作用无关。因此可通过测定过氧化物酶的活性来判定杀菌是否合格。

③ 解脂酶：乳中解脂酶除少部分来自乳腺外，大部分来源于外界的微生物，经均质、搅拌、加热处理可被激活，并为脂肪球所吸收，使脂肪产生游离脂肪酸和酸败气味。由于解脂酶对热的抵抗力较强，所以在加工奶油时需在不低于 80～85℃的温度下进行杀菌。

④ 还原酶：还原酶来源于落入乳中的微生物产生的代谢产物，并随着乳中细菌数的增多，其含量升高，还原能力增强。通常可用亚甲基蓝还原试验测定乳中细菌数的多少，还原酶可使亚甲基蓝还原为无色，通过颜色的变化，可间接推断出鲜奶的质量。

（8）其他成分

乳中还含有少量的有机酸、气体、色素、风味成分及激素等。

3. 乳的保鲜及加工特性

（1）加工用原料乳的质量标准

用于制造各类乳制品的原料乳（即生乳）应符合下列技术要求：应当是从符合国家有关要求的健康奶畜乳房中挤出的无任何成分改变的常乳；产犊后 7 天的初乳、应用抗生素期间和休药期间的乳汁、变质乳不应用作生乳；其他质量指标要符合《食品安全国家标准 生乳》（GB 19301—2010）的要求。

（2）乳的保鲜与贮运

乳的营养丰富，是微生物生长的理想培养基。挤奶过程（包括环境、乳房、空气、用具等）的污染及奶畜本身的健康状况是决定鲜乳中微生物污染量的关键因素，因此挤奶过程中应严格执行相关的卫生操作规范，减少微生物的污染。此外，乳的保鲜通常要求把刚挤出的鲜乳迅速冷却至 10℃以下，最好冷却至 4～5℃后再进行贮存、运输，并尽快进行加工，以防止微生物的生长而降低乳的质量。

（3）乳的加工特性

① 热处理对乳性质的影响

乳是一种热敏性的物质，热处理对乳的物理、化学、微生物学等特性有重大影响，如微生物的杀灭、蛋白质的变化、乳石的生成、酶类的钝化、某些维生素的损耗、色泽的褐变等都与热处理的程度密切相关。

乳中的酪蛋白和乳清蛋白的耐热性不同，酪蛋白耐热性较强，在 100℃以下加热，其化学性质不会改变，但在 120℃温度下加热 30 min 以上时则会使磷酸根从酪蛋白粒子中游离出来，当温度继续上升至 140℃时才会开始凝固。但酪蛋白的稳定性对离子环境变化较为敏感，无机盐类和 pH 稍有变化就会出现不稳定和沉淀倾向。乳清蛋白的热稳定性总体来说低于酪蛋白，一般加热至 63℃以上就开始凝固，溶解度降低，100℃加热 110 min 后，大部分乳清蛋白变性，发生凝固。

加热对乳的风味和色泽影响很大。乳加热后会产生蒸煮味，产生褐变。褐变是一种羰氨反应，同时也是乳糖焦糖化反应的结果。

② 冻结对乳的影响

乳冻结后（尤其是缓慢冻结）会发生蛋白质的沉淀、脂肪上浮等问题。当乳发生冻结时，冰晶生成，脂肪球膜受到外部机械压迫造成脂肪球变形，加上脂肪球内部脂肪结晶对球膜的挤压作用，脂肪球膜破裂，脂肪被挤出。解冻后，脂肪团粒即上浮于解冻乳表面。另外，乳冻结会使乳蛋白质的稳定性下降。

2.5.2　蛋的特性及保鲜

1. 蛋的结构

禽蛋主要包括蛋壳（含蛋壳膜）、蛋白、蛋黄三个部分，各比例因产蛋家禽年龄、产蛋季节、蛋禽饲养管理条件以及产蛋量而有所变化。

（1）蛋壳的组成

蛋壳由外蛋壳膜、蛋壳、蛋壳膜三部分组成。

① 外蛋壳膜：又称壳外膜，是蛋壳表面涂布着的一层胶质性物质，成分为黏蛋白，容易脱落，尤其在有水汽存在的情况下更易消失。外蛋壳膜的作用主要为了保护蛋不受微生物的侵入，以及防止蛋内水分蒸发和 CO_2 逸出。

② 蛋壳：为包裹在蛋内容物外面的一层硬壳，具有固定形状并有保护蛋白、蛋黄的作用，但质脆不耐碰撞或挤压。蛋壳上有许多微小气孔，是鲜蛋本身进行气体交换的内外通道，对蛋品加工有一定的作用。若外蛋壳膜受损脱落，细菌、霉菌均可顺气孔侵入蛋内，极易造成鲜蛋的腐败或质量下降。

③ 蛋壳膜：为蛋壳内面、蛋白外面的一层白色薄膜，分内外两层，内层称蛋白膜，外层称内蛋壳膜。蛋壳膜是一种能透过水分和空气的紧密而富有弹性的薄膜，不溶于水、酸、碱和盐类溶液。在蛋贮藏期间，当蛋白酶破坏了蛋白膜以后，微生物才能够进入蛋白内。因此，蛋壳膜具有保护内容物不受微生物侵蚀的作用。

另外蛋内还有气室，即蛋产下来后由于内容物冷却收缩，蛋壳与内壳膜分离而在蛋的钝端产生部分真空，外界空气压入蛋内而形成的空间。随着贮藏时间等因素变化，蛋内水分向外蒸发，气室不断增大。因此气室大小是评定和鉴别蛋的新鲜度的主要标志之一。

（2）蛋白

蛋壳膜之内就是蛋白，通称蛋清，是一种典型的胶体物质，色泽呈微白，按其形态分为稀薄蛋白与浓厚蛋白。刚产下的鲜蛋，浓厚蛋白含量高，溶菌酶含量多，活性也较强，蛋的质量好，耐贮藏。随着外界温度的升高以及存放时间的延长，蛋白会发生一系列变化。浓厚蛋白会被蛋白中的蛋白酶迅速分解变成为稀薄蛋白，其中含的溶菌酶也随之被破坏，失去杀菌能力，导致蛋的耐贮性大为降低。因此，越是陈旧的蛋，其浓厚蛋白的含量越低，稀薄蛋白含量越高，越容易感染细菌，造成蛋的腐败。因此，浓厚蛋白含量的高低也是衡量蛋的新鲜与否的重要标志。

另外，在蛋白中，位于蛋黄两端各有一条白色带状物，称作系带，又称卵带。系带的作用为固定蛋黄，使其位于蛋的中心。系带的组成与浓厚蛋白基本相似，新产的鲜蛋，系带白而粗且有很大的弹性。鲜蛋系带附着溶菌酶，其含量约是蛋白中溶菌酶含量的2～3倍，甚至多达3～4倍。系带与浓厚蛋白一样会发生水解作用，当系带完全消失，就会造成贴皮（又称贴壳、黏壳）现象，所以系带状况是鉴别蛋的新鲜程度的重要标志之一。

（3）蛋黄

蛋黄位于蛋的中心，呈球形，由蛋黄膜、蛋黄液和胚胎组成。

蛋黄膜是包裹在蛋黄外面的一层微细而紧密有韧性的薄膜，又可分为三层，内外两层为黏蛋白，中间层为角蛋白，使蛋黄膜具有收缩和膨胀的能力。蛋黄膜的机械作用可保护蛋黄不向蛋白中扩散。蛋黄液为浓稠不透明、半流动的黄色乳状液，由黄色蛋黄与白色蛋黄交替组成，是蛋中最富有营养的部分。蛋黄表面上有一个直径为2～3 mm的白点，为胚盘。胚盘下部至蛋黄中心有一细长近似白色的部分，叫蛋黄芯。

鲜蛋打开后蛋黄凸出，陈蛋则扁平。这是由于蛋白和蛋黄中的水分和无机盐类浓度不一样的，两者之间形成了渗透压，即蛋白中的水分会不断向蛋黄中渗透，蛋黄中的无机盐类以相反方向渗透，就会使蛋黄体积不断增大，日久呈扁平状。待当蛋黄体积大于蛋黄膜能够承受的压力时就会破裂形成散蛋黄。

2. 蛋的化学组成、理化性质及营养价值

（1）化学组成

蛋的化学成分取决于家禽的种类、品种、饲养条件、产卵时间、饲养管理条件等因素。鸡蛋的可食部分大约含75%水分，12%蛋白质，11%脂质（主要脂肪酸为棕榈酸、油酸、亚麻酸），0.9%碳水化合物，以及钙、磷、铁、钠等矿物质元素和各种维生素、酶。

（2）理化性质

① 相对密度：蛋的相对密度与蛋的新鲜程度有关，鲜鸡蛋相对密度为1.080～1.090，鲜火鸡蛋、鲜鸭蛋和鲜鹅蛋的相对密度约为1.085，而陈蛋相对密度较小，为1.025～1.060。

② pH：鲜蛋白的pH为7.6～7.9，在贮藏期间，CO_2含量增加，pH下降；鲜蛋黄的pH为6.0左右，贮藏期间最高可升至6.4～6.9。

③ 折射率：鲜蛋白的全固形物占12%时，折射率为1.3553～1.3560；鲜蛋黄的全固形物占48%时，折射率为1.4113。

④ 黏度：蛋白是不均匀的悬浮液，黏度为3.5～10.52 cP（20℃）；蛋黄也属于悬浮液，黏度为110.0～250.0 cP（20℃）。陈蛋的黏度会降低，主要是因为蛋白质的分解及表面张力下降。

⑤ 加热凝固点和冻结点：鲜蛋的加热凝固温度为 62～64℃，蛋白则为 68～71.5℃，混合蛋液为 72.0～77℃。蛋白冻结点约为 -0.45℃，蛋黄为 -0.6℃。

（3）营养价值

蛋的营养成分极其丰富，这是由蛋的化学组成所决定的，例如鸡蛋的蛋白质含量在 12% 左右，堪称优质食品。蛋类蛋白质的消化率为 98%，乳类为 97%～98%，肉类为 92%～94%，米饭为 82%，面包为 79%，马铃薯为 74%，由此可见：蛋类和乳类一样都有较高的蛋白质消化率；蛋类蛋白质生物价较高，鸡蛋蛋白质的生物价为 94，牛奶为 85，猪肉为 74，白鱼为 76，大米为 77，面粉为 52。蛋类蛋白质中所含的必需氨基酸种类齐全、含量丰富，且必需氨基酸的数量及相互间的比例也很适宜，与人体的需要是比较接近的。蛋白质的氨基酸评分，全蛋和人奶均为 100，而牛奶为 95。

蛋含有极为丰富的磷脂质，其中的磷脂对人体的生长发育非常重要，是大脑和神经系统活动中不可缺少的重要物质；固醇则是机体内合成固醇类激素的重要成分。

3. 蛋的加工特性

蛋有很多重要特性，其中与食品加工密切相关的有蛋的凝固性、蛋黄的乳化性和蛋清的发泡性。这些特性使得蛋在各种食品，如蛋糕、饼干、再制蛋、蛋黄酱、冰淇淋及糖果等制造中得到广泛应用，是其他食品添加剂所不能代替的。

（1）蛋的凝固性

蛋的凝固性又称凝胶化，是蛋白质的重要特性，当蛋白蛋白质受热、盐、酸或碱及机械作用时，则会发生凝固，蛋的凝固是一种蛋白质分子结构变化，这一变化使蛋液变稠，由流体（溶胶）变成固体或半固体（凝胶）状态。

（2）蛋黄的乳化性

蛋黄中含有丰富的卵磷脂，卵磷脂是一种优良的天然乳化剂，因此蛋黄具有优异的乳化性。卵磷脂既具有能与油结合的疏水基，又具有能与水结合的亲水基，在搅拌下能形成混合均匀的蛋黄酱。

（3）蛋清的起泡性

泡沫是一种气体分散在液体中的多相体系，当搅打蛋清时，空气进入并被包在蛋清液中形成气泡。在搅打过程中，蛋清蛋白降低了蛋清溶液的表面张力，有利于形成大的表面，溶液蒸气压下降使气泡膜上的水分蒸发减少，泡沫的表面膜彼此不立刻合并，泡沫在表面凝固等作用下形成气泡。在起泡过程中，气泡逐渐由大变小、数目增多，最后蛋清失去流动性，可以通过加热使之固定。蛋清的起泡性取决于球蛋白、伴白蛋白，而卵黏蛋白和溶菌酶则起固定作用。

4. 鲜蛋的贮藏保鲜方法

鲜蛋的贮藏保鲜方法较多，有冷藏法、涂膜法、气调法、巴氏杀菌法、浸泡法（包括石灰水贮藏法和水玻璃溶液贮藏法）等，运用最广泛的是冷藏法。

（1）冷藏法

冷藏法是利用低温（最低不低于 -3.5℃，以防止到了冻结点而冻裂）来抑制微生物的生长繁殖、分解作用以及蛋内酶的作用，以延缓鲜蛋内容物的变化，尤其是延缓浓厚蛋白水氧化和降低重量损耗。鲜蛋冷藏前应把温度降至 -1～0℃，将相对湿度维持在

80%～85%。此法操作简单、管理方便、保鲜效果好，通常贮藏半年以上仍能保持蛋的新鲜度，但需要购置冷藏设备，成本较高。

（2）涂膜法

涂膜法是采用液体石蜡或硅酮油等将蛋浸泡或采用喷雾法使其形成涂膜闭塞蛋壳来进行保鲜，但此方法须在产蛋后尽早进行处理才有效。

（3）气调法

气调法主要有二氧化碳气调法和化学保鲜剂气调法等。二氧化碳气调法适用于鲜蛋的大量贮藏，实践证明效果良好，相比于冷藏法，对温度、湿度的要求低，费用也较低。若将容器内原有空气抽出，再充入二氧化碳和氮气，并将二氧化碳的浓度维持在20%～30%时，可将蛋存放6个月以上。化学保鲜剂气调法是通过化学保鲜剂化学脱氧而获得气调效果，以达到贮藏保鲜的目的。通常使用的化学保鲜剂主要由无机盐、金属粉末和有机物质组成，除可以起到降氧作用外，还兼有杀菌、防霉、调整二氧化碳含量等效果。

2.6 食品原料的安全性

随着人民生活水平的提高，食品安全受到越来越多的关注和重视。食品安全涉及食品原料和辅料的生产、食品添加剂及加工助剂的使用、食品的加工与制造过程、食品的贮运和销售环节。从当前我国食品安全发生的事故看，食品原料生产和供给的卫生保障已成为食品安全的首要问题。

2.6.1 农产品的质量安全

农产品指的是来源于农业的初级产品，即在农业活动生产中获得的植物、动物、微生物及其产品，为食品生产加工的主要原料，农产品的品质直接影响加工食品的质量安全。农产品质量安全指的是农产品的可靠性、食用性和内在价值，包括生产、贮存、流通和使用过程中形成的、残存的营养、危害及外在特征因子，既有等级、规格、品质等特性要求，也有对人、环境的危害等级水平的要求。《中华人民共和国农产品质量安全法》所称农产品质量安全，是指农产品质量达到了农产品质量安全标准，符合保障人的健康、安全的要求。

可能导致农产品质量安全问题的因素包括农产品产地与环境条件、农业投入品可能带来的危害以及农产品中存在的天然毒素和有害物质等。

1. 农产品产地与环境条件带来的食品安全问题

农产品可食用部分的安全指标与种植（或养殖）环境的土壤、水与空气的污染程度密切相关。

（1）农产品中的重金属残留

重金属原是自然环境下天然存在的金属物质。因人类对自然资源的大量开发使用，过去隐藏在地壳中的元素，尤其是金属元素，大量进入环境。以天然浓度广泛存在于自然界中（如空气、土壤、食物、水中都含有微量重金属）的重金属并不会对人产生太大的影响，但超出正常范围的重金属会对水源、大气、土壤、农作物等造成广泛性污染，并通过食物链对人类健康造成更大的危害。重金属污染主要由废气排放、采矿、污水灌溉、使用重金属超标的制品等人为因素所致。许多安全事件表明，有毒重金属（如铅、汞、铬、镉）和类金属（如砷等）等污染已对人类健康构成严重威胁。

（2）农产品中的有害有机物质残留

环境中有害有机物质，例如多氯联苯、N-亚硝基化合物、多环芳族化合物、氟化物及农药残留等，对农产品的污染日趋严重。对人类影响最大的是具有蓄积性的农药和某些化学物质，如二噁英等。

（3）农产品中携带的污染生物及毒素

当植物或动物处于正常的生长阶段时，对外界生物的侵害都有自己的免疫和抗毒解毒能力。然而，随着工业化的发展，环境污染越来越严重，以及人为的高密度养殖和追求产量而引起各种农业投入品的失控使用，使种植业病虫害发生的频率和强度增加，导致为防虫治病而频繁用药，甚至违法违规用药。这种恶性循环不仅增加了化学药物的污染，更严重的是使病原生物形成抗药性，变得更难对付，致使种植的农产品携带的生物性危害越来越严重。

动植物的生长都离不开土壤、空气和水，因此农产品都有可能受到自然界中存在的无害或有害生物的污染，其中最主要的是引起食源性疾病的生物，包括人畜共患传染病、肠道传染病、寄生虫和病毒等有害生物所造成的疾病。

2. 农业投入品可能带来的危害

农业投入品是指投入农业生产过程中的各类物质生产资料，主要包含种子、农药、肥料、兽药、鱼药、饲料、饲料添加剂等。农业投入品的危害指的是上述农业物质生产资料本身具有的各种无害或有害物质，在投入农业生产过程中，由于使用技术、使用方法、管理措施等因素直接或间接对农产品质量安全产生的危害。国家对农业投入品有着严格的审批制度和使用规范，绝大部分农业投入品在合理使用的前提下，对农产品不会构成安全危害。但是农业投入品涉及面广、使用品种繁多，部分品种的使用范围和使用量也有所不同，另外某些农业投入品的质量还不一定符合要求，由此给人类带来的潜在危害和隐患不可忽视。

（1）农药残留

农药残留是指使用农药后，残存在植物体内、土壤和环境中的农药及其有毒代谢物的总称。农药残留会对食用者身体健康造成危害，严重时会造成呕吐、腹泻甚至死亡。

一般有机农产品、绿色食品和无公害农产品对所用的农药及使用方法都有严格的规定，因此农药残留量相对较小，超标的情况少，相对比较安全。小麦、水稻和玉米等粮食作物由于生长期长，储存期也长，大部分农药残留会逐渐降解，在加工和烹调过程中残留的农药会被进一步去除和降解，相对比较安全。蔬菜和水果由于大部分是鲜食的，农药残留降解少，因此国家对蔬菜和水果中使用的农药管理较严，除禁止使用高毒农药外，严格规定了允许使用的农药的使用技术和安全间隔期，即正常的生产不会出现安全问题。

（2）兽药残留

兽药残留是指动物产品的任何可食部分所含有的兽药母体化合物及（或）其代谢物，以及与兽药有关的杂质残留。残留物既包括原药，也包括药物在动物体内产生的代谢产物，以及药物或其代谢产物与内源大分子共价结合的产物而产生的结合残留。若动物组织中存在共价结合物，则表明该类药物对靶向动物具有潜在毒性作用。动物产品主要残留兽药包括抗生素类、磺胺药类、呋喃药类、驱虫药类、抗球虫药和激素药类。

加强兽药合理使用的规范，严格规定休药期和制定动物性食品药物的最大残留限量，加强兽药残留的监督、检测工作，研究开发高效低毒的化学药品，以及选择合适的食用方式，均可有效控制食品中的兽药残留。

3. 农产品中存在的天然毒素和有害物质

天然毒素指的是生物本身含有的或是生物在代谢过程中产生的某些有毒成分，是一类活性生物的总称。食物源性天然毒素主要包括两大类：一类是食物中的固有毒素，即某些动植物在生长过程中产生和蓄积的有害物质，主要包括有毒蛋白质类、非蛋白氨基酸、蕈毒素、马兜铃酸、有毒生物碱、木藜芦烷类毒素、毒甙和酚类衍生化物等；另一类为食物天然外因毒素，并非食物源本身所固有的，而是由食物源上附着的微小生物产生的，并被食物源吸收和蓄积，这类毒素采用一般的食品加工方法很难被破坏，常见的有组胺、河豚毒素等。某些常见的天然毒素的来源、名称和预防措施见表 2–2。

表 2–2 某些常见的天然毒素的来源、名称和预防措施

毒素	来源	预防措施
龙葵素、皂素、植物血凝素	发芽马铃薯、四季豆（扁豆）	将马铃薯贮存于阴凉干燥处，食用前挖去芽眼、削皮，烹调时加醋；四季豆煮熟、煮透至失去原有生绿色
类秋水仙碱	鲜黄花菜	食用干黄花菜；如食用鲜黄花菜须用水浸泡或用开水烫后弃水炒煮
银杏酸、银杏酚、苦杏仁苷、亚麻仁苦苷	白果、杏仁、木薯	勿食生白果及变质白果，去皮加水煮熟、煮透后弃水食用；不要生吃各种核仁，尤其不要生食苦杏仁；食用鲜木薯要去皮，加水浸泡 2 d，并在蒸煮时打开锅盖使氢氰酸得以挥发
毒蕈毒素	毒蘑菇	不随便食用不常见的蘑菇
黄曲霉毒素	发霉的大米、花生	不食用发霉的大米、花生；保存在适当的环境
雪卡毒素	受污染海域的贝类	对贝类养殖或捕捞环境加强控制管理，只能在某些规定的水域进行捕捞
河豚毒素	河豚	不随便食用，要在专业人员处理以后食用
组胺	沙丁鱼、金枪鱼等	妥善保存和加工鱼类及其制品
米酵菌酸	变质谷薯类发酵制品、银耳、木耳等	避免食用变质的谷薯类发酵制品、银耳、木耳等；木耳、银耳泡发时间不能过长

2.6.2 食品添加剂的合理使用

食品添加剂，尤其是人工合成的食品添加剂，其中某些种类即使少量长期摄入，也可能对人体存在潜在的危害。随着食品毒理学技术的发展及临床应用的实践，原来认为无害的食品添加剂近年来被发现可能存在慢性毒性、致畸、致突变或致癌性的危害，故各国对此给予了充分的重视，不断研究监测食品添加剂的安全使用。目前食品添加剂在使用上的安全问题主要是超范围和超剂量使用，以及已经禁止使用的品种仍然在使用。因此，国内外对待食品添加剂的应用均应严格管理、加强评价和限制使用。

为了确保食品添加剂的食用安全，我国使用食品添加剂应该遵循以下原则：①按规定经过食品毒理学安全评价程序的评价证明其在使用限量内长期使用对人体安全无害；②按照《食品添加剂使用标准》（GB 2760—2024）规定的使用范围和用量使用；③不影响食品感官性质，对食品营养成分不应有破坏作用；④食品添加剂应有严格的质量标准，其有害杂质不得超过允许限量；⑤不得使用食品添加剂掩盖食品的缺陷或作为伪造的手段；⑥未经国家有关部门允许，婴儿及儿童食品不得加入食品添加剂。

2.6.3　食品原料供给的安全管理

食品安全涉及农产品种植（或养殖），即通常所说的从农场到餐桌的食品安全。农产品种植（或养殖）环境、农业投入品、农产品中存在的天然毒素及食品添加剂的不合理使用，都有可能造成农产品及其他食品加工辅料中产生或存在各种有害物质。因此，进行食品原料供给的安全管理，建立从农田到餐桌的全过程控制体系，尤其是农业生产过程中的安全控制体系是保障食品安全的根本保证。

1. 农业生产良好操作规范

1998 年，美国食品药品监督管理局（FDA）和农业部（USDA）联合发布了《关于降低新鲜水果蔬菜中微生物危害的企业指南》，首次提出了良好农业操作规范（Good Agricultural Practice，GAP）。良好农业操作规范被定义为，所采取的农业技术规范措施在生产高质量农作物的同时，能够保护、维持和提高土壤、水、空气以及动植物等的环境状况。这些规范措施能够促进农民经济收入的提高，为从事农作物生产的农民提供一个安全的工作环境。该规范针对未加工或经简单加工销售给消费者的新鲜果蔬的生产过程，包括种植、采收、清洗、处理、包装与运输过程的生物性危害建立系列的操作规范，以确保提供给消费者的农产品是安全的。同年 FDA 建议将 GAP 和良好生产规范（Good Manufacturing Practice，GMP）同时推广到其他国家。FDA 在 2003 年制定了农业管理相关规范。许多发达国家通过不同的方式和措施来发展 GAP。我国一些大型的药材生产基地及农副产品无公害基地已推行 GAP。GAP 正逐步成为农产品安全生产的一个良好规范。

GAP 为农业生产过程中各阶段的评估和耕作方法的确定提供了参考，包括水土管理，作物和饲料种植，家畜生产与健康，作物保护，收获和农场加工与贮存，农业能源和废物的管理，人类福利、健康与安全及野生动物和地貌等，主要目的就是确保初级农产品安全生产与农业的可持续发展。

2. 动物屠宰与检疫

畜禽肉的质量安全很大程度上取决于活体动物的质量，即是否带有人兽共患病原菌等有害生物或其他有害物质，加强动物检疫管理是目前国内外采取的有效措施。我国《动物检疫管理办法》规定，动物检疫包括对动物、动物产品实施的产地检疫与屠宰检疫。供屠宰和育肥的动物，达到健康标准的种用、乳用和役用动物，因生产生活特殊需要而出售、调运和携带的动物，必须来自非疫区，且免疫在有效期内，并经群体、个体临床健康检查合格；猪、牛、羊必须具有合格的免疫标识；对检疫不合格的动物及动物产品，包括染疫或者疑似染疫的动物及动物产品、病死或者死因不明的动物及动物产品，必须按照国家相关规定，在动物防疫监督机构监督下，由货主进行无害化处理；若无法做无害化处理的，必须予以销毁。

国家对猪、牛、羊等动物实行定点屠宰，集中检疫。动物防疫监督机构会对依法设立的定点屠宰场派驻或派出动物检疫员，实施屠宰前和屠宰后的检疫。对动物应当凭借产地检疫合格证明进行收购、运输和进场待宰。动物检疫员则负责查验收缴产地检疫合格证明和运载工具消毒证明等。动物产地检疫合格证明和消毒证明至少应保存 12 个月。动物屠宰前应逐头（只）进行临床检查，只有健康的动物方可屠宰；患病动物和疑似患病动物要按照有关规定处理。动物屠宰过程实行全流程的同步检疫，对头、蹄、胴体和内脏进行统一编号，对照检查。对检疫合格的动物产品，加盖验讫印章或加封检疫标志，并出具动物产品检疫合格证明。对检疫不合格的动物产品，按规定做无害化处理；若无法做无害化处理的，必须予以销毁。

3. 农产品的采收、贮藏与运输

农产品的收获时间及质量依品种特性和生产加工要求而定。从食品的安全性方面考虑，需要特别注意的是：农作物收获必须符合使用农用化学品安全间隔期的规定；选择的采收方式要有利于减少水果、蔬菜的表皮损伤；采后要有合适的清洗或去污、防污染的冷却等保鲜措施，以减少贮运过程的损耗和腐败；对需贮藏较长时间的农副产品（如粮谷类产品），应当做好干燥、防湿、防霉、包装等预处理及贮运条件控制，其生产条件要符合 GMP 的要求。

应确保农产品质量符合保障人的健康、安全的要求，因此必须建立：农产品质量安全标准强制实施制度，防止因农产品产地污染而危及农产品质量安全的农产品产地管理制度，农产品包装和标识管理制度，农产品安全监督检查制度，农产品质量安全风险分析、评估制度和农产品质量安全的信息发布制度，对农产品质量安全违法行为的责任追究制度，等等。

4. 农产品可追溯制度

农产品可追溯性是风险管理的新理念，是指农产品出现危害人类健康的安全性问题时，可以按照农产品原料生产、加工上市至成品最终消费过程中各个环节所必须记录的信息，来追踪产品流向，召回问题食品，以切断源头，消除危害的性质。对于消费者而言，农产品可追溯制度为大家提供了透明的产品信息，使消费者有权知情并做出选择。

农产品质量安全及管理溯源系统综合运用了多种网络技术、条码识别等前沿技术，实现了对农业生产、流通过程中的信息管理和农产品质量的追溯管理、农产品生产档案（包括产地环境、生产流程、质量检测）管理、条形码标签的设计和打印、基于网站和手机短信平台的质量安全溯源等功能，基于单机或网络环境运行，能够用于农产品质量监管部门和农业生产企业。

若要成功实现农产品溯源，促使农产品提升质量品质得到保证，就必须从种植开始就遵照标准实行多方位的控制。农产品可追溯系统能够用于追踪农产品从生产到流通的全过程，涵盖了从生产、收购、运输、贮存、装卸、搬运、包装、配送、流通加工、分销到终端用户等过程，是由 ISO 9000 认证、危害分析和关键点分析系统（HACCP）、卫生标准操作程序（SSOP）、GMP 等组成的综合管理体系。就目前而言，HACCP 是目前国际上许多国家实施食品质量溯源时共同认可和接受的食品安全保证体系。

思考题

1. 果蔬加工制造对原料的要求有哪些？
2. 果蔬原料的采后处理与贮藏保鲜技术有哪些？
3. 肉的化学组成与加工特性的关系有哪些？
4. 乳的加工特性及保鲜方法有哪些？
5. 蛋的保鲜方法有哪些？
6. 食品原料安全性控制要点是什么？

第 3 章　食品的低温保藏

食品的低温保藏是利用低温技术将食品温度降低，并维持低温或冰冻状态，阻止或延缓食品的腐败变质，从而达到短期或长期保藏，最大限度地保持食品的食用品质和营养品质的过程。低温保藏不仅可以用于新鲜食品原料的储藏，还可以用于食品加工品、半成品的储藏。在低温条件下，微生物和酶的活动均受到抑制，特别是食品冻结时，生成的冰晶使微生物细胞受到破坏，微生物丧失活力、不能繁殖，甚至死亡；同时酶的活性受到严重抑制，催化活性降低；其他反应如油脂氧化、非酶促褐变等也随温度的降低而显著减慢。因此，低温条件下，食品可以实现长期保藏而不会腐败变质。

3.1　食品低温保藏的种类、一般工艺及应用

冷藏是指在低于常温且高于食品物料的冻结点的温度（一般为 -2～15℃）下进行的食品保藏，其中 0～4℃则为常用的冷藏温度。根据食品物料的特性，冷藏的温度又可分为 2～15℃（常用于植物性食品的冷藏）和 -2～2℃（常用于动物性食品的冷藏）两个温度段。冷藏的食品物料的贮藏期一般从几天到十几天，随冷藏食品物料的种类及其冷藏前的状态而异。新鲜的易腐食品物料如成熟番茄的贮藏期只有几天，而耐藏食品物料的贮藏期可达几十天甚至几个月。供食品物料冷藏用的冷库一般称为高温（冷藏）库。

冻藏是指食品物料在冻结的状态（温度范围一般为 -30～-2℃）下进行的贮藏，常用的温度为 -18℃。随着生食级水产品（如金枪鱼等）的发展，超低温（-60～-55℃）冻藏已经进入产业化。冻藏食品物料有较长的贮藏期，其贮藏期从十几天到几百天。供食品物料冻藏用的冷库一般被称为低温（冷）库。食品冷藏和冻藏常用温度范围和贮藏期见表 3-1。

表 3-1　食品冷藏和冻藏常用温度范围和贮藏期

低温保藏的种类	温度范围 /℃	食品的贮藏期
冷藏	-2～15	几小时～十几天
冻藏	-30～-2	十几天～几百天

食品低温保藏的一般工艺过程为食品物料→前处理→冷却或冻结→冷链运输→冷藏或冻藏→冷链运输→回热或解冻。不同食品物料的特性有所不同，具体的工艺条件不尽相同。

低温保藏应用于食品加工主要包括：利用低温达到某种加工效果，如冷冻浓缩、冷却干燥和升华干燥等是为了达到食品脱水的目的；利用低温还能改善食品的品质，如乳酪的成熟、牛肉的嫩化和肉类的腌制等操作在低温下进行，则是利用低温对微生物的抑制和低

温下的物理化学反应缓慢改善食品的品质；果蔬的冷冻去皮、碳酸饮料在低温下的碳酸化等则是利用低温所导致的食品或物料物理化学特性的变化来优化加工工艺或条件；低温下加工是阻止食品微生物繁殖、污染，确保食品（尤其是水产品）安全的重要手段。此外冻结过程本身就可以产生一些特殊质感的食品，如冰淇淋、冻豆腐等。

低温保藏是人类在长期实践基础上建立的食品保藏技术。早在古代，人们利用天然冰、山洞、地窖及地下水降温延缓食品的腐败变质，如我国周朝的《诗经》中记载人们将冰放入地窖，可保持窖内的食物在夏季不腐。马可波罗的《东方游记》中记载我国古代用冰保存食物的方法。这些方法至今仍在应用，尤其在缺少人工制冷的地区。1755年，英国人威廉·凯利发明制冷机之后，人类开始通过制冷机来大规模保存食品。当时的制冷机为压缩式制冷机，以乙醚作为冷媒。1835年法国人冯·林德发明了氨压缩式制冷机，之后，美国和德国也相继发明了类似的制冷机。1875年人工制冷技术的出现，为大量易腐食品较长期的贮运建立了良好基础。1877年法国人Charles Tellier首先以氨压缩式制冷机冷冻牛、羊肉，出现了冷冻食品。1930年出现了冷冻蔬菜，1945年出现了冷冻果汁。随后冷藏库、冷藏车和冷藏船相继出现，并成为贮运食物原料和保藏易腐食品的重要手段，从而可以调剂市场、平衡供销、稳定价格。20世纪50年代在美国首先出现速冻食品，后来的发展非常迅速。生产量和消费量最大的是美国，其次是欧洲国家，亚洲则首推日本。到2007年，全世界速冻食品年总产量已超过6000万吨，品种超过3500种，近几年其贸易量以年均20%～30%的速度递增，已成为世界上发展最快的行业之一，是前景广阔的食品新兴产业。

我国的速冻食品则从20世纪70年代开始，在80年代末以来发展较迅速。目前我国市场上速冻食品主要分为速冻水产品类（如速冻鱼片、虾仁、螺肉等）、速冻畜禽肉类（如速冻牛排、肉饼、鸡腿等）、速冻果蔬类（如速冻草莓、刀豆等）、速冻调制食品类4大类，形成了年产量超过1500万吨规模的食品产业。其中，速冻调制食品是指以水产品及其制品、畜禽肉及其制品、蛋及其蛋制品、植物蛋白及其制品、谷物及其制品、果蔬及其制品等为主要原料，配以辅料（含食品添加剂），经调味制作加工，采用速冻工艺，在低温状态下（产品热中心温度≤-18℃）贮存、运输和销售的预包装食品，包括鱼糜制品、乳化肉制品、花色面米制品、裹面制品、菜肴制品、汤料制品6类，是近年我国发展最快的速冻食品。我国食品冷链的快速发展，为城乡居民食品供给提供了有力支撑，也为农民增收发挥了巨大作用，充分体现了食品低温保藏的经济效益和社会效益。

3.2　低温保藏的基本原理

3.2.1　低温对微生物的影响

1. 低温和微生物的关系

微生物对食品的破坏作用，与食品的种类、成分以及贮藏环境有关，尤其是动物和植物性食品如肉类、鱼类、蛋类和蔬菜等，由于这些食品的水分多、营养丰富，为微生物的繁殖提供了良好的环境。为了更好地保藏食品，要掌握微生物繁殖和生长的条件，以便更好地采取措施抑制微生物繁殖，达到保持食品原有的色、香、味的目的。从微生物的生长角度来看，不同的微生物有不同的生活温度习性，如最适、最高和最低的生长温度范围（表 3-2）。在最适温度范围，微生物的生长最快。通常我们所说的低温处理是指低于室温的降温过程。

表 3-2 微生物的最低、最适、最高生长温度 单位：℃

微生物	最低生长温度范围	最适生长温度范围	最高生长温度范围
嗜热菌	35～45	50～70	70～90
嗜温菌	5～15	30～45	45～55
低温菌	-5～5	25～30	30～55
嗜冷菌	-10～-5	12～15	15～25

某些微生物（如霉菌、酵母菌）耐低温能力很强，许多低温菌和嗜冷菌的最低生长温度低于 0℃，有的甚至可低至 -8℃，如荧光杆菌的最低生长温度为 -8.9℃。温度对微生物的生长繁殖影响很大，温度越低，它们的生长与繁殖速率也越低（表 3-3，图 3-1）。如大多数腐败菌最适宜的繁殖温度为 25～37℃，低于 25℃时，繁殖速度逐渐减缓。当温度处于其最低生长温度时，绝大多数微生物的新陈代谢、生长繁殖能力已减弱到极低的程度，呈休眠状态。低温不能杀死全部微生物，能阻止存活微生物的繁殖，一旦温度升高，微生物的繁殖又逐渐旺盛起来。因此要防止由微生物引起的变质和腐败，必须将食品保存在稳定的低温环境中。不过，微生物在低温下的死亡速度要比在高温下缓慢得多。

表 3-3 不同温度下微生物的繁殖时间

温度 /℃	繁殖时间 /h	温度 /℃	繁殖时间 /h
33	0.5	5	6
22	1	2	10
12	2	0	20
10	3	-30	60

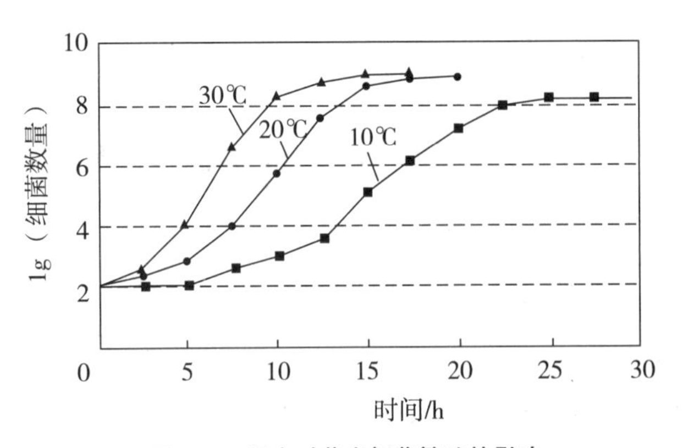

图 3-1 温度对荧光杆菌繁殖的影响

微生物对低温的抵抗力因菌种、菌龄、培养基、污染量和冻结等条件而不同。一般来说，细菌对低温耐力较差，在培养基冻结后，部分细菌即死亡，但很少见到全部细菌死亡的情况。嗜冷性微生物如霉菌或酵母菌最能忍受低温，即使在 -8℃的低温下，仍然发现有孢子出芽的情况。大部分水中细菌也都是嗜冷性微生物，它们在 0℃以下仍能繁殖。个别的致病菌能忍受极低的温度，甚至在 -44.8～-20℃的温度下，也仅受到抑制，只有少数死亡。

冻结或冰冻介质容易促使微生物死亡，冻结导致大量的水分转变为冰晶，对微生物有较大的破坏作用。例如在 -12℃～-8℃温度下，因介质内有大量水分转变成冰晶，对微生物的破坏特别厉害。以神灵杆菌为例，在 -8℃的冰冻介质中的死亡速度比过冷介质中明显快得多（图 3-2）。而在温度更低的冻结或冰冻介质中（-20℃～-18℃）微生物的死亡速度却显著地变缓慢（以表 3-4 的冻鱼中的细菌残留率为例）。

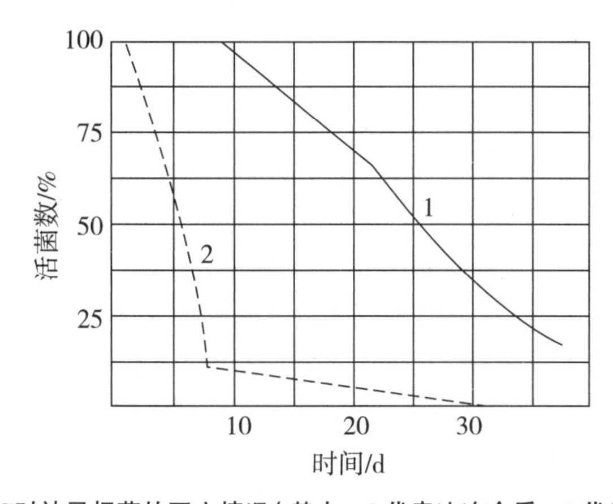

图 3-2　-8℃时神灵杆菌的死亡情况（其中，2 代表冰冻介质，1 代表过冷介质。）

表 3-4　不同储藏期冻鱼中的细菌残留率

储藏期 /d	细菌残留率 /（%）		
	-18℃	-15℃	-10℃
115	50.7	16.8	6.1
178	61.0	10.4	3.6
192	57.4	3.9	2.1
206	55.0	55.0	2.1
220	53.2	53.2	2.5

2. 低温导致微生物活力下降或死亡的原因

引起食品变质的微生物主要是细菌、霉菌和酵母菌。微生物的耐冷性因种类而异，一般球菌类比革兰氏阴性杆菌更耐冷，酵母菌和霉菌比细菌更耐冷。对于同种类的微生物，它们的耐冷性随培养基组成、培养时间、冷却速度、冷却终温及初始菌数等因素的变化而变化。不同食品中微生物生长发育的最低温度见表 3-5。

表 3-5　不同食品中微生物生长发育的最低温度

食品	微生物	最低温度℃	食品	微生物	最低温度℃
肉类	霉菌、酵母菌	-5	柿子	酵母菌	-17.8
肉类	假单胞菌属	-7	冰淇淋	嗜冷菌	-20～-10
咸猪肉	嗜盐菌	-10	浓缩橘子汁	耐渗透酵母	-10
鱼类	细菌	-11	树莓	霉菌	-12.2

影响微生物低温下活性降低的因素包括如下几点。

① 温度。温度越低，微生物活性的抑制越显著，在冻结点以下，温度越低，水分活性越低，其对微生物活性的抑制作用越明显，但低温对芽孢的活性影响较小。

② 降温速率。在冻结点之上，降温速率越快，微生物适应性越差；水分开始冻结后，降温的速率会影响水分形成冰晶的大小，降温的速率慢，形成的冰晶大，对微生物细胞的损伤大。

③ 食品的成分。pH 越低，对微生物活性的抑制越强。食品中一定浓度的糖、盐、蛋白质、脂肪等对微生物活性有保护作用，可使温度对微生物活性的影响减弱。但当这些可溶性物质的浓度提高时，其本身就有一定的抑菌作用。

④ 水分存在状态。结合水多，水分不易冻结，形成的冰晶小而且少，对微生物细胞的损伤小；反之，游离水分多，形成的冰晶大，对微生物细胞的损伤大。

⑤ 冻藏过程的温度。温度变化频率大，微生物活性受破坏速率快。

⑥ 微生物生长的低温适应性。长期处于低温下的微生物能产生新的适应性，这对冷冻保藏是不利的。这种微生物对低温的适应性可以从微生物生长时出现的滞后期缩短的情况加以判断（表 3-6）。滞后期一般是微生物接种培养后观察到有生长现象出现时所需的时间。

表 3-6　微生物生长的低温适应性

菌种和食品	在下述各温度中出现可见生长现象的时间 /d				
	-5℃	-2℃	0℃	2℃	5℃
灰绿葡萄孢新鲜蛇莓		25	17	17	7
来自蔬菜储藏库（6℃）的胡萝卜		18	10	10	6
来自蔬菜储藏库（6℃）的卷心菜	42	17	11	11	6
-5℃温度中培养 8 代后适应菌	7				
蜡叶芽枝霉冻蛇莓和醋栗		20	20	35	
冻梨	19	6	6	6	
羊肉	18	18	18	16	
-5℃温度中培养 3 代后适应菌	12				

3.2.2　低温对酶活性的影响

食品中的许多反应都是在酶的催化作用下进行的，这些酶有些是食品自身所含有的，有些是微生物在生长繁殖过程中分泌出来的，这些酶是食品腐败变质的主要因素之一。

酶是生命有机体组织内的一种具有催化特性的特殊蛋白质。酶的催化活性和温度关系密切。在一定的温度范围内（0～40℃），酶的催化活性随温度上升而增大，但是高温可导致酶变性失活，因此在某一温度时，酶促反应速度最大，这个温度就称为酶的最适催化温度。大多数酶的最适催化温度为30～40℃，动物体内酶的最适催化温度较高，植物的较低。随着温度的升高和降低，酶的活性通常均下降（图3-3）。当温度达到80～90℃时，几乎所有酶的催化活性都遭到了破坏。

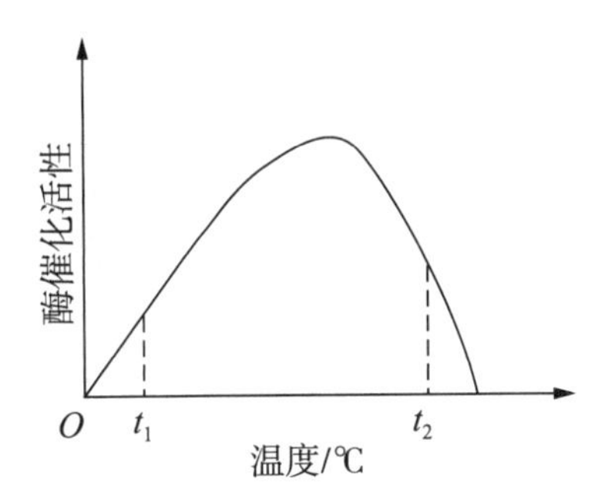

图3-3　温度对酶催化活性的影响

酶的催化活性因温度变化而发生的变化常用温度系数 Q_{10} 来衡量。

$$Q_{10}=\frac{K_2}{K_1} \qquad \text{式(3-1)}$$

其中，Q_{10} 为温度每增加10℃时，因酶的催化活性变化所增加的化学反应速率；K_1 为温度为 t℃时，酶的催化活性所导致的化学反应率，即酶促反应的化学反应速率常数；K_2 为温度增加到（t+10）℃时，酶的催化活性所导致的化学反应速率（酶促反应的化学反应速率常数）。

在一定温度范围内，大多数酶促反应的 Q_{10} 在2～3。这就是说温度每下降10℃，酶的催化活性就会削弱至原来的1/3～1/2。果蔬的呼吸是在酶作用下进行的，呼吸率的高低反映了酶的催化活性，表3-7、表3-8分别是水果、蔬菜呼吸率的 Q_{10} 值。从表中可以看出，多数果蔬的 Q_{10} 为2～3，而在0～10℃范围内，温度对呼吸速率影响较大。

表3-7　水果呼吸率的 Q_{10}

种类	温度/℃				
	0～10	11～21	16.6～26.6	22.2～32.2	33.3～43.3
草莓	3.45	2.10	2.20	—	—
桃子	4.10	3.15	2.25	—	—
柠檬	3.95	1.70	1.95	2.00	—
橘子	3.30	1.80	1.55	1.60	—
葡萄	3.35	2.00	1.45	1.65	2.50

表 3-8　蔬菜呼吸率的 Q_{10}

种类	温度 /℃		种类	温度 /℃	
	0.5～10.0	10.0～24.0		0.5～10.0	10.0～24.0
芦笋	3.7	2.5	胡萝卜	3.3	1.9
豌豆	3.9	2.0	莴苣	1.6	2.0
豆角	5.1	2.5	番茄	2.0	2.3
菠菜	3.2	2.6	黄瓜	4.2	1.9
辣椒	2.8	2.3	马铃薯	2.1	2.2

低温虽然使酶的催化活性受到抑制，但不能使酶完全失活。在长期冷藏过程中，酶的作用仍可引起食品的变质。即使温度低于 -18℃，酶的催化作用也未停止，只是进行得非常缓慢而已。例如，脂肪酶在 -30℃下仍具有催化活性，脂肪分解酶在 -20℃下仍能引起脂肪水解。因此，长时间的低温保存，食品的风味和营养等都会受到影响。商业上一般采用 -18℃作为冻藏温度，实践证明，这一温度能比较有效地抑制酶的催化活性，对多数食品在数月内的贮藏是可行的。当食品解冻后，随着温度的升高，仍保持催化活性的酶将重新活跃起来，甚至比降温处理前的活性还高，加速食品的变质。

基质浓度和酶浓度对催化反应速度影响也很大。例如，在食品冻结时，当温度降至 -5～-1℃时，有时会呈现其催化反应速率比高温时快的现象。其原因是在此温度区间，食品中 80% 的水分变成了冰，而未冻结溶液的基质浓度和酶浓度都相应增加，反应物和酶浓度的增加，导致了催化反应的加速进行。因此，快速通过这个冰晶带不但能减少冰晶对食品质构的机械损伤，同时也能减少酶促变质。

为了将食品在冻结、冻藏和解冻过程中由于酶催化活性升高而引起的不良变化降低到最低程度，防止食品品质变化，某些食品，尤其是植物性食品如蔬菜类，在冻结前通常采用短时间预煮或热烫，以钝化其中的酶，防止果蔬质量降低。由于过氧化酶的耐热性比其他酶强，预煮或热烫时常以过氧化酶催化活性被破坏的程度确定预煮或热烫需要的时间。

3.2.3　低温对食品成分的影响

1. 水

食品中的水分可分为结合水和自由水。

结合水包围在蛋白质和糖分子周围，形成稳定的水化层。结合水不易移动，不易结冰，不能作为溶质的溶剂。结合水对蛋白质等物质具有很强的保护作用，对食品的色香味及口感影响很大。自由水也称为游离水，主要包括食品组织毛细孔内或远离极性基团能够自由移动、容易结冰、能溶解溶质的水。自由水在动物细胞中含量较少，而在某些植物细胞中含量较多。

加热干燥或冷冻干燥可除去部分结合水，而冻藏对结合水的影响较小。冻藏过程中，食品中的自由水冻结成冰，使各种微生物生长繁殖及食品自身的生化反应失去传递介质而受到抑制。

2. 淀粉

普通淀粉大致由80%的支链淀粉和20%的直链淀粉构成。在适当温度下，在水中溶胀分裂形成均匀的糊状溶液，这种作用叫糊化作用。糊化的淀粉又称为α淀粉。当淀粉形成微小的结晶，这种结晶的淀粉称为β淀粉，β淀粉不易为淀粉酶作用，所以也不易被人体消化吸收。食品中的淀粉是以α淀粉的形式存在的。但是在接近0℃的低温范围内，糊化了的α淀粉分子又自动排列成序，形成致密的、高度晶化的不溶性淀粉分子，迅速出现了淀粉的β化，这就是淀粉的老化。含水量在30%～60%的淀粉容易老化，含水量在10%以下的干燥状态中的淀粉及在大量水中的淀粉都不易老化。

淀粉老化的最适温度是2～4℃。当贮存温度低于-20℃或高于60℃时，均不会发生淀粉老化。因为低于-20℃时，淀粉分子间的水分急速冻结，形成了冰晶，阻碍了淀粉分子间的相互靠近而不能形成氢键，所以不会发生淀粉老化。

3. 脂肪

食品的冷藏中，脂肪会发生水解、氧化、聚合等复杂的变化，复杂反应生成的低级醛酮类物质会使食品的味道恶化、风味变差，伴随出现的还有食品变色、发黏、酸败等现象。这种现象非常严重的时候被人们称为油烧。减少或避免脂肪酸败可以从两个方面着手：一是向食品中添加抗氧化剂；二是在加工过程中尽量使脂肪保持合理的水分，水分过高或过低都将加速脂肪的氧化酸败过程。在储藏过程中应该尽量创造低温、干燥、缺氧和避光的环境。

与水解酸败相比，氧化酸败对冻结食品质量的损害更加严重。发生在冻结食品中的自动氧化很可能在冻结前的准备阶段就已开始。因此，在冻结过程中，只要有氧的存在即使没有紫外线的照射，自动氧化也会继续进行，导致食品变质。低温可以推迟食品酸败，但不能阻止食品酸败。这是由于脂酶、脂肪氧化酶等在低温下仍具有一定的活性，因此会引起脂肪缓慢水解，产生游离脂肪酸。

4. 蛋白质

食物中的蛋白质是同时具有酸性又具有碱性的两性物质，是很不稳定的。蛋白质的水溶液温度在52～54℃时具有胶体性质，为胶体状溶液。如果温度降低冷冻时，蛋白质则从溶液中结块沉淀，成为变性蛋白质。

蛋白质的沉淀作用可分为可逆性和不可逆性（又称为变性作用）两种。

可逆性沉淀：碱金属和碱土金属的盐（如Na_2SO_4、NaCl、$MgSO_4$等）能使蛋白质从水溶液中沉淀析出，其原因主要是这些无机盐夺去了蛋白质分子外层的水化膜。被盐析出来的蛋白质保持原来的结构和性质，用水处理后又复溶解。在一定条件下，食品冷加工后所引起的蛋白质的变化是可逆性的。

不可逆性沉淀：由物理和化学因素致使蛋白质溶液凝固而变成不能再溶解的沉淀，这种过程称为变性。这种变性蛋白质不能恢复为原来的蛋白质，所以是不可逆的，并失去了生理活性。

总之，蛋白质的变性在最初阶段是可逆的，但在可逆变性阶段后即进入不可逆变性阶段。酶是一种蛋白质，当其变性时即失去活性。

5. 维生素

维生素一般可分为两大类：一类是水溶性维生素，包括维生素 B_1、维生素 B_2、维生素 B_6、维生素 B_{12}、维生素 C 和维生素 P 等；另一类是脂溶性维生素，包括维生素 A、维生素 D、维生素 E 和维生素 K。在低温条件下，维生素被破坏程度小。

3.2.4 低温对食品物料的影响

低温对食品物料的影响因食品物料种类不同而不尽相同。根据低温下不同食品物料的特性，我们可以将食品物料分为三大类：动物性食品物料，主要是指新鲜捕获的水产品、屠宰后的家禽和牲畜以及新鲜乳、蛋等；植物性食品物料，主要是指新鲜水果蔬菜等；其他类食品物料，包括一些原材料、半加工品和加工品、粮油制品等。

1. 动物性食品物料

对屠宰后动物个体进行低温处理时，其呼吸作用已经停止，不再具有正常的生命活动。虽然其在肌体内还进行着生化反应，但肌体对外界微生物的侵害失去抗御能力。动物在死亡后体内的生化反应主要是一系列的降解反应，肌体也会出现死后僵直、软化成熟、自溶和酸败等现象，其中的蛋白质等发生一定程度的降解。熟肉继续放置就会进入自溶阶段，此时肌体内的蛋白质等发生进一步的分解，侵入的腐败微生物也开始进行大量繁殖，最后使食品变质。因此，降低温度可以减弱生物体内酶的催化活性，延缓物料自身的生化降解反应过程，并抑制微生物的繁殖。

微生物要繁殖，酶要发生作用，都需要有适当的温湿度和水分等条件。环境不适宜，微生物就会停止繁殖，酶会丧失催化能力，甚至被破坏，乃至死亡。另外，物质氧化等反应的速度也与温度有关，温度降低，化学反应就会显著减慢。因此，要解决这个主要矛盾，必须控制微生物的活性和酶的作用。把动物性食品放在低温条件下，微生物和酶对食品的作用就更微小了。当食品在较低温度下被冻结时，其水分生成的冰晶使微生物丧失活性而不能再进行繁殖，酶的反应受到严重抑制，体内的化学变化就会变慢，食品就可以作较长时间贮藏，并维持新鲜状态而不会变质。低温抑制微生物的活性，对其他生物如虫类也有类似的作用；低温降低食品中酶的作用及其他化学反应的作用也相当重要。不同食品物料都有其合适的低温处理要求。

2. 植物性食品物料

对于采收后仍保持个体完整的新鲜水果蔬菜等植物性食品物料而言，它们虽然不会继续生长，但仍然具有和生长时期相似的生命状态，是有生命的有机体，有呼吸作用，仍维持一定的新陈代谢，只是不能再得到正常的养分供给。只要果蔬的个体保持完整并且未受损伤，这个个体就可以利用体内贮存的养分来维持它们自己正常的新陈代谢。就整体而言，此时的代谢活动主要向分解的方向进行。同时，植物个体仍具有一定的天然的免疫功能，呼吸作用能抵抗细菌的入侵。如呼吸过程中的氧化作用，能够把微生物分泌的水解酶氧化而变成无害物质，使果蔬细胞不受毒害，从而阻止微生物的侵入，氧化作用还能使受到机械损伤和已被微生物侵入的组织形成木栓层，从而保护内层的健康组织。因此这些果蔬具有一定的耐贮存性。对于这些植物性食品原料，我们称之为活态食品。

植物个体采收后到过熟期的时间长短与其呼吸作用和乙烯催熟作用有关。植物个体的呼吸强度不仅与种类、品种、成熟度、部位以及伤害程度有关，还与温度、空气中的氧和二氧化碳含量有关。一般情况下，低温能够减弱果蔬类食品的呼吸作用，放慢新陈代谢的速率，减慢植物个体内贮存物质的消耗速率，从而延长储藏期限。因此低温具有保存植物性食品原料新鲜状态的作用。但也应注意，对于植物性食品原料的冷藏，温度又不能过低，否则会破坏植物个体正常的呼吸代谢作用，温度如果降低到活态食品难以承受的程度，活态食品便会由于生理失调而产生冷害，又称机能障害，活态食品的免疫功能会受到破坏或削弱，引起活态食品生理病害，甚至冻死。例如，香蕉储藏温度要求在12～13℃，如温度降到12℃以下时，香蕉就会变黑。因此，储藏温度应该选择在接近冰点但又不致使活态食品发生冻死现象的温度。

活态食品储藏不仅与温度有关，还与储藏间的空气成分有关。不同种类的活态食品有各自适宜的气体成分。因此，在降低温度的同时，如能控制空气中的成分（氧气、二氧化碳、水分），就能取得最佳的效果。用调节温度的方法进行贮藏称调温贮藏，调节温度下降来进行贮藏称低温贮藏，改变空气成分的贮藏称气调贮藏（CA贮藏）。气调贮藏目前已广泛地用于水果、蔬菜的贮存中，并已得到良好的效果。

综上所述，在低温下贮存植物性食品原料的基本原则应是既降低植物个体的呼吸作用等生命代谢活动，又维持其基本的生命活动，使植物性食品原料处在一种低水平的生命代谢活动状态之中。防止植物性食品的腐败主要是保持恰当的温度（因品种不同而异），控制好水果蔬菜的呼吸作用。这样就能达到保持植物性食品质量的良好效果。

3. 其他类食品物料

其他类食品物料包括一些原材料、半加工品和加工品、粮油制品等。

3.2.5 低温对其他变质因素的影响

引起食品变质的原因除微生物及酶促生化反应外，还有如氧化作用、生理活动、机械损害、低温冷害、蒸发作用等其他一些因素，其中较典型的例子是油脂酸败。油脂暴露于空气中，与空气中的氧发生氧化反应，生成醛、酮、酸、内酯、醚等物质，并且油脂本身黏度增加，相对密度增加，出现不愉快的哈喇味，这称为油脂的酸败。此外，维生素C被氧化成脱氢维生素，继续分解生成二酮古乐糖酸，失去维生素C的生理作用；番茄色素（由8个异戊二烯结合而成）中含有较多的共轭双键，在空气中易被氧化；胡萝卜色素类也会发生类似的反应。无论是细菌、霉菌、酵母菌等微生物引起的食品变质，还是由酶及其他因素引起的变质，在低温环境下，都可以延缓、减弱其引起的食品腐败变质，但低温并不能完全抑制它们的作用，即使在冻结点以下，食品长期贮藏，其质量仍然会有所下降。

3.3 食品的冷却

冷却是指食品由初温降到冻结点以上某一预定温度的一种冷加工方法，它是食品冷藏的必经阶段，是一种广泛应用的延长食品贮藏期的方法。冷却保藏适合于所有食品的保藏，尤其适合果蔬的保藏。食品的冻结点（冰点）是其中液相开始析出冰晶时的温度。食品的冰点温度范围较大，同样的食品因性状和条件（鲜度、老幼、成熟度、性别等）不同，冰点也会不同。生鲜肉的冰点为 -0.58℃，而死后僵直肉的冰点为 -0.1℃。很多冰鲜食品的冰点一般在 -29～-0.5℃。有些冻结食品降温分两段进行，即事先降温冷却，然后再降温冻结，故可把冷却看成是冻结的预先冷却，因此，食品冷却也称为预冷。一般冷却的预定温度多为 0～4℃，并且 0℃最为常见。但是，热带或夏天的新鲜果蔬，在低温时容易出现冷害，冷却的预定温度可能要求 5～10℃，个别品种甚至要求 10℃以上。秋季的柠檬、薯类一般要求 10℃左右贮藏。

3.3.1 食品的冷却目的

食品冷却是为了延长食品的保藏期限，抑制微生物的生长繁殖，抑制果蔬的呼吸作用，有利于排除呼吸热和田间热，使食品的新鲜度得到最大的保持，延长植物性食品原料的储藏期，但要防止冷害；对动物性食品原料来说，冷却有利于抑制分解蛋白质的酶的作用，有利于抑制细菌的生长繁殖，速冷甚至能使部分细菌休克死亡。肉在低温下成熟，使其色泽好、风味芳香、嫩度变好、易消化，提高了商品价值，牛肉尤其如此。经过冷却的食品一般只能进行短期的贮存。因为在冷却温度条件下，部分微生物仍然可以生长繁殖。

由于微生物的活动和酶的作用，新鲜食品的变质速度很快。特别是采收后的新鲜果蔬，不仅通过呼吸放热，而且代谢物从一种形式转化为另一种形式。如在 0℃储藏下，甜玉米（表 3-9）能把本身所含糖分代谢至一定程度，以致在 1 天内丧失 8%，在 4 天内丧失 22%。然而，糖分在 20℃下的丧失规律为 1 天内丧失 25%，而在炎热的夏天还要远远超过此数值。采摘后 24 h 冷却的梨，在 0℃下贮藏 5 周不腐烂，而采收后经 96 h 才冷却的梨，在 0℃下贮藏 5 周就有 30% 腐烂。显然，推延冷却会导致食品的变质和品质下降。

表 3-9　甜玉米糖分在储藏过程中的丧失情况

储藏时间 /h	储藏温度	
	0℃	20℃
24	8.1%	25.6%
48	14.5%	45.7%
72	18.0%	55.5%
96	22.0%	62.1%

植物性食品原料是冷却的主要对象。由于果蔬等在采摘后生命并未终止，还仍然不断进行呼吸作用，吸入氧气后产生二氧化碳、水，并释放出热量（即呼吸热），其中部分氧气消耗于果蔬呼吸，大部分则以热能形式释放出来。果蔬呼吸过程是一个营养物质和水分消耗及组织衰老的过程，而且是不可避免的。呼吸作用改变了周围贮藏环境条件，直接影响果蔬贮藏状态。因而，堆放果蔬易产生高温，引起果蔬腐烂。然而，呼吸作用有利于提高果蔬耐贮性与抗病性，因此，在果蔬的贮藏过程中，需合理地控制其呼吸作用，抑制其有害的一面，利用其有利的一面。温度对果蔬贮藏影响特别大，适当的低温是保证安全贮藏的重要手段。在不干扰和破坏果蔬代谢机能的前提下，温度越低，越能延缓果蔬成熟及

衰老的进程，贮藏寿命越长。但果蔬的冷却温度不能低于发生冷害的界限温度，否则会使果蔬的正常生理机能受到障碍，出现冷害。

冷却是短期保存肉类的有效方法，即将肉类冷却到冰点以上的温度(一般为 0～4℃)。在此温度下，酶的分解作用、微生物的生长繁殖、食品的干耗和氧化作用均未被充分抑制，故冷却肉只能贮藏 2 周左右的时间。如果要做更长期的贮藏，必须将其冻结至温度低于 -18℃，才能有效抑制酶、非酶及微生物的作用。肉类在冷却贮藏过程中，在低温下进行成熟作用，使肉的色泽、风味、柔软度都变好，增加了商品价值。另外，与冻结肉相比较，冷却肉由于没有经过冻结过程中水变成冰晶和解冻过程中冰晶融化成水的过程以及蛋白质变性，在品质等各方面更接近于新鲜肉，因而更受消费者欢迎。近几年来，我国肉类消费的结构发生了明显的变化，冷却肉的消费量在不断增大，冷冻肉的消费量在不断减小。因此，肉类的冷却工艺目前受到人们的广泛重视。

水产品可通过冷却进行短期贮藏。无论是酶还是微生物的作用，都要求在一定的温度及足够的水分下才能进行。水产品的腐败变质是由于体内所含酶及身体表面附着的微生物共同作用的结果。鱼类捕获死亡后，其体温处于常温状态，由于其生命活动停止，组织中的糖原进行无氧分解生成乳酸，在形成乳酸的同时，磷酸肌酸分解为无机磷酸和肌酸。分解过程都是放热反应，产生的大量热量使鱼体温度升高 2～10℃，如果不及时排出这部分热量，酶和微生物的活动就会大大增强，加快鱼体的腐败变质速度。由图 3-4（渔类捕获后冷却与鱼鲜度之间的关系）及图 3-5（鱼类捕获后贮藏温度和鱼体腐败的关系）可以看出，渔类捕获后立即冷却到 0℃的鱼，第 7 d 进入初期腐败阶段；渔类捕获后放置在 18～20℃鱼舱中的鱼，第 1 d 就开始腐败。由此可见，尽早冷却并维持低温，对水产品的保鲜具有重要的意义。

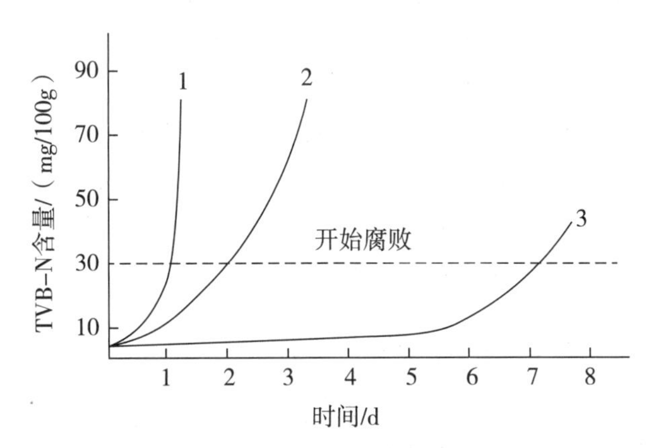

图 3-4　渔类捕获后冷却与鱼鲜度之间的关系

1—渔类捕获后放在 18～20℃的鱼舱内；2—渔类捕获后放在鱼舱内，卸货后才冷却；3—渔类捕获后立即冷却到 0℃。纵坐标 TVB-N 是挥发性盐基氨，是国际中用于评价肉质鲜度的唯一理化指标。

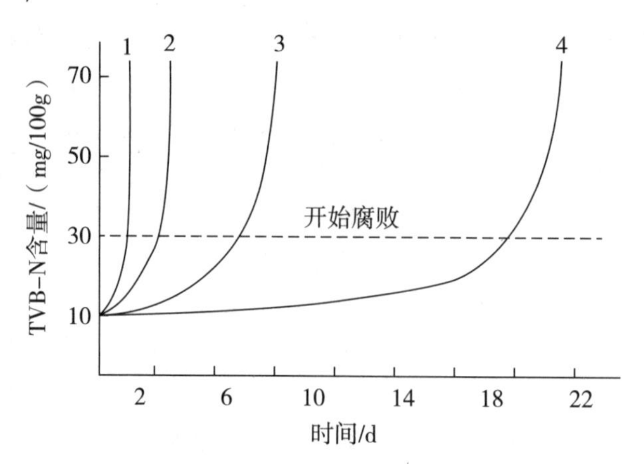

图 3-5　鱼类捕获后储藏温度和鱼体腐败的关系

1—30℃；2—20℃；3—10℃；4—0℃。

3.3.2　食品的冻结温度及相对湿度

1. 冻结温度

贮藏温度不仅是指冷藏库内空气温度，更重要的是指食品温度。贮藏温度是冷藏工艺条件中最重要的因素。食品的贮藏期是与贮藏温度有关的函数，在保证食品不冻结的情况下，冷藏温度越接近冻结温度则贮藏期越长。如葡萄贮藏温度由 1.1℃变为冻结温度 -2.8℃后，其贮藏期延长两个月。因此选择各种食品的冷藏温度时，了解食品的冻结温度极其重要。

在冷藏过程中，冷藏室内温度应严格控制，减小其波动幅度和次数。任何温度变化都有可能对食品造成不良后果，因而冷藏库应具有良好的绝热层，配置合适的制冷设备。温度的稳定对于维持冷藏室内的相对湿度极为重要。冷藏室内温度波动会引起空气中的水分在食品表面凝结，并导致食品发霉。

目前，食品冷加工的种类较多，按加工的温度范围划分，大致有冷却食品、冻结食品、微冻食品和冷凉食品，大致可按表 3-10 来划分。实际使用时，可根据食品的种类、性质、贮藏期、用途等的不同，选择适宜的冷加工温度范围。冷加工可用于活体食品和非活体食品；其他温度范围，只能以非活体食品作为加工对象。

表 3-10　冷加工食品分类

名称	温度范围 /℃	备注
冷却食品	0～15	冷却未冻结
冻结食品	-30～-12	冻结坚硬
微冻食品	-3～-2	稍微冻结
冷凉食品（1）	-1～1	欧美指标
冷凉食品（2）	-5～5	日本指标

冷却食品的温度上限是 15℃，下限是 0～4℃。在此温度范围内，食品中的汁液并未冻结。

对动物性食品来说，温度越低，贮藏期越长；对植物性食品来说，温度要求在冷害温度之上，否则会引起食品的冷害，造成过早衰老或死亡。

冻结食品的温度一般在 –12℃以下，但只有达到 –18℃以下才能有效地抑制食品品质的下降。在 –18～–12℃内，冻结食品一般都符合 T.T.T 概念，即食品温度越低，品质保持越好，贮藏期限越长。近年来，冻结食品的温度有下降的趋势，尤其是一些经济价值较高的水产品，温度一般都保持在 –30℃。作为生鱼片食用的金枪鱼，为了长期保持其颜色，防止氧化，采用了 –55℃甚至 –70℃的贮藏温度。

微冻食品以前我国也称为半冻结食品，近几年基本上都统一称为微冻食品。微冻是将食品温度降低到低于其冻结点 2～39℃并在此温度下贮藏的一种保鲜方法。微冻食品的保鲜期是冷却食品的 1.5～2 倍。

冷凉食品在欧美是指冷却状态的食品，而冷凉食品是近年日本的水产公司以冷冻食品的名称市售的食品。两者都以冷凉食品称呼，但其温度幅度不同，前者温度幅度是 2℃，而后者的温度幅度是 10℃。冷凉食品的称呼在我国一直未被接受。

2. 冷却速度和时间

（1）冷却速度

冷却就是食品不断放出热量而降低温度的过程，冷却速度是用来表示该放热过程快慢的物理量。影响冷却速度的因素有：①食品与冷却介质之间的温差；②食品的大小和形状；③冷却介质种类等。

（2）冷却时间

冷却时间是指将食品从初温冷却到预定的终温所需的时间。

3. 空气相对湿度及其流速

冷藏室内空气的相对湿度对食品的耐藏性有直接的影响，冷藏室内空气既不宜过干也不宜过湿。如空气的相对湿度过低，食品中水分会迅速蒸发，导致食品出现萎缩。干态颗粒食品如乳粉、蛋粉及吸湿性强的食品（如果干等）宜在非常干燥的空气（相对湿度 50% 以下）中贮藏。如果空气过湿，低温食品表面与高湿空气相遇，会有水分在食品表面冷凝，导致食品易发霉、腐烂。冷藏时大多数水果适宜的空气相对湿度为 85%～90%。绿叶蔬菜、根菜类蔬菜以及脆性蔬菜的适宜空气相对湿度可高至 90%～95%，而坚果在 70% 的空气相对湿度下比较合适。

冷藏室内空气流速也非常重要，一般冷藏室内的空气应保持一定的流速以保持室内温度的均匀和空气循环。在空气相对湿度较低的情况下，流速将对食品干耗产生严重影响。只有空气相对湿度较高而流速较低时，才会使水分的损耗降到最低程度。空气流速越快，食品表面附近的空气更新越快，水分的扩散系数增大，食品水分的蒸发率也相应增大。如空气流速增加 1 倍，则食品水分的损失将增大 1/3。所以空气流速的确定原则是及时将食品产生的热量（如生化反应热或呼吸热和从外界渗入室内的热量）带走，保证室内温度均匀分布，同时将冷藏食品干耗现象降到最低程度。冷藏食品若覆有保护层，室内的相对湿度和空气流速则不再成为影响因素；如：分割肉冷藏时常用塑料袋包装，或在其表面上喷涂不透蒸气的保护层；苹果、柑橘、西红柿等果蔬可采用涂膜剂进行处理，以减少其水分蒸发，增添果蔬表面光泽。

3.3.3 冷库的基本概况

食品的冷却大多在冷库里进行，根据冷库所需的温度不同，分为冷藏库（高温库）和冻藏库（低温库），其各自需要的温度及设备要求、应用范围等基本情况见表 3–11，果蔬贮藏保鲜一般采用冷藏库，如水果、蔬菜冷藏库；动物性食品长期保藏一般采用冻藏库，如屠宰工厂建有冻藏库。对于大型冷库，往往既有冷藏库又有冻藏库，以满足生产需求。

表 3–11 冷库所需的温度

库名	工作间	库温 /℃	蒸发器内氨液蒸发温度 /℃	制冷方式	应用范围
冷藏库（高温库）	冷却间（降温过程）	0	–15	单级压缩	冷却冷藏果蔬为主，短期冷藏动物性食品
	冷藏间（维持低温）	0～4 0～10	–15		
冻藏库（低温库）	冻结间（降温过程）	–23	–33	双级压缩	长期冻结冻藏动物性食品，速冻蔬菜
	冻藏间（维持低温）	–18	–28		

3.3.4 食品的冷却原料及其处理

1. 植物性食品原料及其处理

植物性食品原料的组织较脆弱，易受机械损伤；含水量高，冷藏时易萎缩；营养成分丰富，易被微生物利用而腐烂变质；具有呼吸作用，有一定的天然抗病性和耐贮藏性；等等。对于冷藏前植物性食品原料的选择应特别注意原料的成熟度。植物性食品原料采收后有继续成熟的过程，完成由未熟到成熟再到过熟的过程。冷藏的过程可以延缓这一继续成熟过程。一般而言，采收后、冷藏前植物性食品原料的成熟度越低，冷藏的时间相对越长。

植物性食品原料冷藏的前处理对保证冷藏食品的质量非常重要。通常的前处理包括：挑选去杂、清洗、分级和包装等。对于植物性食品原料，要去除水果和蔬菜中的杂草、杂叶、果梗、腐叶和烂果等可能污染的生物和化学物。用于冷藏的植物性食品原料主要是水果、蔬菜，其应是外观良好、成熟度一致、无损伤、无微生物污染、对病虫害的抵抗力强、收获量大且价格经济的品种。植物性食品原料在冷藏前，首先应剔除有机械损伤、虫伤、霜冻及腐烂、发黄等质量问题的原料；然后将挑出的优质原料按大小分级、整理并进行适当包装。包装材料和容器在使用前应用硫黄熏蒸或喷洒波尔多液、福尔马林（甲醛水溶液）进行消毒。整个前处理过程均应在清洁、低温条件下快速进行。此外，根据原料的大小、成熟度等进行分级，保证同一批冷藏的植物性食品原料的成熟度、个体大小等应尽量均匀一致。适当的包装既可增加果蔬保护作用，还可减少果蔬在冷藏过程中的水分蒸发。通常的包装材料应具有一定的透气性。

2. 动物性食品原料及其处理

动物性食品原料一般应选择动物屠宰或捕获后的新鲜状态进行冻藏。由于不同的动物性食品原料组织特性不同，其完成肉质成熟过程所需的时间不同，鱼贝类、家禽类原料的僵直期一般较短，而畜类的僵直期相对较长。不同的动物性食品原料具有不同的化学成分、饲养方法、生活习性及屠宰方法，这些都会影响到产品的储藏性能和最终产品的品质。例如：牛羊肉易发生寒冷收缩，使肌肉嫩度下降；多脂的水产品易发生酸败，使其品质严重劣变；等等。

动物性食品原料在冻藏的前处理因种类而异。禽类及畜肉类主要是静养、空腹及屠宰等处理；水产类包括清洗，分级、剖腹去内脏，放血等步骤；蛋类则主要是进行外观检查以剔除各种变质蛋以及分级和装箱等过程。

总之应尽量选择耐贮藏、新鲜、优质、污染程度低的食品原料作为冻藏的原料。对于动物性食品原料，冻藏前需要清洗去除血污以及其他一些在捕获和屠宰过程中带来的污染物。对于个体较大的动物性食品原料，还可以将其切分成较小的个体，以便于冻藏、加工和食用。捕捞致死的鱼应迅速用清水冲洗干净或做必要的去内脏等清理。动物性食品原料的处理必须在卫生、低温下进行，以免微生物污染，导致食品在冻藏过程中变质腐败。为此，原料处理车间及其环境、操作人员等应定期消毒，操作人员还应定期做健康检查并严格按规定佩戴卫生保障物品。由于食品原料的冻藏要求不同，前处理要确保原料的一致性，并编号以便管理；采用合适的（预）包装，防止交叉感染。

3.3.5 食品的冷却介质

在食品冷却加工过程中，与食品接触并将食品热量带走的介质，称为冷却介质。冷却介质不仅带走食品中的热量，使食品冷却或冻结，而且有可能与食品发生其他作用，影响食品的成分与外观。用于食品冷却加工的冷却介质有气体、液体和固体三大类。

作为冷却介质，因为其直接与食品接触换热，不论气体、液体和固体，都要满足以下条件：有良好的传热能力，不与食品发生不良作用，不得引起食品质量、外观的变化，没有气味、无毒，符合食品卫生要求，不会加剧微生物对食品的污染。

1. 气体冷却介质

常用的气体冷却介质有空气和二氧化碳。

（1）空气

空气作为冷却介质具有以下优点。

① 空气无处不在，无价使用。

② 空气无色、无味、无毒、无臭，对食品无污染。

③ 空气流动性好，容易形成自然对流、强制对流，动力消耗小。

空气作为冷却介质具有以下缺点。

① 空气对脂肪性食品具有氧化作用。

② 空气导热系数小、密度小、对流换热的表面传热系数小。空气作为冷却介质时，食品冷却速度慢。

③ 空气通常是不饱和的，在用作冷却介质时，会引起食品的干耗。

空气作为冷却介质，最主要的参数是温度和相对湿度。

空气的温度可用普通水银温度计或酒精温度计进行测量，一般水银温度计比酒精温度计要准确些。

空气的相对湿度可用毛发湿度计进行测量，也可用干湿球温度计测量。

（2）二氧化碳

① 二氧化碳很少单独用作冷却介质，主要和其他气体一起用于果蔬等食品的气调贮藏。

② 二氧化碳可以抑制微生物尤其是霉菌和细菌的生命活动。

③ 二氧化碳在脂肪中的溶解能力很大，从而减少了脂肪中的空气含量，延迟了食品的氧化过程。

④ 二氧化碳气体比空气约重 0.5 倍，比热容和热导率都比空气小。

2. 液体冷却介质

（1）液体冷却介质的优点

与气体冷却介质相比，液体冷却介质具有以下优点。

① 液体的热导率和比热容比气体大，密度也比气体大得多。因此，液体中的对流放热比气体强，食品冻结时间短，冻结速度快。

② 用液体冷却介质不会引起食品干耗。

（2）液体冷却介质的缺点

① 液体密度大、黏度大，强制液体流动时需要的动力大。

② 采用液体冷却介质容易引起食品外观的变化。

③ 液体冷却介质不像空气可以无代价使用，需要一定的成本。

常用的液体冷却介质有水（或海水）、盐水溶液、液氮等。

水作冷却介质，受其凝固温度的限制，只能用于将食品冷却至接近 0℃的场合，从而广泛用于食品冷却中。海水中含有各种盐类，其中包括氯化钠和氯化镁，这使海水的凝固温度约为 -2℃，可用于食品冷却。但由于海水有咸苦味，限制了海水的使用范围。

盐水溶液作为冷却介质使用比较广泛，经常使用的盐水溶液有氯化钠、氯化钙和氯化镁等。与食品冷冻有关的盐水溶液的热物性主要是密度、凝固温度、浓度、比热容、热导率、运动黏度、导温系数等。但盐水溶液凝固温度较低，一般不用于食品冷却。

液氮在大气压下的饱和温度约为 -196℃，每 1 kg 的制冷能力为 405 kJ/kg。近年来，液氮广泛用于食品冷冻、冷藏。

3. 固体冷却介质

常用的固体冷却介质有冰、冰盐混合物、干冰、金属等。

冰有天然冰和机制冰，可制成块冰和碎冰，使用非常方便。

纯冰的熔点为 0℃，通常只能用于制取 4～10℃的低温，常用于食品（尤其是鱼类）冷却。用冰盐混合物可以制取低于 0℃的低温。与冰混合的盐有氯化钠、氯化铵、氯化钙、硝酸盐、碳酸盐等。

与冰相比，干冰在大气压下的升华温度约为 -78.5℃，一般用于制取非常低的温度。

金属作为冷却介质，最大的特点是热导率大。在制冷技术中，使用最多的是不锈钢、铸铁、铜、铝及铝合金。在食品工业中，广泛使用的是不锈钢。

3.3.6 食品的冷却方法

食品的冷却方法常用的有空气冷却法、差压式冷却法、通风冷却法、冷水冷却法、冰冷却法、冷风冷却法等，根据食品的种类及冷却要求的不同，选择其适用的冷却方法（表 3-12）。为了及时地控制食品物料的品质，延长其冷藏期，应在植物性食品原料采收后、动物性食品原料屠宰或捕获后尽快地进行冷却，冷却的速率一般也应尽可能快。就创造低温的方法而言，冷却方法可分为自然降温和人工降温。自然降温是利用自然低气温来调节并维持贮藏库（包括各种简易贮藏和通风库贮藏）内的温度，是我国北方常用的果蔬贮藏方法。但是，该法受自然条件的限制，在温暖地区或者高温季节就难以应用。人工降温主要采用机械制冷来创造贮藏低温，这样就能够不分寒暑，全年贮藏果蔬，是工业常用的方法。食品物料的冷却降温过程一般在冷却间进行，冷却间与冷藏室之间的温度差应保持最小，这样由冷却间进入冷藏室的食品物料对冷藏室的温度影响最小，同时对维持冷藏室内空气的相对湿度也极为重要。

表 3-12　食品的冷却方法

冷却方法	畜肉	禽肉	蛋	鱼	水果	蔬菜
空气冷却法					√	√
差压式冷却法	√	√	√		√	√
通风冷却法	√	√	√		√	√
冷水冷却法		√		√	√	√
冰冷却法		√		√	√	√
冷风冷却法	√	√	√	√	√	√

1. 空气冷却法

冷库空气冷却法是最常用的食品冷却方法。空气冷却法分自然通风冷却和强制通风冷却。自然通风冷却是最简单易行的一种，即将采收后的果蔬放在阴凉通风的地方，使其自然降温。这种方法的冷却时间较长，且难以达到所需要的预冷温度，但是在没有更好预冷条件时，自然通风冷却是一种有效的方法（图 3-6）。强制通风冷却是让低温空气流经包装食品或未包装食品的表面，达到冷却目的。强制通风冷却可先用冰块或机械制冷使空气降温，然后用冷风机将被冷却的空气从风道吹出，在冷却间或冷藏间中循环，吸收食品中的热量，促使其降温。

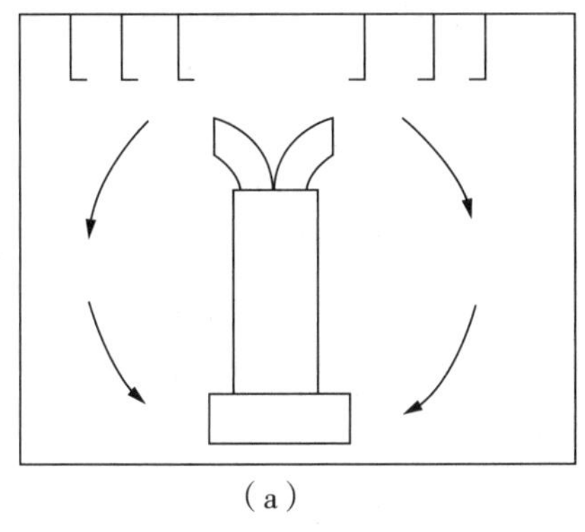

（a）

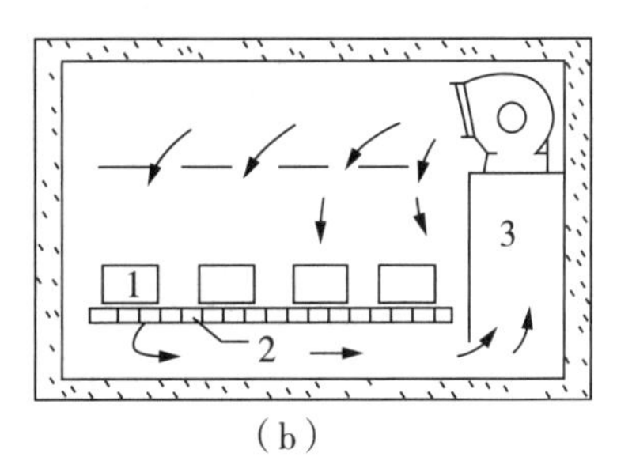

（b）

图 3-6　自然降温冷却

1—食品；2—传送带；3—冷却器。

空气冷却法的工艺主要取决于空气的温度、相对湿度和流速等，具体的工艺选择由食品的种类、有无包装、是否干缩、是否快速冷却等确定。

空气冷却法简便易行，使用范围很广，常用于预冷果蔬、鲜蛋、畜肉、禽肉、乳品、烹调食品、冷饮半制品及糖果等冷藏、冻藏食品的预冷处理，特别适于经浸水后品质易受影响的蔬菜产品。空气冷却法的缺点是冷却速度比较慢，冷却食品干耗比较大以及因冷风分配不均匀而导致的冷却速度不一。冷却空气温度的选择取决于食品的种类，一般动物性食品为0℃左右，植物性食品则为0～15℃。这种方法的冷却效果主要取决于空气温度、循环速度及相对湿度等因素。一般地，空气温度越低、循环速度越快，冷却速度也越快。空气相对湿度越高，食品的水分蒸发就越少。此外冷却效果还要受到包装、堆垛、气流布置等操作因素的影响。冷却温度必须处在允许食品可逆变化的范围内，以便食品回温后仍能恢复原有的生命力。空气温度不应低于冻结温度，以免食品发生冻结。空气相对湿度大，能加快冷却速度，对容易干耗的食品一般都采用较高湿度的空气。空气冷却法能广泛适用于不能用水冷却的食品，但控制不当容易造成食品干耗过大。

果蔬的空气冷却可在冷藏库的冷却间内进行。果蔬冷却初期，空气流速一般在1～2 m/s，末期在1 m/s以下，空气相对湿度一般控制在85%～95%。根据果蔬等品种的不同，其冷却至各自适宜的冷藏温度后，移至冷藏间冷藏。

畜肉的空气冷却是在一个冷却间内完成全部冷却过程，冷却空气温度控制在0℃左右，风速在1～2 m/s，为了减少干耗，风速不宜超过2 m/s，空气相对湿度控制在90%～98%，冷却终了，畜胴体后腿肌肉最厚部位的中心温度应在4℃以下，整个冷却过程可在24 h内完成。

禽肉一般冷却工艺要求空气温度0℃，空气相对湿度控制在80%～85%，风速为1～2 m/s。经7 h左右可使禽胴体温度降至5℃以下。若适当降低温度，提高风速，冷却时间可缩至4 h左右。

鲜蛋冷却应在专用的冷却间完成。蛋箱码成留有通风道的堆垛，在冷却开始时，冷空气温度与蛋体温度相差不能太大，一般低于蛋体温度2～3℃，随后每隔1～2 h将冷却间空气温度降低1℃左右，冷却间空气相对湿度控制在75%～85%，流速在0.3～0.5 m/s，通常情况下经过24 h冷却后，蛋体温度可降至1～3℃。

2. 冷水冷却法

冷水冷却法是用冷水喷淋产品或将产品浸泡在作为冷媒的冷却水（低温水、淡水或海水）中，使产品降温的一种冷却方式，特别适用于鲜度下降快的食品。冷却水的温度一般在0℃左右，冷却水的降温可采用机械制冷或碎冰降温。冷水冷却设备一般有三种形式，喷淋式（分喷水式和喷雾式）、浸渍式、降水式，其中以喷水式冷却（图3-7）应用较多。喷水式冷却多用于水产品（鱼类）、家禽的冷却，有时也用于水果、蔬菜和包装食品的冷却。简单易行的冷水冷却法是将水果、蔬菜和包装食品浸渍在0～2℃的冷水中，如所用冷水是静止的，其冷却效率较低，而与喷淋式相结合则效果较好。冷却水可循环使用，但必须加入少量次氯酸盐消毒，以消除微生物或某些个体食品对其他食品的污染。

（1）喷淋式。在被冷却食品上方，由喷嘴把冷却的有压力的水呈散水状喷向食品，达到冷却的目的。喷淋式冷却设备如图3-7所示，它主要由冷却水槽、传送带、冷却隧道、水泵等部分组成。在冷却水槽内设冷却排管，由压缩机制冷，使冷却排管周围的水部分结冰，因而冷却水槽内是冰水混合物，水泵将冷却的水抽到冷却隧道的顶部，被冷却食品则从冷却隧道的传送带上通过。冷却水从上往下喷淋到食品表面，冷却室顶部的冷水喷头根据食品种类的不同而大小不同。对耐压产品，喷头孔较大，采用喷淋式冷却；对较柔软的产品，喷头孔较小，采用喷雾式冷却。

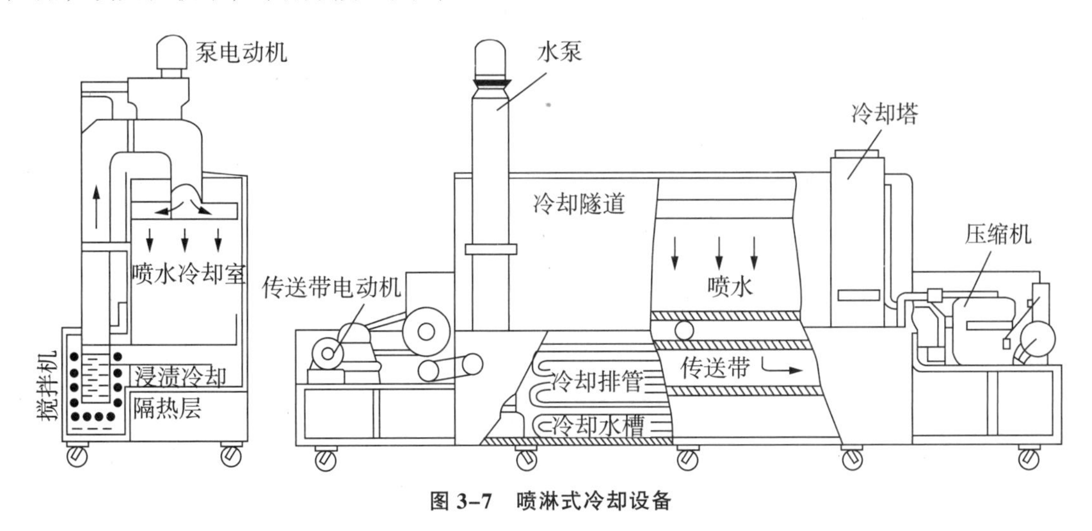

图3-7　喷淋式冷却设备

（2）浸渍式。将食品直接浸在冷水中，且不断搅拌冷水，加快食品的冷却。浸渍式冷却设备一般在冷却水槽底部有冷却排管，上部有放置被冷却食品的传送带。将被冷却食品放入冷却水槽中浸没，靠传送带在槽中移动，食品被冷却后输出。

（3）降水式。被冷却的食品在传送带上移动，上部水盘均匀地像降雨一样降水，达到冷却的目的，适用于大量处理作业。

冷水冷却法将干净水（淡水）或盐水（海水）经过机械制冷或机械制冷与冰制冷结合制成冷却水，然后用此冷却水通过浸泡或喷淋的方式冷却食品。淡水制得的冷却水的温度一般在0℃以上，而海水制得的冷却水的温度可在-2～-0.5℃。采用浸泡或喷淋的方式可使冷却水与食品物料的接触均匀、传热快，如采用-2～-0.5℃的冷海水浸泡冷却个体为80 g的鱼时，所需的冷却时间只需要几分钟到十几分钟。海水用作冷媒一般不宜和食品直接接触，只可用于间接冷却，因为即使只有微量盐分渗入食品内，也会使食品产生咸味和苦味。但在乳酪加工厂，将乳酪直接浸没在冷却海水中进行冷却是常用的方法。采用水浸泡法冷却食品原料时，水的流速直接影响到冷却的速率，但流速太快可能产生泡沫，影响传热效果。目前冷海水冷却法在远洋作业的渔轮上应用较多，由于鱼的密度比海水低，鱼体会浮在海水之上，装卸时采用吸鱼泵并不会挤压鱼体，可提高工作效率、降低劳动强度，不仅冷却速度快、鱼体冷却均匀，而且成本低。

和冷空气相比，冷水热容量更大，有较高传热系数，可大大缩短冷却时间，而不会产生干耗，费用也低，所以冷却效果更好。然而，并非所有的食品都可以直接与冷水接触。若冷水被污染后，会通过冷水传染给被冷却食品，影响被冷却食品的质量，如用冷海水冷却鱼体，可能使鱼体吸水膨胀、肉变咸、变色，也易污染。因此，一些食品物料采用冷水冷却法时，需要有一定的包装。适合采用冷水冷却的蔬菜有甜瓜、甜玉米、胡萝卜、菜豆、番茄、茄子和黄瓜等，冷水冷却法尤其适用于食品热加工过程后的冷却工序，直接浸没式冷却系统可以是间歇式的也可以是连续式的操作。冷水冷却法的缺点是对于禽类易造成带病菌交叉感染。

3. 冰冷却法

冷却用的冰，可以是机械制冰也可以是天然冰，可以是净水形成的冰也可以是海水形成的冰。冰是一种很好的冷却介质，淡水冰的融化潜热为 334.72 kJ/kg，熔点为 0℃；海水冰的融化潜热为 321.70 kJ/kg，熔点为 −2℃，具有较大的冷却能力。冰冷法是在装有蔬菜、水果、畜禽肉等食品的包装容器中直接放入冰块使产品降温的冷却方法，目前应用较多的是在产品上层或中间放入装有碎冰的冰袋与食品一起运输。但冰冷法只适用于与冰接触后不会产生伤害的产品，目前在超市普遍流行的做法是把水产品、畜禽肉分制制品摆放在冰面上，保持低温，以防止温度上升引起食品腐败变质。

用来冷却食品的冰有淡水冰和海水冰两种。海水冰在冷却过程中会很快析出盐水而变成淡水冰。用海水冰来冷却海鱼比较合适，而淡水鱼的冷却一般采用淡水冰。为了防止冰水对食品原料的污染，通常对制冰用水的卫生标准有严格的要求。对海上的渔获物进行冰冷却时，一般可采用碎冰冷却法（干法）、水冰冷却法（湿法）及冷海水冷却法三种。

碎冰冷却法（干法）：用碎冰（≤2 cm）冷却时，除了冷却速度较快外，融化的冰可以一直保持食品表面的湿润，防止食品发生干耗。碎冰冷却法主要用于鱼类的冷却，该法要求在船舱底部和四周先添加碎冰，然后再一层冰一层鱼、薄冰薄鱼（层冰层鱼法，适合于大鱼的冷却）或将碎冰与鱼混拌在一起（拌冰法，适合于中、小鱼的冷却）装舱，最上面的盖冰量要充足，冰粒要细，撒布要均匀，融冰水应及时排出以免对鱼体造成不良影响。由于冰融化时吸热大，冷却用冰量不多，采用拌冰法时，鱼和冰的比例约为 1∶0.75；采用层冰层鱼法时，用冰量稍大，鱼和冰的比例一般为 1∶1，鱼体温度可降至 1℃，一般可保鲜 7～10 天不变质。为了提高碎冰冷却效果，要将大块冰破碎，使冰与鱼的接触面积增大，并及时排出融冰水。碎冰冷却法用于鱼类保鲜，可使鱼湿润有光泽、无干耗，但碎冰在使用中易重新结块，并且由于结块的形状不规则，易对鱼体造成损伤。碎冰的体积质量和比体积见表 3–13。

表 3–13　碎冰的体积质量和比体积

碎冰的规格 /cm	体积质量 /（kg/m^3）	比体积 /（m^3/t）
大块冰（约 10×1×5）	500	2.0
中块冰（约 4×4×4）	550	4.82
细块冰（约 1×1×1）	560	1.78
混合冰（大块冰和细块冰混合）	625	1.60

水冰冷却法（湿法）：先将海水预冷到 1.5℃，送入船舱或泡沫塑料箱中，海水必须先预冷到 −1.59～1.5℃送入容器或舱中，再加入鱼和冰，要求冰完全将鱼浸没。用冰量根据气候变化而定，用冰量一般是鱼与冰之比为 2∶1 至 3∶1。为了防止海鱼在冰水中变色，用淡水冰时需加盐，如乌贼要加盐 3%，鲷鱼要加盐 2%。淡水鱼则可用淡水加淡水冰保

藏运输，不需加盐。水冰冷却法易于操作、用冰量少，冷却效果好，但鱼在冰水中浸泡时间过长，易引起鱼肉变软、变白，易于变质，因此鱼从冰水中取出后仍需冰藏保鲜，该法主要用于鱼类的临时保鲜。此法适用于死后易变质的鱼类，如鲐鱼、竹刀鱼等。

冷海水冷却法：主要是以机械制冷的冷海水来冷却保藏鱼货，其与水冰冷却法相似，水温一般控制在 -1～0℃。冷海水冷却法可冷藏大量鱼货，所用劳力少、卸货快、冷却速度快。其缺点是有些水分和盐分被鱼体吸收后使鱼体膨胀，颜色发生变化，蛋白质也容易损耗；另外因舱体的摇摆，鱼体易相互碰擦而造成机械伤口等。冷海水冷却法目前在国际上被广泛用来作为预冷手段。

4. 真空冷却法

真空冷却法是一种快速有效的冷却技术，在约 50 年前就已经应用到莴苣、蘑菇等产品的预冷中，近年来被应用于肉类及其制品的冷却。真空冷却法的快速降温可以使产品温度快速通过微生物最容易繁殖的危险温度范围 20～60℃，从而减少微生物繁殖、降低污染，延长产品的保鲜期。在发达国家，真空冷却法已经广泛应用于食品生产中。

真空冷却法也称减压冷却法，其原理是根据水分在不同的压力下有不同的沸点，水汽化时要吸收大量汽化热使食品本身的温度降低，达到快速冷却的目的，故本方法就是把被冷却食品原料放在可以调节空气压力的真空冷却密闭容器中，利用真空泵抽取真空室内空气，使产品表面和内部的水分在真空负压下迅速蒸发，带走大量汽化潜热，在吸收自身热量的同时，使食品热力学能减少和温度降低的一种冷却方式。水分蒸发温度随周围的环境压力而改变。在 1 个大气压条件下，水的沸点为 100℃；随着环境压力的降低，其沸点也降低；而当压力降低到 613.28 Pa 时，水的沸点为 0℃，即在此压力下，水在 0℃时即开始沸腾蒸发（又称汽化）变为水蒸气。不同温度下水的饱和蒸气压见表 3-14。不同温度下冰的饱和蒸气压见表 3-15。

表 3-14　不同温度下水的饱和蒸气压

温度 /℃	饱和蒸气压 /kPa	温度 /℃	饱和蒸气压 /kPa
0	0.61129	55	15.752
5	0.87260	60	19.932
10	1.2281	65	25.022
15	1.7056	70	31.176
20	2.3388	75	38.563
25	3.1690	80	47.373
30	4.2455	85	57.815
35	5.6267	90	70.117
40	7.3814	95	84.529
45	9.5898	100	101.32
50	12.344		

表 3-15　不同温度下冰的饱和蒸气压

温度 /℃	饱和蒸气压 /kPa	温度 /℃	饱和蒸气压 /kPa
0.01	0.61060	−30	0.03802
−5	0.40176	−35	0.02235
−10	0.25990	−40	0.01285
−15	0.16530	−45	0.00721
−20	0.10326	−50	0.00394
−25	0.06329		

通常，真空冷却过程中食品内部的水分蒸发途径有两类：第一类是水分在重力势能毛细管作用力或化学势能梯度作用下，沿着食品内部的空隙通道进行迁移，一般认为水分在内部空隙通道的迁移是在液态下进行的，直到食品的表面才开始蒸发，如图 3-8（a）所示；第二类是在压力梯度作用下，由于压力波动引起温度的变化，在食品内部引起水分蒸发或者沸腾后所产生的水蒸气的移动，如图 3-8（b）所示。在这个阶段，食品中的水分是以气态方式进行迁移的。

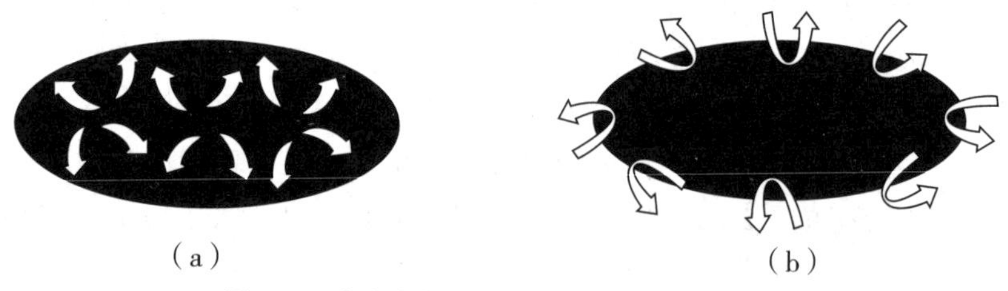

图 3-8　真空冷却过程中食品内部的水分蒸发

真空冷却设备的尺寸和形状根据实际应用需求而定。但真空冷却系统基本上都由真空室、真空抽气系统、制冷系统和控制系统组成，如图 3-9 所示。真空预冷过程中的压力控制系统、温度和湿度控制系统、数据采集处理系统可以对真空室内压力、温度和湿度进行实时测试。数据采集处理系统主要是由数据采集中央控制器和数据采集扩展盒组成。制冷系统的作用不是直接用来冷却食品的，而是让食品中蒸发出来的水汽重新凝结于蒸发器上而排出，保持了真空室内压力的稳定。

真空冷却法降温冷却速度快、冷却均匀，30 min 可以使蔬菜的温度从 30℃左右降至 0～5℃，而其他方法需要约 30 h。真空冷却法主要用于蔬菜的快速冷却。收获后的蔬菜经过挑选、整理等放入有孔的容器中，然后放入真空室内，关闭真空室，启动真空抽气系统。每千克水在真空室内压力为 0.66 Pa 下气化时吸收 2498.2 kJ 的气化潜热，使蔬菜本身的温度迅速下降到 1℃。真空冷却法适用于蒸发表面积大且通过水分蒸发能迅速降温的食物原料，如蔬菜中的叶菜类。对于这类食品原料，由于蒸发的速度快，所需的降温时间短（10～15 s），造成的水分损失并不很大（2%～3%）。其缺点是食品干耗大、能耗大、设备投资和操作费用都较高。

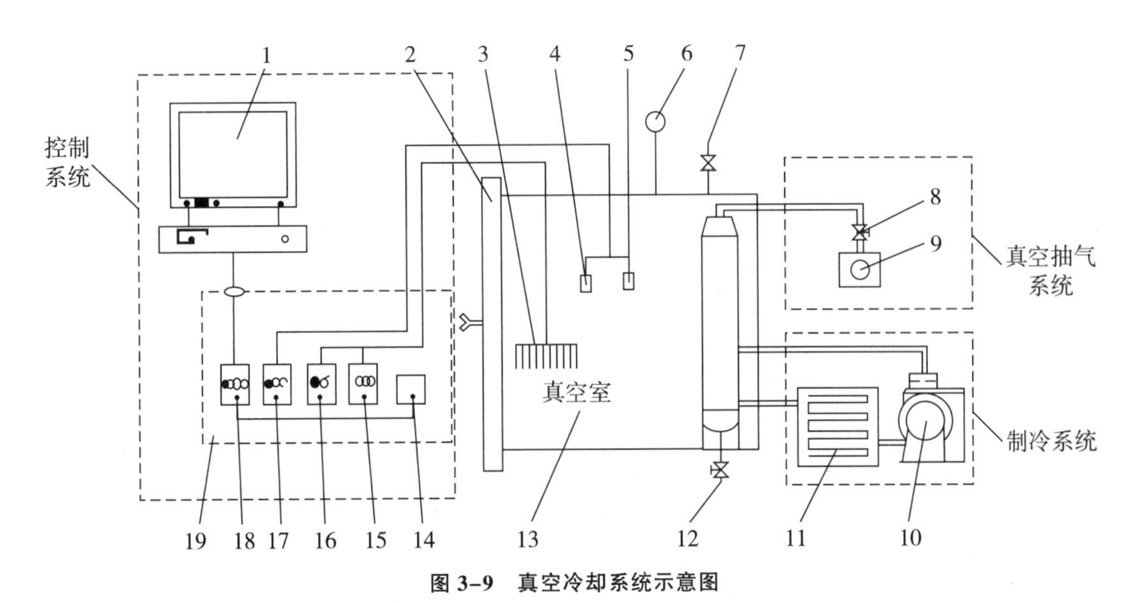

图 3-9 真空冷却系统示意图

1—计算机；2—真空室门；3—温度传感器；4—压力传感器；5—湿度传感器；6—真空表；7—充气阀；8—真空阀；9—真空泵；10—压缩机；11—冷凝器；12—放水阀；13—真空室；14—开关电源；15—热电阻 A/D 专用模块 2；16—热电阻 AVD 专用模块；17—A/D 模块；18—接口转换模块；19—电气箱。

真空冷却法适于叶菜类、葱蒜类、花菜类、豆类和蘑菇类等，某些水果和甜玉米也可用此法预冷，但对果菜、根菜等表面积小、组织致密的蔬菜不大适宜。每千克蔬菜为获得预期冷却效果需要蒸发掉的水分量很少，不会影响蔬菜新鲜饱满的外观。叶菜类蔬菜具有较大的表面积，在实际操作中，只要减少产品总质量的 1%，就能使叶菜类蔬菜温度下降 6℃。另外，通常的做法是先将食品原料湿润，为蒸发提供较多水分，再进行抽空冷却操作。这样既加快了降温速度又减少了植物组织内的水分损失，从而减少原料的干耗。

在肉制品的加工过程中采用真空冷却法，可以降低肉制品中污染菌的含量，提高肉制品的食用安全性。有研究发现，6.8～7.3 kg 的火腿从 70℃降到 10℃，传统的空气冷却法需要 10 h 以上，而真空冷却法仅需要 30 min。冷却时间短，则火腿中的微生物含量减少了，同时有利于原料肉中肌球蛋白的释放，提高了原料间的黏合作用，改善了火腿的品质。肉制调味品、肉泥、果酱等调味品的预冷已普遍采用真空冷却法。真空冷却法可以快速而有效地降低调味品的温度，节省能源。据报道，100 kg 的肉制调味品采用真空冷却法，30 min 内可以将其从 85℃降到 10℃，而空气冷却法则需 6 h 以上。

目前，真空冷却法在鱼制品加工中的应用还不广泛，主要用于金枪鱼等的加工。通常，捕获的金枪鱼被立即冷冻，再运输至加工厂，蒸汽加热至 65℃解冻，最后真空冷却至 35～40℃。

真空冷却法被意大利焙烤食品制造商所青睐，它可以加速焙烤食品的冷却，保持焙烤食品的品质。如意式营养蛋糕，空气冷却法需 24 h，而真空冷却法仅需 4 min。一种可调控的真空冷却器（Modulated Vacuum cooler，MVC），已普遍用于面包、肉饼、香肠卷等焙烤食品的冷却。面包等焙烤食品用 MVC 冷却仅需 30 s～5 min。使用 MVC 冷却可以改善焙烤食品的水分分布和外观，避免霉菌污染而延长食品的保质期，提高生产效率。

真空冷却法具有以下优点。

① 冷却速度快，冷却均匀。果蔬的真空冷却法只要 20～30 min。

② 水分蒸发量只有 2%～4%，不会影响蔬菜新鲜饱满的外观。

③ 干净卫生。真空冷却法不需要外来传热媒参与，产品不易被污染，而且真空环节可以杀菌或者抑制细菌的繁殖。

④ 延长产品的货架期和贮藏期。真空冷却法缩短产品在高温下停留的时间，有利于产品品质保存，提高保鲜贮藏效果。

⑤ 运行过程中能量消耗少。真空冷却不需要冷却介质，是自身冷却的过程，没有系统与环境之间的热传递。

⑥ 操作方便。真空冷却处理量大，占地面积小，冷却过程易于操控。

真空冷却法的缺点如下。

① 真空冷却法的设备投资和操作费用较高，除非食品预冷的处理量很大和设备使用期限长，否则该方法并不经济，因此很少应用。

② 目前只能是间歇式操作，还不能实现连续化生产，生产效率低。

③ 冷却过程中水分损耗是不可避免的。真空冷却法就是依靠物料中水分蒸发吸热而制冷，水分损耗是与真空冷却过程相伴的现象。

④ 真空冷却法的商业化应用受到一定限制。真空冷却法不是适应于所有食品，它要求食品单位质量比表面积大，表面水蒸气渗透率和内部的有效湿扩散系数大，水分含量相对较高，而且不会因水分蒸发和真空环境的存在使食品结构和品质受到大的损害。

5. 差压式冷却法

差压式冷却法是近年开发的新技术，图 3-10 所示为差压式冷却装置示意图。将食品放在吸风口两侧，并铺上盖布，使高、低压端形成 2～4 kPa 压差，利用这个压差，使 -5～10℃的冷风以 0.3～0.5 m/s 的速度通过箱体上开设的通风孔，顺利地在箱体内流动，用此冷风进行冷却。

根据食品的种类不同，差压式冷却法一般需 2～6 h 完成冷却。一般最大冷却能力为货物占地面积 70 m^2，若大于该面积，可对贮藏空间进行分隔，在每个小空间内设吸风口。

分隔为两间的差压式冷却间（图 3-11）和强制通风冷却装置改建的差压式冷却装置（图 3-12）内的冷风机吹出的冷风由导流板引入盖布，贴附着吹到冷却间右端，下降到入口空间，然后从箱体上的开孔进入。冷风将食品冷却后，经出口空间返回蒸发器。原来的装置经过这样改造后成为差压式冷却装置，用同样的设备可以得到较大的效益。图 3-13 所示为预制隧道差压式冷却间。

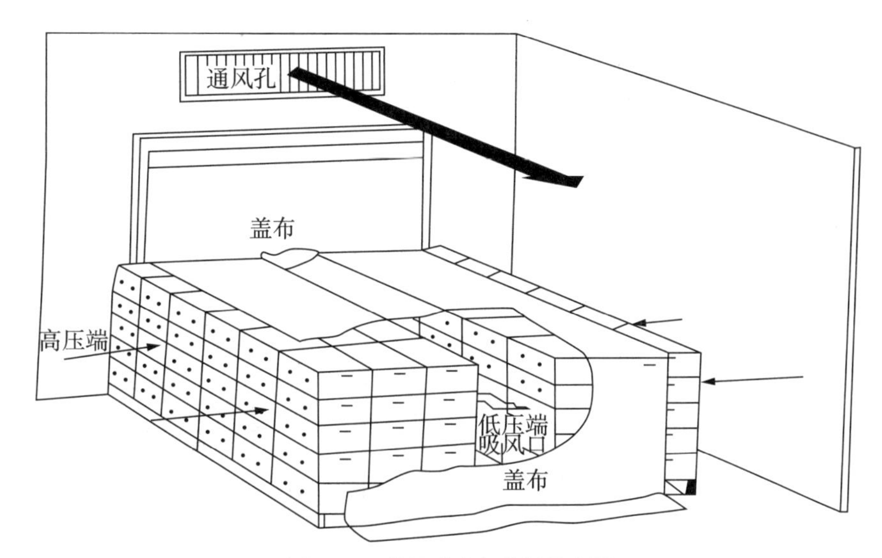

图 3-10　差压式冷却装置示意图

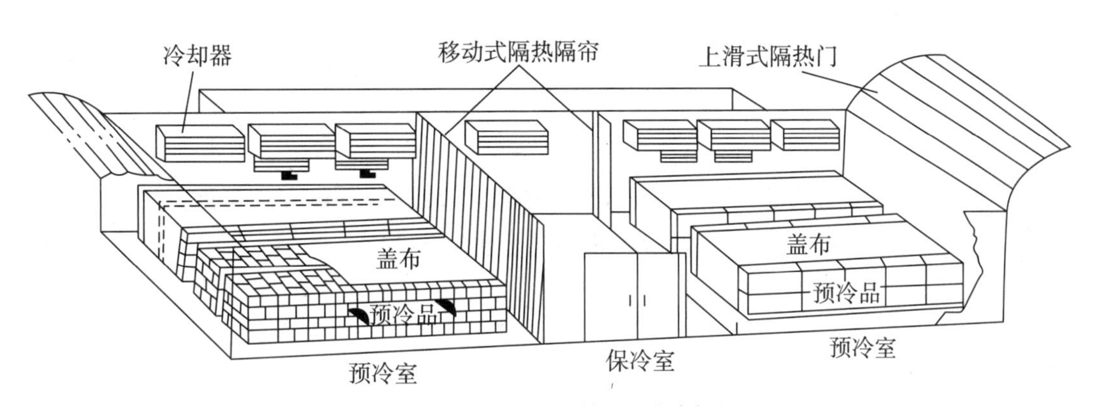

图 3-11　分隔为两间的差压式冷却间

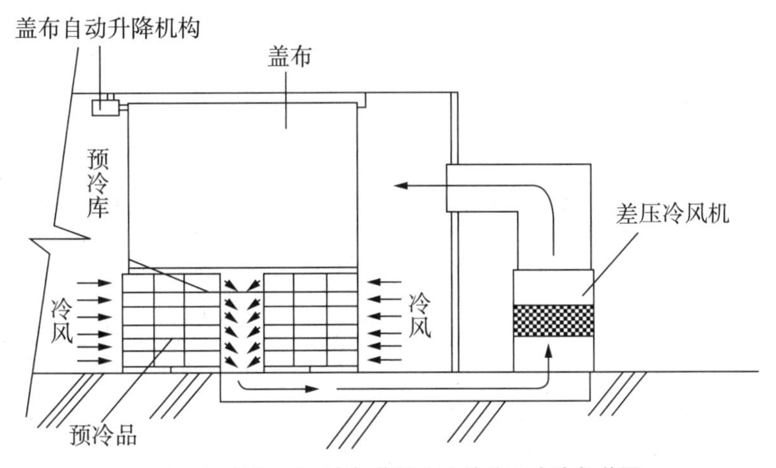

图 3-12　强制通风冷却装置改建的差压式冷却装置

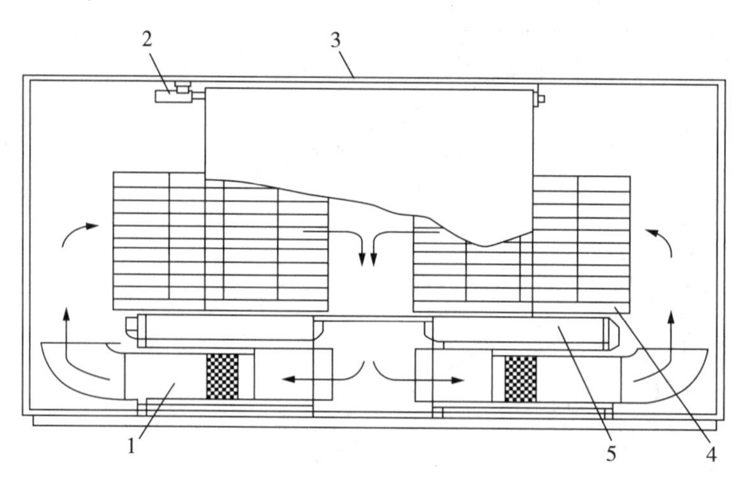

图 3-13 预制隧道差压式冷却间

1—冷风机；2—盖布自动升降机构；3—外壳；4—托盘；5—传送装置。

差压式冷却法具有以下优点：①能耗小；②冷却速度快；③冷却均匀；④可冷却的品种多；⑤易于由强制通风冷却装置改建。但该法有以下缺点：①食品干耗大；②货物堆放麻烦；③冷库利用率低。

6. 通风冷却法

通风冷却法又称空气加压冷却法。它与自然通风冷却法的区别在于配置了较大风量、风压的风机，所以又称强制通风冷却法（图 3-14 和图 3-15）。

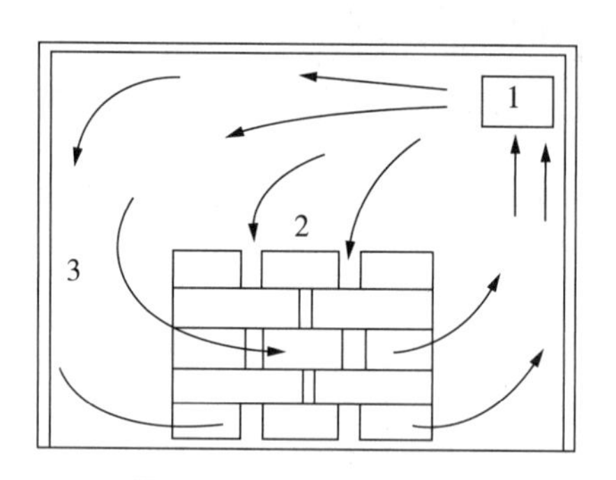

图 3-14 强制通风冷却法

1—通风机；2—箱体之间设有通风空隙；3—风从箱体外通过；
4—风从箱体上的孔中通过；5—差压式空冷回风风道；6—盖布。

7. 热交换器冷却法

大多数液体食品（如牛奶）冷却采用热交换器冷却法，热量的传递通过热交换器两面的液体对流和金属壁的传导作用进行。应用于液体食品冷却的热交换器可以是板框式、板式、套管式、降膜式、刮板式、夹层式，最常见的是板框式。在板框式热交换器的设计中，许多板片被堆积在框架上，板片之间保留一定的空间，由橡胶垫片进行流体的导流。被冷却的液体和冷媒分别流经相隔的板片，这类换热器的热交换面积大、占地面积小，具有能量守恒或能量回收的特点，通过对冷、热流体不同流动过程的安排，可以达到节省能量的目的。

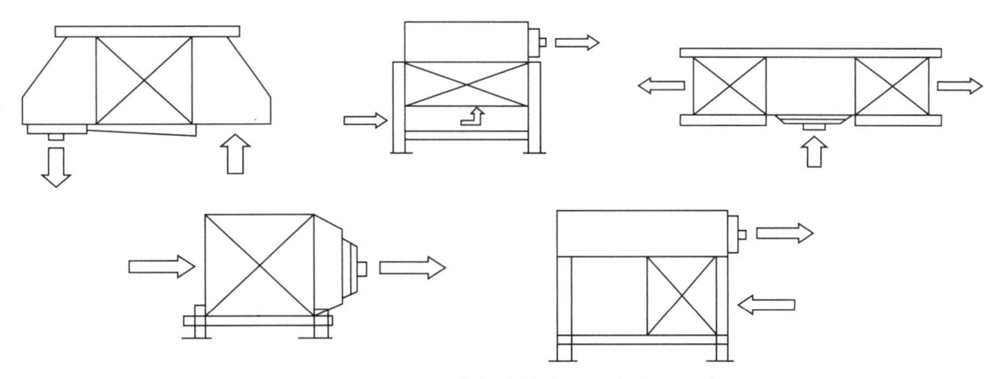

图 3-15 强制通风冷却法的冷风机进出风示意图

3.3.7 食品的冷藏工艺条件

传统冷藏法是以空气为冷却介质维持冷藏库的低温，果蔬冷藏一般采用箱装或袋装、骑缝码垛的方式存放，肉类一般采用吊挂或分层摆放的方式摆放。在食品冷藏过程中，冷空气以自然对流或强制对流方式带走热量。食品冷藏的工艺效果主要取决于温度、空气湿度和空气流速等。食品的贮藏期短，对冷藏工艺条件的要求可适当降低；若贮藏期长，则要严格遵守这些冷藏工艺条件。

1. 果蔬的冷藏

果蔬常用的冷却方法有真空冷却法、冷水冷却法和空气冷却法等。冷却过程主要控制的工艺条件包括温度和空气的相对湿度。冷却的温度一般为 0～3℃。

真空冷却法多用于表面积较大的叶菜类，真空室的压力为 613～666 Pa。冷水冷却法中冷水的温度为 0～3℃，冷却速度快，干耗小，适用于根菜类和较硬的果蔬。空气冷却法可在冷藏库的冷却间或过堂内进行，空气流速一般在 0.5 m/s，冷却到冷藏温度后再进入冷藏库。由于品种、采摘时间、成熟度等多种因素的影响，冷却温度差别很大。为了减少干耗，果蔬在进入真空室前要进行喷雾加湿，完成冷却的果蔬可以进入冷藏库。表 3-16 列出了部分果蔬的冷藏条件，仅供参考。

表 3-16 部分果蔬的冷藏条件

果蔬品名	冷藏温度 /℃	相对湿度 /%	最高冰点 /℃	备注
杏	-1.1～0	90～95	-2.22	
梨	-1.1～0	90～95	-2.22	
樱桃	-1.1～0	90～95	-2.22	
桃	-1.1～0	90～95	-2.22	
葡萄	-1.1～0	90～95	-2.22	
李子	-1.1～0	90～95	-2.22	
大蒜	0	65	<-0.56	
葱	0	65	<-0.56	

续表

果蔬品名	冷藏温度 /℃	相对湿度 /%	最高冰点 /℃	备注
蘑菇	0	90	<-0.56	
橙子	0	90	<-0.56	
橘子	0	90	<-0.56	
芦笋	0	90	<-0.56	
利马豆	0	95	<-0.56	
甜菜	0	95	<-0.56	
茎椰菜	0	95	<-0.56	
孢子甘蓝	0	95	<-0.56	
卷心菜	0	95	<-0.56	
花菜	0	95	<-0.56	
芹菜	0	95	-0.5	
杏	-1.1～0	90～95	-2.22	
甜玉米	0	95	<-0.56	
荷兰芹	0	95	<-0.56	
菠菜	0	95	-0.06	
胡萝卜	0	95	<-0.56	
莴苣	0	95	-0.06	
萝卜	0	95	<-0.56	
苹果	2.22	95	<-0.56	
嫩菜豆	7.22	90	<-0.56	低于 7.22℃ 易受冷害
熟番茄	7.22	90	<-0.56	低于 7.22℃ 易受冷害
绿番茄	10	85	<-0.56	低于 10℃ 易受冷害
甜瓜	10	85	<-0.56	低于 10℃ 易受冷害
土豆	10	85	<-0.56	低于 10℃ 易受冷害
南瓜	10	85	<-0.56	低于 10℃ 易受冷害
黄瓜	10	90～95	<-0.56	低于 10℃ 易受冷害
茄子	10	90～95	<-0.56	低于 10℃ 易受冷害
甜椒	10	90～95	<-0.56	低于 10℃ 易受冷害
香蕉	14.5～15.6	85～90	<-0.56	低于 10℃ 易受冷害
柠檬	14.5～15.6	85～90	<-0.56	
葡萄柚	14.5～15.6	85～90	<-0.56	

2. 肉类的冷藏

新鲜肉是柔软的，并且持水性很高，放置一段时间后，肉变硬，持水性也会下降。继续放置一段时间后，则粗硬的肉又变得柔软，持水性也有所恢复，而且风味有极大的改善。肉类在低温下保藏使其增加风味的过程称为肉类的成熟。肉类的成熟是在酶的作用下发生的自身组织成分的降解（蛋白质、ATP等分解），使肉类中的氨基酸等含量增加，肉类的成熟对肉质的软化与风味的增加有显著的效果，烹调后口感鲜美，提高了肉类的商品价值。但肉类完全成熟后，就会进入自溶和腐败阶段，一旦进入腐败阶段，肉类的商品价值就会下降甚至失去。所以，肉类冷却后应迅速放入冷库。

肉类冷藏的温度一般控制在 -1～1℃，空气相对湿度在 85%～90%。如果温度低，空气相对湿度可以增大一些，以减少干耗。表 3-17 是一些肉制品的冷藏条件和储藏期。冷藏过程应尽量减少温度的波动。

表 3-17　一些肉制品的冷藏条件和储藏期

种类		温度 /℃	相对湿度 /%	储藏期 /d
猪肉		0～1.1	85～90	3～7
牛肉		-1.1～0	85～90	21
羊肉		-2.2～1.1	85～90	5～12
兔肉		0～1.1	90～95	10
家禽		-2.2	85～90	10
腌肉		-0.5～0	80～85	180
烟熏肋肉		15.5～18.7	85	120～180
肠制品	鲜	1.4～4.4	85～90	7
	烟熏	0～1.1	70～75	180～240

3. 鲜乳的冷藏

简易的冷水冷却法可以直接将盛有鲜乳的乳桶放入冷水池中，或加适量的冰块辅助冷却。鲜乳应在挤出后尽早进行冷却，乳品厂应在收乳后经过必要的计量、净乳后迅速进行冷却。鲜乳常用冷媒（制冷剂）冷却法进行冷却，冷媒可以用冷水、冰水或盐水（如氯化钠、氯化钙溶液）。为保证冷却的效果，冷却池中的水量应为乳量的4倍，并适当换水和搅拌以冷却乳。冷排即表面冷却器，是牧场采用的一种鲜乳冷却设备。现代乳品厂均已采用封闭式的板式冷却器进行鲜乳的冷却。板式冷却器的结构简单、清洗方便，缺点是鲜乳暴露于空气中，易受污染并混入空气、产生泡沫，影响下一工序的操作。冷却后的鲜乳应保持在低温状态，冷却的温度与鲜乳的储藏时间密切相关（表 3-18）。

表 3-18　鲜乳的储藏时间及应冷却的温度

鲜乳的储藏时间 /h	鲜乳应冷却的温度 /℃
6～12	8～10
12～18	6～8

续表

鲜乳的储藏时间 /h	鲜乳应冷却的温度 /℃
18～24	5～6
24～36	4～5
36～48	1～2

4. 鱼类的冷藏

鱼类的冷藏一般采用冰冷却法和冷海水冷却法。

采用冰冷却法时，冰鱼整体堆放高度约为 75 cm，鱼层的厚度在 50～100 mm，上层用冰封顶，下层用冰铺垫。冰冷却法一般只能将鱼体的温度冷却到 1℃左右。冷藏鱼的储藏期一般为：海水鱼 10～15 d，淡水鱼 8～10 d，若冰中添加防腐剂可以延长储藏期。

冷海水中的盐含量一般在 2～3 g/L，采用冷海水冷却法时，冷海水的温度一般在 -2～-1℃，鱼与海水的比例约为 7∶3，水的流速一般不大于 0.5 m/s，冷却时间为几分钟到十几分钟。如果采用机械制冷与冰结合的冷却方法，应及时添加食盐，以免冷却水的盐含量下降。若将 CO_2 充入海水中可使冷海水的 pH 降低至 4.2 左右，可以抑制或杀死部分微生物，使冷藏鱼的储藏期延长，如鲑鱼在冷海水中最多储藏 5 d，若去掉头和内脏也只能储藏 32 d，而在充入 CO_2 的海水中可储藏 17 d。一些鱼和鱼制品的冷藏条件和储藏期见表 3-19。

表 3-19 一些鱼和鱼制品的冷藏条件和储藏期

种类	冷藏温度 /℃	相对湿度 /%	储藏期
鲜鱼	0.5～4.4	90～95	5～20 d
烟熏鱼	4.4～10	56～60	6～8 个月
腌鱼	-1.5～1.5	75～90	4～8 个月
罐装腌鱼子酱	-3～-2	85～90	>4 个月
其他腌鱼子	5～10	—	6 个月

5. 鲜蛋的冷藏

与鲜乳不同，鲜蛋的冷藏一般采用空气冷却法。刚开始冷却时，冷却空气的温度与蛋体的温度不要相差太大，一般低于蛋体 2～3℃，随后每隔 1～2 h 将冷却空气的温度降低 1℃左右，直至蛋体的温度达到 1～3℃，通常情况下，冷却过程可在 24 h 内完成。冷却后的鲜蛋可在两种条件下进行冷藏（表 3-20）。冷却间的空气相对湿度在 75%～85%，空气流速在 0.3～0.5 $m \cdot s^{-1}$。

表 3-20 鲜蛋冷藏的条件

冷藏温度 /℃	相对湿度 /%	储藏期 / 月
-1.5～0	80～85	4～6
-2～-1.5	85～90	6～8

3.3.8　食品在冷藏过程中的变化

食品在冷藏过程中会发生一系列变化，其变化程度与食品种类、成分、食品的冷藏条件密切相关。除了肉类在冷藏过程中的成熟作用有助于提高肉的品质，其他食品所有变化均会引起品质下降。研究和掌握这些变化规律有助于改进食品冷藏工艺，避免和减少冷藏过程中食品品质的下降。

1. 水分蒸发

冷藏中的水分蒸发是指经过冷却的食品在冷藏时由于湿度差的作用而发生的水分蒸发现象。水分蒸发发生在大部分的食品冷藏过程中。食品在冷藏过程中，不仅温度下降，食品中汁液的浓度也会有所增加，而且当冷空气中水分的蒸气压低于食品表面水分蒸气压时，食品表面的水分还会向外蒸发，使食品失水干燥现象。失水干燥会导致食品质量损失（俗称干耗）、品质劣化。水分在新鲜果蔬中占有较大比重（水果含水 85%～90%，蔬菜含水 90%～95%），是维持果蔬正常生理活动和新鲜品质的必要条件，通常水分蒸发会抑制果蔬的呼吸作用，影响果蔬的新陈代谢，当食品减重达到 5% 时，果蔬会出现明显的凋萎现象，新鲜度下降、果肉软化收缩、氧化反应加剧，影响其鲜嫩性和抗病性。鸡蛋在冷藏过程中失去水分会造成气室增大，蛋内组织挤压在一起造成质量下降，肉类食品在冷却贮藏中也会因水分蒸发而发生干耗，除导致质量减轻外，同时肉的表面收缩、硬化，形成干燥皮膜，加剧脂肪的氧化，肉色也有变化。

食品在冷藏中所发生的干耗与食品种类和冷藏介质空气的温差、空气介质的湿度和流速、冷藏时间、食品原料的摆放形式、食品原料的特性以及有无包装密切相关。一般在冷藏初期，食品水分蒸发较多。果蔬类食品在冷藏过程中，由于表皮成分、厚度及内部组织结构不同，水分蒸发情况存在很大差别。为了减少果蔬类食品冷却时的水分蒸发，要根据它们各自的水分蒸发特性，控制贮藏时适宜的温度、湿度及风速。表 3-21 是根据水分蒸发特性对果蔬类食品进行的分类。一般蔬菜比水果易出现干耗，叶菜类比果菜类易出现干耗。果皮的胶质层、蜡质层较厚的品种，其水分不易蒸发；表皮皮孔较多的果蔬水分容易蒸发。如：杨梅、蘑菇、叶菜类食品原料在冷藏过程中，水分蒸发速度较快；苹果、柑橘类、柿子、梨、马铃薯、洋葱在冷藏过程中，水分蒸发速度较小。果蔬的成熟度亦会影响水分蒸发，一般未成熟的果蔬，水分蒸发速度大，随着果蔬成熟度的增加，水分蒸发速度逐渐减小。动物性食品如肉类的水分蒸发速度与冷藏室内的温度、湿度及气流速度有密切关系，同时也与肉的种类、单位质量表面积的大小、表面形状、脂肪含量等有关。冷藏中肉类胴体的干耗情况见表 3-22。

表 3-21　根据水分蒸发特性的果蔬类食品分类

水分蒸发特性	果蔬类食品
A 型（蒸发速度小）	苹果、橘子、柿子、梨、西瓜、葡萄（欧洲种）、马铃薯、洋葱
B 型（蒸发速度中等）	白桃、李子、无花果、番茄、甜瓜、莴苣、萝卜
C 型（蒸发速度大）	樱桃、杨梅、龙须菜、葡萄（美国种）、叶菜类、蘑菇

表 3-22 冷藏中肉类胴体的干耗情况

（t=1℃，空气相对湿度 80%～90%，v=0.2 m/s） 单位：%

时间	牛	小牛	羊	猪
12 h	2.0	2.0	2.0	1.0
24 h	2.5	2.5	2.5	2.0
36 h	3.0	3.0	3.0	2.5
48 h	3.5	3.5	3.5	3.0
8 d	4.0	4.0	4.5	4.0
14 d	4.5	4.6	5.0	5.0

2. 冷害

有些果蔬在冷藏过程中的温度虽未低至其冻结点，但当冷藏温度低于某一温度界限时，这些果蔬的正常生理机能就会因受到过度抑制而失去平衡，引起一系列生理病害。这种由于低温造成的生理病害现象称为冷害，也称冷藏病。冷害的症状随果蔬品种的不同而不同，最明显的症状是组织内部和周围肉质变色（褐心）和表皮出现软化、干缩、凹陷斑纹。如荔枝的果皮变黑、鸭梨的黑心病、马铃薯发甜现象都属于冷害。有些果蔬在冷藏后外观上看不出冷害，但如果冷藏后再放到常温中，就丧失了正常的促进成熟作用的能力，这也是一种冷害，如：香蕉放在低于 11℃的冷藏室内一段时间，拿出后表皮变黑呈腐烂状，俗称“见风黑”，且此时生香蕉的成熟作用能力已完全失去。绿色的西红柿保鲜温度为 10℃，若低于这个温度，西红柿就失去后熟能力，不能由绿变红。一些果蔬发生冷害的临界温度及冷害的症状见表 3-23。

表 3-23 一些果蔬发生冷害的临界温度及冷害的症状

种类	冷害的临界温度 /℃	冷害的症状
苹果	2.2～2.3	内部褐变、褐心、湿裂，表皮出现虎皮病
香蕉	11.7～13.3	出现褐色皮下条纹、表皮浅灰色到深灰色，延迟成熟甚至不能成熟，成熟后中央胎座硬化，品质下降
葡萄柚	无常值	果皮出现凹陷斑纹、凹陷区细胞很少突出，相当均匀的褐变
柠檬（绿熟）	10.0～11.6	果皮出现凹陷斑纹，退绿慢，油胞双周围色深，有红褐色斑点，果瓣囊膜变褐色
芒果	10.0～12.3	果皮变黑，不能正常成熟
番木瓜	10	果皮出现凹陷斑纹，果肉成水渍状
菠萝	6.1	变软，后熟不良，失去香味
橄榄	7.2	果皮变褐或暗灰色，果肉成水渍状，果蒂枯萎或易脱落，风味不正常，内部褐变
橘子	2.8	变软、褐变
青豆	7.2～10.0	变软、变色

续表

种类	冷害的临界温度 /℃	冷害的症状
黄瓜	7.2	表皮凹陷，出现水渍斑点，甚至腐烂
茄子	7.7	表皮烧斑、褐变、腐烂
甜瓜	7.2～10.0	表皮凹陷斑点、后熟不良
西瓜	4.4	变软
青辣椒	7.2	表皮凹陷斑点、变软，种子发生褐变
马铃薯	3.4～4.4	褐变、糖分增加、甘化
南瓜	10.0	腐烂加快
甘薯	12.8	表皮凹陷斑点、变软，内部变色，腐烂加快
番茄（红）	7.2～10.0	变软、腐烂加快
番茄（绿）	12.2～13.9	后熟（催熟）色泽不良、腐烂
青豆角	7.2～10.0	表皮凹陷斑点、褐变

引起冷害发生的因素很多，主要有果蔬种类、冷藏温度和时间。同一类果蔬，不同品种和冷藏条件引起冷害的临界温度也会发生波动，不同种类的果蔬对冷害的易感性不同。一般来讲，产地在热带和亚热带的果蔬，由于系统发育处于高温的气候环境中，对低温较敏感，在冷藏中易冷害。一些温带果蔬也会发生冷害，寒带地区的果蔬耐低温的能力强。另外，发生冷害的程度与所采用的温度低于其冷害的临界温度的程度和时间长短有关。采用的冷藏温度较其冷害的临界温度低得越多，冷害发生的情况就越严重。果蔬冷害的发生需要一定时间，如果果蔬在冷害临界温度下经历的时间较短，即使温度低于临界温度也不会发生冷害。冷害发生最早的品种是香蕉，像黄瓜、茄子这类品种一般需要 10～14 d 的时间才会发生冷害。

3. 后熟作用

果蔬在收获后仍是具有生命的活体。为了获得较长的运输期和贮藏期，果蔬在尚未完全成熟时采收，在低温下贮运，使其在贮运过程中逐渐成熟。果蔬在采收后向成熟转化的过程称为后熟。在冷藏期间，果蔬在呼吸作用下逐渐转向成熟，其成分和组织形态会发生一系列变化，主要表现为可溶性糖含量升高、糖酸比趋于协调、可溶性果胶含量增加、果实香味变浓郁、颜色变红或变艳、硬度下降等。为了较长时间贮藏果蔬，应当控制其后熟能力，低温能有效地推迟果蔬后熟，果实种类、品种和贮藏条件对果蔬后熟速度均有影响。

温度会直接影响果蔬的后熟，应根据果蔬品种选择最适温度，既要防止冷害，又不能产生高温病害，否则果蔬就失去后熟能力，如香蕉的最适温度为 15～20℃，在 30℃以上时会产生高温病害，在 12℃以下时会出现冷害。未成熟的水果风味较差，对冷藏时有呼吸高峰型的水果（如香蕉、猕猴桃等），在销售、加工之前可人工催熟，以满足适时加工或鲜货上市需要。

4. 移臭(串味)

大多数食品在冷藏时都需要单独的贮藏室，实际上这很难做到。要贮藏的食品品种较多而数量较少，一般会混合贮存。有强烈香味或臭味的食品，与其他食品放在一起贮藏，香味或臭味就会传给其他食品，从而产生串味现象。对于在冷藏中易放出或吸收气味的食品，即使贮藏期很短，也不宜将其与其他食品一起存放。如：洋葱和苹果放在一起冷藏，洋葱的臭味就会传到苹果上去；大蒜的臭味非常强烈，将其与苹果一起存放，则会使苹果带上大蒜臭味；梨、苹果与土豆在一起冷藏，会使梨、苹果产生土腥味；柑橘或苹果不能与肉、蛋、牛奶在一起冷藏，否则会互相串味。串味会使食品原有的风味发生变化、品质下降，因此凡是气味相互影响的食品应分开贮藏，或包装后进行贮藏。冷库长期使用后会有一种特有的冷藏臭，俗称“冷臭”，这种臭味会转移给冷藏食品，应及时清理冷库。要避免上述情况，就要求在冷库管理上做到专库专用，或在一种食品出库后严格消毒和除味。一些冰箱采用抽屉式分格，就有减轻串味的作用。

5. 肉的成熟

刚屠宰的动物胴体是柔软的，并具有很高的持水性，经过一段时间放置，就会进入僵硬阶段，此时肉质会变粗硬，持水性大大降低，继续延长放置时间，僵硬开始缓解，肉的硬度降低，持水性有所恢复，肉变得柔软、多汁，风味得到改善，达到了最佳食用状态，这个变化过程称为肉的成熟。这一系列变化是肉进行的一系列生物化学变化和物理化学变化的结果，使肉类变得柔嫩，并具有特殊的鲜、香风味。肉成熟的速度与温度有关。在0～4℃低温下，肉成熟的时间长，但肉质好、耐贮藏；在20℃以上时，肉成熟时间虽短，但肉质差、易腐败。动物的种类不同，成熟作用的重要性也不同。对猪肉、家禽肉等原来就比较柔嫩的肉类来说，成熟作用不十分重要，但对羊肉、牛肉、野禽肉等来说，成熟作用十分重要，其对肉质软化与风味增加有显著的效果，可以大大提高其商品价值，在生产上必须遵循这一规律。肉成熟机理如下。

(1)糖原分解。在自行分解酶作用下，肉中的糖原分解为乳酸和磷酸，pH由7.2降至5.6。

(2)蛋白质凝固。蛋白质等电点出现酸性凝固、脱水收缩，收缩状态的肌肉称为肌肉僵直。

(3)蛋白质的溶解。伴随着酸类物质继续增加，蛋白质酸性溶解、水解，使僵直的肉体重新柔软起来。在肉的成熟过程中，游离氨基酸的含量可高达原来含量的8倍。

(4)高分子物质的分解。其最为突出的是磷酸腺苷类的分解，分解最后生成次黄嘌呤；肉类特殊香味的主要成分的分解使肉的香味大为增加。

但是，必须指出的是，成熟作用如果进行得过分的话，肉就会进入腐败阶段。一旦肉进入腐败阶段，肉的商品价值就会下降甚至失去。

6. 寒冷收缩

在畜禽宰杀后未出现僵直前，如果进行快速冷却，其肌肉会发生显著收缩，以后即使经过成熟过程，肉质也不会十分软化，这种现象称寒冷收缩。肉类在冷却时若发生寒冷收缩，其肉质变硬、嫩度差，如果再经冻结，在解冻后会出现大量汁液流失。一般来说，牛肉（尤其是胸肌、背最长肌、腰大肌、半膜肌）、羊肉等容易出现这种现象，而禽肉的这种现象较轻。冷却温度不同、肉体部位不同，寒冷收缩的程度也不相同。牛肉在宰后 10 h 内、pH 降到 6.2 以前、肉温降到 8℃以下时，就容易发生寒冷收缩。但其温度与时间未必是固定的，成牛与小牛甚至同一头牛的不同部位都有差异。如成牛出现寒冷收缩的温度是 8℃以下，而小牛则是 4℃以下。寒冷收缩对猪肉影响不明显。近年来由于冷却肉的销售量不断扩大，为了避免寒冷收缩的发生，国际上正研究避免引起寒冷收缩的方法。

7. 淀粉老化

这一点在前面低温对食品成分的影响部分已经介绍。

8. 微生物繁殖

微生物包括细菌、霉菌、酵母。对食品腐败影响最大的是细菌。食品中的微生物若按温度划分可分为低温细菌、中温细菌和高温细菌，详见表 3–24。引起食物中毒的一般是中温细菌。在冷藏的温度下，微生物特别是低温细菌的发育、繁殖（图 3–16）和分解作用并没有充分被抑制，细菌产生的酶还有活性，生化过程会缓慢进行，只是速度变得缓慢，其总量还在不断增加，由于长时间冷藏，低温细菌的繁殖会使食品发生腐败，因此，对已失去生命的食品（如鱼、畜、禽等肉类）只能作短时间的冷藏。低温细菌的繁殖在 0℃以下变得缓慢，如果要使它们停止繁殖，一般需要将温度降低到 –10℃以下。对于个别低温细菌，在 –40℃的低温下仍有繁殖现象。不同温度下，10 g 鱼肉中的细菌（无芽孢杆菌）数如图 3–17 所示。

表 3–24　细菌繁殖的温度范围

类别	最低温度 /℃	最适温度 /℃	最高温度 /℃
低温细菌	–5～5	20～30	35～45
中温细菌	10～15	35～40	40～50
高温细菌	35～40	55-60	65～75

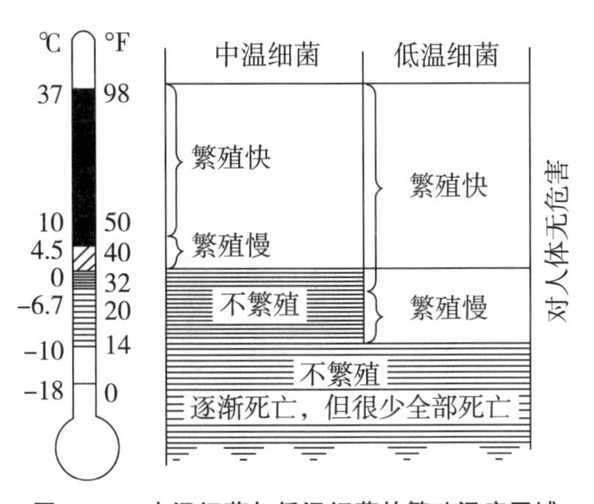

图 3–16　中温细菌与低温细菌的繁殖温度区域

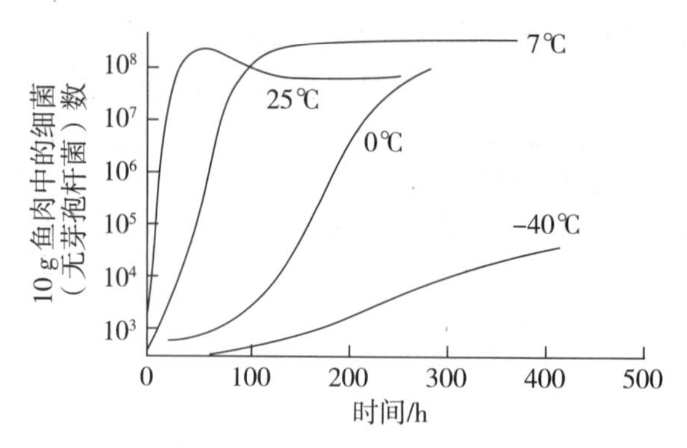

图 3-17　不同温度下，10 g 鱼肉中的细菌（无芽孢杆菌）数

思考题

1. 低温保藏技术的基本原理是什么？低温如何影响微生物和酶的活性？

2. 在低温保藏过程中，食品可能会发生哪些物理和化学变化？这些变化对食品品质有何影响？

3. 冷藏和冻藏各有什么特点？它们分别适用于哪些类型的食品？

4. 如何控制冷藏和冻藏过程中的温度波动？温度波动对食品品质有何影响？

第 4 章　食品的冷冻保藏

4.1　食品的冻结

宰杀后的鱼、畜、禽肉等动物性食品是没有生命力的生物体，它们对引起食品腐败变质的微生物侵入无抵御能力，也不能控制体内酶的作用，一旦被微生物污染，微生物便迅速生长、繁殖，就会造成它们腐败变质。把动物性食品放在低温条件下贮藏，酶的活性就会减弱，微生物的生命活动受到抑制，就可延长其贮藏期。新鲜动物性食品，冷藏期不足 7 天，若要长期贮藏，就必须经过冻结处理，采用冻藏。一般食品温度越低，质量变化越缓慢，其贮藏期越长。质量变化是由酶、微生物及氧化作用等引起的，且都随温度降低而变弱。此外因蒸发而引发的干耗亦随温度降低而变弱。动物性食品在冻结点以上呈冷却状态下，只能作 1～2 周的短期贮藏；如果温度降至冻结点以下，国际上推荐 -18℃以下，动物性食品呈冻结状态，就可作长期贮藏，并且符合贮藏温度越低，食品品质保持越好、贮藏期越长的原则。以鳕鱼为例，15℃下可贮藏 1 天，6℃下可贮藏 5～6 天，0℃下可贮藏 15 天，-18℃下可贮藏 6～8 个月，-23℃下可贮藏 8～10 个月，-30～-25℃下可贮藏 1 年。果蔬等植物性食品可用冻结的方法加工成速冻果蔬，并在 -18℃以下的低温下贮藏，其贮藏期可达 1 年以上。

食品在冻结过程中所含水分要结冰，鱼、畜、禽肉等动物性食品若不经前处理直接冻结，解冻后的食品感官品质变化不大，但果蔬类植物性食品若不经前处理直接冻结，解冻后的食品感官品质就会明显恶化。所以蔬菜冻前须进行热烫处理，水果要加糖或糖液等前处理后再冻结。

如何将食品冻结过程中水变成冰晶及低温造成的影响或将影响抑制到最低限度，是冻结工序中必须考虑的技术关键。

4.1.1　冻结食品原料的前处理

由于冻藏食品原料中的水分冻结产生冰晶，冰的体积较水大，而且冰晶较为锋利，对食品原料（尤其是细胞组织比较脆弱的果蔬）的组织结构产生损伤，使解冻时食品原料产生汁液流失；冻藏过程中的水分冻结和水分损失使食品物料中的溶液增浓，各种反应加剧。因此食品原料在冻藏前，除了采取冷却的一般预处理，还需采取一些特殊的前处理（如热烫处理、加糖处理、加盐处理、浓缩处理），以减少冻结、冻藏和解冻过程对食品原料质量的影响。

热烫处理，又称为杀青、预煮，主要是针对蔬菜，通过热处理使蔬菜等食品原料内的酶失活变性。常用热水或蒸气对蔬菜进行热烫，热烫后应注意沥净蔬菜上附着的水分，使蔬菜以较为干爽的状态进入冻结。

加糖处理主要是针对水果，将水果进行必要的切分后渗糖，糖分使水果中游离水分的含量降低，减少冻结时冰晶的形成；糖液可减少食品原料和氧的接触，降低氧化作用。水果渗糖后可以沥干糖液，也可以将糖液一起进行冻结，糖液中加入一定的抗氧化剂可以增加抗氧化作用的效果。

加盐处理主要针对水产品和肉类，其作用类似于盐腌。加入盐分可减少食品原料和氧的接触，降低氧化作用。食盐对这类食品原料的风味影响较小。

浓缩处理主要用于液态食品，如乳、果汁等。液态食品不经浓缩而进行冻结会产生大量的冰晶，使液体的含量增加，导致蛋白质等物质的变性、失稳等不良结果。浓缩后的液态食品的冻结点大为降低，冻结时食品的水分减少，对胶体物质的影响小，解冻后易复原。

4.1.2 食品在冻结中的变化

温度越低，肉类变化越慢。虽然肉类不像果蔬那样，存在低温对新陈代谢的复杂影响，但是由于产生冰晶，食品在冻结中还是会发生各种变化的。

1. 体积膨胀、产生内压

水在 4℃时的体积最小，因而 4℃时水的密度最大，为 1000 kg/m^3。由于冰的密度比水的密度小，0℃时冰比水的体积增大约 9%，在食品中体积约增大 6%。冰的温度每下降 1℃，其体积收缩 0.01%～0.005%，所以含水分多的食品冻结时的体积会膨胀。冻结时，食品表面水分首先变成冰晶，然后冻结层逐渐向内部延伸。当食品内部的水分因冻结而膨胀时会受到外部冻结层的阻碍，于是产生内压，称为冻结膨胀压，其纯理论计算的数值可高达 8.7 MPa。当食品外层受不了这样的内压时就产生破裂，逐渐使冻结膨胀压消失。如采用 –196℃的液氮冻结金枪鱼时，由于鱼的厚度较大，冻品会发生龟裂，这就是冻结膨胀压造成的。此外，在冻结膨胀压作用下可使内脏的酶类挤出、红血球崩溃、脂肪向表层移动等，并因血球膜破坏、血红蛋白流出，加速了肉的变色。在食品通过 –5～–1℃最大冰晶生成带时，冻结膨胀压曲线升高达到最大值。当食品抵抗不住此压力就会产生龟裂，冻结膨胀压迅速下降。厚度大、含水率高、表面温度下降极快的食品易产生龟裂，速冻汤圆就常出现龟裂质量问题，玻璃瓶装饮料放入冻结室出现爆裂也是这个道理。冻结过程中，水变成冰晶后，体积膨胀使液体中溶解的气体从液相中游离出来，加大了食品内部的压力。冻结鳕鱼肉的海绵化，就是由于鳕鱼肉的液体中含有较多的氮气，随着水分冻结的进行成为游离的氮气，其体积迅速膨胀产生的压力将未冻结的水分挤出细胞外，在细胞外形成冰晶所致。这种细胞外的冻结，使细胞内的蛋白质变性而失去保水能力，解冻后的蛋白质不能复原，成为富含水分并有很多小孔的海绵状肉质。严重的时候，用刀子切开的肉的断面像蜂巢。

2. 比热容下降

比热容是 1 kg 物体温度上升或下降 1℃时所吸收或放出的热量。在一定压力下，水的比热容为 4.18 kJ/（kg · ℃），冰的比热容为 2.09 kJ/（kg · ℃），冰的比热容是水的 1/2。表 4–1 为部分食品的热物性值。

表 4–1　部分食品的热物性值

食品名	水分含量 /(%)	冻结点 /℃	比热容 / [kJ/ (kg · ℃)]		冻结潜热 / (kJ/kg)
			冻结点以上	冻结点以下	
蔬菜类					
大豆	89	–0.7	3.90	1.96	298
胡萝卜	88	–1.4	3.88	1.95	295
黄瓜	96	–0.5	4.08	2.05	322
青豆	74	–0.6	3.53	1.77	248
山芋	69	–1.3	3.40	1.71	231
萝卜	95	–0.7	4.06	2.04	318
菠菜	93	–0.3	4.00	2.01	312
番茄	93	–0.6	4.00	2.01	312
水果类					
苹果	84	–1.1	3.78	1.9	281
香蕉	75	–0.8	3.55	1.79	251
葡萄	82	–1.6	3.73	1.87	275
柑橘	87	–0.8	3.85	1.94	292
草莓	90	–0.8	3.93	1.97	302
鱼虾类					
鲑鱼	64	–2.2	3.28	1.65	214
金枪鱼	70	–2.2	3.43	1.72	235
鳕鱼	79	–2.2	3.65	1.84	265
鲐鱼	57	–2.2	3.10	1.56	191
虾	83	–2.2	3.75	1.89	278
畜肉类					
牛肉（里脊肉）	56	—	3.08	1.55	188
猪肉（腿肉）	56	–1.7	3.08	1.55	188
乳制品					
奶油	16	–2.2	2.07	1.04	54
奶酪	40	–6.9	2.68	1.34	134
冰淇淋	63	–5.6	3.25	1.63	211
牛奶	87	–0.6	3.85	1.94	291
其他类					
鸡蛋	74	–0.6	3.53	1.77	247
鸡肉	74	–2.8	3.53	1.77	248

食品的比热容因含水量而异，含水量多的食品，比热容大。对一定含水量的食品，冻

结点以上比冻结点以下的比热容大（表 4–1）。比热容大的食品冷却和冻结时需要的冷量大，解冻时需要的热量多。

冻结点以上的比热容为 $C=4.18a+0.836b$

冻结点以下的比热容为 $C=2.09a+0.836b$

式中，a 为食品的含水率，%；b 为食品固形物占有率，%；4.18 为水的比热容；0.836 为食品固形物的比热容（平均）；2.09 为冰的比热容。

3. 导热系数增加

水的导热系数为 2.09 kJ/（m · h · ℃），冰的导热系数是水的 4 倍，食品中其他成分的热导率［热导率＝导热系数 /（物质的密度 × 物质的比热容）］基本上是一定的，但因为水在食品中的含量很高，当温度下降，食品中的水分在开始结冰的同时，热导率变大（图 4–1），食品的冻结速度加快。

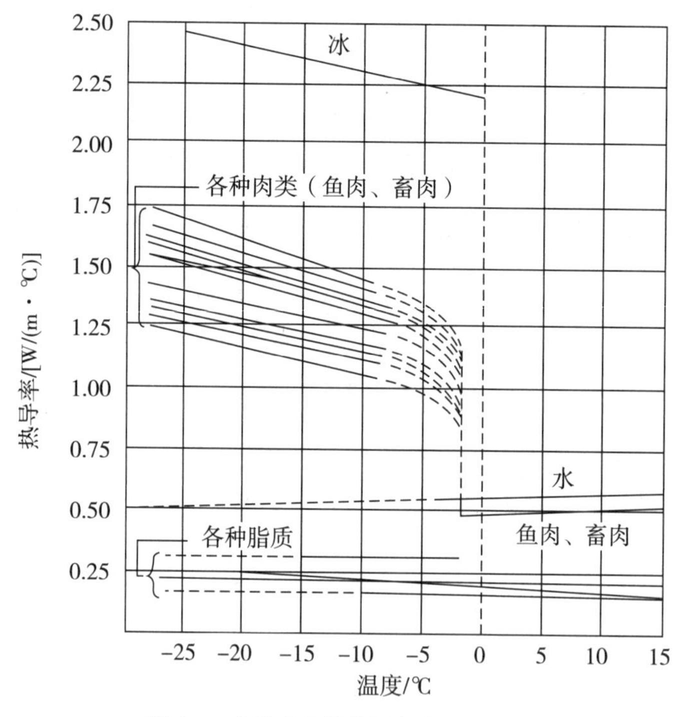

图 4–1　各种食品的热导率随温度的变化

表 4–2～表 4–4 是几种食品在不同温度下的导热系数，它们随温度变化而变化。

表 4–2　食品的导热系数（冻结点以上）　　单位：kJ/（m · h · ℃）

食品种类	导热系数	食品种类	导热系数
新鲜的肉	1.80	鸡肉	1.47
牛油	0.63	鱼肉	1.37
猪肉	0.64	蛋液（蛋黄与蛋白混合）	1.05
牛肉少脂	2.00		

表 4-3　牛肉与猪肉的导热系数

温度 /℃	牛肉 /[kJ/(m · h · ℃)]		猪肉 /[kJ/(m · h · ℃)]
	少脂	多脂	
30	1.76	1.76	1.76
0	1.71	1.71	1.71
–5	3.34	3.80	2.76
–10	4.31	4.85	3.55
–20	5.14	5.64	4.64
–30	5.52	5.94	5.23

表 4-4　鱼肉和鸡肉的导热系数

温度 /℃	–5～–1	–10～–5	–65～–10
导热系数 /[kJ/(m · h · ℃)]	2.51～4.18	4.18～5.02	5.02～6.06

冻结食品解冻时，冰层由外向内逐渐融化成水，热导率减小，热量的移动受到抑制，解冻速度变慢。食品的热导率还受含脂量的影响，含脂量高则热导率小。导热系数还有方向性，热导率还与热流方向有关。当热的移动方向与肌肉组织垂直时，热导率小；平行时则大。

水和冰的比热容分别为 4.18 kJ/（kg · ℃）和 2.09 kJ/（kg · ℃），导热系数分别为 2.09 kJ/（m · h · ℃）和 8.36 kJ/（m · h · ℃）。蔬菜含水量为 90%～95%，水果含水量为 85%～90%，瘦肉类含水量为 70% 左右。它们的比热容和导热系数分别用水或冰的比热容和导热系数乘以含水量即可。

4. 汁液流失

冻结食品经解冻后，内部冰晶就会融化成水，如这些水分不能被组织、细胞吸收恢复到原来的状态，就分离出来成为流失液。食品内的物理变化越大，则流失液越多，所以流失液的产生率是评定冻品质量的指标之一。流失液不仅是水，还包括溶于水的成分，如蛋白质、盐类、维生素等，所以流失液不仅使食品质量减少，还使营养成分、风味受损，使食品在量和质两方面都受到损失。

食品解冻的水分不能被组织吸收，是因为食品中的蛋白质、淀粉等成分的持水能力在冻结和冻藏中发生不可逆变化，由持水性变成脱水性所致。解冻过程中有液体流出是由于肉质组织在冻结过程中产生冰晶受到的机械损伤所造成的。由于这一过程是不可逆的，故融化的水不能与蛋白质、淀粉等成分重新结合，水就通过肉质中的空隙流到体外。但如果肉质组织受到的机械损伤轻微，内部冰晶融化的水因毛细管作用，使流失液被保留在肉质组织内，通过加压才能被挤出。

一般来说，如果食品新鲜，且其冻结速度快、冷藏温度低且波动小、冷藏期短，则流失液少；若冻结时食品内物理变化越大，解冻时含水量越多，则流失液亦越多。如鱼肉和猪肉相比，鱼肉含水量多，故流失液亦多；叶菜类和豆类相比，叶菜类流失液多。食品若经冻结前处理（如加盐、糖、磷酸盐）则流失液减少。低温缓慢解冻比高温快速解冻的流失液少。但蔬菜在热水中快速解冻，解冻的流失液比自然缓慢解冻少。

5. 干耗

干耗除了造成企业很大的经济损失外，还影响食品质量和外观。如以日宰 2000 头猪的肉联厂为例，干耗以 2.8% 或 3% 计算，年损失 600 多吨肉，相当于 15000 头猪。冻结中的干耗与冻结装置的性能有关。设计不好的冻结装置，干耗可达 5%～7%；而设计优良的则可降至 0.5%～1%。干耗的经济损失相当于冻结费用。因此选择冻结装置时应重视干耗。

干耗的原因是空气在一定温度下只能吸收定量的水蒸气，吸收量达到最大值时为饱和水蒸气。饱和水蒸气有一个对应的饱和蒸气压。当空气中的水蒸气含量未达到饱和时，其蒸气压小于饱和水蒸气压。鱼肉、猪肉等含水量较高，其表面的蒸气压接近饱和蒸气压。当冻结室中的空气未达到水蒸气饱和状态时，食品表面的水分在蒸气压差的作用下向空气中蒸发，表层水分蒸发后，内层的水分在扩散作用下向表面层移动，直到空气达到饱和。由于冻结室内的空气连续不断地经过蒸发器，空气中的水蒸气凝结在蒸发器表面，所以冻结过程中的干耗在不断进行着。

除蒸气压差外，干耗还与食品表面积、冻结时间等有关，蒸气压差大、表面积大，则干耗大。用不透气的包装材料使食品表面的空气层处于饱和状态，蒸气压差就小，干耗就小。生产中实际干耗的计算常用质量法，即用质量损失百分数表示，如 1000 t 猪肉冻结过程中，质量减少至 980 t，则冻结干耗为 2%。

冻结室中的温度与风速对干耗有显著影响，是防止干耗的重要控制参数。

空气温度越低、相对湿度越高，空气的饱和含水量越低，蒸气压差越小，这样食品只要蒸发少量水就能使空气饱和，食品的干耗就小。

一般风速加快，干耗增加，但如果冻结室内空气相对湿度高则不一定如此。如羊肉，一组冻结室的风速 2 m/s，相对湿度 92%，温度 0℃；另一组冻结室的风速 0.01 m/s，相对湿度 85%，温度 2℃。经 152 h 后，风速在 0.01 m/s 的干耗量反比 2 m/s 的大 1.7%，所以在高湿、低温下使风速大些，可提高冻结速度、缩短冻结时间、减小食品干耗。

6. 组织学变化

果蔬类植物性食品在冻结前一般要进行热烫或加糖等前处理，这是因为植物组织在冻结时受到的损伤要比动物组织大。其差异的原因如下。

（1）植物组织有大的液泡，这种液泡使植物细胞保持高的含水量。冻结时对细胞的损伤越大。

（2）植物细胞的细胞膜外还有以纤维素为主的细胞壁，而动物细胞只有细胞膜，细胞壁比细胞膜厚且缺乏弹性，冻结时易胀破，使细胞受损伤。

（3）二者细胞内成分不同，特别是碳水化合物、高分子蛋白质含量不同，有机物组成也不同。由于这些差异，在同样冻结条件下，冰晶的生成量、形状、位置不同，造成的机械损伤及胶体的损伤程度亦不同。新鲜的果蔬类植物性食品是具有生命力的有机体，在冻结过程中其植物细胞会被致死，这是由于植物组织缓慢冻结时，最初在细胞间隙及维管束处生成冰晶。同温度下细胞液的蒸气压大于冰的蒸气压，于是细胞内的水向细胞间隙的冰移动，在细胞内形成冰晶。故植物细胞的致死仅与冰晶在细胞内形成有关而与冷却温度和冻结时间无关。植物细胞冻结致死后，氧化酶活性增强而出现褐变，故为了保持原有的色泽，植物性食品（如蔬菜）在冻结前还需经热烫处理，破坏酶的活性防止褐变，而动物性食品因是非活性细胞则不需要此处理。

基于以上原因，新鲜果蔬的贮藏应首选冷藏，当冷藏不能满足贮藏期要求时，才考虑冻藏。

7. 化学变化

果蔬的成熟会使果蔬的成分发生变化。对于大多数水果来说，随着果实由未熟向成熟过渡，果实内的糖分、果胶增加，果实变得软化多汁，糖酸比更加适口，食用口感变好。此外，在冷藏过程中，果蔬的一些营养成分（如维生素 C 等）会有一定的损失。畜肉类和鱼肉类的成熟是在酶的作用下发生的自身组织的降解，肉组织中的蛋白质、ATP 酶等分解，使得其中的氨基酸等含量增加，肉质软化，烹调后口感鲜美。

（1）蛋白质冻结变性

鱼肉、畜肉等动物性食品中，构成肌肉的主要蛋白质是肌原纤维蛋白质。在冻结过程中，肌原纤维蛋白质会发生冷冻变性，表现为盐溶性降低、ATP 酶活性减小、盐溶液的黏度降低、蛋白质分子产生凝集使空间立体结构发生变化等。蛋白质变性后的肌肉组织的持水力降低、质地变硬、口感变差，作为食品加工原料时，加工适宜性下降。如用蛋白质冷冻变性的鱼肉作为加工鱼糜制品的原料，其产品会缺乏弹性。

目前尚不十分清楚蛋白质发生冷冻变性的原因，但可认为主要是由下述的一个或几个原因共同造成的。

① 冻结时，食品中的水分形成冰晶，被排除的盐类、酸类及气体等物质就向残存的水分移动，未冻结的水分成为浓缩溶液。当食品中的蛋白质与盐类的浓缩溶液接触后，就会因盐析作用而发生变性。

② 慢速冻结时，肌细胞外产生大冰晶，肌细胞内的肌原纤维被挤压，集结成束，并因冰晶生成时使蛋白质分子间失去结合水，肌原纤维蛋白质互相靠近，蛋白质的一些基团互相结合形成各种交联，因而发生凝集。

③ 脂类水解的氧化产物对蛋白质变性有促进作用。脂肪水解产生游离脂肪酸，但很不稳定，其氧化生成低级的醛、酮类等物质，促使蛋白质变性。脂肪水解是在磷脂酶的作用下进行的，此酶在低温下活性仍很强。

④ 鱼类的体内存在特异的酶，能将氧化三甲胺分解成甲醛和二甲基苯胺。甲醛会促使鱼肉的蛋白质发生变性。

上述原因与食品种类、生理条件、冻结条件有关，是互相伴随发生的，并非由其中一个原因起主导作用。

（2）脂肪的氧化

食品中所含油脂在冷却、冷藏过程中，会发生水解、氧化、聚合等复杂变化，其反应生成低级的醛、酮类等物质会使食品的风味变差、味道恶化，出现变色、酸败、发黏等现象。这种变化进行得非常严重时，就称为油烧。

（3）变色

果蔬的色泽会随着成熟过程而发生变化，如果蔬的叶绿素和花青素会减少，而胡萝卜素等会显露。肉类在冷藏过程中常会出现变色现象，如红色肉可能变成褐色肉，白色脂肪可能变成黄色。肉类的变色往往与自身的氧化作用以及微生物的作用有关。肉的红色变为褐色是由肉中的肌红蛋白和血红蛋白被氧化生成高铁肌红蛋白和高铁血红蛋白造成的，而脂肪变黄是由脂肪水解后的脂肪酸被氧化造成的。冷冻水产品在冻结过程中从外观上看通常有褐变、黑变、褪色等变色现象。冷冻水产品变色的原因包括自然色泽的分解和新的变色物质的产生。自然色泽的分解如红色鱼皮的褪色、冷冻金枪鱼的黑变等，新的变色物质的产生如虾类的黑变、鳕鱼肉的褐变等。变色不但使冷冻水产品的外观变差，有时还会产生异味，影响水产品的品质。

8. 小生物和微生物

小生物如牛肉、猪肉中寄生的无钩绦虫、有钩绦虫等的胞囊在冻结时会死亡；猪肉中寄生的旋毛虫幼虫在 -15℃下 20 d 死亡：大马哈鱼中寄生的裂头绦虫幼虫在 -15℃下 5 d 死亡。因此冻结对肉类所带有的寄生虫有杀死作用。有的国家对肉类的冻结状态有规定，如美国对冻结杀死猪肉中寄生的旋毛虫幼虫的温度和时间条件见表 4-5。

表 4-5　美国对冻结杀死猪肉中寄生的旋毛虫幼虫的温度和时间条件

冻结温度 /℃		-15	-23.3	-29
肉的厚度	15 cm	20 d	10 d	6 d
	15～68 cm	30 d	20 d	16 d

联合国粮食及农业组织（FAO）和世界卫生组织（WHO）共同建议，寄生虫污染不严重时，肉类在 -10℃温度下至少贮存 10 d。

微生物包括细菌、霉菌、酵母，对食品腐败影响最大的是细菌。引起食物中毒的细菌一般是中温细菌，它们在 10℃以下繁殖减慢，4.5℃以下不繁殖。鱼类的腐败菌一般是低温细菌，它们在 0℃以下繁殖缓慢，-10℃以下则停止繁殖。

冻结减缓了细菌的生长、繁殖，但由细菌产生的酶还有活性，这些酶的生化过程缓慢进行，降低了食品的品质，所以冻结的食品仍有一定的贮藏期。

冻结前进行成熟的肉，如在成熟阶段被细菌污染而产生大量的酶和毒素，则这种肉在冻结前必须进行卫生处理。

冻结的食品在冻结状态下贮藏，冻结前污染的微生物数随着贮藏时间的延长会逐渐减少。但各种食品差异很大，有的微生物在几个月被消灭，有的微生物在一年才能被消灭。对冻结的抵抗力，细菌比霉菌、酵母强，这样不能期待利用冷冻低温来杀死污染的细菌，所以要求食品在冻结前尽可能减少污染或杀灭细菌，而后进行冻结。

食品在 -10℃时大部分水已冻结成冰，剩下溶液的浓度升高，水分活性降低，细菌不能繁殖。

国际制冷协会建议为防止微生物繁殖，食品必须在 -12℃下贮藏；为防止酶的破坏作用及物理变化，贮藏温度必须低于 -18℃。

4.1.3　食品的冻结温度曲线

食品冻结时，表示其温度变化与冻结时间的曲线称为食品冻结温度曲线，如图 4-2～图 4-4 所示。随着冻结的进行，食品温度在逐渐下降。不论何种食品，其冻结温度曲线在性质上都是相似的，分为三阶段（也可以说是冻结过程的三个阶段）。

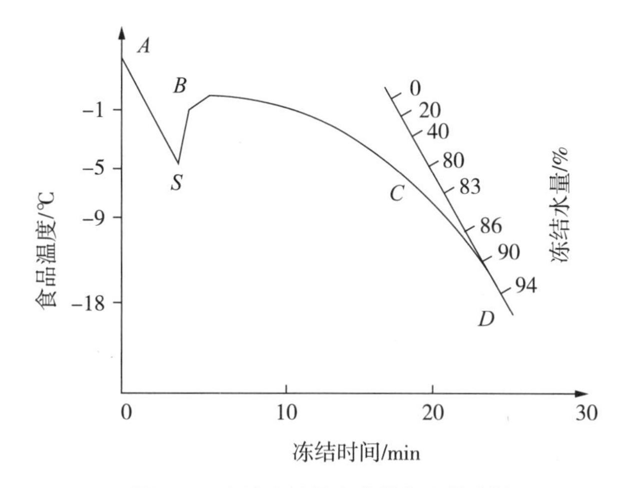

图 4-2　食品冻结温度曲线和冻结水量

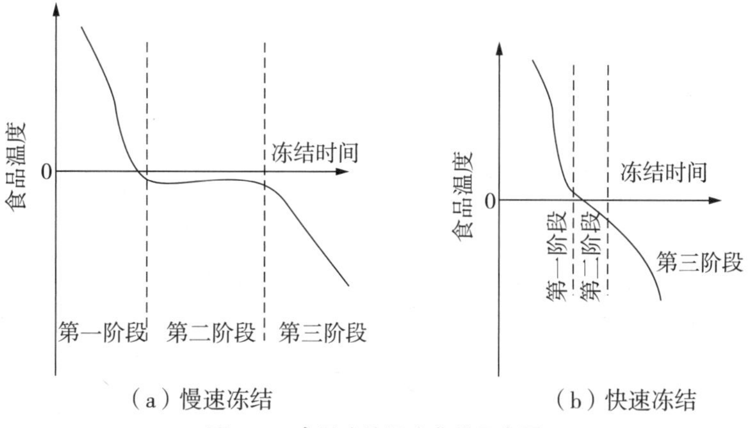

图 4-3　食品冻结温度曲线示意图

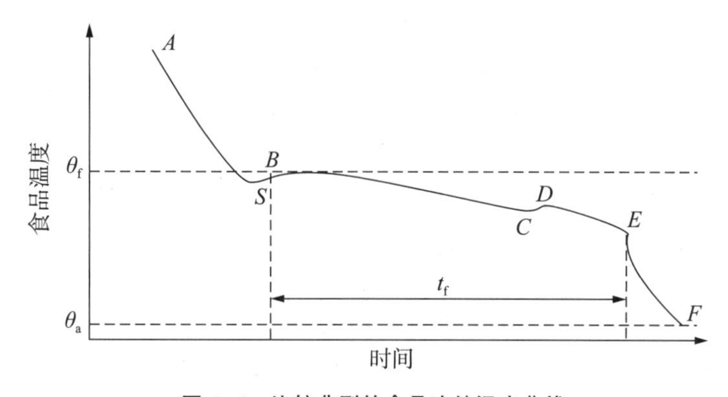

图 4-4　比较典型的食品冻结温度曲线

AS 段——食品温度一直降低到冻结点以下，一般低于 0℃。这种现象就是过冷现象；

SB 段——当冰晶出现后，食品温度迅速回升到冻结点；

BC 段——随着水分冻结量的增加，食品冻结点温度不断下降；

CD 段——其中的一种溶质出现过饱和并析出，结晶显热被释放，温度上升到该溶质的低共熔点；

DE 段——水和溶质不断结晶；

EF 段——冰水混合物的温度一直下降到冻结终温，在该温度下的未冻结水分含量取决于该食品的组成和冷藏温度。

新鲜食品冻结温度曲线的一般模式如图 4-5 所示。图 4-5 中表明冻结过程中的同一时刻，食品的温度始终以表面外周部位最低，越接近中心部位，温度越高，不同部位的温度下降速度是不同的。

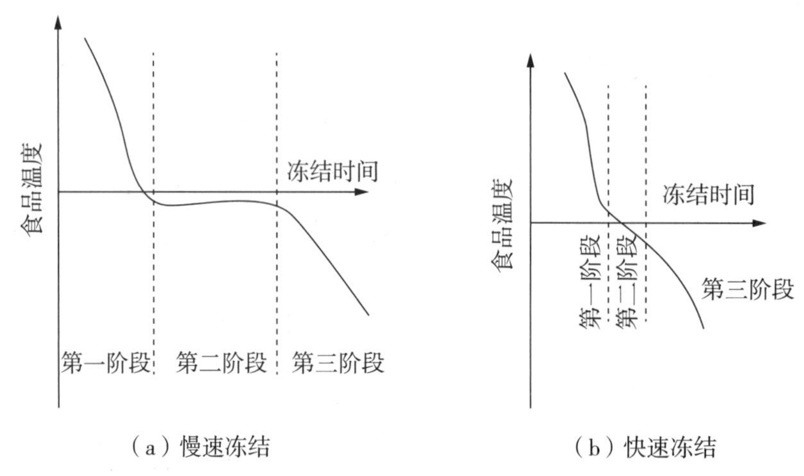

（a）慢速冻结　　（b）快速冻结

图 4-5　新鲜食品冻结温度曲线的一般模式

食品的冻结曲线表示的食品冻结过程大致可分为三个阶段。

第一阶段是初阶段，即食品从初温降至冻结点，放出的是显热。与全部放出的热量相比，此热量较小，故食品降温快，曲线较陡。多数新鲜食品冻结点为 -2～-1℃，根据拉乌尔第二法则，冻结点降低与溶质浓度成正比，食品内水分不是纯水而是含有有机物及无机物的溶液，这些物质包括盐类、糖类、酸类以及更复杂的有机分子如蛋白质，还有微量气体。因此食品要降到 0℃以下才产生冰晶，冰晶开始出现的温度即为冻结点。

第二阶段是中阶段（-5～-1℃），食品温度达到冻结点后，食品中大部分水分冻结成冰，水转变成冰的过程中放出的相变潜热通常是显热的 50～60 倍，食品冻结过程中绝大部分的热量是在第二阶段放出的，食品温度降不下来，曲线出现平坦段。对于新鲜食品来说，一般温度降至 -5℃时，几乎 80% 的水分生成冰晶。通常把食品冻结点至 -5℃的温度区间称为最大冰晶生成带，即食品冻结时生成冰晶最多的温度区间。最近有人提出，-15～0℃温度区间为最大冰晶生成带。由于食品在最大冰晶生成带放出大量热量，食品温度降不下来，食品的细胞组织易受到机械损伤，食品构成成分的胶体性质会受到破坏，因此，最大冰晶生成带是冻结过程中对食品品质带来损害最大的温度区间。

第三阶段是终阶段，残留的水分继续结冰，已成冰的部分进一步降温至冻结终温。水变成冰后其比热容下降，冰进一步降温的显热减小，但因还有残留水分结冰，放出热量大于水和冰比热容，所以食品降温没有第一阶段快，曲线也不及第一阶段那样陡峭。

冻结过程的三阶段，生产上应注意：第一阶段，在此温度范围内微生物和酶的作用不能抑制，若在此阶段操作停留时间过长，则食品冻前的品质就会下降，故必须迅速通过此阶段；第二阶段，食品从冻结点降到中心温度 -5℃时，食品内 80% 以上的水分将冻结，如果通过时间短，在最大冰晶生成带中产生的不良影响就能避免；第三阶段，从 -5℃到终温，微生物和酶要到 -15℃以下才能被抑制，故食品亦必须快速通过此阶段。

图 4-5 所示是新鲜食品冻结温度曲线的一般模式，曲线中未将食品内水分的过冷现象表示出来，原因是实际生产中因食品表面微度潮湿、表面常落上霜点或有振动等现象，都使食品表面具有生成冰晶的条件，故无显著过冷现象，之后食品表面冻结向内层推进时，内层很少有水分的过冷现象产生。

食品放到冷藏室后，其温度会降到 -15℃以下，此过程是慢慢进行的，温差过大对食品品质是不好的。现在多数食品，中心温度降到 -15℃时，冷库温度为 -20～-18℃，相差 3～5℃，对食品品质影响不大。

4.1.4　冻结速度与冰晶的大小分布

1. 冻结速度

冻结速度（freezing velocity）是指食品物料内某点的温度下降速率或冰峰的前进速度，如我们经常谈到慢速冻结（slow freezing）、快速冻结（rapid freezing）和超快速冻结（ultra-rapid freezing）等概念。冻结速度的快慢一般可用食品物料中心温度下降的时间或冻结层伸延的距离来划分。实际上，冻结速度与食品物料的特性和冻结的方法等有关，现在用于表示冻结速度的方法有以下几种。

（1）时间 - 温度法

一般以降温过程中食品物料内部温度最高点，即热中心（thermal center）的温度表示食品物料的温度。但由于在整个冻结过程中，食品物料的温度变化相差较大，最大冰晶生成带的温度区间常用食品的热中心温度从 -1℃下降至 -5℃所需的时间（即通过最大冰晶生成带的时间）来表示。若该时间在 30 min 以内，属于快速冻结；该时间超过 30 min，则属于慢速冻结。这种表示方法使用起来较为方便，多应用于肉类冻结。但这种方法也有不足：一是对于某些食品物料而言，其最大冰晶生成带的温度区间较宽（甚至可以延伸至 -15～-10℃）；二是此法不能反映食品物料的形态、几何尺寸和包装情况等，在用此法时一般还应标注食品物料的大小等。由于食品的种类、冻结点、前处理不同，其耐冻程度也不同，所以对任何食品都以 30 min 为冻结时间标准有不妥之处。一般认为，在 30 min 内通过 -5～-1℃的温度区间所冻结形成的冰晶对食品的组织影响最小，尤其是果蔬组织质地比较脆嫩，冻结速度要求更快。

（2）冰峰前进距离 - 温度法

冰峰前进的冻结速度用单位时间内 -5℃的冻结层从食品表面冻结层伸延向内层的距离来判断。时间以小时（h）为单位，距离以厘米（cm）为单位，冻结速度 v 的单位为 cm/h。这种方法最早由德国学者普兰克提出，其把食品冻结速度分为如图 4-6 所示的三类。

① 快速冻结，冻结速度在 5～20 cm/h。

② 中速冻结，冻结速度在 1～5 cm/h。

③ 慢速冻结，冻结速度在 0.1～1 cm/h。

$$\underbrace{0.1\ \text{cm}\cdot\text{h}^{-1}\sim 1\ \text{cm}\cdot\text{h}^{-1}}_{\text{慢速冻结}}\sim\underbrace{5\ \text{cm}\cdot\text{h}^{-1}}_{\text{中速冻结}}\sim\underbrace{20\ \text{cm}\cdot\text{h}^{-1}}_{\text{快速冻结}}$$

图 4-6 食品冻结速度

该方法的不足是在实际应用中较难测量冻结速度，而且不能应用于冻结速度很慢以至产生连续冻结界面的情况。

（3）国际制冷学会定义

国际制冷学会（IIR）C2 委员会对食品冻结速度所做的定义为食品表面与中心温度点间的最短距离与食品表面温度达到 0℃后，食品中心点温度降至比食品冻结点（开始冻结温度）低 10℃所需时间之比，就是冻结速度（v），单位为 $cm \cdot h^{-1}$。温度中心点是食品的热中心点，即食品中降温速度最慢的一点，对均质食品而言，与几何中心重叠。对于非均质食品而言，则无法测量，只能用实验方法测得。因此，对非均质食品而言，按食品冷冻速度的定义测定冻结速度是十分困难的。

$$v=\frac{L}{t}$$

式中，L 为食品表面与中心点间的最短距离，cm；t 为食品表面温度达到 0℃后，食品中心点温度降至比食品冻结点低 10℃所需的时间，h。

某食品的表面与中心点间最短距离为 10 cm；食品的冻结点为 -2℃，食品冻结过程中，中心点温度降至比冻结点低 10℃（即 -12℃）所需时间为 15 h；则该食品的冻结速度 v=10/15≈0.67 $cm \cdot h^{-1}$。当冻结速度大于 0.5 $cm \cdot h^{-1}$ 时视为快速冻结。该划分规则考虑到食品外观差异、成分不同、冰点不同，故其中心点温度计算值随不同食品的冻结点而变，比 -5℃的下限温度低得多，对速冻条件要求更为严格。目前国内使用的各种食品冻结装置，由于性能不同，其冻结速度有很大差异，一般范围为 0.2～100 $cm \cdot h^{-1}$。按照 IIR 的定义，食品在吹风冷库中的冻结速度为 0.2 $cm \cdot h^{-1}$ 左右，属慢速冻结；食品在吹风冻结器的冻结速度为 0.5～3.0 $cm \cdot h^{-1}$，属中速冻结；食品在流态化冻结装置、单体快速冻结（individual quick freezing，IQF）的冻结速度可达 0.5～1.0 $cm \cdot h^{-1}$，在液氮冻结装置中冻结的冻结速度为 10～100 $cm \cdot h^{-1}$，均属于快速冻结。

（4）其他方法

冻结食品物料的外观形态，包括冻结界面（连续或不连续）、冰晶的大小尺寸和冰晶的位置等都可以反映冻结速度。快速冻结的冻结界面不连续，冻结过程中食品物料内部的水分转移少，形成的冰晶细小而且分布均匀；缓慢冻结可能产生连续的冻结界面，冻结过程中食品物料内部有明显的水分转移，形成的冰晶粗大而且分布不均匀。图 4-7 所示为不同冻结速度冻结的鳕鱼肉中冰晶的情况。通过热力学的方法可以相当准确地测定单位时间内单位食品物料中冰晶的生成量，以此表示冻结速度。热力学方法虽直观，但不能反映冻结速度上的细小变化，而且易受冻结速度之外其他因素的影响，不适用于快速冻结或者需要很多烦琐测定步骤的情况。

2. 冻结速度与冰晶分布的关系

当冻结速度快、组织内冰层推进速度大于水分移动速度时，则冰晶分布接近天然食品中液态水的分布情况，冰晶呈针状结晶体，且数量较多。表 4-6 为冻结速度与冰晶形状之间的关系。

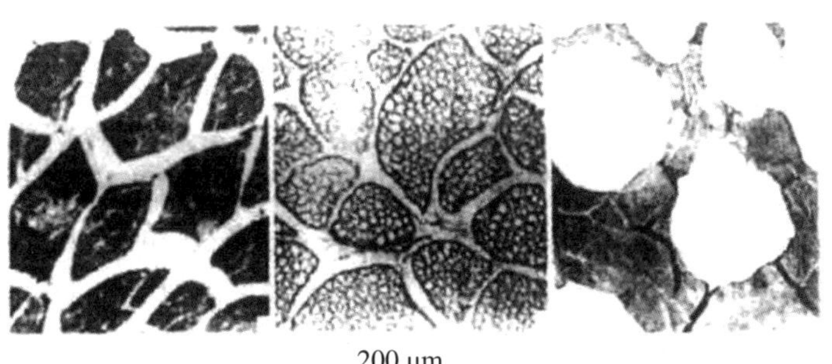

（a）未冻结　　（b）快速冻结　　（c）缓慢冻结

图 4-7　不同冻结速度冻结的鳕鱼肉中冰晶的情况

表 4-6　冻结速度与冰晶形状之间的关系

冻结速度（通过 -5～0℃的时间）	冰晶				冰层推进速度 v_I 与水分移动速度 v_w 的关系
	位置	形状	大小（直径长度）	数量	
数秒	细胞内	针状	（-5～1）μm ×（-10～5）μm	无数	$v_I>>v_w$
1.5 min	细胞内	针状	（-20～0）μm ×（-50～20）μm	无数	$v_I>v_w$
40 min	细胞内	针状	（50～100）μm × 100 以上 μm	少数	$v_I<v_w$
90 min	细胞外	块粒状	（50～200）μm × 200 以上 μm	少数	$v_I<<v_w$

当冻结速度缓慢时，由于细胞外的溶液浓度低，首先在细胞内产生冰晶，而此时细胞内水分还以液相残存着。温度低于 0℃时，同温度下水的蒸气压大于冰的蒸气压（表 4-7），在蒸气压差作用下细胞内的水向冰晶移动，形成较大的冰晶且分布不均匀。水分转移除蒸气压差外还因动物死后蛋白质的保水能力降低，细胞膜的透水性增强而加强。

表 4-7　不同温度下水与冰的蒸气压和水分活度

温度 /℃	蒸气压 /mmHg		水分活度	温度 /℃	蒸气压 /mmHg		水分活度
	水	冰			水	冰	
0	4.579	4.579	1.00	-25	0.607	0.476	0.784
-5	3.163	3.013	0.953	-30	0.383	0.286	0.75
-10	2.149	1.950	0.907	-40	0.142	0.097	0.68
-15	1.436	1.241	0.864	-50	0.048	0.030	0.62
-20	0.943	0.776	0.823				

当采用不同冻结方法时，由于冻结速度不同，因此形成冰晶的大小就不一样。表 4-8 为龙须菜的冻结速度与冰晶大小的关系。冻结速度快冰晶小，冻结速度慢冰晶大。

一般来说，如冻结速度快，食品中心通过 -5～-1℃温度区间的时间短，冰层向细胞内伸展的速度比水分移动速度快，细胞内的水来不及渗透出来就被冷冻成冰晶，细胞内外均形成数量多而体积小的冰晶，冰晶分布接近新鲜物料中原来水分的分布状态。冰晶越粗大，细胞组织损伤越重，甚至被锐利的冰晶戳破，导致食品结构的损伤。

表 4-8 龙须菜的冻结速度与冰晶大小的关系

冻结介质	冻结温度 /℃	冻结速度 /（$cm \cdot h^{-1}$）	冰晶 /μm		
			厚	宽	长
液氮	–196	1	0.5～5	0.5～5	5～15
干冰 + 乙醇	–80	2	6.1	18.2	29.2
盐水	–18	3	9.1	12.8	25.7
平板	–40	4	87.6	163.0	329.0
空气	–18	5	324.4	544.0	920.0

冻结时间越短，允许盐分扩散和食品中分离出水分以形成纯冰的时间也随之缩短；食品原料迅速从未冻结状态转化为冻结状态，浓缩的溶质和食品组织、胶体以及各种成分相互接触的时间也显著减少，浓缩带来的危害也随之下降到最低程度。同时，快速的冻结速度可将食品温度迅速降低到微生物生长活动温度以下，并将酶的活性降低到很低程度，能及时阻止冻结过程中微生物和酶对食品品质的影响。

3. 冰晶对食品的危害性

（1）细胞组织损坏

动植物细胞组织构成的固态食品（如肉和果蔬等）都是由细胞壁或细胞膜包围住的细胞构成的，在所有的细胞内都有胶质状原生质存在，水分则存在于原生质或细胞间隙中，或呈结合状态或呈游离状态。一般情况下，细胞内溶液的浓度总要和细胞外溶液的浓度基本相同，即保持内外等渗的条件。

冻结过程中温度降低到食品冻结点时，与亲水胶体结合较弱、存在于低浓度溶液内的部分水分（主要是处于细胞间隙内的水分）就会首先形成冰晶，从而引起冰晶附近溶液浓度升高，即细胞外溶液的浓度上升，高于细胞内溶液的浓度，此时，细胞内水分透过细胞膜向外渗透。

在缓慢冻结的情况下，细胞内的水分不断穿过细胞膜向外渗透，以致细胞收缩过度而脱水。如果水分的渗透率很高，细胞壁可能被撕裂和折损。同时，冰晶对细胞壁产生挤压，且细胞内和肌纤维内水分或汁液形成的水蒸气压大于冰蒸气压，导致水分向细胞外扩散，并围绕在冰晶的周围。随着食品的温度不断下降，存在于细胞内与细胞间隙内的冰晶就不断地增大（直至温度下降到足以使细胞内部所有水分或汁液转化成冰晶为止），从而破坏了食品的组织，使其失去了复原性。

冻结过程中，通常食品冻结速度越快，水分重新分布的现象越不显著。由于速冻时食品组织内的热量迅速向外扩散，温度迅速下降到能使那些尚处于肌纤维内或细胞内的水分或汁液，特别是那些尚处于原来状态的水分全部形成冰晶，因此，所形成的冰晶体积小但数量多，分布比较均匀，才有可能在最大程度上保证冻结食品的品质。但如果冻结速度过快，冰晶生产速度快，就会在食品结构内的短距离中形成大的温度梯度，从而产生张力，导致食品结构的破裂，这些变化对食品品质产生不良影响，应尽量避免。

有些食品本身虽非细胞构成，但冰晶的形成对其品质同样会有影响（如奶油那样的乳胶体、冰淇淋那样的冻结泡沫体）。

（2）重结晶

重结晶是指冻藏过程中，冰晶的数量减少、体积增大的现象，此过程中食品物料中冰晶的大小、形状发生了变化。人们发现，将速冻的水果与慢冻的水果同样储藏在 -18℃下，速冻水果中的冰晶不断增大，几个月后速冻水果中冰晶的大小变得和慢冻的差不多。这种情况在其他食品原料中也会发生。

导致重结晶的原因有以下几种。

一般认为，任何冰晶表面（形状）和内部结构上的变化有降低其本身能量水平的趋势。由表面积 / 体积比大、不规则的小结晶变成表面积 / 体积比小、结构紧密的大结晶会降低结晶的表面能，这就是同分异质重结晶。

众多结晶系统中，当小结晶存在时，大结晶有“长大”的趋势，这可能是融化 - 扩散 - 重新冻结过程中冰晶变大的原因，属于迁移性重结晶。在恒定温度和压力下，小结晶由于很小的曲率半径，对表面分子的结合能力没有大结晶那么大，因此小结晶的熔点相对较高。在温度恒定的情况下，当食物料中含有大量的直径小于 2 μm 的小结晶时，迁移性重结晶以相当大的速度进行。在速冻果蔬等食品物料中的冰晶的大小一般远大于 2 μm，而在一些速冻的小食品物料中可能有直径小于 2 μm 冰晶。因此冻藏食品储藏在恒定温度和压力下可以减少迁移性重结晶。冻藏中温度的波动以及与之相关的蒸气压梯度会促进迁移性重结晶，食品物料中低温（低蒸气压）处的冰晶会在牺牲高温（高蒸气压）处的冰晶的情况下“长大”。在高温（高蒸气压）处的最小冰晶会消失，较大冰晶会减小；当温度梯度相反时，较大冰晶会“长大”，而由于结晶能的限制最小的冰晶不会重新生成。

冰晶相互接触也会发生重结晶，冰晶数量的减少可导致整个结晶相表面能的降低，称为连生性重结晶。

（3）色泽的变化

冻结食品在冻藏过程中，除了因制冷剂泄漏造成变色（氨泄漏时，胡萝卜的橘红色会变成蓝色，莲子的白色会变成黄色）外，其他在常温下发生的变色现象，在长期的冻藏过程中都会发生，只是进行的速度十分缓慢。

① 脂肪的变色

多脂肪鱼类如带鱼、沙丁鱼等，在冻藏过程中因脂肪氧化会发生酸败，变成黑色，严重时还会发黏，产生异味，丧失商品价值。

② 蔬菜的变色

植物细胞的表面一层以纤维素为主要成分的细胞壁是没有弹性的。当植物细胞冻结时，细胞壁就会胀破，在氧化酶的作用下，果蔬类食品容易发生褐变，所以蔬菜在速冻前一般要将原料进行热烫处理，钝化过氧化酶，使速冻蔬菜在冻藏中不变色。如果热烫的温度与时间不够，过氧化酶失活不完全，绿色蔬菜在冻藏过程中会变成黄褐色。如果热烫时间过长，绿色蔬菜也会发生褐变，这是因为蔬菜叶子中含有叶绿素而呈绿色，当叶绿素变成脱镁叶绿素时，叶子就会失去绿色而呈黄褐色，酸性条件会促进这个变化；蔬菜中的有机酸溶入水中使其变成酸性的水，会促进上述变色反应。所以正确掌握蔬菜热烫的温度和时间，是保证速冻蔬菜在冻藏中不变色的重要因素。

③ 红色鱼肉的褐变

红色鱼肉的褐变，最有代表性的是金枪鱼肉的褐变。金枪鱼肉在 -20℃下冻藏 2 个月以上，其肉色由红色向暗红色、红褐色、褐红色、褐色转变，作为生鱼片的商品价值下降。

金枪鱼肌肉中含有大量的肌红蛋白。当金枪鱼死后，因肌肉中供氧终止，肌红蛋白与氧分离成还原型状态，鱼肉呈暗红色。如果把金枪鱼切开放置在空气中，还原型肌红蛋白就从切断面获得氧气，并与氧结合生成氧合肌红蛋白，鱼肉呈鲜红色。如果继续长时间放置，含有二价铁离子的氧合肌红蛋白和还原型肌红蛋白都会自动氧化，生成含有三价铁离子的氧合肌红蛋白，鱼肉呈褐色。

金枪鱼肉在冻藏中的变色与冻藏温度、冻藏时间有很大的关系。从图 4-8 中可看出，冻藏温度为 -18℃时，金枪鱼肉的褐变较为显著，贮藏 2 个月后，氧合肌红蛋白生成率接近 50%。随着冻藏温度的降低，肌红蛋白氧化的速度减慢，褐变推迟发生。当冻藏温度在 -38～-78℃时，氧合肌红蛋白生成率的变化不大，金枪鱼肉色泽保持时间长。因此，为了防止冻结金枪鱼肉的变色，冻藏温度至少要在 -38℃以下，如果采用 -60℃的超低温冷库，保色效果更佳。

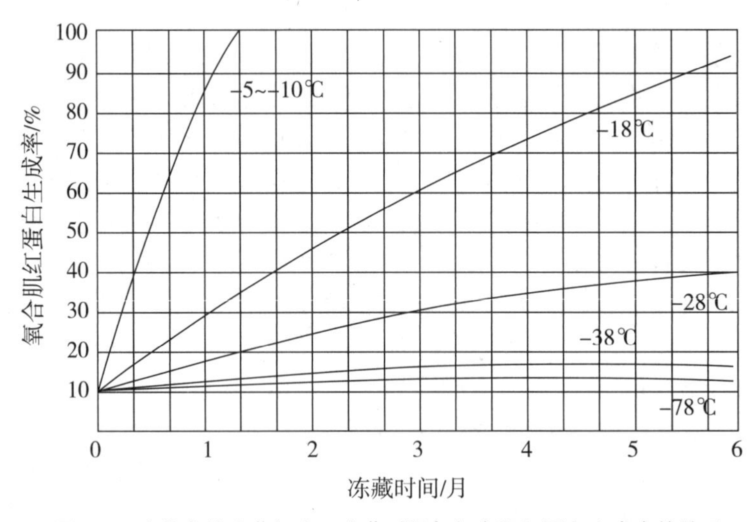

图 4-8　金枪鱼的冻藏温度、冻藏时间与氧合肌红蛋白生成率的关系

④ 虾类的黑变

虾类在冻藏中的头、胸、足、关节及尾部常会发生黑变，即出现黑的斑点或黑箍，使商品价值下降。虾类产生黑变的原因主要是氧化酶（酚酶或酚氧化酶）使酪氨酸氧化，生成黑色素。

黑变的发生与虾的鲜度有很大关系。新鲜的虾冻结后，氧化酶无活性，冻藏中不会发生黑变；不新鲜的虾其氧化酶活性化，在冻藏中就会发生黑变。防止虾类发生黑变的方法：a. 将虾煮熟后冻结，摘除酪氨酸含量高、氧化酶活性强的内脏、头、外壳，洗去血液后冻结，使氧化酶失去活性；b. 由于引起虾类黑变的酶类属于需氧性脱氢酶类，故可采用真空包装；c. 用水溶性抗氧化剂将虾浸渍后冻结，冻结后再用此溶液镀冰衣，可取得较好的保色效果。

⑤ 鳕鱼肉的褐变

鳕鱼肉在冻结贮藏中会发生褐变，这是还原糖与氨化合物的反应，也称美拉德反应。鳕鱼死后，鱼肉中的核酸系物质反应生成核糖，然后再与氨化合物反应，以 N- 配糖体、紫外光吸收物质、荧光物质作为中间体，最终聚合生成褐色的类黑精，使鳕鱼肉发生褐变。

-30℃以下的低温贮藏可防止核酸系物质反应生成核糖，从而防止美拉德反应发生。此外，鳕鱼的鲜度对褐变也有很大的影响，因此一般应选择鲜度好、死后僵硬的鳕鱼进行冻结。

⑥ 箭鱼肉的绿变

冻结箭鱼的肉呈淡红色，在冻藏中一部分肉会变成绿色，这部分肉称为绿色肉。这种绿色肉在白皮、黑皮的旗鱼类中也能看到，通常出现在鱼体沿脊骨切成 2 片的内表面。绿色肉发酸或有异臭味，严重时可出现恶臭味。

绿变的发生是由于箭鱼的鲜度下降，细菌作用生成的硫化氢与血液中的血红蛋白或肌红蛋白反应，生成绿色的硫血红蛋白或硫肌红蛋白。目前除注意在冻结前应保持箭鱼鲜度外，别无他法防止此现象。

⑦ 红色鱼的退色

红色鱼是含有红色表皮色素的鱼类，如红娘鱼、带纹红鲉等，其在冻藏过程中常可见到褪色，这种褪色受光的影响很大，当红色鱼受 350～360 nm 紫外光线照射时，褪色现象特别明显。

红色鱼的褪色是由于鱼皮红色色素的主要成分类胡萝卜素被空气中的氧氧化，当有脂类共存时，其色素氧化与脂类氧化相互促进。降低冻藏温度可推迟红色鱼的褪色。以红娘鱼为例，在 -3℃下，35 天褪色；在 -18℃下，50 天褪色；在 -30℃下，75 天褪色。此外，将红色鱼用不透紫外光的玻璃纸包装或用 0.1%～0.5% 的抗坏血酸钠或山梨酸钠溶液浸渍后冻结并用此溶液镀冰衣，对防止红色鱼的褪色均有效果。

综上所述，食品在冻藏中发生变色的机理是各不相同的，我们要采用不同的方法来加以防止。但是冻藏温度对变色的影响是相同的，即降低温度可使引起变色的化学反应速度减慢，如果冻藏温度降至 -60℃左右，红色鱼肉的变色几乎停止。因此为了更好地保持冻结食品的品质，特别是防止冻结鱼类变色，鱼类的冻藏温度趋于低温化。

（4）冻干害

冻干害又称冻烧、干缩，这是由于食品物料表面脱水（升华）形成多孔干化层，物料表面的水分可以下降到 10%～15%，使食品物料表面出现氧化变色、变味等品质明显降低的现象。冻干害是一种表面缺陷，多见于动物性的组织。减少冻干害的措施包括减少冻藏间的外来热源及温度波动，降低空气流速，改变食品物料的大小、形状、堆放形式和数量，采取适当的包装，等等。

4. 冻结浓缩的危害

大多数冻藏食品，只有在全部或几乎全部冻结情况下才能保持食品的良好品质。食品内如果还有未冻结的核心或部分未冻结区存在，就极易出现色泽、质地和胶体性质等方面的变质现象。由于浓缩区水分少，可溶性物质受到浓缩，如 pH、酸度、离子强度、黏度、冻结点、表面和界面张力、氧化还原势等的变化，此外，冰盐共晶混合物可能形成，溶液中的氧气、二氧化碳等可能被驱除，水的结构和溶质的相互作用也可能发生变化。冻结浓缩可能会对食品物料产生一定的危害。

① 溶液中若有溶质结晶或沉淀，其质地就会出现沙粒感。

② 由于浓缩使大分子物质分子间的距离缩小而可能发生相互作用，从而使大分子胶体溶液的稳定性受到破坏等。如在高浓度的溶液中若仍有溶质未沉淀出来，蛋白质就会因盐析而变性。

③ 高蛋白质的食品物料如鸡肉、鱼肉冻结后，pH 会增大（特别是当初始 pH 低于 6 时），而低蛋白质的食品物料如牛奶、绿豆冻结后 pH 会降低。有些溶质为酸性，浓缩会引起 pH 下降，当 pH 下降到蛋白质的等电点（溶解度最低点）以下时会导致蛋白质凝固。

④ 胶体悬浮液中阴、阳离子处在微妙的平衡状态，其中有些离子还是维护悬浮液中胶质体的重要离子。如这些离子的浓度增加或沉淀，会对悬浮液的平衡产生干扰作用。

⑤ 食品内部存在着气体成分，当水分形成冰晶时，溶液内气体的浓度同时增加，可能导致气体过饱和，最后从溶液中逸出。

⑥ 微小范围内溶质的浓度增加会引起相邻的组织脱水。解冻后，脱去的水分难以全部复原，组织也难以恢复原有的饱满度。

由冻结浓缩对食品物料造成的危害因食品物料的种类而有差异。一般来说，动物性物料组织所受的影响较植物性的大。冻结浓缩所造成的危害可以发生在冻结、冻藏和解冻过程中，危害的程度与工艺条件有关。

4.1.5 食品冻结的冷耗量计算

食品在冻结过程中的冷耗量是指在整个冻结过程（包括冷却阶段、冻结阶段和冻结后继续降温阶段）中所放出的热量，如食品物料内部无热源产生、冻结过程中冷却介质的温度稳定不变、食品物料中相应各点的温度也相同，则冻结过程属于简单的稳定传热。冷耗量的计算可以按照阶段分别进行。

1. 冷却阶段的冷耗量

食品物料在冷却阶段的温度段是从食品物料开始冷却前的初始温度一直到食品物料的冻结点。此阶段的冷耗量即

$$Q_1 = GC(T_i - T_f)$$

式中，Q_1 为冷却阶段食品物料的冷耗量，kJ；G 为被冷却食品物料的质量，kg；C 为冻结点以上食品物料的比热容，kJ/（kg · ℃）；T_i 为冷却开始时食品物料的温度，℃；T_f 为食品物料的冻结点，℃。

2. 冻结阶段的冷耗量

食品物料在冻结阶段的冷耗量主要是指由于水分的冻结而释放出的相变潜热。

$$Q_2 = GW\omega r$$

式中，Q_2 为冻结阶段食品物料的冷耗量，kJ；G 为被冻结食品物料的质量，kg；W 为食品物料中的含水量，%；ω 为冻结温度下食品物料中水分冻结率，%；r 为水形成冰时所释放的相变潜热，334.72 kJ/kg。

不同食品的含水量不同，初始冻结点不同，不同温度下的水分冻结率也会不同。表 4-9 列出了不同温度下一些食品物料的水分冻结率。

表 4-9　不同温度下一些食品物料的水分冻结率

温度 /℃	瘦肉（74.5% 水）/（%）	鳕鱼（83.6% 水）/（%）	蛋清（86.5 % 水）/（%）	蛋黄（ 50 % 水）/（%）
0	0	0	0	0
-1	2	9.7	48	42
-2	48	55.6	75	67
-3	64	69.5	82	73
-4	71	75.8	86	77
-5	74	79.6	87	79
-10	83	86.7	92	84
-20	88	90.6	93	87
-30	89	92.0	94	89
-40	—	92.2	—	—

我国一般冷库的贮藏温度为 -18℃，食品的冻结温度亦大体降到此范围。食品内水分的冻结率以 % 表示，可近似地表示如下。

$$\text{水分冻结率} = 1 - \frac{\text{食品的冻结点(℃)}}{\text{食品的冻结温度(℃)}}$$

如食品的冻结点是 -1℃，在 -5℃时的水分冻结率为：水分冻结率 $=1-\dfrac{-1}{-5}=0.8=80\%$，在 -18℃时的水分冻结率：水分冻结率 $=1-\dfrac{-1}{-18}\approx 94.4\%$，即全部水分的 94.4% 已冻结。

3. 冻结后继续降温阶段的冷耗量

食品物料冻结后继续降温阶段的冷耗量计算可按下式进行。

$$Q_3 = GC_f(T_f - T_s)$$

式中，Q_3 为冻结后继续降温阶段食品物料的冷耗量，kJ；G 为被冻结食品物料的质量，kg；C_f 为冻结后继续降温阶段食品物料的平均比热容，kJ/（kg·℃）；T_f 为食品物料的冻结点温度，℃；T_s 为食品物料的最终冻结温度，℃。

食品物料的比热容可根据食品物料中干物质、含水量、冰的比热容及各部分在食品物料中的比例推算。总热量计算亦可用焓差法来表示。

$$Q = G(i_2 - i_1)$$

式中，i_1 为食品初始状态的焓值，kJ/kg；i_2 为食品最终冻结温度时的焓值，kJ/kg。

一般冷库工艺设计时，计算冷耗量都用焓差法，该法计算较简单。表 4-10 为部分食品的焓值。

表 4-10　部分食品的焓值

温度 /℃	焓值 / (kJ/kg)				温度 /℃	焓值 / (kJ/kg)			
	牛肉禽类	羊肉	猪肉	水果浆果		牛肉禽类	羊肉	猪肉	水果浆果
−25	−10.89	−10.89	−10.47	−14.24	8	258.33	249.12	236.14	301.87
−20	0.00	0.00	0.00	0.00	9	261.26	252.46	239.07	305.64
−19	2.09	2.09	2.09	3.35	10	264.61	255.40	242.00	309.41
−18	4.16	4.61	4.61	6.70	11	267.96	258.76	245.35	313.17
−17	7.12	7.12	7.12	10.05	12	270.89	261.68	248，28	316.94
−16	10.05	9.63	9.63	13.40	13	274.24	265.02	251.21	320.71
−15	12.98	12.56	12.14	17.17	14	277.59	267.96	254.14	324.48
−14	15.91	15.49	15.07	20.93	15	280.52	271.31	257.07	328.25
−13	18.84	18.42	18.00	25.12	16	283.87	274.24	260.42	332.25
−12	22.19	21.77	21.35	29.73	17	287.22	277.59	263.35	335.78
−11	25.96	25.54	25.12	34.33	18	290.15	280.52	266.28	339.55
−10	30.15	29.73	28.89	39.36	19	293.50	283.87	269.21	343.32
−9	34.75	33.91	33.08	44.80	20	296.84	286.80	272.56	347. 09
−8	39.36	38.52	37.26	51.50	21	299.78	290.15	275.49	350.85
−7	44.38	43.54	41.87	58.62	22	303.12	293.08	278.42	354.62
−6	50.66	49.40	47.31	68.66	23	306.47	296.43	281.35	358.39
−5	27.36	55.68	54.43	82.90	24	309.82	299.36	285.54	362.12
−4	66.15	64.48	61.13	104.21	25	312.75	302.71	287.63	365.93
−3	75.36	77.04	73.69	139.00	26	316.10	305.64	290.56	369.69
−2	98.81	95.88	91.69	211.01	27	319.45	308.99	293.50	373.46
−1	185.89	179.61	169.98	267.96	28	322.38	311.92	296.84	377.23
0	232.37	223.99	211.85	271.72	29	325.73	315.27	299.78	381.00
1	235.72	227.34	214.78	275.49	30	329.08	318.20	302.71	384.77
2	241.16	230.27	217.71	279.26	31	332.43	321.55	305.64	388.54
3	242.00	233.02	221.06	283.03	32	335.36	324.48	308.99	392.30
4	245.35	236.55	223.99	286.80	33	338.71	327.83	311.92	396.07
5	248.28	239.90	226.23	290.56	34	342.06	330.76	314.85	399.84
6	251.63	242.83	229.86	294.33	35	345.41	334.11	317.78	403.61
7	254.98	246.18	233.21	298.10	36	348.34	337.04	321.13	407.38

注：食品焓值是指食品所含热量的多少，常规定食品 −20℃为起点的焓值为零。

［例 4-1］10 t 牛肉由 5℃降至 -18℃，求总冷耗量。

冷却阶段冷耗量：

$$Q_1 = GC(T_i - T_f) = 10\times10^3\times2.93\times[5-(-2)] = 20.51\times10^4(\text{kJ})$$

冻结阶段的冷耗量：

$$Q_2 = GW\omega r = 10\times10^3\times0.70\times0.95\times334.72 \approx 222.59\times10^4(\text{kJ})$$

冻结后继续降温阶段的冷耗量：

$$Q_3 = GC_1(T_i - T_s) = 10\times10^3\times1.59\times[-2-(-18)] = 25.44\times10^4(\text{kJ})$$

总冷耗量：

$$Q = Q_1 + Q_2 + Q_3 = 20.51\times10^4 + 222.59\times10^4 + 25.44\times10^4 = 268.54\times10^4(\text{kJ})$$

冻结时三部分冷耗量是不相等的，以水变为冰时放出的冷耗量为最大。因为水相变热为 334.72 kJ/kg，而且食品中水的含量一般都大于 50%，因此 Q_2 比（Q_1+Q_3）还大。冻结时总冷耗量的大小与食品中含水量密切相关，含水量大的食品其总冷耗量亦大。

由此可见，该解法能够量化地解释食品冻结曲线，在冷库设计时充分考虑不均衡放热的特点，满足冰晶生成带高峰放热的制冷需求。

冻结过程中热量的放出是不均衡的，而工艺计算时采用焓差法，这种计算是以均衡放热为依据的，因此必须增加冷耗量的附加系数。

4.1.6　食品的冻结时间计算

1. 冻结时间计算

由于冻结方法及冻结装置不同，食品冻结所需的时间差别很大。根据半经验、半理论的 Planck 公式，按食品的形状、表面传热系数、热导系数等参数，可近似计算不同形状食品的冻结时间。

$$z = \frac{\Delta i\cdot\gamma}{\Delta T}\left(\frac{Px}{\alpha}+\frac{Rx^2}{\lambda}\right)$$

式中，z 为食品冻结时间，h；Δi 为食品初温和终温时的焓值差，kJ/kg；γ 为食品容重，kg/m^3；$\Delta T = T_f - T$（T_f 为食品物料的冻结点，T 为冷却介质的温度），℃；x 和食品形状有关（若为板状，x 表示厚度；若为圆柱或球状，x 表示直径），m；α 为食品表面的放热系数，kJ/（m^2·h·℃）；λ 为冻结食品的导热系数，kJ/（m^2·h·℃）；P 和 R 为和食品相关的系数。

冻结风速一般为 1～2 m/s，速冻装置的风速一般为 3～5 m/s。在风速未知的情况下，可根据冻结要求估算导热系数。增大风速能使食品表面放热系数提高，从而提高冻结速度。

表 4-11 表明了食品表面的风速与冻结速度之间的关系。与无风速比较，风速 1.5 m/s 时，冻结速度提高 1 倍；风速 3 m/s 时，冻结速度提高 2.2 倍；风速 5 m/s 时，冻结速度提高 3.7 倍。

表 4-11　食品表面的风速与冻结速度之间的关系

风速 v/（$m \cdot s^{-1}$）	放热系数 /［$kJ \cdot (m^2 \cdot h \cdot ℃)^{-1}$］	冻结速度比（v=0 时为 1）	冻结类型
0	20.9	1	缓慢冻结
1	35.95	1.7	冷库常规送风冻结
1.5	43.47	2.0	
2	51.00	2.4	
3	66.04	3.2	
4	81.09	3.9	速冻装置送风，快速冻结
5	98.65	4.7	
>6	111.19	5.3	送风悬浮冻结

注：以厚 7.5 cm 的板状食品为例。

［例 4-2］在 -30℃的送风冻结器内，冻结外形为 0.4 m × 0.3 m × 0.15 m 的猪肉块。求该肉块初温 +35℃冻至终温 -15℃时所需时间。

解：先确定猪肉的有关数值，可以从有关手册上查到。

猪肉初温和终温时的焓差：$\Delta i = 305.14 kJ/kg$

猪肉容重：$\gamma = 1050\ kg/m^3$

猪肉冻结点：$T_1 = -2.8℃$

冷冻介质的温度：$T = -30℃$

猪肉表面的放热系数：$\alpha = 22.15 + 14.63v = 66.04[kJ/(m^2 \cdot h \cdot C)]$

其中，风速 v 为 3 m/s。

猪肉块的导热系数：$\lambda = 5.02[kJ/(m^2 \cdot h \cdot C)]$

根据肉块外形求出 β_1 及 β_2：$\beta_1 = \frac{b}{c} = \frac{0.30}{0.15} = 2$，$\beta_2 = \frac{a}{c} = \frac{0.40}{0.15} \approx 2.67$

再查出 P 和 R 值（图 4-9 和表 4-12），$P = 0.27$，$R = 0.075$。

$$z = \frac{\Delta i \gamma}{\Delta T}\left(\frac{Px}{\alpha} + \frac{Rx^2}{\lambda}\right) = \frac{305.14 \times 1050}{(-2.8) - (-30)} \times \left(\frac{0.27 \times 0.15}{66.04} + \frac{0.075 \times 0.15^2}{5.02}\right) \approx 11.17(h)$$

该肉块的冻结时间为 11.17 h。

冻结时间有公称冻结时间和有效冻结时间之分。公称冻结时间即食品温度各处相同，都为 0℃，其中心温度只下降到该食品的冻结点（开始冻结温度）所需的时间。有效冻结时间即食品中心温度从初温下降到要求的冻结终温所需要的时间。这里的计算式从公称冻结时间推导，最后引入 Δi 后，计算有效冻结时间。

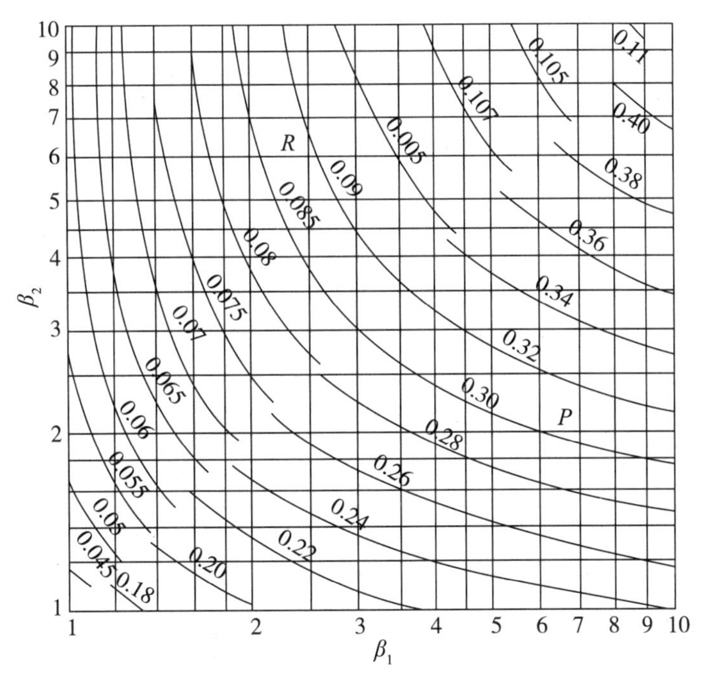

图 4–9　块状食品的 *P* 值和 *R* 值

表 4–12　块状食品的 *P* 值和 *R* 值

比例		外形尺寸 /mm			系数值	
a/l	***b/l***	***a***	***b***	***l***	***P***	***R***
1.0	1.0	—	—	—	0.1677	0.0417
1.5	1.0	75	50	50	0.1875	0.0491
	1.5	—	—	—	0.2143	0.0504
2.0	1.0	—	—	—	0.2000	0.0524
	1.5	100	75	50	—	—
		200	150	100	0.2308	0.0656
		400	300	200	—	—
	2.0	—	—	—	0.2500	0.0719
2.5	1.0	—	—	—	0.2083	0.0545
	2.0	100	80	40	0.2632	0.0751
	2.5	—	—	—	0.2778	0.0792
3.0	1.0	—	—	—	0.2142	0.0558
	2.0	150	100	50	0.2727	0.0776
		300	200	100	—	—
	2.27	100	75	33	0.2812	0.0799
		200	150	66	—	—
	3.0	—	—	—	0.3000	0.0849

续表

比例		外形尺寸 /mm			系数值	
a/l	***b/l***	***a***	***b***	***l***	***P***	***R***
3.5	1.0	—	—	—	0.2186	0.0567
	3.5	—	—	—	0.3181	0.0893
4.0	1.0	—	—	—	0.2222	0.0574
	3.0	200	150	50	0.3156	0.0887
	4.0	—	—	—	0.3333	0.0929
4.5	1.0	—	—	—	0.2250	0.0580
	3.0	150	100	33	—	—
		300	200	66	0.3215	0.0902
	4.5	—	—	—	0.3460	0.0959
6.0	4.5	200	150	33	0.2308	0.0592
		400	300	66	0.3602	0.0990
	6.0	—	—	—	0.3750	0.1020

2. 缩短冻结时间可选择的途径

由计算式$z=\dfrac{\Delta i\cdot\gamma}{\Delta T}\left(\dfrac{Px}{\alpha}+\dfrac{Rx^2}{\lambda}\right)$可知，对于某种食品，其$\Delta i$、$\gamma$、$\lambda$、$\Delta T$，都可作为常数，而$x$、$\alpha$、$\Delta T$可以改变。因此，缩短冻结时间从这 3 个参数着手。减小x值，即减小样品厚度；增大ΔT值，即降低冷冻介质的温度；增大α值，即增大传热面的放热系数。

现用计算实例依次对上述 3 个参数进行讨论。

（1）减小样品厚度：考虑例 4-2 的情况，在其他条件不变的情况下，仅改变样品厚度，样品厚度减少至 10 cm。计算样品厚度减少后冻结时间的变化。

$$\beta_1=\frac{b}{c}=\frac{0.30}{0.10}=3,\ \beta_2=\frac{a}{c}=\frac{0.40}{0.10}=4$$

查图 4-9 得$P=0.315$，$R=0.088$。

将上述各值代入计算式。

$$z=\frac{\Delta i\cdot\gamma}{\Delta T}\left(\frac{Px}{\alpha}+\frac{Rx^2}{\lambda}\right)=\frac{305.14\times1050}{27.2}\times\left(\frac{0.315\times0.10}{66.04}+\frac{0.088\times0.10^2}{5.02}\right)\approx7.51(\mathrm{h})$$

由此可见，样品厚度减小 5 cm，冻结时间由 11.17 h 减小为 7.51 h，冻结时间缩短了 3.66 h。

（2）降低冷冻介质的温度：以例 4-2 为依据，其他条件不变，仅冷冻介质温度降到 -40℃。

$$z=\frac{\Delta i\cdot\gamma}{\Delta T}\left(\frac{Px}{\alpha}+\frac{Rx^2}{\lambda}\right)=\frac{305.14\times1050}{(-2.8)-(-40)}\times\left(\frac{0.27\times0.15}{66.04}+\frac{0.075\times0.15^2}{5.02}\right)\approx8.17(\mathrm{h})$$

冷冻介质温度降低 10℃，冻结时间由 11.17 h 降到 8.17 h，冻结时间缩短 3 h。

（3）增大传热面的放热系数：以例 4-2 为依据，取 3 种α值比较其对应的冻结时间。

① 空气自然对流时：α =20.9 kJ/（m^2・h・℃），计算后得 z=26.79 h。

② 空气强制循环：风速 3 m/s 时取 α =66.14 kJ/（m^2・h・℃），计算后得 z=11.17 h。

③ 在盐水中浸渍冻结：取 α =836 kJ/（m^2・h・℃），计算后得 z=4.53 h。

当 α 值达到 200 以上时，再增加 α 值，冻结时间缩短很小，此时采用哪种冻结器主要考虑产品冷冻工艺及经济性要求。

α 值与冻结时间之间的关系还与产品厚度有关。当产品厚度在 30 cm 以上时，无论如何增大 α 值，对冻结时间的影响都极小。只有产品厚度较薄时，提高 α 值，对冻结时间的影响才显著。对于经初步加工的鱼片、分割肉等可尽量减小其厚度；但对肉胴体，其厚度已为天然形状所限定，这时应保证最厚处能在冻结室中的最大风速处。

4.1.7　冻结装置的计算与设计

应用冻结时间的计算式，再确定几个数据后可计算各种冻结装置的冷耗量、冻结室大小、传送带速度、装置的冻结能力、冻结过程的放热系数等。下面对几种冻结装置进行实例运算。

［例 4-3］螺旋带式强力送风冻结装置用于冻结肉用鸡。肉用鸡初温 4℃，冻结点 -1.7℃，冷风平均温度 -29℃，鸡肉冻结终温 -18℃，传送带速度 3 m/min。求冻结室大小和冷耗量。

解：所求内容均要求输送带有足够的长度，以保证食品有足够时间暴露于冷风中。

求出冻结时间就可求出输送带长度。

所需冻结时间：$z=\dfrac{\Delta i\cdot\gamma}{\Delta T}\left(\dfrac{Px}{\alpha}+\dfrac{Rx^2}{\lambda}\right)$

鸡肉初温和终温时的焓差：

$$\Delta i=244.95-4.60=240.35(\text{kJ/kg})$$

鸡肉容重：$\gamma=1020\ \text{kg}/\text{m}^3$

鸡肉冻结点：$T_{\text{f}}=-2.8℃$

鸡肉近似球形，其直径：$x=0.12\ \text{m}$

鸡肉表面的放热系数：

$$\alpha=22.15+14.63v=95.3\ \text{kJ}/(\text{m}^2\cdot\text{h}\cdot℃)\text{（强力送风 }v\text{=5 m/s）}$$

鸡肉块的导热系数：$\lambda=5.85\ \text{kJ/(m}^2\cdot\text{h}\cdot℃)$

$$P=1/6,\ R=1/24\text{（球形食品常数）}$$

将上述数据代入计算式：

$$z=\frac{\Delta i\cdot\gamma}{\Delta T}\left(\frac{Px}{\alpha}+\frac{Rx^2}{\lambda}\right)=\frac{240.35\times1020}{(-1.7)-(-29)}\times\left(\frac{1/6\times0.12}{95.3}+\frac{1/24\times0.12^2}{5.85}\right)\approx2.8(\text{h})=168(\text{min})$$

输送带长度：$L=3$ m/min×168 min=504(m)

假定冻结室高度为 4.8 m，每层螺旋带之间的高度为 0.3 m，那么整个冻结室内可设（4.8 ÷ 0.3）-1=15层螺旋输送带。

每层螺旋输送带的长度为504÷15=33.6(m)

每圈螺旋输送带的直径为 $\pi d=33.6$，$d=33.6/\pi\approx10.7$(m)

为使冻结室墙与冻结装置之间保持一定距离，则冻结室大小应为 12 m × 12 m × 4.8 m。

此外冻结室还应附加一定空间，以供安装蒸发器和冷风循环。

假定冻鸡的宽度是 12 cm，横放于输送带上，每两只鸡之间的距离为 0.3 m，则冻结室内经常容纳鸡数 504 ÷ 0.3=1680 只，传送带速度 3 m/min，算上鸡之间的距离 0.3 m，每分钟冻结 3 ÷ 0.3=10 只。

每只鸡的质量：（设鸡为球形）

$$\frac{4\pi R^3}{3}\times\gamma=\frac{4\pi\times0.06^3}{3}\times1020=0.9\text{（kg / 只）}$$

冷耗量为

$$0.9\ \text{kg / 只}\times10\ \text{只 / min}\times240.35\ \text{kJ / kg}\times60\ \text{min / h}=129789\ \text{kJ / h}$$

以上仅考虑了冻结冷耗量，而未考虑隔热层等冷耗量。

［例 4-4］平板冻结装置的冻结能力 1000 kg/h。冻品是块形鱼肉，重 0.50 kg，外形 4 cm × 10 cm × 13 cm。鱼肉进入装置前的温度是 4℃。冻结平板 0.7 m × 0.6 m，其上可容纳上述尺寸鱼肉 32 块，冻结平板温度 −33℃。它的表面放热系数 1254 kJ/(m^2 · h · ℃)。试求将鱼肉冻到 −20℃时该装置所需的冻结平板数。

$$z=\frac{\Delta i\gamma}{\Delta T}\left(\frac{Px}{\alpha}+\frac{Rx^2}{\lambda}\right)$$

解：

冻结时间：

式中，$\Delta i=295.94-0.0=295.94\ \text{kJ/kg}$（由食品焓差表查得）

$$\gamma=970\ \text{kg / m}^3$$

$$\beta_1=\frac{b}{c}=\frac{10}{4}=2.5,\ \beta_2=\frac{a}{c}=\frac{13}{4}=3.25$$

查图 4-9 得

$$P=0.29,\ R=0.084$$

$$x=0.04\ \text{m},\ \lambda=5.02\ \text{kJ/(m}^2\cdot\text{h}\cdot\text{C)}$$

$$z=\frac{295.94\times970}{(-2)-(-33)}\times\left(\frac{0.29\times0.04}{1254}+\frac{0.084\times0.04^2}{5.02}\right)\approx0.334\text{（h）}$$

该装置可容纳的冻结品为

$$0.334\times1000=334\text{（kg）}$$

每块冻结平板上能容纳 32 块鱼肉，故平板数为

$$334\div0.5=668$$

$$668\div32=20.875\approx21\text{（块）}$$

［例 4-5］一台采用强力吹风的快速冻结装置，冷风温度为 −35℃，输送带宽 1.5 m，长 6 m，用作冻结草莓。如草莓初始温度为 5℃，在输送带上移动中冻结到 −15℃，草莓的表面对流放热系数为 1045 kJ/（ m^2 · h · ℃），试求输送带的速度和冻结能力。

解：先确定草莓的有关数值。

查表得草毒从 5℃冻到 −15℃时的焓差。

$$\Delta i = 382.78 - 58.00 = 324.78(\text{kJ/kg})$$

草莓的导热系数：$\lambda = 5.23\ \text{kJ}/(\text{m}\cdot\text{h}\cdot{}^{\circ}\text{C})$

查表 4–9 得

$$P = \frac{1}{6},\ R = \frac{1}{24}$$

草莓的容重：$\gamma = 618\ \text{kg}/\text{m}^3$

草莓的近似直径：$x = 0.02\ \text{m}$

草莓的冰点：$T_{\text{f}} = -1.8^{\circ}\text{C}$

冷却介质温度：$T = -35^{\circ}\text{C}$

草莓表面的放热系数：$\alpha = 1045\ \text{kJ}/(\text{m}^2\cdot\text{h}\cdot{}^{\circ}\text{C})$

将上述各值代入计算式。

$$z = \frac{\Delta i\gamma}{\Delta T}\left(\frac{Px}{\alpha} + \frac{Rx^2}{\lambda}\right) = \frac{324.78\times 618}{(-1.8)-(-35)}\times\left(\frac{1/6\times 0.02}{1045} + \frac{1/24\times 0.02^2}{5.23}\right) \approx 0.039\ \text{h} = 2.34\ (\text{min})$$

为使草莓在装置内停留 2.34 min，输送带速度应为

$$6 \div 2.34 = 2.56 \approx 3(\text{m}/\text{min})$$

假定草莓是紧密放置在输送带上，每米输送带上的草莓个数为

$$\frac{1.5}{0.02}\times\frac{1.0}{0.02} = 3750(\text{个/m})$$

由体积和密度算出草莓的质量为

$$\frac{4\pi x^3}{3}\times\gamma = \frac{4\pi\times 0.02^3}{3}\times 618 \approx 0.02(\text{kg/个})$$

每米草莓质量为

$$3750\times 0.02 = 75(\text{kg/m})$$

冻结能力为

$$75\times 3\times 60 = 13500(\text{kg}/\text{h})$$

4.1.8　冻结方法

1. 冻结方法分类

冻结方法对食品的冻结品质影响很大，不同的冻结方法会导致冻结食品品质的不同。

按照食品接触的冷却介质不同，目前常见的食品冻结方法可分为空气冻结法、接触平板冻结法、盐水冻结法、液氮冻结法等，其中空气冻结法是食品冻结的主要方法，绝大多数食品采用这种方法。

按照采用的冻结设备类型不同，食品冻结方法又可分为冷库空气冻结法和速冻装置冻结法，后者具体可分为隧道冻结法、螺旋冻结法、流化床冻结法、接触平板冻结法、盐水冻结法、液氮冻结法等。表 4–13 为传统冷库冻结间与吹风速冻装置的大致比较。

表 4-13　传统冷库冻结间与吹风速冻装置的大致比较

比较项目	固定性	温度 /℃	风速（m/s）	冻结速度	冻结食品品质	人员工作环境 /℃	主要应用范围
冷库冻结间	建筑物	-23	1～2	慢冻	一般	-23	畜肉、禽肉
吹风速冻装置	可搬动的设备	-40～-30	3～5	速冻	更好	0 以上	速冻调理食品、速冻果蔬

2. 冷库空气冻结法

冷库空气冻结法指以空气为食品与氨蒸发管之间的热传导介质的冻结方法。在肉类屠宰业中，此法应用最广泛。空气冻结法优点是经济、方便，缺点是由于空气是热不良导体，因而冻结速度较慢。

（1）空气自然对流直接冻结法

在冷库冻结间设墙排管或顶排管，利用空气自然对流到食品进行冻结，为了提高排管的传热系数，可在冷库内设轴流风机，以适当加快库内空气的运动速度。当冷库温度为 -23℃时，冻结时间一般需 48～72 h。这种冻结方法，花费的时间较长，目前仅用于小型冷库冻结间。

（2）空气强制对流直接冻结法

在冷库冻结间内安装落地式或吊顶式冷风机，可加速冷库内空气的流动，增强换热效率。当冷库温度为 -23℃时，食品的冻结时间为 16～20 h。该方法冻结速度相对较快，目前大中型冷库普遍采用此法（图 4-10）。

图 4-10　猪白条肉在冻结间内吊顶式吹风冻结

（3）半接触式冻结法

在冻结间安装搁架式排管，把肉品或屠宰副产物等装在铁盘内，放在搁架式排管上进行冻结。此外，还可配上轴流风机，加快空气的流动速度。由于食品通过铁盘与排管直接接触换热，与空气自然对流直接冻结法相比，加快了冻结速度。当冷库温度为 -23℃时，冻结时间为 30～40 h。这种方法多用于小型冷库冻结室，大型冷库装盘冻结也普遍采用。

4.2　食品解冻

4.2.1　解冻

冻结食品在消费或加工之前一定要经过解冻过程。解冻是使冻结食品回温、冰晶融化，恢复到冻结前新鲜状态和特性的过程。从温度、时间的角度看，解冻似乎可以简单地被视为冻结的逆过程，但由于食品物料在冻结的状态和解冻的状态的不同，解冻并不是冻结的简单逆过程。从时间上看，即使冻结和解冻以同样的温度差作为传热推动力，解冻速度也要比冻结速度慢。由于冻结食品在自然放置下亦会解冻，所以解冻易被人们忽视。随着冻结食品上市量的增加，特别是冻结已作为食品加工业原料的主要保存手段，因此必须重视解冻工序，使解冻原料在数量和质量方面都得到保证，才能满足食品加工业生产的需要，并生产出高品质的后继加工产品。

将某个冻结食品放在温度高于其自身温度的解冻介质中，解冻过程即开始进行。食品解冻时将冻结时食品中所形成的冰晶融化成水，必须从外界供给热能，这些热能大部分用来融化冻品中的冰晶。

解冻食品的热量由两部分组成，冰点上的相变潜热和冰点下的显热。一般的传导型传热过程是由外向内、由表及里的，冻结时食品物料的表面首先冻结，形成冻结层；解冻时则是食品物料表面首先融化，形成融解层（图 4–11）。解冻时首先是冻品表层的冰晶融化成水，由于冰的导热系数为 2.32 W/（m · K），而水的导热系数为 0.58 W/（m · K），即冰的热导率和热扩散率较水的大（图 4–12），融化层的导热系数为冻结层的 1/4，具有导热性能差的特征。因此，随着解冻的进行，传向冻品深层的热量逐渐减少，产品内部的热阻逐渐增加，使解冻速度越来越慢。而冻结则恰好相反，产品的中心温度上升最慢。被解冻品的厚度越大，其表层和内部的温差就越大，形成解冻的滞后，这样造成解冻时间比冻结时间长。低温时（–20℃以下），食品物料中的水主要以冰晶的形式存在，其比热容接近冰的比热容，解冻时，食品中的水分含量增加，比热容相应增大，最后接近水的比热容。解冻时，随着温度升高，食品的比热容逐渐增大（在初始冻结点时达到最大值），升高单位温度所需要的热量也逐渐增加。通常 0～–5℃温度带由于食品中的水分结冰，易发生蛋白质变性，停留时间过长使食品变色，产生异味、臭味。因此，在解冻中要求能快速通过此温度带，一般趋向于采用快速解冻法。例如，冻结鲸鱼在室温下解冻吸收热量，其温度随着时间的推移而上升，如图 4–13 所示。从图 4–13 中可以看到，解冻曲线与冻结曲线大致呈相反的形状，但是解冻比冻结需要更长的时间。

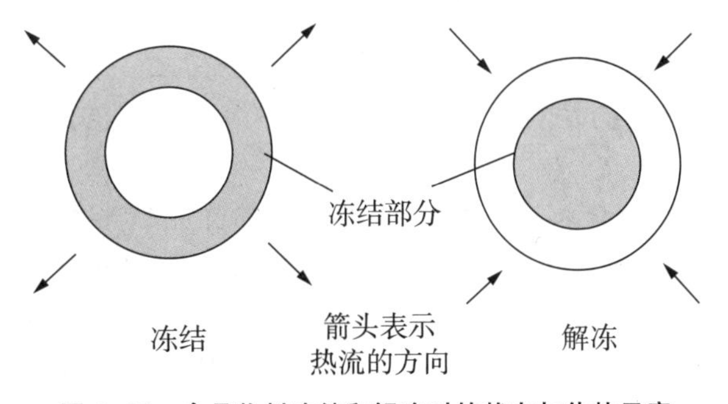

图 4–11　食品物料冻结和解冻时的状态与传热示意

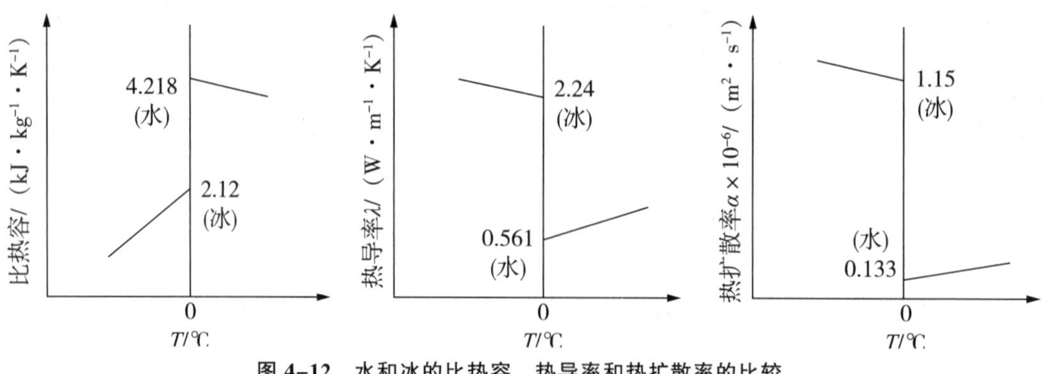

图 4-12　水和冰的比热容、热导率和热扩散率的比较

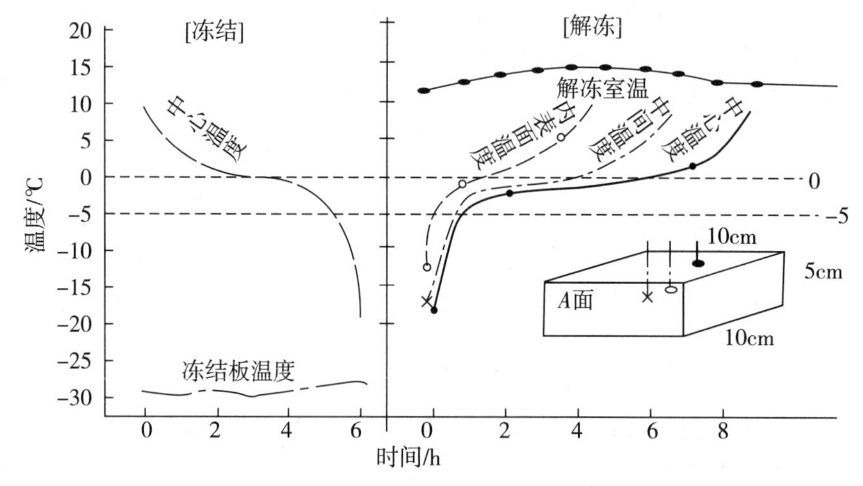

图 4-13　鲸鱼在室温下的解冻曲线和冻结曲线的比较

图 4-14 所示为圆柱形样品的几何中心的冻结曲线和解冻曲线。从图 4-14 中的解冻曲线可以看出，解冻开始的阶段样品的温度上升较快，因为此时样品表面还没有出现融化层，传热是通过冻结的部分进行的，而且由于冻结状态样品的比热容小，故传热较快。当样品的表面出现融化层后，由于融化层中非流态的水的传热性差，传热的速率下降；相变吸收大量的潜热，样品的温度出现了一个较长的解冻平衡区。当样品全部解冻之后，样品的温度才会继续上升。有趣的是对于速冻的样品，解冻平衡区的温度往往不在冻结点，而是低于冻结点。

解冻可分为半解冻和完全解冻。用作加工原料的冻品，半解冻状态（即中心温度约为 -5℃）以能用刀切断为准，此时食品的汁液流失较少。解冻介质的温度不宜过高，一般不超过 10～15℃。

图 4-14 的解冻曲线只是针对解冻时的传热，是以热传导为主的情况，不适合微波解冻以及解冻后食品物料成为可流动液态的情况。解冻速率和冻结速率的差异在含水量低的肉类以及空气含量高的果蔬中不太明显。

由于解冻的上述特点，解冻中的食品物料在冻结点附近的温度停留相当长的时间，这时化学反应、重结晶，甚至微生物生长繁殖都可能发生；有些解冻可能在不正确的程序下完成。因此解冻可能成为影响冻藏食品物料品质的重要阶段。

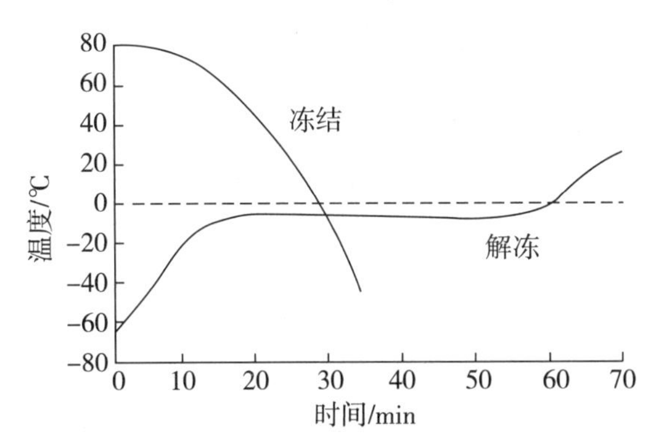

图 4-14 圆柱形样品的几何中心冻结曲线和解冻曲线

为了在解冻时细胞有足够的时间吸收冰晶融化成的水，人们往往认为慢速解冻法比快速解冻法的食品质量好。随着大量的深入研究，特别是通过冷冻显微镜的观察，发现解冻时水向细胞内的渗透速度非常迅速，在极短的时间内细胞就吸水复原了，即使吸水性能弱的细胞，也只需要几分钟的吸水时间，故现在普遍提倡快速解冻法。

但是，会发生解冻僵硬现象的冻品不能采用快速解冻法。解冻僵硬是指去骨的新鲜肉在死后未达到僵硬就快速冻结，然后冷藏，经过一段时间后解冻，随着冻品温度的上升，肉中出现死后僵硬现象，主要症候是解冻时肌肉显著收缩变形，液汁流失量增大，有较硬的口感等。这种现象在去骨的鲸鱼肉中最为显著，在红色的金枪鱼肉中也有发生。

解冻终温对冻品的质量影响很大。一般要求解冻终温由解冻品的用途决定。用作加工原料的冻品，以解冻到能用刀切断为准，此时的中心温度大约为 -5℃。

植物性冻结品如速冻蒜苗、速冻小青豆等，不宜在烹调前进行解冻，而应直接下锅烹调。应该讲，烹调过程本身就是一个解冻的过程。但是对蔬菜类冻结品如冻青豆、冻玉米等，为了防止淀粉老化，宜采用蒸气、沸水、热油等高温解冻，并且煮熟。冻结前经加烹调等处理的方便食品，快速解冻的效果比缓慢解冻好。大多数水果供生食之用，因此冻结水果不宜采用沸煮解冻法。一般冻结水果只有在正好全解冻时，食用品质最佳。小型包装的速冻食品，如速冻水饺等，常和烹调加工结合在一起同时进行解冻。

4.2.2 解冻方法

从能量的提供方式和传热的情况来看，冻结食品的解冻方法主要分为两大类。一类是采用具有较高温度的介质加热食品物料，传热过程从食品物料的表面开始，逐渐向食品物料的内部（中心）进行。另一类是采用介电或微波场加热食品物料，此时食品物料的受热是内外同时进行的。虽然解冻方法多种多样，常用的有空气和水对流解冻、电解冻、真空或加压解冻、组合解冻，但没有一种适宜于所有冻结食品。图 4-15 列举了各种解冻方法，并按热量传入冻品的方式进行了分类。实际应用中，应根据冻品的不同特性选择合适的解冻方法。

1. 空气解冻

空气解冻又称自然解冻，是一种最简便的解冻方法，多用于对畜胴体解冻。空气解冻依靠空气为加热的介质，使冻品升温、解冻，适于任何大小和形状的食品，不消耗能源，最为经济。但该法解冻缓慢，如用风机使空气流动能使解冻时间缩短，但会引起食品干耗；且受空气中灰尘、蚊蝇、微生物污染的机会较多，常在一定装置中进行，通过改变空气的温度、流速、相对湿度、风向达到不同解冻要求。一般空气温度 14～15℃，相对湿度 95%～98%，风速 2 m/s 以下。空气解冻可分为间歇式和连续式的两种。送风风向有水平、垂直或可换向。空气的温度不同，冻品解冻速率也不同，0～4℃的空气为缓慢解冻，20～25℃则可以达到较快速的解冻。由于空气的比热容和热导率都不大，冻品在空气中解冻的速率不高。在空气中混入水蒸气可以提高空气的相对湿度，改善其传热性能，提高解冻的速率，还可以减少食品物料表面的水分蒸发。解冻时的空气可以是静止的，也可以采用鼓风。采用高湿空气解冻时，空气的相对湿度一般不低于 98%，空气的温度可以在 -3～20℃，空气的流速一般为 3 m/s。但使用高湿空气时，应注意防止空气中的水分在食品物料表面冷凝析出。表 4-14 为常见的白条肉空气解冻条件。

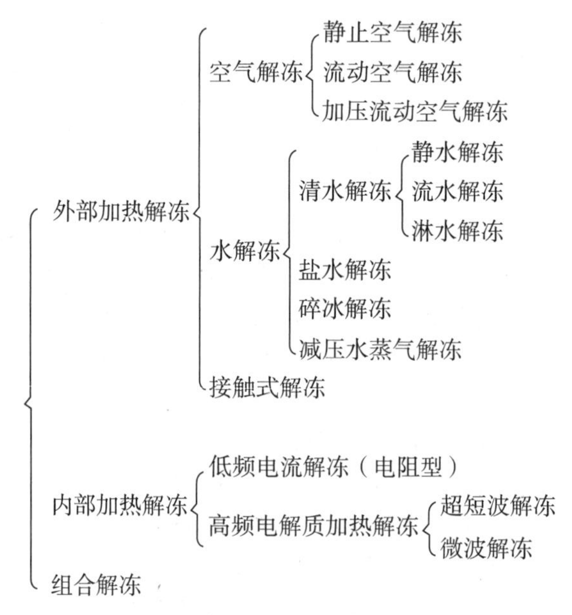

图 4-15　各种解冻方法及其分类

表 4-14　常见的白条肉空气解冻条件

季节	解冻室温度 /℃	相对湿度 /%	解冻时间 /h	解冻后中心温度
冬春	12～16	90	18～20	10℃以下
夏秋	18～20	90	14～17	10℃以下

温度高：微生物、酶、氧化反应速度增加，汁液流失严重，但解冻速度快。

温度低：微生物、酶、氧化反应速度变缓，汁液流失减少，但解冻速度慢，不能满足生产需要。

湿度低：干耗大。湿度过大，肉表面结水。

检测仪器：专用温度计、湿度计。

调节办法：解冻室安装加热和冷却排管，喷水雾、向地板泼水。

2. 水（盐水）解冻

水（盐水）解冻是把冻结食品浸渍在静止水（盐水）、流动水（盐水）中或采用喷淋水的方法解冻。水和盐水解冻都属于液体解冻法。由于水的导热系数远大于空气，故食品物料在水或盐水中的解冻速率要比在空气中快很多，解冻时间可明显缩短，为空气解冻的 1/5～1/4（若使其流动，甚至 1/10），而且避免了质量损失。水或盐水可以直接和食品物料接触，但应以不影响食品物料的品质为宗旨，否则食品物料应有包装等形式的保护。水或盐水温度一般在 4～20℃，盐水一般为食盐水，盐的浓度一般为 4%～5%，盐水解冻主要用于海产品。盐水还可能对食品物料有一定的脱水作用，如用盐水解冻海胆时，海胆的适度脱水可以防止其出现组织崩溃。但存在的问题有：食品中可溶性物质流失，食品吸水后膨胀；被解冻水中的微生物污染；等等。因此，水解冻法适用于带皮或有薄膜包装的食品，如整条鱼、冻全虾等。如果让冻结鱼片、鱼糜制品等与水直接接触解冻，则营养成分会从切断面渗出而溶入水中；水也会从切断面渗入冻品，使食品品质下降；切断面还会被水污染。因此冻结鱼片、鱼糜制品不适宜用水解冻。

3. 电解冻

食品具有一定的导电性。电解冻包括不同频率的电解冻和高压静电解冻。不同频率的电解冻包括低频（50～60 MHz）解冻、高频（1～50 MHz）解冻和微波（915 MHz 或 2450 MHz）解冻。

（1）低频解冻（ectrical resistance thawing）是将冻结食品视为电阻，利用电流通过冻结食品时产生的热，使冰融化达到解冻目的。解冻开始时，由于冻结食品内残留的液态水较少，处于低温冻结状态，故冻结食品电阻大，能通过的电流小。由于发热量与电流的平方成正比，仅与电阻成正比，故发热量较小，解冻速度较慢。随着解冻的进行，冻结食品内的液态水量逐渐增多，电阻减小，电流增大，冻结食品内部的发热量明显增大，冻结食品解冻速度较快。用于解冻的电流一般为 50～60 MHz 的低频交流电，故称其为低频解冻。由于冻结食品是电路的一部分，因此，要求食品表面平整，内部成分均匀，否则会出现接触不良或局部过热现象。一般情况下，先利用空气解冻或水解冻，使冻结食品表面温度升高到 -10℃左右，再进行低频解冻。这种组合解冻工艺不但可以改善电极板与冻结食品的接触状态，同时还可以减少随后解冻中微生物的繁殖。电阻型解冻比空气和水的解冻速度快 2～3 倍，设备费用也比同性能的烹调机便宜，消耗电能少，运转费用低。缺点是它只能解冻表面平滑的块状冻结食品，块状冻结食品内部解冻不均匀。如解冻全鱼时，因鱼头和内脏存在空间，解冻就不会均匀。其次，在解冻开始阶段，由于冻结食品电阻大，解冻速度慢。冻结食品厚度超过 70 mm 时电流就难以通过冻结食品，所以超过 70 mm 厚的冻结食品不适宜用此法解冻。另外，在上下电极板不能完全密贴冻结食品时，只有密贴部分才能通过电流，从而会产生过热现象，有时冻结食品甚至呈煮熟过的状态。

（2）高频解冻（dielectric thawing）和微波解冻（microwave thawing）的发热是由于电磁波对冻结食品中高分子和低分子的极性基团起作用，让极性分子正负电荷重心不重合，在电磁场中呈现一定的排列次序，尤其对水分子起着特殊的作用，在高频率变化的电磁场中使极性分子不断改变排列方向，分子之间进行旋转、振动、相互碰撞和摩擦，产生热量，使冻结食品解冻。高频解冻使用的是 50～60 MHz 频率的电流。如果把频率提高到

300～3000 MHz，那么发热量就会比低频解冻多得多，此时冻结食品的发热是在表面和内部同时进行的。频率越高，碰撞和摩擦作用越大，发热量越多，解冻速度越快。被解冻的冻结食品置于两电极造成的均匀电场中。如果冻结食品组成均一、厚度一定，则可做到均匀解冻；否则解冻过程中冻结食品各处加热不均匀，甚至会造成局部过热现象。利用这种方法解冻能够达到较快的解冻速率和较均匀的温度分布，解冻时间一般只需真空解冻的20%，但成本较高，微波场内材料温度测量和微波功率控制困难。

微波解冻是将欲解冻的食品置于微波场中，使食品物料吸收微波能并将其转化成热能，从而达到解冻的作用。由于微波的强穿透性，解冻时食品物料内外可以同时受热，解冻所需的时间很短。

微波解冻的优点如下。

① 解冻时间短，解冻食品的质量变化较小，能较好地保持食品原有的品质。

② 清洁卫生，微波不污染食品，而且具有杀菌作用。

③ 占地面积小。

④ 可实现连续解冻。

微波解冻的缺点如下。

① 微波对人体有害，应严格防止泄漏。

② 解冻不均匀，有局部过热现象出现。

③ 完全解冻困难，微波频率增加虽可增大其功率，但微波的穿透率反而减小，达不到食品内外同时解冻的效果。

④ 装置成本高。

（3）高压静电（电压 5000～100000 V，功率 30～40 W）解冻

高压静电解冻是用高压电场作用于冻结食品，将电能转变成热能，从而将食品加热。这种方法解冻时间短，食品的汁液流失少，在解冻质量和解冻时间上远优于空气解冻和水解冻，解冻后，食品的温度较低（约 -3℃），在解冻控制上和解冻生产量上优于微波解冻和真空解冻。

4. 真空解冻

水在真空室中沸腾时形成的水蒸气遇到温度更低的冻结食品时就在其表面凝结成水珠，蒸气凝结时所放出的潜热，被冻结食品吸收，使冻结食品温度升高而解冻。这种方法适于整鱼、鱼片、各种果蔬、肉、蛋、浓缩状食品。这种解冻方法比空气解冻效率提高2～3 倍；食品在装置内解冻可以减少或避免食品的氧化变质，解冻后汁液流失也少。但真空解冻的食品外观不佳且成本高。

5. 加压空气解冻

加压空气解冻是根据压力升高、冻结点下降的原理，在铁制的容器内，通入压缩空气，使食品在同样解冻介质温度下易融化。该法解冻时间短，解冻品质好。

6. 组合解冻法

上述解冻方法，在单独使用时，都各自存在优缺点。如采取组合式解冻则可集合各种优点而避免各自缺点，可起到扬长避短的作用。如将微波解冻与空气解冻相结合，可以防

止微波解冻时容易出现的局部过热，避免食品温度不均匀。这种解冻大体上都以电解冻为核心，再加以空气解冻或水解冻为主。

（1）电解冻和空气解冻的组合解冻

这种方式即在微波解冻装置上再装以冷风装置，冷风可防止微波所产生的部分过热现象。先由电加热到刀能切入食品的程度，停止电加热，继之以冷风解冻，这样不致引起食品部分过热，并能避免温度的不均匀。

（2）电解冻和水解冻的组合解冻

冻结食品在完全冻结时，电流很难通过它的内部。可在解冻初期先采用水把冻结食品表面先解冻，然后进行电解冻，可发挥各自优点，缩短解冻时间，节约用电。

高频解冻和水解冻的组合解冻方式为用六台高频解冻装置，每台之间是水解冻设备。这样解冻时是高频解冻 - 水解冻 - 高频解冻交替进行。

（3）加压空气解冻和空气解冻的组合解冻

如果在采用加压空气解冻时，在容器内使空气流动，风速在 1～1.5 m/s，这样就把加压空气和流动空气组合起来，由于压力和风速使食品表面的传热状态改善，缩短了冻结时间。该法对冷冻鱼糜解冻速度可达温度为 25℃的空气解冻的 5 倍。

（4）微波和液氮组合解冻

微波解冻中产生的过热现象由喷淋液氮来避免。喷淋液氮时加上静电场能使液氮喷淋面集中，冻结食品放在转盘上转动亦使食品受热均匀。此种方法不仅成本低，而且设备占地面积小，解冻食品品质好。

（5）二段解冻

易于出现解冻僵硬现象的冻结食品，应先放在 -2～0℃的空气中解冻 7～10 d。冻结食品温度降到 -3～-2℃，呈半解冻状态，此时冻结率在 50%～70%，然后放到 10℃的空气中进行第二段解冻。在第一段呈半解冻状态时，解冻食品内一部分冰晶融化，一部分冰晶未融化。未融化的冰晶就像肉内的骨架，使肉不会出现解冻僵硬时那样的肌肉收缩现象。

使用不同的解冻方法，解冻时间相差很大。在考虑解冻方法时，不仅要考虑解冻时间的长短，更应考虑解冻后食品的质量。因为随着温度的升高，微生物数量也不断增加，酶的活性也恢复，各种化学反应速度也加快，所有这些都会对食品造成不利影响。

除了上述的解冻方法外，近年来人们一直在寻找新的解冻方法，如超声波解冻等。到目前为止，还没有一种能适用于各种冻结食品、操作简便、节约能源、省人力、使用可靠的解冻装置。新的解冻方法、解冻装置都在不断研究开发中。

4.2.3　食品在解冻过程中的品质变化

在解冻过程中，随着温度上升，细胞内冻结点较低的冰晶首先融化，其后细胞间隙内冻结点较高的冰晶才开始融化。由于细胞外溶液浓度较细胞内低，因此随着冰晶的融化，水分逐渐向细胞内扩散和渗透，并且按照细胞亲水胶体的可逆性程度重新吸收。食品在解冻过程中常出现的质量问题：一是汁液流失，二是微生物的繁殖和酶促或非酶促等不良反应。

由于汁液中含有蛋白质、盐类、维生素类等水溶性成分，汁液流出就使食品的风味、食味、营养价值变差，并造成质量损失。因此，冻结食品解冻过程中汁液流失的多少成为衡量冻结食品质量的重要指标。大部分食品冻结时，水分或多或少会从细胞内向细胞间隙转移。在解冻过程中，随着温度上升，食品细胞内冻结点较低的冰晶首先融化，然后细胞间隙内冻结点较高的冰晶才融化。尽可能使冻结食品的水分恢复到未冻结前状态，是解冻过程中的重要课题。若解冻不当，极易出现严重的食品汁液流失，因为在冻结和冻藏过程中冻结食品发生了一系列变化。首先，细胞受到冰晶的损害，显著降低了其原有的持水能力；其次，蛋白质的溶胀力受到损害，且冻结使食品的组织结构和介质的pH发生了变化；最后，部分复杂的大分子分解为较为简单的和持水能力较弱的物质。

冻结食品解冻时的汁液流失量与以下4个方面有关。

（1）冻结速度

快速冻结的食品，解冻时汁液流失量比缓慢冻结的食品少。有试验表明，在 −8℃、−20℃和 −43℃三种不同温度的空气冻结的肉块，同在20℃的空气中解冻，肉汁流失量分别占原质量的11%、6%和3%。

（2）冻藏温度

冻藏温度对解冻时的汁液流失量也有影响，冻藏温度越低，解冻时汁液的流失量越少。

例如，在 −20℃下冻结的肉块分别在 −1.5～−1℃、−9～−3℃和 −19℃的不同温度下冻藏3天，然后在空气中缓慢解冻，肉汁的流失量分别为原质量的12%～17%、8%和3%。这主要是因为在较高冻藏温度下，细胞间隙中冰晶生长的速度较快，形成的冰晶颗粒较大，对细胞的破坏较为严重。若在较低温度下冻藏，冰晶生长的速度较慢，对细胞的损伤没有较高温度时那样严重，且食品中发生的生化变化较慢，持水力较强的物质较好地被保留，解冻时汁液流失量较少。

（3）解冻速度

一般认为缓慢解冻可减少汁液流失，其原因是细胞间隙的水分向细胞内转移和纤维、蛋白质胶体对水分的吸附是一个缓慢的过程，需要在一定的时间内才能完成。缓慢解冻可使冰晶融化速度与水分转移及被吸附的速度相协调，使食品组织能最大程度地恢复其原来的水分分布状态，而不至于因全部冰晶同时解冻而造成汁液大量外流，从而减少汁液的损失。如果快速解冻，那么大部分冰晶同时融化，来不及转移和被吸收，必然造成大量汁液外流。缓慢解冻虽然具有汁液流失较少的优点，但缓慢解冻会使食品在解冻过程中长时间地处于较高的温度环境中，给微生物的繁殖、酶促和非酶促反应创造了较好的条件，对食品的品质有不良的影响。一般来说，凡是采用快速冻结且较薄的冻结食品，宜采用快速解冻，而冻结畜肉和体积较大的冻结鱼类则采用低温缓慢解冻为宜。有研究者通过显微镜观察，发现冷冻细胞吸水过程极快，所以目前解冻方法倾向采用快速解冻。现在国内外已成功地对不少冻结食品采用了快速解冻，不但缩短了解冻时间，而且缩短了微生物增殖的时间，如高频解冻和微波解冻等。有实验证明，对13.6 kg的大包装冻结食品采用21.1℃的空气解冻和流水解冻所需的解冻时间分别为36 h和12 h，对应的微生物增量分别为750%和300%，而采用微波解冻所需的解冻时间仅为15 min，微生物几乎没有生长。

（4）食品的种类及成熟度

动物组织一般不像植物组织易受到冻结和解冻损害。在植物性食品中，水果最易受到冻结损害，蔬菜次之；在动物性食品中，鱼肉解冻时的汁液流失比禽肉大，而家禽肉比牲畜肉易受冻结损害。在等电点时，蛋白质胶体的稳定性最差，对水的亲和力最弱，如果解冻时生鲜食品的pH正处于蛋白质等电点的附近，则汁液的流失量就较大。因此，牲畜肉、鱼肉和禽肉的 pH 越接近其蛋白质的等电点，解冻时的汁液流失量也越大。

冻结食品在解冻时，由于温度升高和冰晶融化，以及空气中水分在冻结食品冷表面的凝结，微生物和酶的活动逐渐加强，会加剧微生物的生长繁殖，加速生化变化，加上空气中氧的作用，将使食品质量发生不同程度的恶化。这主要是由于食品冻结后，食品的组织结构在不同程度上受到冰晶破坏，这为微生物向食品的内部入侵提供了方便。然而食品解冻时最浓的溶液最先解冻，缓慢解冻时食品和高浓度溶液的接触时间就变长，从而加强了溶液浓缩带来的危害；同时，长时间的缓慢升温还会带来诸如微生物活动、酶促反应和氧化反应、淀粉老化等一系列不利影响，因此缓慢解冻对食品品质不利。食品解冻时的温度越高，微生物越容易生长活动并导致食品的腐败变质。不经烫漂的淀粉含量少的蔬菜，解冻时汁液流失量较多，且损失大量的 B 族维生素、维生素 C 和矿物质等营养素。动物性食品解冻后质地及色泽都会变差，汁液流失量增加，而且肉类还可能出现解冻僵硬的变质现象。

因此，在冻结食品解冻过程中应设法将微生物活动和食品的品质变化降低到最缓慢的程度。为此，首先必须尽一切可能降低冻结食品的污染程度，其次在缓慢解冻时尽可能采用较低的解冻温度。

思考题

1. 冷冻保藏技术相比低温保藏有哪些优势？如何进一步延长食品的保质期？
2. 快速冷冻和慢速冷冻对食品品质有何不同影响？为什么？
3. 在冷冻保藏过程中，如何防止食品的干耗和氧化？
4. 冷冻食品在解冻过程中可能会遇到哪些问题？如何解决这些问题？

第5章　食品干藏

5.1　食品干藏简介

5.1.1　食品干藏的概念

食品干藏（干燥保藏，干制保藏）是将食品物料的水分活度（或水分含量）降低到足以防止腐败变质的水平后，始终保持低水分状态进行长期储藏的过程。干藏还经常和其他的保藏手段结合，以更好地延长食品的保质期。

5.1.2　食品干藏

利用脱水干燥达到常温下肉保藏食品已是人们惯用的保藏方法。人类很早就利用自然干燥来干燥粮谷类、果蔬类、鱼类、畜禽肉类制品，达到延长食品贮藏期的目的。我国不少传统食品如干红枣、葡萄干、柿饼、萝卜干、金针菜、玉兰片（笋干）和梅菜等常用晒干制成，而风干肉、火腿和广式香肠则经风干或阴干后再保存。即使在经济发达国家，自然干燥仍是常用的干燥方法。但是日晒法强烈地依赖于天气，且干燥过程较慢，对许多高品质的食物不适用，而且水分含量通常难以降低到15%以下，从贮藏稳定性的角度来说，水分含量显然太高。此外，日晒法需要有大面积的晒场，生产效率低，又容易被灰尘等污染，易被鸟类、啮齿动物等侵袭，食品的质量安全性较难获得保证。

用热水处理蔬菜，再风（晒）干或将蔬菜放在烘房的架子上进行人工干燥。人工干燥在室内进行，不受气候条件限制，干燥时间较短，易于控制，食品质量显著提高，成为主要的干燥方法。最早采用的人工控制加热干燥方法是烘、炒、焙，后来发展了热风隧道式干燥器以及气流式、流化床式和喷雾式干燥。虽然人工控制加热干燥具有快速、卫生和质量便于控制的优点，但是其能耗和干燥成本是一个需要面对的问题。现代消费者倾向于天然、健康和营养的食品，节能环保成为现代食品加工的重要发展方向，因此，近年来新的干燥技术要求在产品质量安全、能源利用、环境影响、操作成本和生产能力等方面拥有更显著的优势，如红外干燥、微波干燥以及无线电波频率干燥等新能源技术正逐步得到深入的研究与广泛的应用。

食品干燥主要应用于粮谷类、果蔬类及肉类等物料的脱水干制，以及粉（颗粒）状食品生产，如奶粉、糖、咖啡、淀粉、调味粉、速溶茶等，其是方便食品生产的最重要方式。食品干燥也应用于粮谷类制品加工，以及其他食品加工过程以改善食品品质，大豆、花生米经过适当干燥脱水，有利于脱壳（去外衣），便于后加工；芝麻经过焙炒、面包经过烘烤等高温脱水干燥，可增香、变脆，提高制品品质。

食品干燥是一个复杂的变化过程。干燥的目的不仅要将食品中的水分降低到一定水平，达到干藏的水分要求，又要求食品品质变化最小，有时还要达到改善食品品质的目的。食品干燥过程涉及热和物质的传递，需控制最佳条件以获得最低能耗与最佳质量：干燥过程常是多相反应，是物理化学、生物化学、流变学、综合化学过程的结果。因此研究干燥物料的特性，科学地选择干燥方法和设备，控制最适干燥条件，是食品干燥的主要研究方向。

经干燥的食品，其水分活度较低，有利于在室温条件下长期保藏，以延长食品的市场供给，平衡产销高峰。干燥过程是将能量传递给食品，促使食品中水分向表面转移并排放到周围的外部环境中，完成脱水干制的基本过程。因此，热量的传递（传热过程）和水分的外逸（传质过程），即湿热转移是食品干燥原理的核心问题。

因此，粮食、蔬菜和水果干燥处理具有十分重要的意义。食品消费产品中焙烤食品等的生产过程，也包含干燥的过程，其利用了食品干燥的原理进行保藏。

5.1.3　食品干藏的过程

食品干藏主要过程可分 4 个阶段：原料选择、干燥前的预处理或加工、干燥、包装储藏。

（1）原料选择

对于干制蔬菜制品的原料，一般来源广泛，选择时应注意原料的质地和成熟度。多选择干物质含量高、肉质厚、组织致密、粗纤维少、新鲜饱满、色泽好的蔬菜，这样干制品的废弃物少、风味佳。

对于干制的水果原料，要求干物质含量高、纤维素含量低、风味良好、核小皮薄、成熟度在 85%～95%。大多数水果都是极好的脱水加工原料，但对个别水果又有特殊要求，如苹果要肉质致密、单宁含量少；梨要石细胞少、香气浓；葡萄要含糖量 20% 以上、无核。

对于动物性食品物料，一般应选择屠宰后或捕获后新鲜状态的对象进行干制。

（2）干燥前的预处理或加工

预处理包括整理分级、洗涤、去皮、切分、护色等过程。如果储藏对象是新鲜的农产品，因为所有果蔬几乎都含有氧化酶和过氧化酶，在切断、压碎、过滤等操作中，这些酶都会引起不良反应，对果蔬的色、香、味及营养成分等都会造成损害，故在脱水前对原料进行整理、清洗、切分和杀青处理，破坏酶的活性，防止酶反应，提高干燥速率。具体方法是将原料在 95～100℃的热水中浸几分钟，或喷以饱和水蒸气，加热完毕后，随即浸入 5～10℃的冷水中迅速冷却。

水果主要采用硫黄熏蒸法，即在密闭条件下燃烧待脱水食品量 0.1%～0.4% 的硫黄，产生的二氧化硫气体溶于食品中可形成亚硫酸；或用 0.2%～0.6% 的亚硫酸盐或酸性亚硫酸盐溶液喷射浸泡。对于果肉组织含有较多气体的苹果、桃等，可先用单甘酯类的表面活性剂浸泡再脱水，这样可以提高脱水速度。对于蜡质果皮的水果如李子、葡萄等，脱水前可用 0.5%～1.0% 的氢氧化钠沸腾液浸果 5～20 s，再水洗，以保证其脱水速度。

畜禽肉类、鱼类及蛋中含 0.5%～2.0% 的肝糖会导致脱水时褐变，可用原料量 5%～10% 的酵母或葡萄糖氧化酶将肝糖分解除去，然后进行脱水，则可防止发生褐变。

（3）干燥

干燥是在自然条件或者人工控制条件下使食品中水分蒸发的工艺过程，包括自然干燥如晒干、风干等，人工干燥如热空气干燥、烘房烘干、真空干燥、冷冻干燥等。

自然干燥的设备简单、管理粗放、生产费用低，能促使尚未完全成熟的原料进一步成熟。但此法受到气候条件的限制，食品常会因阴雨季节无法晒干而腐败变质。同时还需要有大面积的晒场和大量劳动力，劳动生产率低。另外，食品容易遭受灰尘、杂质等污染和昆虫、啮齿动物等的侵袭，既不卫生，又有损耗。

人工干燥可以在室内进行，不受气候条件的限制，操作易于控制。与自然干燥相比，人工干燥的干燥时间显著缩短，产品质量显著提高，产品得率也有所提高。但是此法需要专用设备，生产管理上要求精细，否则易发生事故，还要消耗能源，干燥费用也比较大。

（4）包装储藏

将干燥后的产品适当包装后，在特定的环境中储藏。食品干藏主要是为了能在室温条件下长期保藏食品或提供特色食品品种，主要应用于以下几个方面。

① 初级原料的加工与保藏：各类谷物、蔬菜、果品等农产品收后处理。

② 各种中间产物的加工与保藏：食品配料的制备、废弃物的回收等。

③ 食品的加工与保藏：各类酥脆食品、粉末食品、方便食品等的加工与保藏。

一般情况下固态的食品如谷物经过干燥后，质量变轻，容积缩减的程度小；液态的食品，干燥后成粉末容积更小。干制品的质量减轻的程度与新鲜食品的含水量、含糖量、含盐量、状态有关。干燥后依然保持生命活力的物料也可保留较多的水分；含糖量和含盐量多的食品，可保留较多的水分，而不至于腐烂变质。表 5-1 表明了干制品、新鲜食品、罐藏或冷冻食品的容积。容积缩小和质量减轻可以显著地节省包装、储藏和运输费用，有利于商品流通，并且还便于携带，供应方便。采用冷冻干燥技术时，原有食品的大小和形状基本不受影响，这时冷冻干燥食品的包装和运输费用可能并不比新鲜食品所需费用低。此外，干制品还是救急、救灾和战备常用的重要物资。

表 5-1　干制品、新鲜食品、罐藏或冷冻食品的容积

食品种类	新鲜食品	干制品	罐藏或冷冻食品	食品种类	新鲜食品	干制品	罐藏或冷冻食品
水果	1.42～1.56	0.085～0.20	1.416～1.699	蛋类	2.41～2.55	0.283～0.425	0.991～1.133
蔬菜	1.42～2.41	0.142～0.708	1.416～2.407	鱼类	1.42～2.12	0.566～1.133	0.850～2.124
肉类	1.42～2.41	0.425～0.566	1.416～1.699				

为获得品质良好的干制品，原料储藏时要特别注意环境的清洁卫生，并有防尘以及防止昆虫、啮齿动物和其他动物侵袭的措施；还要注意选择合适的储藏条件，保持好原料的鲜度。

5.1.4　干藏对微生物和酶的影响

（1）干藏对微生物的影响

干藏并不是使全部的微生物被杀死。食品干藏过程中，微生物脱去大量水，其生命活动会受到一定影响，长期处于休眠状态。当环境一旦适宜，微生物又会重新吸湿恢复活动，所以干藏后的食品并不是无菌的，遇到温暖潮湿的气候会腐败变质。

食品干藏过程中微生物的活动取决于干藏条件，如食品的储藏温度、湿度、水分活度、微生物的种类等。微生物的耐旱能力随菌种和生长期的不同而异。各种微生物的存活能力直接影响干藏品的货架期，因此，食品干藏过程必须加强卫生控制，控制干藏品的储藏条件，将其储藏在通风良好、清洁、干燥的环境中，可以减少微生物污染的可能性，降低微生物对食品的腐败变质作用。

（2）干藏对酶的影响

① 干藏对酶活性的影响

酶可以使食品发生降解，导致食品质量稳定性下降。酶活性的高低与温度、pH、水分活度、底物含量等条件有关，其中水分活度（A_w）的影响非常明显。

② 干藏对酶的热稳定性的影响

酶的热稳定性和水分活度之间存在着一定的关系。将黑麦放在不同的温度下加热时，其所含酶的起始失活温度随水分活度而异，水分活度越高，酶的起始失活温度越低，即酶在较高的水分活度环境中更容易发生热失活。这表明干藏食品中酶并没有完全失活，所以干藏食品在储藏过程中仍会发生质量变化。

5.2 水分活度与食品干藏

许多食品及其原材料都有不同程度的水分含量，水分多的食品往往更容易腐败变质。但在食品加工和保藏过程中，决定食品品质和性状的并非总的含水量，而是水分的性质、存在的状态和可被利用的程度（即水分活度 A_w）。

水分在生物体内具有特殊重要的生理功能。微生物的活动需要水分，与产品品质变化相关的许多酶促反应和化学变化也需要水分的参与或作为介质。由此可见，降低产品水分含量可以有效地控制微生物活动和由不良化学反应引起的腐败变质。

5.2.1 食品中水分性质与存在的状态

依据物料与水分结合力的状况将水分划分为结合水分和非结合水分两类。依据物料所含水分能否用干燥方法除去将水分划分为平衡水分和自由水分两类。

1. 平衡水分

根据热力学原理，在一定的温度和相对湿度下，当食品内的蒸气压与外界空气的蒸气压达到平衡时，食品中的含水量称为特定外界空气条件下的平衡水分。平衡水分随食品的种类及空气温湿状态不同而异。平衡水分代表食品在一定空气状况下可以干燥的限度。大多数新鲜食品中都含有较多的水分，例如，一般情况下果实的含水量为70%～90%，蔬菜的含水量为75%～90%，肉类的含水量为50%～80%。当空气的相对湿度低于食品内的蒸气压时，这些食品就会失水萎蔫。

2. 自由水分

自由水分（也称游离水）包括食品内部结构所阻留的滞化水、毛细管力维系的毛细管水、食品内部可以相对自由流动的水和食品表面的湿润水。自由水分的特点是对溶质起溶剂作用，当自由水分含量高时，很容易被微生物活动所利用，而且会引起酶促反应等。因此自由水分含量高的产品很易腐败变质。自由水分由于流动性大、不被束缚，在干燥过程中很容易被去除。

3. 结合水分

结合水分是指物料细胞壁内的水分、物料内毛细管中的水分、以结晶水的形态存在于固体物料之中的水分以及胶体结合水（指被吸附于产品组织内亲水胶体表面的水分）。由于胶体的水合作用，围绕着胶体形成的一层水膜是靠氢键和静电引力维系的水分，它的特点与自由水分不同，不具有水的特性，不具备溶剂的性质，不易结冰，不易被微生物和酶所利用，自由水没有大量蒸发之前结合水分不会被蒸发。结合水分是借助化学力或物理化学力与物料相结合的，由于结合力强，其蒸气压低于同温度下纯水的饱和蒸气压，致使干燥过程的传质推动力降低，去除较困难。

4. 非结合水分

非结合水包括机械地附着于物料表面的水分，如物料表面的吸附水、较大孔隙中的水分等。物料中非结合水分与物料的结合力弱，其蒸气压与同温度下纯水的饱和蒸气压相同，干燥过程中除去非结合水分较容易。物料中结合水分与非结合水分的划分只取决于物料本身的性质，与干燥介质的状态无关，而平衡水分与自由水分的划分不仅取决于物料本身的性质，还取决于干燥介质的状态。干燥介质状态改变时，平衡水分和自由水分的数值将随之改变。

5.2.2 水分活度

利用水分活度原理控制水分活度从而提高产品质量，延长食品保藏期，在食品工业生产中已得到越来越广泛的重视。

含有水分的食物，由于水分活度不同，保藏期的稳定性也不同。在固形物组分一定时，水分含量和水分活度有着直接的关系，当水分含量增加时，水分活度也增加，在生产中通过对水分活度的测定，就可以快速监控水分含量的变化，从而作为水分含量监控的重要手段。

溶液中水的逸度与纯水逸度之比为水分活度，可近似地用溶液中水分蒸气压与纯水蒸气压（或溶液蒸气压与溶剂蒸气压）之比来表示。

$$A_w = p / p_0 = n_2 / \left(n_1 + n_2\right) = ERH / 100$$

式中，A_w 为水分活度；p 为溶液或食品中的水分蒸气压；p_0 为纯水或溶剂的蒸气压；n_1 为溶质的物质的量；n_2 为溶剂的物质的量（也称游离水）；ERH 为平衡相对湿度，即物料达平衡水分时的大气相对湿度。

水分活度可以通过水分活度仪比较方便和准确地测定。水分活度与微生物、酶的等生物、物理、化学反应的关系已被微生物学家和食品学家所接受，水分活度概念已广泛应用于食品脱水干燥、冻结过程的控制以及食品法规标准。图 5-1 所示为物料中的水分含量与水分活度之间的关系。在此曲线的低含水量区的线段上可见，较小的水分含量变动即可引起水分活度较大的变动。

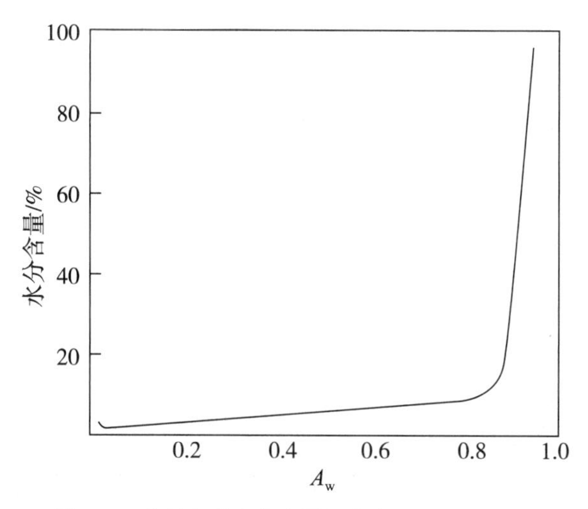

图 5-1　物料中的水分含量与水分活度之间的关系

5.2.3　水分活度与微生物的关系

1. 水分活度与微生物生长发育的关系

微生物的生长发育与水分活度之间的关系（图 5-2）表明微生物的生长发育在不同的水分活度下存在明显差异。各种微生物生长发育所需的最低水分活度值是各不相同的，一般情况下，每种微生物均有其最适的水分活度和最低的水分活度，它们取决于食品的种类、温度、微生物的种类、pH 以及是否存在润湿剂等因素。通常，细菌生长发育的最低水分活度为 0.90，酵母菌及真菌分别为 0.88 和 0.80。大多数细菌在 A_w<0.91 时基本不能生长；大多数霉菌和酵母菌的耐干性强于细菌，在 A_w<0.8 时才停止生长；耐盐菌在 A_w<0.75 时生长受到抑制；而一些耐干燥霉菌和耐高渗透压酵母菌在 A_w 为 0.60～0.65 时还会生长。一般认为在 A_w<0.60 时任何微生物的生长都被抑制（表 5-2）。

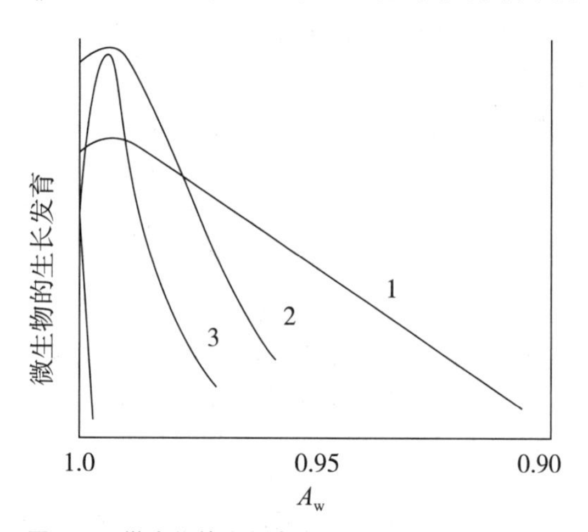

图 5-2　微生物的生长发育与水分活度之间的关系

1—30℃金黄色葡萄球菌；2—30℃纽波特沙门氏菌；3—30℃梅氏弧菌。

表 5-2 一般微生物生长发育的 A_w

微生物种类	A_w
革兰氏阴性杆菌，部分细菌的孢子和一些酵母	0.95～1.00
大多数球菌、乳杆菌、杆菌科的营养体细胞、某些霉菌	0.91～0.95
大多数酵母菌	0.87～0.91
大多数霉菌、金黄葡萄球菌	0.80～0.87
大多数耐盐菌	0.75～0.80
耐干燥霉菌	0.65～0.75
耐高渗透压酵母菌	0.60～0.65
任何微生物都不能生长	<0.60

2. 水分活度与致病微生物生长和产生毒素的关系

食品中存在着腐败菌和中毒菌等致病微生物，其生长最低的 A_w 与产生毒素的 A_w 不一定相同，通常产生毒素的 A_w 高于生长的 A_w，如黄曲霉菌生长所需最低 A_w 为 0.78，而产生黄曲霉毒素的 A_w 为 0.83～0.87；金黄色葡萄球菌，当 A_w=0.86 时能生长，但其产生毒素时需要 A_w=0.87 以上；芽孢菌形成芽孢时的 A_w 一般比营养细胞发育的 A_w 高。

中毒菌的产毒量一般随 A_w 的降低而减少。当 A_w 低于某个值时，尽管它们的生长并没有受到很大影响，但产毒量却急剧下降，甚至不产生毒素。因此，如果食品及其原料所污染的中毒菌在干制前没有产生毒素，那么干制后也不会产生毒素。但是，如果在干制前毒素已经产生，那么干制将难以破坏这些毒素，食用这种脱水食品后很可能会中毒。

3. 水分活度与微生物环境因素的关系

环境因素，如营养成分、pH、温度、氧气分压、二氧化碳浓度和抑制物等因素，会影响微生物生长所需的 A_w。环境因素越不利于微生物生长，微生物生长所需的最低 A_w 越高，反之亦然。金黄色葡萄球菌在氧气充分的条件下抑制生长的 A_w 为 0.80；在正常条件下抑制生长的 A_w 为 0.86；在缺氧条件下，抑制生长的 A_w 为 0.90。

A_w 的高低可改变微生物对环境因素如热、光和化学物的敏感性。一般来说，当 A_w 较高时微生物对这些因素最敏感，而当 A_w 为 0.4 左右时最不敏感。如图 5-3 所示，温度为 110℃时，嗜热脂肪芽孢杆菌芽孢的活菌数：在 A_w 为 0.2～0.4 时最高；在 A_w 为 0.4～0.8 时随 A_w 降低逐渐增大；在 A_w 为 0.8～1.0 时随 A_w 降低逐渐减小。

综上所述，降低 A_w 既可有效地抑制微生物的生长，又可使微生物的耐热性增强。所以，为了抑制微生物的生长，延长干制品的储藏期，必须将其 A_w 降到 0.70 以下。这一事实也说明食品干制虽然是加热过程，但并不能代替杀菌过程，或者说脱水食品并非无菌食品。

4. 食品干藏与微生物活动

食品干藏过程中微生物的活动取决于干藏条件（如食品的温度、湿度和包装）、水分活度和食品种类等。食品原料带来的微生物以及干燥过程污染的微生物在食品干燥过程中同时脱水。干燥完毕后，微生物处于休眠状态，一旦环境条件改变，食品物料遇到温湿气

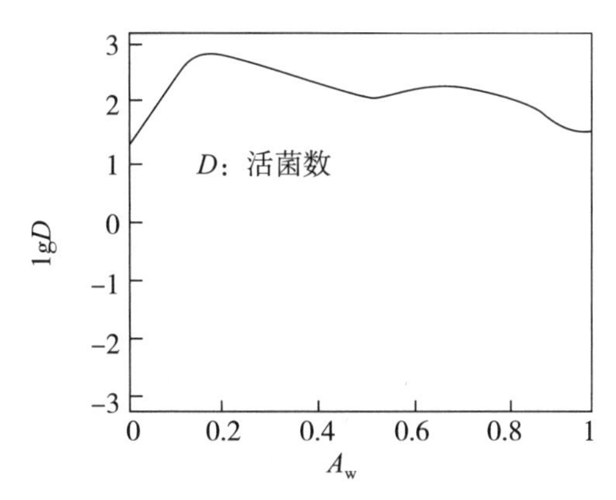

图 5-3　嗜热脂肪芽孢杆菌芽孢的活菌数与 A_w 的关系（温度为 110℃）

候，微生物就会重新恢复活动，导致食物腐败变质。葡萄球菌、肠道杆菌、结核杆菌在干燥状态下能保存活力几周到几个月；乳酸菌能保存活力几个月到一年；干燥状态的细菌芽孢、菌核、厚膜孢子、分生孢子可存活 1 年以上；干酵母可保存活力达 2 年之久；黑曲霉孢子可存活达 6～10 年。因此，脱水干燥（尤其是冷冻干燥）是较长时间保存微生物活力的有效办法，常用于菌种保藏。

5.2.4　水分活度与酶活性的关系

酶促反应的催化剂是酶，酶是引起食品变质的主要因素之一。酶活性的高低与很多条件有关，如温度、A_w、pH、底物浓度等，其中 A_w 对酶活性的影响非常显著。因为酶需要一定的水分才具有活性，当 A_w 降低到低于单分子层吸附水所对应的值时，酶因没有可利用的水而完全受到抑制，基本无活性；当 A_w 高于该值时，酶活性随 A_w 的增加而缓慢增强；但当 A_w 超过多分子层水所对应的值后，酶可以与底物充分接触，酶的活性会明显增强。因此，降低 A_w 来抑制干制食品劣变并不是十分有效的。一般只有将干制品的 A_w 降到 1% 以下时，酶的活性才会完全消失，但对绝大多数食品来说，A_w 降至 1% 以下时，影响其风味和复水性。因此，干燥前应对食品进行湿热或化学钝化处理，使酶钝化、失活。为了鉴定干制食品中残留酶的活性，可用接触酶或过氧化物酶作为指示酶。

食品中酶的来源多种多样，有食品的内源性酶、微生物分泌的胞外酶及人为添加的酶。酶反应的速度随 A_w 的提高而增大，通常 A_w 为 0.75～0.95 时酶活性达到最大，超过这个范围，酶促反应速度下降，其原因可能是高 A_w 对酶和底物的稀释作用。酶活性随 A_w 呈非线性变化，在低 A_w 时，A_w 的小幅度增加，会使酶促反应速度大幅度增加。

A_w 影响酶促反应主要通过以下途径：水作为运动介质促进扩散作用，稳定酶的结构和构象，水是水解反应的底物，破坏极性基团的氢键，从反应复合物中释放产物。由于活性中心反应速度大于底物或产物的扩散速度，因此活性是限制酶促反应的主要因素。脂酶的底物是脂类，故脂解作用能在 A_w=0.025～0.25（极低的水分活度）下进行。图 5-4 表明脂酶在较高 A_w 的环境中更容易发生热失活。

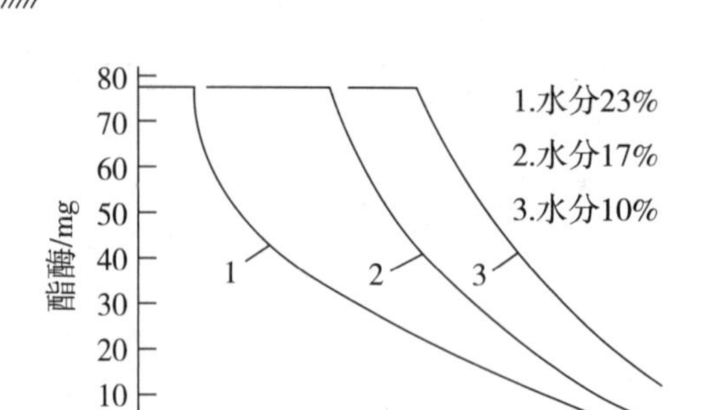

图 5-4 脂酶在不同温度下的热失活与 A_w 的关系

5.2.5 水分活度与其他变质因素的关系

1. 与脂肪氧化作用的关系

A_w 是影响食品中脂肪氧化的重要因素之一。A_w 很高或很低时，脂肪都容易发生氧化。A_w 为 0.3～0.4 时食品的酸败变化最小。A_w 小于 0.1 的干燥食品因氧气与油脂结合的机会多，氧化速度非常快。当 A_w 大于 0.55 时，水的存在提高了催化剂的流动性而使油脂氧化的速度增加。而 A_w 为 0.3～0.4 时，食品中水分呈单分子层吸附，在自由基反应中与过氧化物发生氢键结合，减缓了过氧化物分解的初期速率，当这些水分与微量的金属离子结合，能降低金属离子的催化活性或使其产生不溶性金属水合物而失去催化活性。

2. 与非酶褐变的关系

从非酶褐变速度与 A_w 之间的关系（图 5-5）可以看出，非酶褐变有一个适宜的 A_w 范围，该范围与干制品的种类、温度、pH 及 Cu^+、Fe^+ 含量等因素有关。Labuza（1970）曾经指出，非酶褐变的最大速度出现在 A_w 为 0.6～0.9。在 A_w 小于 0.6 或大于 0.9 时，非酶褐变速度将减小，当 A_w 为 0 或 1.0 时，非酶褐变即停止。由于水既是溶剂又是反应产物，在低 A_w 下，非酶褐变因分子扩散作用受阻而反应缓慢；在高 A_w 下，由于与非酶褐变有关的物质被稀释，且水分为褐变产物之一，水分增加将使褐变反应受到抑制。

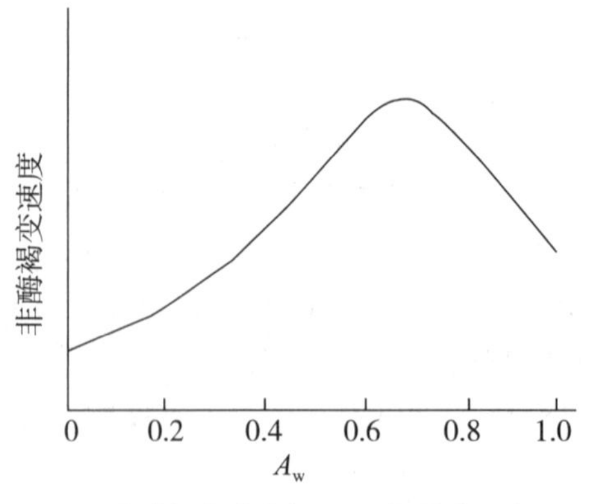

图 5-5 非酶褐变速度与 A_w 之间的关系（54℃）

5.2.6 水分活度对食品成分的影响

1. 水分活度对淀粉老化的影响

淀粉老化的实质是糊化的淀粉分子形成致密、高度结晶化的不溶解性的淀粉分子微束。淀粉发生老化会使食品失去松软性，同时也会影响淀粉水解。影响淀粉老化的主要因素是温度，但 A_w 对淀粉老化也有很大的影响。在 A_w 较高的情况下（含水量达30%～60%），淀粉老化的速度最快；如果降低 A_w，则淀粉的老化速度就减慢；若含水量降为10%～15%时，则水分基本上以结合水的状态存在，淀粉就不会发生老化。

2. 水分活度对蛋白质变性的影响

因为水分能使多孔蛋白质膨润，暴露出长链中可能氧化的基团，氧就很容易转移到反应位置。所以，A_w 增大会加速蛋白质的氧化作用，破坏蛋白质的高级结构，导致蛋白质变性。蛋白质变性是指蛋白质分子多肽链特有的规律高级结构被改变了，从而使蛋白质的许多性质发生改变。据测定，当水分含量达4%时，蛋白质变性仍能缓慢进行；若水分含量在2%以下，则蛋白质不发生变性。

3. 水分活度对水溶性色素分解的影响

葡萄、草莓、杏等水果的色素是水溶性花青素，水溶性花青素溶于水时是很不稳定的，1～2周后其特有的色泽就会消失，但水溶性花青素在这些水果的干制品中则十分稳定，经过数年贮藏也仅仅是轻微地被分解。

综上所述，A_w 是影响干制食品储藏稳定性的重要因素。降低干制品的 A_w 就可以抑制微生物非酶褐变的变质现象。当食品的 A_w 为其单分子吸附水所对应值时，干制食品将获得最佳的储藏质量。

5.3 食品干制的基本原理

5.3.1 空气干藏原理

干藏介质可以传递能量，带走物料蒸发出来的水分。在食品干藏过程中，常使用的干藏介质有热空气、过热蒸气、惰性气体等。

1. 湿热传递过程

食品干藏的基本过程是食品从外界吸收足够的热量使其所含水分不断向环境中转移，从而导致其含水量不断降低的过程。该过程包括两个基本方面，即热量交换和质量交换，即食品吸收热量逸出水分，因而也称湿热传递过程。食品的湿热传递是食品干藏的基本原理。湿热传递过程与食品的热物理学性质之间的关系是十分密切的，现分述如下。

（1）食品的比热容

食品是成分复杂的混合体，食品中干物质的比热容比水的比热容小，因此，湿食品的比热容取决于食品的含水量，而且食品的比热容与其含水量之间呈线性相关，但食品的含气量等因素也会影响比热容数值。

（2）食品的热导率

食品是一种多相态混合体系，食品的热导率主要取决于它的含水量和温度，因而其在干藏过程中是可变的。随着温度的升高，热导率增大。但随着含水量的降低，热导率将不断地减小，这是因为在水分蒸发后，空气代替水分进入食品中，从而使其导热性变差（图 5-6）。热导率与含水量的关系因食品种类而异。食品的热导率与温度之间大体呈线性相关。

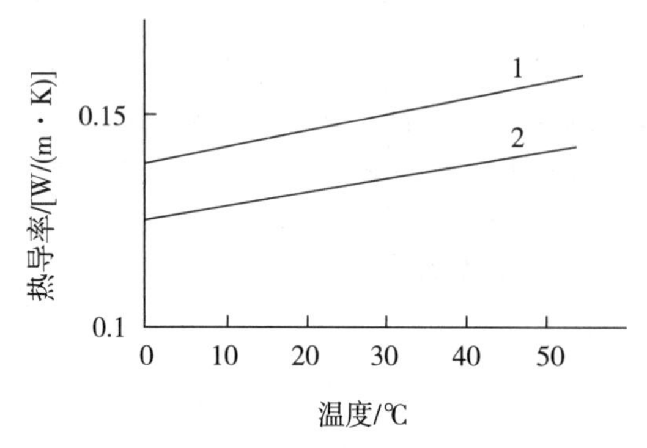

图 5-6　食品的热导率与温度的关系

1—含水量为 40% 的食品；2—含水量为 10% 的食品。

（3）食品的导温系数

导温系数是表示食品加热或冷却快慢的物理量，温度和含水量仍是影响导温系数的主要因素，其中含水量的影响更大。随着温度的升高，食品的导温系数也会增大。小麦的导温系数与含水量之间的关系（图 5-7）表明：在某一含水量下，小麦的导温系数会出现极大值。

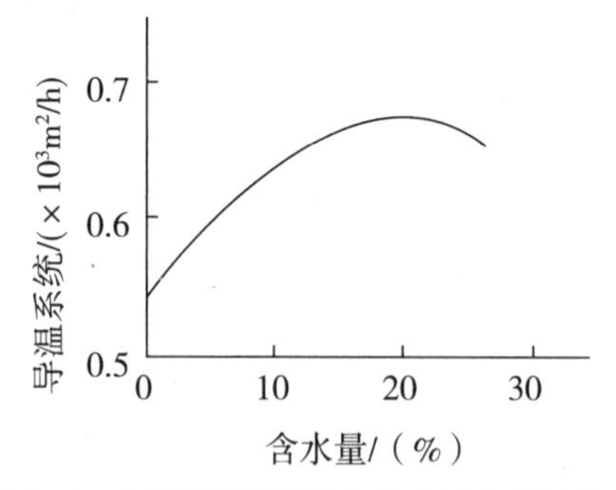

图 5-7　小麦的导温系数与含水量之间的关系

（4）水分扩散系数

水分扩散系数表示待干食品的水分扩散能力，或者说待干食品内部湿度平衡能力的大小，它取决于食品的温度和含水量。根据米纽维奇的研究，水分扩散系数与温度之间的关系说明了大多数食品的水分扩散系数比较小，因此若在干藏之前将它们预热，那么其干藏过程就能加快。

（5）物料的给湿

当干藏介质（如周围空气）处于不饱和状态，食品物料表面水分蒸气压大于干藏介质的蒸气压时，物料表面受热而蒸发水分，而物料表面又被内部向外扩散的水分湿润，此时水分从物料表面向干藏介质（如周围空气）中蒸发扩散的过程称为给湿的过程。湿物料表面水分受热后会被汽化，使水分由含水量高的部位向含水量低的部位移动，即从物料表面向周围介质扩散，物料表面与它内部各区间形成水分梯度，使物料内部水分不断向表面移动，湿物料湿度下降。物料的给湿的动力主要是水分梯度，水分梯度越大，水分内扩散速度就越快。通常水分蒸发只在表面进行，但在复杂的情况下也会在内部进行。因此，物料内部水分可能会以液态或蒸气状态向外扩散、转移。

（6）物料的导湿

给湿过程在物料内部与表层之间形成的水分梯度，促使物料内部水分以液体或蒸气形式向表层迁移，这种在水分梯度作用下水分由内层向表层的扩散过程称为导湿。

（7）导湿温性

在普通加热干藏条件下，物料表面受热高于中心，湿物料受热后形成的温度梯度导致水分由高温向低温处移动，即温度梯度和湿度梯度的方向相反，阻碍了水分由内部向表层的扩散，这种现象称为导湿温性或雷科夫效应。导湿温性是在许多因素影响下产生的复杂现象，如温度升高导致水蒸气压升高，使水分由热层进到冷层；物料内空气因温度升高而膨胀，使毛细管水分顺着热流方向转移；等等。

在食品干藏过程中，有时采取升温、降温、再升温的升温方式，使得物料内部的温度高于表面温度，形成温度梯度，水分借助温度梯度沿热流方向由内向外移动而蒸发。为了使物料的水分由内部顺利地向表面扩散，再由表面蒸发，就必须使水分的内扩散与外扩散之间相互协调和平衡。当水分的内扩散速度大于外扩散速度时，物料干藏速度受水分在表面汽化速度的控制，这种干藏情况称为外扩散控制。可溶性固形物含量高的原料，水分内扩散速度小于外扩散速度，这时内部水分扩散起控制作用，这种情况称为内扩散控制。

在干藏过程中，如果外扩散速度过多地超过内扩散速度，也就是物料表面水分蒸发太快，易形成一层硬壳，从而隔断水分外扩散与内扩散的联系，使内部水分需要更长的时间移动到表面，致使干藏速度延缓，并且这时内部水分含量高、蒸气压力大，使物料易发生开裂现象，从而降低干藏品的品质。

2. 干藏过程的特性

食品干藏过程的特性可由干藏曲线、干藏速率曲线和食品温度曲线的变化反映出来，可由干藏过程中水分含量、干藏速率、食品温度与干藏时间的变化组合在一起全面地表达，如图5-8所示。干藏曲线是食品含水量（绝对水分）与干藏时间的关系曲线。食品绝对水分的计算基础是食品干物质的质量。干藏速率曲线是食品干藏过程中干藏速率（食品绝对水分含量降低的百分率）与干藏时间的关系曲线，反映食品干藏过程中任何时间内水分减少的快慢或速度大小。食品温度曲线是表示干藏过程中食品温度和干藏时间的关系曲线，可反映干藏过程中食品本身温度的高低。

干藏过程可分为两个阶段，即恒速干藏阶段和降速干藏阶段。在两个干藏阶段交界点的水分称为临界水分。

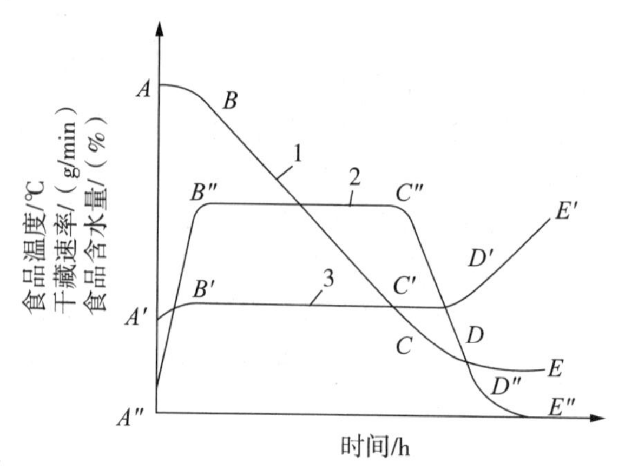

图 5-8 食品干藏过程曲线示意图

1—干藏曲线；2—干藏速率曲线；3—食品温度曲线。

（1）食品干藏曲线

图 5-8 中干藏曲线由 *ABCDE* 组成。当潮湿食品被置于加热的空气中进行干藏时，首先食品被加热，食品表面受热后水分就开始蒸发，但此时水分的下降较缓慢（*AB* 段）；随着温度的传递，食品中的自由水蒸发和内部水分迁移快速进行，水分含量几乎是直线下降（*BC* 段）；当达到较低水分含量（*C* 点）时，水分下降减慢，此时食品中水分主要为多层吸附水，水分的转移和蒸发则相应减少；当水分迁移趋于停止或达到平衡（*DE* 段）时，最终食品的水分含量达到平衡水分，食品的干藏过程停止。

在食品初期加热阶段，食品温度上升到湿球温度的速率非常快，干藏速率会随之增加到最大值。此阶段具有稳定的干藏速率，水分含量以线性方式下降，湿球温度是食品温度的稳定温度。

（2）干藏速率曲线

干藏速率是水分子从食品表面向周围空气散溢的速率。图 5-8 中所示曲线 2 就是典型的干藏速率曲线，由 *A″B″C″D″E″* 组成。

干藏初期，食品被加热，水分开始蒸发，干藏速率逐渐上升，随着热量的传递，干藏速率很快达到最高值（*B″*点），这一时期为干藏过程的初期加热阶段（*A″B″* 段），这个阶段需要的时间特别短。

接着，水分从表面扩散到空气中的速率等于或小于水分从内部转移到表面的速率，干藏速率保持稳定不变，因此这个稳定阶段称为恒速干藏阶段（*B″C″* 段），此阶段是食品干藏的主要阶段。在此阶段，干藏所去除的水分大体相当于食品的非结合水分。这时食品水分按直线规律下降，干藏速度不随干藏时间变化，干藏空气向食品所提供的热量全部用于水分蒸发，食品温度不再升高，维持在湿球温度。

干藏速率曲线达到 *C″*点，即对应于食品第一临界水分（*C*）时，食品表面不再全部为水分润湿，干藏速率开始减慢，由恒速干藏阶段到降速干藏阶段的转折点 *C″*，这个点称为干藏过程的临界点。

跨过临界点后，干藏过程进入降速干藏阶段（*C″D″*段）。该阶段开始气化食品的结合水分，干藏速率随食品含水量的降低，迁移到表面的水分不断减少而使干藏速率逐渐下降。此阶段的干藏机理已被内部水分扩散控制。

当干藏速度下降到 D'' 点时，食品表面水分已全部变干，原来在表面进行的水分气化则全部移入物料内部，气化的水蒸气要穿过干藏的固体层而传递到空气中，阻力增加，食品内部水分转移速率小于食品表面水分蒸发速率，干藏速率降低更快。在这一阶段，干藏速率下降是由食品内部水分转移速率决定的，当干藏达到平衡时，水分的迁移基本停止，干藏速率为零，干藏就停止（E'' 点），食品温度达到干球温度。

（3）食品温度曲线

图 5–8 所示的曲线 3 就是温度曲线，由 $A'B'C'D'E'$ 组成。$A'B'$ 是食品初期加热阶段，温度由室温上升到 B' 点；达到 B' 点时，由于热空气向食品提供的热量全部用于水分蒸发，食品没有被加热，所以温度维持恒定；达到 C' 点时，由于空气对食品传递的热量大于水分气化所需要的热量，因而食品的温度开始上升；当干藏达到平衡时，干藏速率为零，食品温度则和热空气温度相等（E' 点）。

5.3.2　影响干藏作用的因素

在干藏过程中，干藏速度的快慢对干藏品的品质好坏起决定性的作用。当其他条件相同时，干藏得越快，食品越不容易发生不良变化，干藏食品的品质就越好。不管采用何种干藏方法，干藏都涉及两个过程，即将热（能）量传递给食品以及从食品中排走水分。同一操作条件很难同时满足这两个过程所需的条件。加速热与湿（水分）的传递速率、提高干藏速率是干藏的主要目标。影响食品干藏速率的主要因素有食品的组成与结构、食品的表面积以及干藏剂（空气）的状态（湿度、温度、压力、速率等）等。

1. 食品的组成与结构

食品种类不同，所含化学成分及其组织结构不同，即使同一种类、不同品种，会因成分与结构的差异，造成干藏速率不相同。例如：采用相同的干藏方法，河南产的泡枣组织疏松，经 24 h 即可达到干藏；陕西产的疙瘩枣则需 36 h 才达到干藏。由于构成食品的成分以及在干藏过程中变化的复杂性，如食品成分在物料中的位置、作为溶质的浓度、与水的结合力及组织结构特征等都会极大地影响热与水分的传递，从而影响干藏速率及最终食品的品质。

（1）食品成分在物料中的位置

从分子组成角度来看，真正具有均一组成成分结构的食品并不多。不同食品在不同方向上的结构不同，食品的放置方向与水分排出方向适当时，有利于干藏的进行，反之则不利于干藏，这是所谓的成分取向原理。一块肉有肥有瘦，许多纤维性食品都具有方向性，因此正在干藏的一片肉，肥瘦组成不同的部位将有不同的干藏速率，特别是水分的迁移需通过脂肪层时，对干藏速率影响更大。故肉类干藏时，将肉层与热源相对平行，避免水分透过脂肪层，就可获得较快的干藏速率。同样原理也可用到肌肉纤维层。成分取向原理还适用于食品乳浊液，油包水乳浊液的脱水速率慢于水包油型乳浊液。

（2）溶质浓度

溶质的存在，尤其是高糖分食品或低分子量溶质的存在，会提高溶液的沸点，影响水分的气化。因此溶质浓度越高，其维持水分的能力越大，相同条件下的干藏速率越慢。

（3）结合水的状态

随着干藏的进行，残留于水中的溶质浓度不断上升，这是干藏速率变慢的另一个原因，也是造成食品干藏过程中出现降速干藏期的一个原因。与食品结合力较低的结合水分首先蒸发，最易去除；靠物理化学结合力吸附在食品固形物中的水分相对较难去除，如进入胶态凝胶内部（淀粉胶、果胶和其他胶体）的水分去除更缓慢；最难去除的是由化学键形成水化物形式的水分，如葡萄糖单水化物或无机盐水合物。不同食品种类体系中的淀粉、果胶或其他胶类不同，进入胶态凝胶内部的水含量也不同。

（4）细胞结构

细胞结构对失水有很大影响。天然动植物组织具有细胞结构的活性组织，在其细胞内及细胞间维持着一定的水分，具有一定的膨胀压，以保持其组织的饱满与新鲜状态，水分不会外漏或渗出。当动植物死亡后，其细胞膜对水分的可透性加强，水分比较容易从细胞内渗出。尤其受热（如漂烫或烹调）时，细胞蛋白质发生变性，失去对水分的保护作用，水分就更易于渗出细胞。因此，经热处理的果蔬与畜肉、鱼肉的干藏速率要比其新鲜状态快得多。

2. 食品的表面积

因为水分是从食品表面蒸发的，所以食品表面积的大小、食品切分与干藏速率直接相关。传热介质、食品的换热量、水分的蒸发量与食品的表面积成正比，为了加速湿热交换，被干藏的湿食品常被分割成薄片或小条（粒状），再进行干藏。食品切成薄片或小条后，缩短了热量向食品中心传递和水分从食品中心外移的距离，增加了食品与加热介质相互接触的表面积，为食品内水分外逸提供了更多途径及更大的表面，加速了水分蒸发和食品的干藏过程。食品表面积越大，干藏速率越高。如表面粗糙的食品或毛细管多孔性食品，它们的蒸发表面积就会大于几何面积，结果会具有更大的组合系数及水分蒸发强度。正因为如此，几乎所有类型的食品干藏设备都要求所处理的食品具有尽可能大的表面积。

3. 空气的相对湿度

空气常用作干藏介质，依据食品解吸等温线，食品水分能下降的程度是由其周围空气相对湿度所决定的，干藏的食品易吸湿，食品的水分始终要与其周围空气相对湿度处于平衡状态。

空气的相对湿度反映出空气的干燥程度，即空气在食品干藏过程中所能携带水蒸气的能力，以及空气中水蒸气的分压。在温度不变的情况下，相对湿度越低，则空气的湿度饱和压差越大，干藏速率就越快（表 5-3）。第一，当空气为干藏介质时，空气越干燥，能够容纳的水分越多，食品的干藏速率越快。但是，脱水的食品具有吸湿性，如果食品表面的蒸气压低于空气的蒸气压，食品就会吸收空气中的水蒸气，增加食品的水分含量，直至其表面蒸气压与空气的蒸气压互相平衡。此时的空气湿度为平衡相对湿度，食品的水分含量为平衡水分。第二，空气的相对湿度除了能够影响湿热传递的速度以外，还决定了食品的干藏程度。如前所述，在降速干藏阶段，空气温度不宜太高，降低空气相对湿度或可成为一种选择，但需要的时间相对较长，而且干燥空气一般是通过冷凝脱水制备的，需要计算能耗以确定其可行性。

表 5-3　温度为 10℃时，不同相对湿度的空气饱和压差

相对湿度 /（%）	饱和压差 /Pa
100	0
90	122.788
80	245.575
70	368.363
60	491.151
50	613.938

因蒸气压是温度的函数，各种食品在不同温度下对应的相对湿度各不相同，如土豆吸湿等温线（图 5-9）所示，水分含量相同时，温度升高，相对湿度会降低；反之，温度降低，相对湿度就会增大。所以采取升高温度和降低相对湿度都可提高干藏速率。干藏介质的相对湿度不仅与干藏速率有关，而且还决定干藏食品的最终含水量。

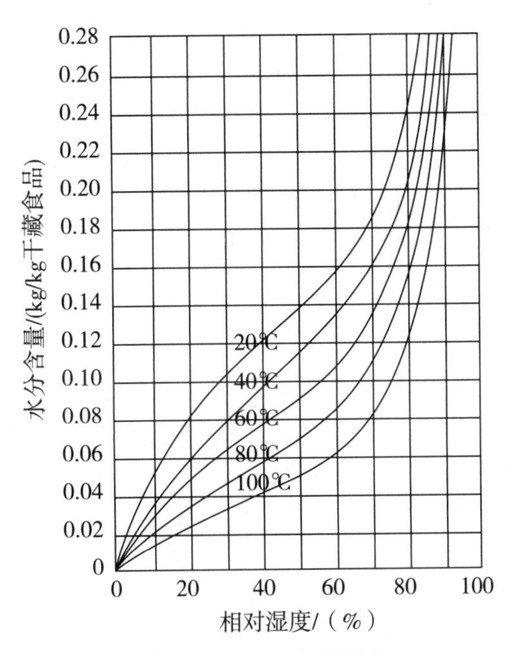

图 5-9　土豆吸湿等温线

4. 干藏介质的温度

在生产中，多用预热空气作为干藏介质。

首先，传热介质和食品内的温差越大，热量向食品传递的速率也越大，水分在食品内部的扩散速度和表面的蒸发速度越快，食品水分外逸速率也加快。

其次，当干藏介质是空气时，空气的温度越高，其饱和蒸气压越高，能够容纳的水分越多，其携湿能力增加。但温度提高将使相对湿度下降，因此在干藏控制时改变其相对应的平衡湿度极为重要。

干藏介质与食品之间的温差越大，热量传入食品的速率越快，水分以气体形式逸出时，将在食品周围形成饱和的蒸汽，若不及时排除，将阻碍食品内水分的进一步外逸，从而降低水分的蒸发速度。因此，以空气为干藏介质时，空气流动的作用较温度更大。

5. 空气流速

加速干藏介质表面空气流速，不仅有利于发挥热空气的高效带湿能力，使对流换热系数增大；还能及时将积累在食品表面附近的饱和湿空气带走，增加干藏介质与食品进行湿热交换的速率，及时驱除食品表面的蒸气，防止在食品表面形成饱和空气层，以免阻止食品内水分的进一步蒸发，从而能显著地加快食品的干藏速率；同时与食品表面接触的热空气增加，有利于进一步传热，加速食品内部水分的蒸发，因此，空气速率越快，食品干藏也越迅速。由于食品脱水干藏过程有恒速阶段与降速阶段，为了保证食品的品质，空气流速与空气温度在食品干藏过程要互相调节控制，才能发挥更大的作用。据测定，在食用菌的干藏过程中，风速在 3 m/s 以下，水分蒸发速度与风速大体呈正比例关系。

6. 气压或真空度

当大气压达 101.3 kPa 时，水的沸点为 100℃；当大气压达 19.9 kPa 时，水的沸点为 60℃。可见水的沸点反比于大气压。干藏温度不变，气压降低，则沸点更低，在真空室内加热，食品干藏就可以在较低的温度条件下进行。在相同的温度下，提高干藏室的气压相当于增加了食品与空气之间的温差，如在真空条件下采用 100℃干藏，则可加速食品内部水分的蒸发速度，使干藏品具有疏松的结构。热敏食品脱水干藏时，低温真空条件和缩短干藏时间对食品品质的保证具有极为重要的作用。麦乳精就是在真空室内用较高温度（加热板加热）干藏的质地疏松的制品。

7. 食品干藏温度

水分从食品表面蒸发，水分由液态转化成气态时吸收相变热，会引起食品表面变冷，即温度下降。食品的进一步干藏需供给热量，热量来自热空气或加热面，也可来自热的食品。如用热空气加热，不管干藏空气或加热面上方空气温度多高，只要有水分蒸发，块片状或悬滴状食品的温度实际上不会高于空气的湿球温度。

在喷雾干藏塔中，进口处的热空气可能达到 204℃，干藏塔内的空气温度也可达 121℃，但食品干藏时的温度一般不会超过 71℃。随着食品水分降低、蒸发速度减慢时，食品温度随之升高。当食品中的自由水分全蒸发后，食品的温度全升高至与进口处的热空气一样的温度（204℃），如果干藏塔内没有其他热损失时，出口处的空气温度也接近 204℃。

对于热敏食品的脱水干藏，低温加热与缩短干藏时间对食品的品质极为重要，通常在食品尚未达到高温之前，就要使它们及时从高温干藏塔内取出，或者设计一种设备，使食品仅仅在极短的时间内接触高温。

虽然食品中大部分微生物在某些干藏操作（高温）中可以被杀灭，但多数细菌孢子并未被杀灭。除非预先对食品进行预热杀菌，否则从干藏塔出来的干藏食品并非无菌。在决定食品干藏方法时，会较多地考虑采用较温和的干藏方法，以保证食品具有高品质和优良风味。例如，冷冻干藏相对来说被杀死的微生物较少，而且深度冷冻就是一种保持微生物活力的方法。一些酶类在食品干藏过程可能依然具有活力（取决于干藏条件），因此干藏品的卫生要引起重视，并在工艺过程中加以控制。

多数干藏采用的高温短时方法比低温长时方法对食品的破坏性更小。在热干藏中，对热敏食品，常要求既要最大可能提高干藏速率又要保持食品的高品质，因此，两个要求必须合理。

8. 食品的装载量

食品在干藏过程中的装载量要以不妨碍空气流通、便于热量传递和水分蒸发为原则。食品的装载量与厚度，对干藏速率有很大影响，若食品的装载量多、厚度大，则不利于空气流通和水分蒸发。干藏过程中可随着食品体积的变化，调整食品的厚度。

5.4　食品干制过程中的主要变化

食品在干制过程中发生的变化可归纳为物理变化和化学变化。

5.4.1　物理变化

食品干制常出现的物理变化有体积减小、质量减轻，溶质迁移，干缩和干裂，表面硬化，热塑性，疏松度 / 多孔性，透明度，质构改变，挥发性物质的损失，水分分布不均。

1. 体积减小、质量减轻

体积减小、质量减轻是食品干燥之后发生的最明显的变化。一般水分含量是按湿重所占百分数来表示。但在干燥过程中，食品的质量及含水量均在变化，用湿重百分数不能说明干燥速率。为了了解干燥过程中水分减少的情况，宜采用水分率表示，水分率就是指 1 份干物质所含水分的份数。在果蔬干制中，用干燥率表示原料与成品间的比例关系。干燥率是指生产一份干制品与所用的新鲜原料份数的比例。例如，果品干燥后体积为原料的 20%～30%，质量为原料的 6%～20%；蔬菜干燥之后体积为原料的 10% 左右，质量为原料的 5%～10%。但体积和质量的变化，却利于包装和运输。

因为食品的种类、品种及干制品的含水量不同，导致干制前后质量的差异很大，用干燥率来表示食品与干制品之间的比例关系，也可用百分率表示。几种常见水果、蔬菜的干燥率见表 5-4。

总之，食品在干制过程中的各种各样变化，都是由于干制工艺条件和环境条件的不同，导致其变化在程度上会有比较大的不同。所以研究食品在干制过程中各方面的变化，对于选择干制方法与干制工艺条件具有重要意义。

表 5-4　几种常见水果、蔬菜的干燥率

名称	干燥率	名称	干燥率
洋葱	12～16 : 1	黄花菜	5～8 : 1
杏	4～7.5 : 1	菠菜	16～20 : 1
梨	4～8 : 1	柿子	3.5～4.5 : 1

续表

名称	干燥率	名称	干燥率
桃	3.5～7：1	枣	3～4：1
李子	2.5～3.5：1	甘蓝	14～20：1
苹果	6～8：1	香蕉	7～12：1
荔枝	3.5～4：1	胡萝卜	10～16：1
甜菜	12～14：1	番茄	18～20：1
马铃薯	5～7：1	菜豆	8～12：1
南瓜	14～16：1	辣椒	3～6：1

2. 溶质迁移

食品在干制过程中，其内部除了水分会向表层迁移外，溶解在水中的溶质也会迁移。食品干制时表层收缩使内层受到压缩，组织中的液态成分穿过空穴、裂缝和毛细管向表层移动，溶液到达表面后，水分即气化逸出，表层溶液的浓度逐步增加。因此干制品内部通常存在可溶物质分布不均匀，越接近表面，溶质越多的现象。当表层溶液的浓度逐渐增加，内层溶液的浓度仍未变化，于是在浓度差的推动下表层溶液中的溶质便向内层扩散，因此，在干燥中出现了两股方向相反的溶质迁移。一股是由于食品干燥时表层收缩使内层受到压缩，组织中的溶液穿过空穴、裂缝和毛细管向表层移动，移动到表层的溶液蒸发后，浓度逐渐增大。另一股是在表层与内层溶液浓度差的作用下出现的溶质由表层向内层扩散。前者使食品内部的溶质分布不均匀，后者则使溶质分布均匀化。干制品内部溶质的分布是否均匀，最终取决于干制的工艺条件，如干制速度。只要工艺条件控制适当，就可使干制品溶质分布均匀。

3. 干缩

细胞结构具有一定的弹性和硬度，即使细胞死亡，也不能完全消除。当应力超过细胞弹性限度时，就会发生细胞结构损伤，但是应力消失之后，无法恢复细胞的原有形态，如此细胞就发生了干缩。干缩是食品失去弹性时出现的一种变化，也是食品干燥时最常见的、最显著的变化之一。

弹性完好并呈现饱满状态的食品在均匀而缓慢地失水时，食品将随着水分消失均衡地线性干缩，即食品大小（长度、面积和体积）均匀地按比例缩小。均匀干缩在脱水处理的食品中是难以见到的，因为食品常常并不呈极好的弹性，而且在干燥时整个食品体系的水分散失也不是均匀的，故食品干燥时均匀干缩极为少见。为此，食品不同，它们在脱水过程中表现出不同的干缩方式。脱水干燥时，胡萝卜丁的形态变化示意图如图 5-10 所示。图 5-10（a）为干燥前的原始形态。图 5-10（b）为干燥初期的形态，胡萝卜丁的边缘和角落部位的内陷使块状食品逐渐变得圆滑。图 5-10（c）为干燥后的状态，胡萝卜丁继续脱水干燥时，水分排出向内层发展，最后至中心处，干缩不断向中心进展，最终形成凹面状的干胡萝卜丁。

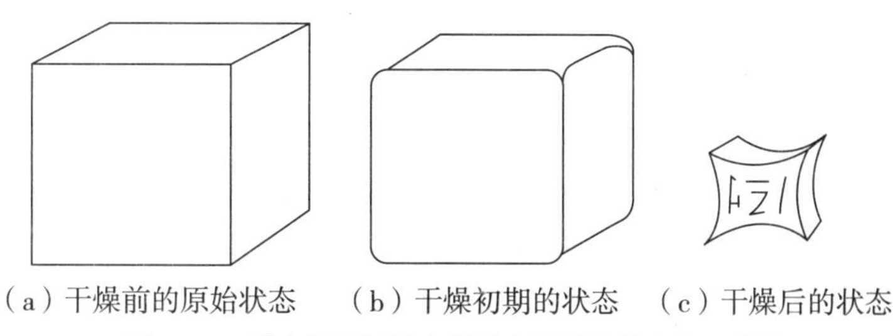

（a）干燥前的原始状态　（b）干燥初期的状态　（c）干燥后的状态

图 5-10　脱水干燥过程中胡萝卜丁形态的变化示意图

完全干燥的胡萝卜剖面就是极度干缩情况的表现。完全干燥的胡萝卜的内部呈均匀稠密状，这种状态只有通过从外向内缓慢均匀地干燥收缩才能完成。食品在高温和热烫后进行干燥时，食品表层早在中心干燥前就已干硬，其后中心干燥和收缩时就会脱离干硬膜而出现内裂、孔隙和蜂窝状结构，此时干制品的密度较低，表面干硬膜并不会出现凹面状态。快速干制的马铃薯丁具有轻度内凹的干硬表面、较多的内裂纹和气孔，而缓慢干制的马铃薯丁则有深度内凹的干硬表面和较高的密度。两种干制品重量虽然相同，但前者容重为后者的一半。

密度低（即质地疏松）干制品容易吸水，复原迅速，与食品原状相似，具有较好的外观，但它的包装和贮藏费用较大，内部多孔易被氧化，以致储藏期较短。高密度干制品复原缓慢，但包装和贮藏费用较小。

4. 表面硬化

表面硬化是食品干燥过程中出现的与收缩和密封有关的一个特殊现象。干燥时，如果食品表面温度很高，干燥不均匀，就会在食品内部的绝大部分水分还来不及迁移到表面时，表面已快速形成了一层干燥薄膜或干硬膜（硬壳），即发生了表面硬化。这一层渗透性极差的硬壳阻碍了大部分仍处于食品内部的水分进一步向表面迁移而封闭在食品内，因此食物的干燥速率急剧下降。当中心干燥收缩时，中心会与干硬的表面发生脱离并导致内部裂纹、孔隙和蜂窝状结构等现象的出现。这种干燥模式的不同影响干燥食品的密度，即单位体积食品的质量。

在某些食品中，尤其是一些含有高浓度糖分和可溶性物质的食品干燥时最易出现表面硬化现象。在由细胞构成的食品内，有些水分常以分子扩散方式流经细胞膜或细胞壁，到达表面后再以蒸气分子向外扩散，让溶质残留下来；块片状和浆质态食品内还常存在大小不一的气孔、裂缝和微孔，小的可细到和毛细管相近，食品内的水分经微孔、裂缝或微孔扩散，其中有不少能上升到食品表面蒸发掉，以致它的溶质残留在表面。干燥初期，某些水果表面堆积有含糖的黏质渗出物，堆积在食品表面的这些物质就会将干燥时正在收缩的微孔和裂缝堵塞，在收缩和溶质堵塞的双重作用下出现了表面硬化，此时若降低食品表面温度使食品缓慢干燥，或适当“回软”再干燥，通常就能延缓表面硬化。

5. 热塑性

许多食物是热塑性的，即受热时会变软甚至有流动性，而冷却时变硬，具有玻璃体的性质。植物和动物组织类的食品既使处在干燥温度下仍然具有结构和一定的刚性。然而，水果汁和蔬菜汁一类食品的质构特征是一种无定形物质，类似玻璃体，缺乏晶体所特有的特点，而且含有高浓度的糖分以及其他在干燥温度下会软化和熔化的物质，具有流体的特征，随着温度的下降，黏度增大，食品呈塑性。例如，橙汁或糖浆在平锅或输送带上干燥时，水分虽已全部蒸发，残留固体物质却仍像保持水分那样呈热塑性黏质状态，黏结在输送带上难以取下，而冷却时它会硬化成结晶体或无定形玻璃体而脆化，此时就便于取下，因此，大多数输送带式干燥设备内常设有冷却区。

6. 疏松度/多孔性

许多干燥工艺或者在干燥前对食品的预处理都旨在增加食品结构的疏松度，借此改善传质效果并达到提高干燥速率的目的。但是在某些情况下，尽管潜在的传质速度由于结构膨松而增大了，但是干燥速率却并没有提高。多孔海绵状结构属于优良的绝缘体并且会降低热向食品内部的传递速度。在特定的食品和干燥系统中，疏松的结构是否有利于干燥过程，取决于这种疏松度的变化是对传热的影响大还是对传质的影响大。

在干燥过程中促使食品内部产生蒸气压可造成制品的多孔结构，外逸的蒸气有膨化食品的作用，例如膨化马铃薯正是利用外逸的蒸气促使它膨化。添加稳定性能较好的发泡剂并经搅打发泡可形成稳定泡沫状的液体或浆质体，经干燥后也能成为多孔性干制品。此外，如果干燥前对液态或浆状食品搅打或采用其他发泡处理形成稳定且在干燥过程中不会破裂的泡沫，干燥后食品就会呈现多孔结构。在真空干燥设备中通过使水蒸气快速逃逸到真空环境里，或是其他的一些方法都可以促成多孔结构的产生。除了对干燥速率的影响外，食品多孔结构产生或维持这种结构的处理过程还会由于食品内部大量空隙的存在而给食品带来许多其他的影响。膨松结构的食品具有易溶解、复水快和外观体积大的优点。然而，膨松结构的食品具有堆积体积大和储藏稳定性差的缺点，造成后者的原因是其暴露于空气、光以及其他因素中的表面积增大。

慢速干燥所得到的食品则凹陷较为明显且结构比较紧实，快速干燥所获得的食品具有刚性、不明显的凹面和较多的内部收缩、空气孔隙。这两类干制品各具优缺点。

快速干燥获得的结构松散食品易于吸水、复水快、感观效果好，复水后与未脱水原料更为相近，从心理上也更容易被消费者接受（消费者总认为产品的体积越大，质量就越多，虽然它们的质量是一样的）。但是从另一方面来看，结构松散的食品在包装、运输和贮藏方面的花费比较大，而且由于较多孔隙的存在，它可能更容易被氧化，贮藏寿命相对较短。

对食品制造商来说，购买脱水配料的目的是进一步加工食品，而且食品厂需拥有复水和混合设备，所以他们更倾向于购买结构较为紧实的食品。

7. 透明度

在干燥过程中，食品受热会将细胞间隙中的空气排出，使干制品呈半透明状态。空气越少，干制品越透明，品质也就越高。因为透明度高的干制品不仅外观好，而且由于空气含量少，可减少氧化作用，使干制品耐贮藏。

8. 质构改变

由于食品成分的差异以及它们在干燥过程中受热程度、干燥速率不同，发生的物理、化学变化不同，干制品的质构发生了不同程度的变化。干燥时，食品的水分被去除，由于热及盐分的浓缩作用，很容易引起蛋白质变性，变性的蛋白质不能完全吸收水分；淀粉及多数胶体也发生变化而亲水性下降。

9. 挥发性物质的损失

从食品中逸出的水蒸气总是夹带着微量的各种挥发性物质，使食品特有的风味受到不可恢复的损失。虽然香气回收技术已经有了很大进步，但香气完全复原是很难做到的。

10. 水分分布不均

食品干燥过程是食品表面水分不断气化、内部水分不断向表面迁移的过程。推动水分迁移的主要动力是食品内外的水分梯度。从食品中心到食品表面，水分含量逐步降低，这个状态到干燥结束始终存在。因此，干制品中水分的分布是不均匀的。

5.4.2 化学变化

食品干燥除发生物理变化外，同时还会发生一系列化学变化，这些变化对干制品及其复水后的品质，如色泽、风味、营养价值、质地、黏度、复水率和贮藏期会产生影响。这种变化还因各种食品而异，有它自己的特点，不过其变化的程度却常随食品成分和干燥方法而有差别。脱水干燥后，食品失去水分，故每单位质量干制品中营养成分的含量反而增加。若将水干制品和新鲜食品相比较，则和其他食品保藏方法一样，它的品质总是不如新鲜食品。

1. 糖分的变化

糖类含量较多的食品在加热时糖分极易分解和焦化，特别是葡萄糖和果糖，经高温长时间干燥易发生大量损失。

果蔬含有较丰富的碳水化合物，而蛋白质和脂肪的含量却极少。果蔬含有的主要糖分是葡萄糖、果糖和蔗糖。果糖和葡萄糖均不稳定，易于分解。一般来说，糖分的损失随温度的升高和时间的延长而增加，高温加热糖类含量较高的食品极易焦化，而缓慢晒干过程中初期的呼吸作用会导致糖分分解。还原糖还会和氨基酸发生美拉德反应而产生褐变，要用二氧化硫处理果蔬组织才能有效地加以控制。因此，碳水化合物的变化会引起果蔬变质和成分损失。动物组织内碳水化合物含量低，除乳、蛋制品外，碳水化合物的变化并不会造成主要的食品问题，干制时间越长，糖分损失越多，干制品的品质就越差。

2. 脂肪的变化

食品中的脂肪在干燥的过程中极易被氧化，因为干燥会使食品的形态结构发生变化。经研究发现，脂肪的氧化速度受到干制品种类、温度、相对湿度、氧的分压，紫外线、金属离子，脂肪的不饱和度、血红素，等因素的影响。一般情况下，含脂量越高且不饱和度越高、储藏温度越高、氧分压越高、与紫外线接触时间越长、金属离子（铁、铜等）和血红素含量越高、脂肪的氧化越快。此外，相对湿度对脂肪的氧化也有影响。

应采取适当措施防止脂肪氧化，这些措施包括降低储藏温度、采用适当的相对湿度、真空包装、使用脂溶性抗氧化剂等。通常情况下，高温常压干燥比低温真空干燥引起的脂肪氧化现象严重得多。为了抑制脂肪氧化，常常在食品干燥前添加脂溶性抗氧化剂。目前常用的油脂食品的脂溶性抗氧化剂有丁基羟基茴香醚和二丁基羟基甲苯等，它们通过释放氢原子阻断油脂自动氧化过程，从而抑制食品氧化，但它们属于人工合成抗氧化剂，具有一定的副作用，所以国家标准规定最大使用量为0.2 g/kg。

3. 蛋白质的变化

干燥过程中，在热的作用下，维持蛋白质分子空间结构稳定的氢键、二硫键等被破坏，改变了蛋白质分子的空间结构。脱水使组织中溶液的含量增大，蛋白质因盐析而变性。氨基酸参与美拉德反应或与脂肪的自动氧化反应会导致蛋白质变性，分解出硫化物，使干制品复水性较差、颜色变深。食品在储藏过程中由赖氨酸酶的损失引起的蛋白质营养价值的下降主要因为肽链中的 α－氨基在较高的水分活度下比较脆弱。

蛋白质在干燥过程中的变性速度取决于温度、时间和水分活度等因素。温度越高，氨基酸和蛋白质的变性速度越快。干燥前期蛋白质变性速度慢于干燥后期。含水量越低，蛋白质变性速度越慢。脂肪对蛋白质有一定保护作用，但脂肪的氧化产物却促进蛋白质变性。

4. 维生素的变化

干燥过程会造成部分水溶性维生素被氧化，维生素损耗程度取决于干燥前食品预处理条件、选用的脱水干燥方法和条件，如酶钝化和预煮会使其含量下降。加工时未经酶钝化的蔬菜中胡萝卜素损耗可达80%，用最好的干燥方法其损耗可下降到5%。预煮处理时蔬菜中硫胺素的损耗达15%，而未经预处理其损耗可达75%。

（1）维生素C（抗坏血酸）

维生素C既对热不稳定又易氧化，故它在干燥过程中会损耗。维生素C的破坏程度除与干燥环境中的氧含量、温度、抗坏血酸酶含量及活性大小有关。氧化与高温共同影响，常可使维生素C全部破坏；但在缺氧加热的条件下，则可以使维生素C免遭破坏。阳光照射和碱性环境中易使维生素C遭到破坏，但在避光、缺氧、酸性溶液或者在含量较高的糖溶液中维生素C较稳定。水果晒干时维生素C损耗极大，但升华干燥却能将维生素C和其他营养素大量保存下来。蔬菜中的维生素C在缓慢晒干过程中会损耗掉。维生素C在迅速干燥时的保存量大于缓慢干燥。牛乳干燥时维生素C也有损耗。若选用冻干法，维生素C的损耗极少，与原料乳的含量大致相同。

（2）硫胺素

硫胺素对热敏感，故硫熏及干燥处理时其常会有所损耗。预煮处理时，蔬菜中硫胺素损耗达15%，而未经预处理其损耗可达75%。通常干燥肉类中硫胺素会有损耗，高温干制损耗较大。

（3）核黄素

核黄素对光敏感，无论是太阳光还是荧光都能将其破坏。乳制品中核黄素的损耗与硫胺素的损耗情况大致相同。肉类中核黄素损耗较少。

（4）胡萝卜素

胡萝卜素长期在光、氧气、高温和碱性环境中易被破坏、易氧化而遭受损耗，在日晒加工时损耗极大，在喷雾干燥时则损耗极少。

（5）维生素 A

乳制品中维生素 A 含量取决于原乳内的含量及其在加工中可能保存的量。滚筒干燥或喷雾干燥能较好地保存维生素 A。

（6）维生素 D

干燥导致维生素 D 大量损耗，所以乳制品需强化维生素 D。

乳制品中维生素 D 含量取决于原乳中的含量及其加工条件。如饲养奶牛的饲料中维生素 D 含量越高，乳制品中维生素 D 的含量就越高。传统的平锅干燥的奶粉，维生素 D 损耗大。采用喷雾干燥和滚筒干燥的奶粉，维生素 D 的损耗相对较少。

5. 挥发性香味组分损失

食品失去部分挥发性香味组分是脱水干燥时常见的一种现象，而采用优良的干燥工艺技术可以使损耗很小。当牛奶失去极微量的低级脂肪酸，特别是硫化甲基，虽然它的含量仅亿分之一，但却可使奶制品失去鲜味。一般处理牛奶时所用的温度即使不高，蛋白质仍然会分解并有挥发硫放出。如奶油中的脂肪有 δ－内酯形成时就会产生像太妃糖那样的香味，这种香味物质也存在于乳粉中。

脱水干燥过程中完全避免香味成分的损耗是不可能的，解决的有效办法是从干燥设备中回收或冷凝外逸的蒸气，即截留并凝缩挥发的香味成分，再加回到干制品中，减少香味成分的损耗，以便尽可能保存它的原有风味。此外，可以向干制品中添加香精或风味制剂；或者对于某些液态食品，可在干燥前加入大分子胶和其他物质将风味物微胶囊化。这些都可以防止或减少香味成分损耗。

6. 色泽变化

新鲜食品的色泽一般都比较鲜艳，干燥会改变其物理和化学性质，使干制品反射、散射、吸收和传递可见光的能力发生变化，从而改变了食品的色泽。这些变化包括果蔬中色素物质的变化，褐变引起的颜色变化，透明度的改变，等等。

干燥过程中的温度越高、处理时间越长，色素变化量就越多。高等植物中存在的天然绿色是叶绿素 a 和叶绿素 b 的混合物。叶绿素呈现绿色的能力和色素分子中的镁有关。湿热条件下，叶绿素将失去镁原子而转化成脱镁叶绿素，使植物呈橄榄绿，不再呈草绿色。微碱性条件能控制镁的转移，但难以改善食品的其他品质。花青素在干制过程中氧化后呈褐色，与铁、铝等离子结合后，形成青紫色络合物。硫处理会使花青素褪色而漂白。

干制品的褐变一般包括酶促褐变和非酶促褐变。

酶促褐变是因为氧化酶未能彻底失活，多酚类（单宁物质、绿原酸等）以及其他敏感化合物（酪氨酸）的酶促氧化。植物组织受损伤后，组织内氧化酶活性能将多酚或其他物质如鞣质（单宁）、酪氨酸等氧化成有色色素。这种酶促褐变会给干制品的品质带来不良后果。为此，用硫处理、预煮等方法可以进行酶钝化处理。酶钝化处理应在干燥前进行，因为干燥过程物料的受热温度常常不足以破坏酶的活性，而且热空气还具有加速褐变的作用。

干制品的非酶促褐变主要是因为糖分焦糖化、美拉德反应以及脂质氧化产物与蛋白质的反应。非酶促褐变是温度过高导致糖类焦糖化或美拉德褐变反应，即还原糖的醛基和蛋白质或氨基酸的氨基之间反应产生褐变产物，这是食品脱水中一个相当重要的问题。美拉德反应中糖分首先分解成各种碳基中间物，而后再聚合反应生成褐色聚合物。脂质氧化产物与蛋白质反应为氨基酸和还原糖的相互反应，常出现于水果脱水干制过程。非酶促褐变受温度、水分含量、pH、脂质氧化等因素的影响。食品脱水干制时高温和残余水分中的反应物质浓度对美拉德反应有促进作用。水果硫熏处理可以延缓美拉德反应，糖分中醛基和二氧化硫反应形成磺酸，能防止褐色聚合物的形成。在食品干燥过程中，当水分含量被降低到 15%～20% 时，非酶促褐变进行得最迅速；随着水分含量进一步降低，非酶促褐变的速度反而减低；当干制品水分含量低于 1% 时，非酶促褐变可减慢到甚至于长期贮存时也难以觉察的程度；水分含量在 30% 以上时，非酶促褐变的速度随水分增加而减缓。低温贮藏有利于减缓褐变反应速度。一般来说，在设计干燥系统或加热方案时，总是力图让脱水过程快速通过水分含量为 15%～20% 的区域，以减少在这个条件下发生褐变反应的时间。真空干燥可有效改善这一问题，改变干制品的品质。另外干燥时间也非常重要，将热敏感的食品置于 90℃下几秒钟，食品不会发生明显的褐变反应，但是将其置于 16℃下 8～10 h 就会发生明显的褐变反应。

5.5 干制品的品质与贮藏

5.5.1 干制品的干燥比

干燥比（$R_{干}$）是食品干燥前后质量比。

$$R_{干} = \frac{G_{原}}{G_{干}}$$

其中，$G_{原}$为食品干燥前的新鲜原料的质量；$G_{干}$为食品干燥后的质量。

食品含水量一般是按照湿重计算的。但在食品干制过程中，食品的干物质的质量基本不变，而水分却在不断变化。为了正确掌握食品中水分的变化情况，也可以按干物质的质量计算水分含量。

5.5.2 干制品的复原性和复水性

蔬菜类干制品一般在复水（重新吸收水分）之后食用，其口感、多汁性及凝胶形成能力等组织特性均与新鲜原料存在差异。干制品复水后恢复到原来状态的新鲜程度是衡量干制品品质的重要指标。

干制品的复原性就是干制品重新吸收水分后，在质量、大小、形状、颜色、风味、质地、成分、结构以及其他可见因素等方面恢复原来新鲜状态的程度。在这些衡量品质的因素中，有些可用定量化衡量，有些只能用定性方法来表示。

干制品的复水性一般用干制品吸水增重的程度来表示，在一定程度上是食品干制过程中某些品质变化的反映。为此，干制品复水性成为反映干制品品质的重要指标。因为在食品干燥的过程中发生的某些变化是不可逆的，所以，干制品复水的过程不是食品干制过程的简单反复。

1. 复水性的表示方法

为了研究和测定干制品的复水性，国外曾制定过脱水蔬菜复水性的标准试验。复水试验主要是测定复水试样的沥干重，按照预先制定的标准方法，特别是在严密控制温度和时间的条件下，用浸水或沸煮方法让定量干制品在过量水中复水，用水量可随干制品干燥比而变化，但干制品应始终浸没在水中，复水的干制品沥干后就可称取它的沥干重或净重。但这个方法重复测得的经长时间的浸水或沸煮后最高的吸水量和吸水率常会出现较大的差异。为了保证所得数据的可靠性和可比较性，复水试验应根据试验对象和具体情况预先标准化，操作时应严格遵守规定。

（1）复水比（$R_{复}$）

复水比（$R_{复}$）简单来说就是复水后沥干重（$G_{复}$）和干制品试样重（$G_{干}$）的比值。复水时干制品常会有一部分糖分和可溶性物质流失而失重。这些物质的流失量虽然并不少，一般都不再予以考虑，否则就需要进行广泛的试验和仔细地进行复杂的质量平衡计算。

$$R_{复}=\frac{G_{复}}{G_{干}}$$

（2）复重系数（$K_{复}$）

复重系数（$K_{复}$）就是同样干制品试样量复水后制品的沥干量（$G_{原}$）和干制前的相应原料重（$G_{原}$）的百分比。

$$K_{复}=\frac{G_{复}}{G_{原}}\times 100\%$$

$$K_{复}=\frac{G_{复}(1-W_{原})}{G_{干}(1-W_{干})}\times 100\%$$

干制品的耐藏性主要取决于干制后食品的含水量（$W_{干}$）。食品含水量（$W_{原}$）一般是按照湿重计算的，在食品干制过程中，食品的干物质质量基本不变，而水分质量却在不断变化。为了准确掌握食品中水分质量的变化情况，可以按干物质质量计算水分百分含量。

复重系数（$K_{复}$）也是干制品复水比和干燥比的比值。

$$K_{复}=\frac{R_{复}}{R_{干}}=\frac{\frac{G_{复}}{G_{干}}}{\frac{G_{原}}{G_{干}}}\times 100\%$$

由于 $R_{复}$ 总是小于或等于 $R_{干}$，因此 $K_{复}\leqslant 1$。$K_{复}$ 越接近 1，表明干制品在干制过程中所受损耗越轻、质量越好。

方便面的复水性主要与原料成分和加工方法有关，表 5-5 为鱼糜的含量对鱼糜方便面复水性及品质的影响。

表 5-5　鱼糜的含量对鱼糜方便面复水性及品质的影响

鱼糜含量 /（%）	复水时间 /min	口感及断条情况	鱼糜含量 /（%）	复水时间 /min	口感及断条情况
0	3～4	咬劲不足，偏软，断条少	10	8～10	口感硬，柔软性很差，断条较多

续表

鱼糜含量 /（%）	复水时间 /min	口感及断条情况	鱼糜含量 /（%）	复水时间 /min	口感及断条情况
5	4～6	有咬劲，柔软性不够，断条较少	15	>10	口感僵硬，断条多
8	6～8	口感较硬，柔软性差，断条较多	20	>10	口感僵硬，断条多

食品干制过程中常会发生不可逆变化（如化学反应、蛋白质的变性、淀粉糊化等）造成食品难以完全复原。故在选用和控制干制工艺时，尽可能减少不必要的物理、化学变化造成的损害。目前已有不少提高脱水果蔬快速复水的预处理或中间处理方法，即所谓的速化复水处理，主要有挤压法、刺孔法、剪压法、糊精法等。如冷冻干制品复水迅速，基本上能恢复原来物料状态和性质，品质高。

2. 复水性的影响因素

（1）非可逆变化

布鲁克斯（1958 年）证实喷雾干燥和冷冻干燥后鸡蛋特性的变化和蛋白质不可逆变化的程度有密切的关系。和鲜肉相比，复水后的肉类干制品汁少且碎渣多，所以肉类干制品复水后不可能 100% 地恢复。

胡萝卜干制时的温度为 93℃，它的复水速率和最高复水量就会下降，而且高温下干燥时间越长，复水性就越差。

将在热风温度为 60～70℃所得的苹果及芹菜的干制品进行复水试验，结果表明干燥时的表面积越大，其干制品的复水比就越小，复水性也就越差；反之，表面积越小，其干制品的复水比就越大，复水性就越好。随着复水时间的延长，表面积对芹菜复水性的影响更加明显。当复水时间为 50 min 时，横切和纵切条件下干制的芹菜，其复水比为 3.12 和 4.46；当复水时间为 100 min 时，横切和纵切条件下的干制芹菜的复水比为 4.23 和 5.85。因此，横切得到的制品，其质感硬、复水性差，且复水后的制品颜色较浅、味淡、口感的韧性较大。

干燥食品发生物理收缩、细胞和毛细管畸变，化学变化或者是在胶体水平上的物理、化学变化。加热以及水分散失导致的盐浓缩效应使蛋白质部分变性，而部分变性的蛋白质不能再吸收和结合水分子，同时还会破坏细胞壁的渗透性。淀粉和大分子胶类在热力的影响下发生变化使其自身的亲水性下降。细胞受损伤如干裂和起皱后，在复水时就会因糖分和盐分从被破坏了的细胞里逃逸到了用来使食品复水的水中，使食品失去饱满感。正是这些变化，降低了干制品的持水力，增加了组织纤维的韧性，导致干制品复水性变差，同时也改变了食品的质地，复水后的食品口感较为老韧、缺乏汁液。

（2）干制工艺和方法

干制过程中食品组织特性的变化主要取决于干燥方法。常压空气干燥法干燥的鳕鱼肉复水后组织呈黏着而紧密的结构，仅有较少的纤维空隙且分布不均匀，其组织特性与鲜鳕鱼肉的组织特性相差甚大，复水速度极慢且程度较小，故口感干硬，如嚼橡胶，凝胶形成能力基本丧失。真空干燥法干燥的鳕鱼肉复水后，纤维的聚集程度较常压干燥法的鳕鱼肉低，且纤维间的空隙较大。因此，其组织特性要优于常压空气干燥法。而采用真空冻干法干燥的鳕鱼肉在复水后，基本保持了干燥前所形成的组织结构。与鲜鳕鱼肉的组织结构相比较，真空冻干法干燥的鳕鱼肉的组织纤维排列更紧密，纤维间的空隙更大些，但两者的差别并不十分明显。因此，真空冻干法干燥的鳕鱼肉的复水速度快而且程度高，口感较柔软多汁且有一定的凝胶形成能力。

不同的干燥方法，食品的复水性差别会很大。在相同时间下，大多数脱水蔬菜在不同干燥机内的复水比为：微波真空干燥 > 真空干燥 > 微波干燥 > 热风干燥，这是由于热风干燥时的温度较高，糖分、变性的蛋白质等水溶性成分随水分向外迁移，容易导致食品表面结壳，所以复水性差；而微波干燥时的局部温度过高，蛋白质也会发生变性；真空干燥时的温度低，蛋白质变性小，但长时间干燥，组织细胞内的一些生物化学反应仍在进行，导致细胞组织结构变化；在原料中水分含量大时，采用微波干燥可去除大量水分，同时，由于水分含量高，不至于引起温度过高，当大部分水分失去后，再采用真空干燥，干燥时间短，同时细胞内水分含量少，生物化学反应弱，不致导致组织特性的变化。

冷冻干制品的复水迅速，基本上能恢复干制前的一些物理性质，因而冷冻干燥法已成为干燥技术重要进展的一个标志。由于冷冻干燥后的蔬菜形态成多孔状，水分能够很快渗透到蔬菜中，干燥后的蔬菜吸水能力极强，冷冻干燥后的蔬菜复水性更佳。例如，冷冻干燥的蕨菜达到最大复水比只需 5 min。由图 5-11 所示的冷冻干燥的蕨菜复水曲线可以看出，在温度为 50℃时，热风干燥、微波真空干燥和冷冻干燥蕨菜的最大复水比分别为 6.27、8.35 和 8.84；微波真空干燥蕨菜的复水比与冷冻干燥的接近，约是热风干燥蕨菜的 1.33 倍。热风干燥、微波真空干燥和冷冻干燥的蕨菜复水率分别可达到 86.18%、89.5% 和 90%。与热风干燥相比，冷冻干燥的蕨菜具有复水快、复水率高的优点。

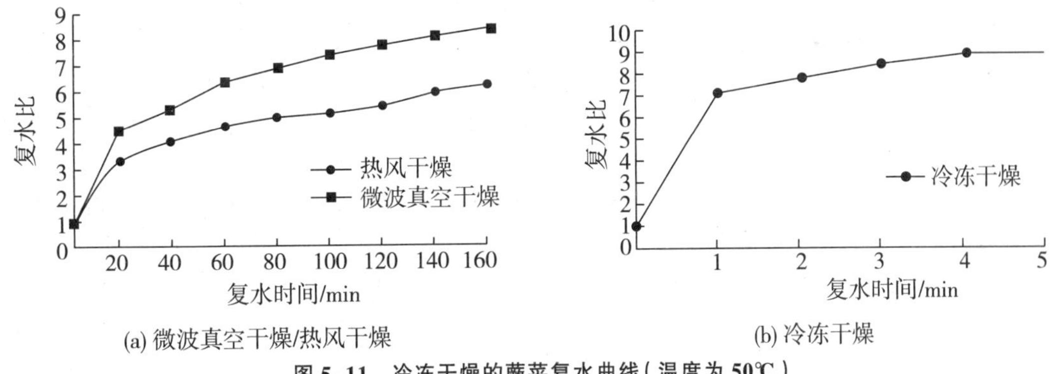

图 5-11 冷冻干燥的蕨菜复水曲线（温度为 50℃）

对于具有多纤维状组织结构和气孔较多的食用菌类，干燥方法对干制品复水性无显著影响。用冷冻干燥法和真空干燥法分别对双孢蘑菇进行干燥时，虽然干制品达到相同水分含量所需的干燥时间有较大差别，但是所得干制品在感官质量和复水性上无明显差别，真空干燥的干制品的复水率与冷冻干燥的干制品的复水率相当。

5.5.3 干制品的速溶性

复水性和复原性是评价块状和颗粒状干制品的重要指标，而评价粉末类干制品的一个重要指标是速溶性，这类食品主要包括各类乳粉、果蔬粉、保健固体粉、咖啡粉饮品、方便茶粉等。

影响粉末类干制品速溶性的主要因素有粉末的成分、结构。可溶性成分含量大、粉末微小的干制品易溶；结构疏松多孔的干制品易溶。表 5-6 表示红茶浸提工艺对茶粉速溶性的影响。

表 5-6　红茶浸提工艺对速溶茶粉速溶性的影响

处理方式	溶解性	处理方式	溶解性
第 1 次浸提，25℃冷却	60 s 之内全部溶解	第 1 次浸提，25℃冷却	30 s 之内立即全部溶解
第 2 次浸提，25℃冷却	5 min 后有部分不溶物	第 2 次浸提，25℃冷却	5 min 后有少量不溶物

提高粉末类干制品速溶性的方法有两种：一种是改进加工工艺，例如采用喷雾干燥造粒的方法，将粉末制成多孔小颗粒；另一种是添加各种促进溶解的成分。评价速溶性主要有两个因素，一是粉末在水中形成均匀分散相的时间，二是粉末在水中形成分散相的量。

5.5.4　干制品耐藏性的影响因素

干制品的耐藏性与其干制品自身品质、包装质量、环境因素、贮藏条件及贮藏技术等均有关。

1. 干制品自身品质

原料的选择与处理、干制品含水量是保证干制品耐藏性的因素之一。干制品选择新鲜完好、充分成熟的原料，充分清洗干净，能提高干制品的保藏效果。经过漂烫处理的比未经漂烫的能更好地保持原料的色、香、味，并可减轻在保藏中的吸湿性。经过熏硫处理的干制品比未经熏硫处理的干制品易于保色和避免微生物及害虫的侵害。

干制品的含水量对保藏效果影响很大。一般在不损害干制品品质的条件下，含水量越低，保藏效果越好。蔬菜干制品含水量低于 6% 时，可大大减轻保藏期的变色和维生素的损耗。反之，当含水量大于 8% 时，大多数种类的干制品保藏期将因之而缩短。干制品水分超过 10% 时就会促使昆虫卵发育成长，侵害干制品。干燥品的最终水分要求如下。

① 谷物收获和安全保藏所要求的水分活性：一般种子类在水分活性 A_w 在 0.6～0.80 内，其水分变化曲线的斜率很平，1% 水分活性变化可引起 A_w 变化 0.04～0.08。

② 鱼类干制品、畜肉类干制品仅依靠降低水分活性常难以达到干制品的长期常温保藏。因此这类食品的干制常结合其他保藏工艺，如盐腌、烟熏、热处理、浸糖、降低 pH、添加亚硝酸盐等，以达到一定的保质期。

③ 乳制品中全脂、脱脂乳粉，通常干燥至水分活性 0.2 左右。我国国家标准要求脱脂乳粉水分含量小于 4.0%，全脂乳粉水分含量小于 2.5%，调制乳粉水分含量小于 2.5%，脱盐乳清粉（特级品）水分含量小于 2.5%。

④ 脱水蔬菜最终残留水分含量 5%～10%，相当于水分活性 0.10～0.35。

⑤ 多数脱水干燥水果的水分活性为 0.65～0.60。

2. 包装质量

（1）干制品包装的具体要求

具体要求如下：①防止干制品吸湿回潮以免结块和长霉，包装材料在相对湿度的环境中，每年水分含量增加不得超过2%；②防止外界空气、灰尘、微生物、虫、鼠以及气味等入侵；③不透光；④储藏、搬运和销售过程中耐久牢固，能维护容器原有特性，包装容器从30～100 cm高处落下120～200次不会破损，在高温、高湿或浸水和雨淋的情况下不会破烂；⑤和食品相接触的包装材料应符合食品卫生要求，并不会导致食品变性、变质；⑥包装的大小、形状和外观应有利于商品的推销；⑦包装费用低廉或合理。

因此用隔绝材料（容器）包装干制品，防止外界空气、灰尘、虫、鼠、微生物、光和潮湿气体入侵，有利于维持干制品的品质，延长其保质期。对于单独包装的干制品，只要包装材料、容器选择适当，包装工艺合理，储运过程控制温度，避免高温高湿环境，防止包装破坏和机械损伤，其品质就可控制。许多食品干燥后采用的是大包装（非密封包装）或货仓式储存，这类食品的储运条件就显得更为重要。

（2）常用的包装材料和容器

常用的包装材料和容器分内包装和外包装。内包装多用有防潮作用的材料：聚乙烯、聚丙烯、复合薄膜、防潮纸等；外包装多用起支撑保护及遮光作用的木箱、纸箱、金属罐等。

纸箱和纸盒是干制品常用的包装容器，包装时大多数还衬有防潮包装材料如羊皮纸、涂蜡纸以及具有热封性的高密度聚乙烯塑料袋，后者较为理想。纸容器可用能紧密贴合的彩印纸、蜡纸、纤维膜或铝箔作为外包装，其缺点是储藏搬运时易受害虫侵扰和易受潮（即透湿）。

金属罐是干制品包装较为理想的容器，具有密封、防潮、防虫及牢固耐久的特点，在真空状态下包装避免发生破裂。果蔬干制粉务必用能完全密封的铁罐或玻璃罐包装，这种容器不但防虫、防氧化变质而且能防止干制品吸潮以致结块，这类干粉极易氧化，宜真空包装。

果蔬干制品容器最好能用拉环式易开罐；奶粉、蛋粉、肉干常用金属箱包装；用摩擦盖密封的铁罐或铁箱包装蔬菜干颇为合适；大型包装可用容量为20 L的方形箱，装满后在顶部用小圆盖密封。这些包装对干制品有极好的保护作用。

玻璃罐是防虫和防湿的容器，有的可真空包装。其优点是能看到内容物，大多数能再次密封。其缺点是质量大、易碎。市场上常用玻璃罐包装乳粉、麦乳精及代乳粉等制品。

现在供零售用的干制品用涂料玻璃纸袋、塑料薄膜袋、玻璃纸、复合薄膜袋或纸－聚乙烯－铝箔－聚乙烯组合的复合薄膜包装。每种干制品适用的包装材料视储藏时间、包装费用和对制品品质的要求而异。复合薄膜中的铝箔具有不透光、不透湿和不透氧气的特点。用薄膜材料包装所占的体积要比铁罐小，可供真空包装或充惰性气体包装，且这种包装在输送途中不会被内容物弄破。运输时薄膜袋应用薄板箱包装以防破损。

许多粉末状制品包装时常附装干燥剂、吸氧剂等。干燥剂一般装在透湿的纸质容器内以免污染干制品，同时干燥剂能吸水汽，逐渐降低干制品的水分。硅胶、生石灰是常用的干燥剂。

吸氧剂（又称脱氧剂）是一种除去密封体系中游离氧的物质，能防止干制品在保藏过程中氧化败坏和发霉。常见的吸氧剂有葡萄糖酸氧化酶、铁粉、次亚硫酸铜、氢氧化钙等。

3. 干制品包装前处理

（1）回软

回软又称均湿、发汗或水分的平衡，目的是通过干制品内部与外部水分的转移，使各部分的含水量均衡，呈适宜的柔软状态，以便处理和包装运输。不同果蔬的干制品，回软所需时间不同，少则 1～3 天，多则需 2～3 周。菜干回软所需时间为 1～3 天。

（2）压块

蔬菜干制后呈蓬松状，体积大，不利于包装和运输，因此，需要经过压缩，一般称为压块。一般蔬菜在脱水的最后阶段温度为 60～65℃，这时可不经回软立即压块。否则，脱水蔬菜转凉变脆。脱水蔬菜的压块，必须同时利用水、热与压力的作用。在压块前，需稍喷蒸气，以减少破碎率。喷蒸气的干菜，压块以后的水分可能超过预定的标准，影响耐贮性，所以在压块后还需作干燥处理。可用生石灰作干燥剂，如压块后的脱水蔬菜水分在 6% 左右时，可与等重的生石灰贮放，经过 2～7 天，水分可降低到 5% 以下。

（3）分级除杂

干制品分为合格品、半成品及废品三个等级。干制品常用振动筛等进行筛选分级。大小合格的产品还需进一步在移动速度为 3～7 m/min 的输送带上进行人工挑选，剔除过湿、过小、过大、结块、杂质、变色、残缺等不良成品。筛下的物质另作他用，碎屑多被列为损耗。

（4）防虫

一般来说，干制品经包装密封后，处于低水分状态，虫卵很难生长。但若包装破损、泄漏时，昆虫就能自由出入，一旦条件适宜还会生长，侵袭干制品。果蔬干制品常有虫卵混杂，尤其是采用自然干制的产品。因此，为了防止干制品遭受虫害，可用一些方法来防虫。例如，在 -15℃以下低温处理干制品；在不损害干制品品质的高温下加热数分钟；用熏蒸剂熏杀害虫。常用的熏蒸剂为甲基溴，它的杀虫效力强，处理时间为 24 h 以上，有时需熏几次，一般允许的无机溴残留量在葡萄干中为 150 mg/kg，苹果干、杏干、桃干中为 30 mg/kg，无花果干中为 150 mg/kg，李子干中为 20 mg/kg。

（5）环境因素

环境因素中与干制品直接接触的空气温度、相对湿度和光线等对储运有一定的影响，其中相对湿度为主要决定因素。干制品水分含量低于平衡水分时，则会吸湿变质。

干制品必须贮藏在干燥、光线较暗和低温的地方。贮藏温度越低，保质期也越长，以 0～2℃为最好，不宜超过 10～14℃。对葡萄干在贮藏过程中的变化进行研究，结果表明：温度为 5℃的充氮包装贮藏能有效地抑制葡萄干可滴定酸、维生素 C、可溶性固形物和叶绿素的减少，且能保证葡萄干良好的外观品质，具有较好的贮藏效果。

空气越干燥越好，空气相对湿度最好应在 65% 以下。干制品如用不透光包装材料包装时，光线不再成为重要因素，否则要储存在较暗的地方。贮藏干制品的库房要求干燥、通风良好、清洁卫生。堆码时应注意留有空隙和走道，以利于通风和管理操作。此外，干制品储藏时防止虫鼠，也是保证干制品品质的重要措施。表 5-7 列举了常见农产品与食品的干燥方法。

表 5-7　常见农产品与食品的干燥方法

名称			处理和作业方式	所需设备形式	湿料状态					适用产品
					浆状	膏糊状	粉状	粒状	块片状	
自然干燥			晒干、吹干、晾干，间歇	晒场或棚、房				△	△	枣、栗、黄花菜、辣椒等
人工干燥	加压		加热、加压膨化、连续	螺旋式		△	△	△		膨化食品
	常压	热风	对流给热，间歇	固定床、箱式			△	△	△	果蔬等农副土特产
			对流给热，半连续	隧道式			△	△	△	果蔬、挂面、瓜子等干制品
			对流给热，连续	带式			△	△	△	果蔬、花生等干制品
				气流式			△	△		淀粉、味精等
				流化床式			△	△		砂糖、乳粉、固体饮料等
			对流给热，间歇或连续	喷动床式			△	△		玉米胚芽、谷物等
			导热或对流给热，间歇或连续	转筒式				△	△	牧草、瓜子、油榨胚等
		喷雾	对流给热，连续	箱式、塔式	△	△				乳粉、血粉、蛋粉、葡萄糖、酵母粉等
		薄膜	导热，连续	滚筒式、带式	△	△				乳粉等制品
		远红外线	辐射、间歇或连续	箱式、隧道式			△	△	△	糕点、肉类等食品
		微波	微波内部加热、间歇或连续	箱式、隧道式			△	△	△	各种食品
	减压	真空冻结	真空中传导兼辐射加热、间歇或连续	箱式、带式、转筒式	△	△	△	△	△	果蔬、肉类、咖啡等食品
			冻结后真空中传导兼辐射加热，间歇或连续				△	△	△	蜂王精、人参等珍贵营养品

注：△表示干燥方法适合处理的湿料状态。

思考题

1. 食品干藏的基本原理是什么？干藏过程中食品会发生哪些变化？
2. 如何选择合适的干燥方法和设备？选择时应考虑哪些因素？
3. 温度和湿度对干燥效果和食品品质有何影响？干燥过程中如何控制温度和湿度？
4. 干制品在贮藏过程中可能会遇到哪些问题？如何解决这些问题？

第6章　食品腌渍和烟熏

腌渍和烟熏均是历史悠久的食品保藏方法。腌渍是使甜味剂、咸味剂、酸味剂、发色剂、防腐剂、香辛料等渗入食品原料内部，通过提高食品渗透压、降低水分活度或利用微生物发酵降低食物的pH，从而抑制微生物生长发育，达到防止食品腐败变质、延长保质期和改善食品品质的目的。烟熏则是在腌制的基础上利用木材等不完全燃烧产生的烟气熏制食物的方法，主要用于动物性食品的生产与加工，少数植物性食品也可采用烟熏，如豆制品和干果。烟熏除了能延长食物的保质期，还能赋予食物特殊的风味。

6.1　食品的腌渍

我国早在商周时期就有了腌渍蔬菜的记载。《周礼·天官》“大羹不致五味，铏羹加盐菜”是我国关于酱腌菜最早的文字记载。秦汉后的文字记载中将腌菜和酱菜进行了区别。《齐民要术》中记载了多种类型的腌菜及制酱、制腌菜的方法。《礼记·内则》“编有牛肉焉，屑桂以姜，以酒诸上而盐之，干而食之”记载了腌肉的制作。腌渍是保存食品有效的方式之一，而现在已从简单的保藏手段转变为赋予食品独特风味的加工方式。

根据腌制原料的不同，可将腌制品分为腌制肉、腌制蛋、腌制果蔬等。在腌制过程中使用的腌制材料统称为腌渍剂。其中，用食盐腌制的过程称为盐渍，用糖腌制的过程称为糖渍，用酸腌制或发酵产酸的过程称为酸渍。腌制过程中加入米酒糟或米糠的方式称为糟制。不同的腌制品，所用的腌渍剂和腌制方法有所不同。

腌制肉包括畜肉类和鱼类的腌制品，如腊肉、板鸭、火腿、咸鱼等。腌制肉常用的腌渍剂包括食盐、硝酸盐、糖类、抗坏血酸、异抗坏血酸和磷酸盐等。腌制蛋是利用盐水泡制、含盐泥土黏制，或添加草木灰、碱或石灰等辅料制作而成，包括皮蛋、咸蛋、糟蛋等。糟蛋以新鲜鸭蛋或鸡蛋用优质糯米糟制而成，是我国特色美食之一，以浙江平湖糟蛋、陕州糟蛋和四川宜宾糟蛋最为有名。

盐渍蔬菜有腌菜类、泡菜类和酱菜类，并可分为非发酵性腌制菜和发酵性腌制菜。非发酵性腌制菜在腌制时食盐用量较高，乳酸发酵被完全抑制或仅有极微弱的发酵，包括腌菜、酱菜和糟菜。腌菜的制作可分为干态、半干态和湿态腌制。酱菜可用咸酱腌制，也可用甜酱腌制。发酵性腌制菜在制作过程中食盐用量较少、隔绝空气、有明显的乳酸发酵作用，如四川泡菜。

糖渍品是以糖为腌渍剂，通过蜜制和煮制等方式使糖渗入果蔬内部。根据加工方式、产品性状，可将糖渍品分为蜜饯和果酱两大类，其中蜜饯又可分为糖渍蜜饯、返砂蜜饯、果脯、凉果、甘草制品和果糕6类：①糖渍蜜饯是将原料糖渍蜜制后，成品浸渍在一定浓度的糖液中，略有透明感，如蜜樱桃、蜜金橘等；②返砂蜜饯是经糖渍、糖煮后使成品表面干燥、附有白色糖霜，如冬瓜条、糖橘饼等；③果脯是经糖渍、糖制后干燥，成品表面不黏、有透明感，且无糖霜析出，如桃脯、杏脯等；④凉果在糖渍或糖煮过程中需添加香料等，成品表面呈干态、具有浓郁香味，如雪花应子、福果等；⑤甘草制品是以果坯用糖、甘草和其他食品添加剂浸渍、干燥而成，具有甜、酸、咸等风味，如话梅、九制陈皮等；⑥果糕是将原料加工成酱状，经浓缩干燥后制成片、条、块等形状，如果丹皮、山楂糕等。

6.2　食品腌渍的基本原理

食品腌渍是利用扩散作用和渗透作用使腌渍剂进入食物原料内部的过程，从而达到延长保质期、发色、调味、抗氧化、改善食品物理性质和组织状态等作用。

6.2.1　溶液的扩散与渗透

食品在腌渍过程中，腌渍剂以溶质形式进入食品组织内部、使水渗出，从而降低水分活度（A_w）、提高渗透压；在高渗透压和辅料中的酸及其他杀菌 / 抑菌成分的共同作用下，有效抑制微生物的正常生理活动。

1. 溶液浓度对微生物的影响

（1）溶液浓度

溶液浓度指单位体积溶液中溶解的溶质的量，可用质量分数、体积分数或物质的量浓度表示。在工业化生产中，通常采用质量分数或体积分数表示。为便于生产实践，通常也采用 100 g 水应加入的溶质的质量（m）表示，与质量分数的换算关系如下。

$$C=\frac{m}{100+m}\times 100\text{或}m=\frac{C}{100-C}\times 100$$

式中　C —— 质量分数，每 100 g 溶液中溶解的溶质质量，%；

m —— 每 100 g 溶液中加入的溶质质量，g。

溶液浓度可利用密度计测定后用密度表示。工业生产中常用波美密度计（Baume 或 °Bé）测定盐水浓度；白利糖度计（Brix）、糖度计（Sacchrometer）或波林糖度计（Balling）测定糖水浓度，直接表明糖溶液的质量分数。溶液的质量与同体积水的质量比，即相对密度，会受温度影响，因此在使用密度计时均需校正温度。

波美密度计按刻度方法分为多种类型，最常见的刻度方法以 15℃为标准，蒸馏水的密度与 0° Bé 相当，15% 氯化钠溶液相对密度与 15° Bé 相当，纯硫酸（相对密度 1.8427）与 66° Bé 相当，其余刻度等分。波美密度计在 20℃时的相对密度与波美度以下换算关系。

$$d(20℃/20℃)=\frac{144.15}{144.3-c}$$

式中　$d(20℃/20℃)$ —— 20℃时的相对密度；

c —— 波美度。

表 6–1 列出了食盐质量分数与相对密度及食盐添加量的关系。

表 6–1　食盐质量分数与相对密度及食盐添加量的关系

食盐质量分数 /（%）	波美密度计读数 /（°Bé）	食盐溶液相对密度（15℃/15℃）	1 L 溶液的食盐质量 /g	100 g 水中食盐添加量 /g
1	1	1.0070	10.07	1.01
5	5	1.0359	51.80	5.26
10	10	1.0745	107.45	11.11
15	15	1.1160	167.40	17.65
20	20	1.1609	232.18	25.00
25	25	1.2096	302.40	33.33
26.5	26.5	1.2250	324.63	36.05

不同的糖度计每一刻度与 1% 蔗糖溶液的质量分数相当。不同的糖在浓度相同时，相对密度极接近，因此可用糖度计测定任何糖溶液的浓度。波美密度计的刻度可转化为浓度读数，因此也可用于糖溶液浓度测定，但需转换后使用换算关系见表 6–2。

表 6–2　糖溶液相对密度与糖度计、波美密度计读数及糖添加量的关系

糖度计读数（20℃）	波美密度计读数 /（°Bé）	糖溶液相对密度（20℃/20℃）	1 L 溶液的糖质量 /g	100 g 水中糖添加量 /g
0	0.00	1.00000	0.00	0.00
1	0.56	1.00389	10.04	1.01
5	2.79	1.01965	50.98	5.26
10	5.57	1.03998	104.00	11.11
20	11.10	1.08287	216.57	25.00
30	16.59	1.12898	338.69	42.86
40	21.97	1.17857	471.43	66.67
50	27.28	1.23174	615.87	100.00
60	32.49	1.28873	773.24	150.00
70	37.56	1.34956	944.69	233.33

（2）溶液浓度与微生物的关系

腌渍品中包含乳酸菌、细菌、酵母菌、大肠杆菌和霉菌等多种微生物。其中，乳酸菌可发酵产生酸性物质，酵母菌可在腌渍过程中发酵产生酒精，都可为食品提供特殊风味。但过多的微生物也会消耗食品中的糖类、有机物、氨基酸等成分，造成食品变质。霉菌在食品的加工过程中出现得较少，但因广泛存在于外部环境及设备，因此食品易受霉菌侵染而造成变质。

微生物的原生质膜为半透膜，其透过性受微生物种类、状态、胞内成分、温度、pH 等因素影响。根据微生物细胞液渗透压与所处环境溶液渗透压的关系，可将环境溶液分为等渗溶液、低渗溶液和高渗溶液。

当微生物所处环境溶液的渗透压与细胞液渗透压相等时，该环境溶液为等渗溶液。最常见的等渗溶液为生理盐水，即 0.85%～0.9% 的盐水溶液。在等渗溶液中，微生物细胞可维持原有形态；若其他条件适宜、营养充足，微生物可迅速生长、发育、繁殖。当环境溶液的渗透压低于细胞液渗透压时，即为低渗溶液。在低渗溶液中，水分会透过细胞膜进入细胞内，使微生物细胞膨胀，甚至造成原生质膜胀裂。当环境溶液的渗透压高于细胞液渗透压时，即为高渗溶液。在高渗溶液中，细胞内的水分会透过原生质膜进入环境溶液，出现原生质脱水、细胞膜与细胞壁分离的现象，称为质壁分离。质壁分离会使细胞变形、微生物生长繁殖活动被抑制，严重脱水时会导致微生物死亡。微生物是食品腐败变质最重要的因素，腌渍则是利用盐、糖、香料等腌渍剂形成高渗溶液，在适宜的浓度下抑制微生物的生理活动，并赋予食物特殊的口感和风味。

6.2.2 扩散作用

使用腌渍剂时，则在外源水或组织内部水的作用下形成高渗溶液。食品的腌渍过程是腌渍剂中溶质向食品组织内部扩散的过程。扩散是固体、液体或气体浓度均匀化的过程，是分子热运动或胶粒布朗运动的结果。虽然分子热运动和胶粒布朗运动随时随地都在发生，但浓度差存在时，分子或胶粒从高浓度向低浓度迁移的数量大于从低浓度向高浓度迁移的数量，因此扩散过程实质是分子热运动；扩散的推动力则是浓度差，也称浓度梯度。

物质在扩散过程中，扩散量与扩散通过的面积、浓度梯度成正比，扩散方程可表示如下。

$$\mathrm{d}Q=-DA\frac{\mathrm{d}c}{\mathrm{d}x}\mathrm{d}t$$

式中 Q —— 物质扩散量；

D —— 扩散系数；

A —— 扩散通过的面积；

$\mathrm{d}c/\mathrm{d}x$ —— 浓度梯度，c 为浓度，x 为间距；

t —— 扩散时间。

“–”表示扩散方向与浓度梯度方向相反。

将扩散方程两边同时除以 $\mathrm{d}t$，则得到扩散速率方程。

$$\frac{\mathrm{d}Q}{\mathrm{d}t}=-DA\frac{\mathrm{d}c}{\mathrm{d}x}$$

假设扩散粒子为球形时，扩散系数 D 可表示如下。

$$D=\frac{RT}{6N\pi r\eta}$$

式中 D —— 扩散系数（单位浓度梯度下，单位时间内通过单位面积的溶质量），m^2/s；

R —— 气体常数，8.314 J/（mol · K）；

T —— 热力学温度，K；

N —— 阿伏伽德罗常数，6.023×10^{23}；

r —— 球形溶质微粒直径，m；

η —— 介质黏度，Pa · s。

R、N、π 为常数，令 $K_0=R/(6N\pi)$，则可将扩散系数公式简写为如下形式。

$$D = K_0 \frac{T}{r \cdot \eta}$$

扩散系数是溶质的特征常数，通常情况下，分子质量大的分子，扩散系数较小。葡萄糖、蔗糖和糊精的扩散系数依次降低。

扩散系数与温度、扩散介质等相关。扩散作用的本质是分子热运动，因此温度越高，分子运动速率越快，溶质越容易从溶剂分子间通过。通常情况下，温度每升高 1℃，扩散系数平均增大 2.6%。但在实际应用中需考虑升高温度对食品原料质地的影响，且应避免因温度过高出现原料腐败变质的情况。

溶液的浓度梯度越大，扩散速率越大；但当溶液浓度增加时，会因溶液的黏度增大而降低扩散系数。因此在配制腌渍液时，应选择适宜的浓度。

6.2.3 渗透作用

渗透作用指溶剂分子透过半透膜从低浓度溶液进入高浓度溶液的现象，或水分子从水势高的一侧向水势低的一侧移动的现象。渗透压是引起溶液发生渗透作用的压强，为半透膜两侧溶液的压力差；溶液浓度越大，渗透压越大。

细胞膜是最常见的半透膜，可选择性地透过水、糖、氨基酸及各种离子。不同细胞在不同环境中对不同物质的通透性不同，但水分子均能比其他溶质更快地通过细胞膜。范特霍夫推导出稀溶液（接近理想溶液）的渗透压公式。

$$\Pi = cRT$$

式中 Π—— 溶液渗透压，MPa；

c —— 溶质浓度，mol/L；

R —— 气体常数，8.314J/（mol · K）；

T —— 热力学温度，K。

由公式可知，渗透压与溶质浓度和温度成正比，与溶液的体积无关。其实质与扩散作用相似，若将溶液中的其他离子考虑在内时，上式可进一步写为

$$\Pi = icRT$$

式中 i —— 包括物质解离因素在内的等渗系数（物质全部解离时，i=2）。

根据溶液和溶质的某些特性，渗透压公式可改写为

$$\Pi = \frac{\rho}{100W} c_1 RT$$

式中 ρ —— 溶剂密度，g/L；

c_1 —— 溶液浓度，100 g 或 100 kg 溶剂中的溶质质量，g 或 kg；

W —— 溶质相对分子质量，g。

食品的腌渍速率由渗透压决定，而渗透压与溶液浓度、温度密切相关。温度每升高 1℃，渗透压增加 0.30%～0.35%。通常情况下，糖渍在较高温度下进行，盐渍可在常温或低温（2～4℃）下进行。虽然渗透速率与溶剂密度有关，但因选择范围有限，通常用水作为溶剂，因此对腌渍速率的实际影响不大。溶质相对分子质量越大，形成一定渗透压所需的溶质质量越大；当溶质能解离为离子时，可在较少用量的情况下有较高的渗透压。如食盐溶液浓度为 10%～15% 时，可形成 101～303 kPa 的渗透压；而糖类浓度需达到 60% 以上才能形成相应的渗透压。

食品的腌渍过程实际是扩散作用和渗透作用相结合的过程，是动态平衡的过程。其本质是组织内部溶液与腌渍液存在渗透压，随着溶剂渗透和溶质扩散，浓度差逐渐降低甚至消失。在此过程中，食品组织细胞失去水分、细胞液浓度升高、水分活度减小、渗透压升高，从而抑制微生物的正常生理活动，大大延长食品的保质期。

6.3　腌渍的作用

腌渍能长期保存食物最重要的原因之一，是在腌渍过程中大量使用的食盐或糖具有防腐作用。腌渍食品中最主要的细菌为乳酸菌，可通过发酵作用降低食品的 pH 与氧化还原电位，形成不利于微生物生长发育的环境，从而有效延长食品的保藏期限。此外，在腌渍肉类时使用的硝酸盐、抗坏血酸钠、异抗坏血酸钠等，在腌渍蛋制品中使用的碱和醇，均发挥着不同的作用。

6.3.1　腌渍剂的防腐作用

食品在腌渍过程中，腌渍剂以溶液形式进入食品组织内部，使水分渗出，从而降低水分活度（A_w）、提高渗透压，在高渗透压和辅料中的酸及其他杀菌 / 抑菌成分的共同作用下，有效抑制微生物的正常生理活动。

1. 脱水作用

食盐的主要成分为氯化钠，形成溶液时可完全解离为钠离子和氯离子，具有较高的渗透压。如 1% 的食盐溶液可产生 61.7 kPa 的渗透压，大多微生物的细胞内渗透压为 30.7～61.5 kPa。因此，大多腌渍时使用的食盐溶液对微生物而言是高渗溶液，可使微生物细胞产生强烈脱水作用。通常情况下，食盐浓度在 1% 以下时，微生物正常的生理活动不会受到影响；食盐浓度为 1%～3% 时，大多微生物的生理活动会受到暂时性抑制；食盐浓度为 6%～8% 时，沙门氏菌、大肠杆菌和肉毒杆菌的生长被抑制；食盐浓度 >10% 时，大多数杆菌不能生长，但酵母菌可正常生长；食盐浓度超过 15% 时，大多数球菌的生长被抑制；食盐浓度 >20% 时，葡萄球菌可被杀灭；霉菌需 20%～25% 的食盐浓度才能被抑制。腌渍食品主要受酵母和霉菌污染而变质。虽然微生物不能在高浓度食盐溶液中生长繁殖，但短时的食盐溶液处理后，若置于适宜环境，微生物仍能恢复正常的生理活动。常见微生物可耐受的最高食盐质量分数见表 6-3。

表 6-3　常见微生物可耐受的最高食盐质量分数

微生物种类	食盐质量分数 /（%）	微生物种类	食盐质量分数 /（%）
大肠杆菌	6	乳酸菌	13
肉毒梭状芽孢杆菌	6	腐败球菌	15
丁酸菌	8	黑曲霉	17
醭酵母	10	青霉菌	20
变形杆菌	10	酵母菌	25

食糖包括粗糖、白砂糖、赤砂糖和绵白糖，腌渍主要使用的是白砂糖。糖在水溶液中的溶解度很大，室温时溶解度可达 67.5%，产生较高渗透压，从而使微生物细胞脱水，抑制微生物正常的生长繁殖。但当糖溶液浓度低于 10% 时，未能形成足够的高渗透压，对微生物的生长没有抑制作用，且会提供生长所需的营养而促进某些微生物的生长。在糖渍时，浓度大于 50% 的糖溶液才能抑制大多数细菌的生长繁殖；浓度为 65%～75% 的糖溶液才能抑制霉菌和酵母菌的生长，通常糖溶液以 72%～75% 为宜。耐糖酵母菌是对高糖溶液忍耐力最强的微生物，可导致蜂蜜腐败。霉菌和酵母菌耐受的糖浓度远高于细菌，因此，糖渍食品主要在于防止霉菌和酵母菌生长造成的腐败问题。

此外，糖溶液的渗透压与分子量大小有关。在相同浓度时，葡萄糖、果糖因相对分子量较小，可产生更高的渗透压，因此其抑菌效果优于蔗糖、麦芽糖等双糖。如质量分数为 40%～50 % 的葡萄糖溶液可抑制葡萄球菌，而蔗糖的质量分数则需达到 60 %～70 %。

2. 降低水分活度

水分活度指水分可被微生物利用的程度。当 A_w<0.9 时，普通的细菌不能生长；当 A_w<0.87 时，大多数酵母菌生长被抑制；当 A_w<0.80 时，大多数霉菌生长被抑制。

食盐溶解于水后解离成氯离子和钠离子，并吸附周围水分子形成水合离子。食盐溶液的浓度越高，被结合的水分子越多，大大减少微生物可利用的水。20℃时的饱和食盐溶液（26.5%）由于所有的水分被离子吸附形成水合离子，使微生物无可利用的自由水，微生物不能生长，达到防腐的作用。

蔗糖作为一种亲水性化合物，含有许多羟基，可与水分子形成氢键，降低溶液中自由水的含量，从而降低体系的水分活度。如饱和蔗糖溶液的水分活度可降至 0.85 以下，糖渍食品可使微生物没有足够利用的自由水。

3. 对微生物的毒性作用

食盐溶液中除了含有氯化钠，还含有氯化镁、氯化钾等成分，解离生成的 Na^+、Mg^{2+}、K^+ 和 Cl^- 等在高浓度时被认为能对微生物发生毒害作用。温斯洛和福尔克认为 Na^+ 能与细胞原生质的阴离子结合产生毒害作用，而 pH 的降低会加剧 Na^+ 的毒害作用；Cl^- 也能与细胞原生质结合，促使细胞死亡。如酵母菌在浓度为 20% 的中性食盐水中会被抑制正常的生理活动；而在酸性溶液中食盐浓度为 14% 时，即可达到相同的效果。嗜盐微生物能在超过 2% 食盐浓度的环境中生长良好，其最适生长 pH 为 5～8，因此可采用盐渍和降低 pH 的方法抑制嗜盐菌的生长。此外，溶液中氧气的溶解度会因盐或糖的加入而降低，进而使得溶液氧气浓度降低，形成缺氧环境，使得好氧微生物的生长繁殖受到抑制，从而降低了微生物对食品的腐败作用。

微生物在吸收食品中营养物质时，需分泌酶将营养物质降解为小分子物质。在低食盐浓度条件下，食盐会与酶蛋白分子的肽键结合，微生物分泌的酶被破坏，从而破坏微生物蛋白酶水解蛋白质的能力。

肉制品常用的腌渍剂，如硝酸盐 / 亚硝酸盐除了能让肉品具有鲜艳稳定的颜色，还能有效抑制肉毒梭菌。在腌渍过程中，硝酸盐（NO_3^-）会还原为亚硝酸盐（NO_2^-），因此无论使用硝酸盐还是亚硝酸盐，发挥作用的为亚硝酸盐。但亚硝酸盐毒性强，摄入过量会发生中毒反应，在胃酸的作用下可与某些胺类物质生成亚硝胺，长期摄入易诱发癌症。由于硝酸盐 / 亚硝酸盐同时兼具了发色和抑菌的作用，目前暂未找到合适的替代物，因此在使用时应严格按规定添加硝酸盐 / 亚硝酸盐，硝酸盐最大用量为 0.05%、亚硝酸盐最大用量为 0.015%。此外，亚硝酸钠在肉食罐头中残留量不得超过 0.05 g/kg，在肉制品中不得超过 0.03 g/kg。

6.3.2 发酵作用

在腌渍过程中，微生物的发酵作用不仅影响着腌渍品的风味，还能有效抑制微生物的活动，从而有利于腌渍品的贮藏。腌渍过程中有多种发酵作用，主要为乳酸发酵、酒精发酵和醋酸发酵。

1. 乳酸发酵

乳酸发酵是蔬菜腌渍时最常见的发酵作用，由乳酸菌将食品原料中的可利用糖代谢为乳酸及其他产物。四川泡菜就是典型的乳酸发酵蔬菜制品。乳酸菌的种类不同，则乳酸发酵的类型不同，生成的产物也不同，可分为正型乳酸发酵和异型乳酸发酵。

正型乳酸发酵的底物一般为六碳糖，发酵产物只有乳酸，因此产酸量高。参与正型乳酸发酵的乳酸菌有植物乳杆菌和小片球菌，除能直接利用葡萄糖，还能通过水解蔗糖等基本单元为葡萄糖的糖类后发酵产生乳酸。通常发酵的中后期为正型乳酸发酵。

异型乳酸发酵的产物除了乳酸，通常还包括其他产物和气体。参与异型乳酸发酵的乳酸菌包括肠膜明串珠菌、短乳杆菌等。异型乳酸发酵通常在乳酸发酵前期较活跃，虽然产酸量不高，但会产生乙醇、乙酸等成分，有利于抑制微生物的生长，并增加腌渍的风味。同时，异型乳酸发酵产生的二氧化碳可将原料和水中溶解的氧气带走，形成缺氧条件，促进正型乳酸发酵的进行。

2. 酒精发酵

酒精发酵是酵母菌分解糖类产生酒精和二氧化碳的过程。发酵型腌渍蔬菜的腌渍过程中存在酒精发酵，但对乳酸发酵无影响。酒精发酵过程还可产生异丁醇、戊醇等高级醇。腌渍初期，异型乳酸发酵会有微量酒精产生；蔬菜在腌渍过程中，被腌渍液隔绝空气后引起的无氧呼吸也会产生微量酒精。腌渍过程中产生的酒精及高级醇都对腌渍品在后熟过程中的品质改善和形成芳香物质有重要作用。

3. 醋酸发酵

醋酸发酵是由醋酸菌氧化乙醇生成乙酸的反应，是发酵型腌渍品中醋酸的主要来源，通常累积量为 0.2%～0.4%。醋酸菌为好氧菌，在有氧的情况下进行醋酸发酵，因此基本在腌渍品表面进行发酵。但在非发酵型腌渍品中，过多的醋酸会破坏食品的整体风味；若醋酸含量继续增高，表示腌渍品出现酸败现象，则食品品质大大降低。

6.3.3 酶促反应

食品在腌渍过程中会因酶的存在而发生酶促反应，对腌渍品的色泽、风味、质地等的形成都具有非常重要的作用。

蛋白酶是腌渍过程中的关键酶，不论是食品自身的蛋白酶还是微生物分泌的蛋白酶，都可将蛋白质分解为氨基酸，产生的氨基酸具有一定甜味和鲜味，特别是谷氨酸，可与氯化钠反应生成谷氨酸钠，是腌渍品主要的鲜味源。蛋白质分解产生的氨基酸既可与醇生成氨基酸酯等芳香物质，还可与戊糖或甲基戊糖的还原产物4-羟基戊烯醛生成氨基烯醇类芳香化合物。这些都是腌渍品重要的香味源。

蛋白质水解生成的酪氨酸可在有氧条件下被酪氨酸酶氧化为多巴醌，并进一步自动氧化生成多巴色素。食品原料中的赖氨酸含量越高，酶活性越强，则形成腌渍品的褐色越深。

芥菜类腌制品的关键香气是原料在揉搓或挤压时造成细胞破裂，细胞中所含的硫代葡萄糖苷被硫代葡萄糖酶水解生成异硫氰酸酯类、腈类合二甲基三硫等具有菜香的芳香物质，是咸菜的主体香味源，同时咸菜的苦味和生味消失。

果胶酶是使果蔬类腌渍品质地软化的主要原因之一。在果蔬类原料腌渍过程中，原料中存在的果胶酶或微生物分泌的果胶酶将原果胶水解为水溶性果胶，并可进一步将水溶性果胶水解为果胶酸和甲醇等物质，使得细胞分离、组织脆性降低，不利于腌制品的品质。

6.3.4 其他作用

1. 保水作用

磷酸盐可有效提高肉制品的持水性。目前工业化生产中常用的磷酸盐包括焦磷酸钠、三聚磷酸盐（钠）和六偏磷酸钠。不同的磷酸盐有不同的保水作用，其中以三聚磷酸盐和焦磷酸盐的效果最佳，且三聚磷酸盐水解形成焦磷酸盐时，才可起到相应的保水作用。通常使用复合磷酸盐，其保水效果优于单一组分。由于焦磷酸钠会被酶水解而失去保水作用，通常应在腌渍后再加入。加入磷酸盐会导致肉品pH升高，在一定程度上影响食品发色，过量使用磷酸盐不利于风味的形成，因此磷酸盐总用量控制在0.1%～0.4%。此外，在腌渍过程中加入的糖可提高肉制品的保水性，增加肉的出品率；同时还利于胶原的膨润和松软，增加肉的嫩度。

2. 抗氧化作用

盐和糖的使用会降低氧气在水中的溶解度，如20℃时，60%的糖溶液中的氧气溶解度仅为纯水的1/6。盐或糖的浓度越大，氧气的溶解度越小，从而形成了缺氧环境。

3. 发色作用

肉类在腌制过程中会加速血红蛋白（Hb）和肌红蛋白（Mb）的氧化，形成赤褐色至暗褐色的高铁血红蛋白（MetHb）和高铁肌红蛋白（MetMb），使肉品原料失去原有色泽。因此，在肉类腌渍时通常会加入硝酸盐/亚硝酸盐，利用亚硝酸盐生成NO，并使之与色素蛋白反应生成鲜艳的一氧化氮血红蛋白（NO-Hb）和一氧化氮肌红蛋白（NO-Mb）。

硝酸盐会首先在酸性环境被还原为亚硝酸盐。

$$2H^+ + NaNO_3 \xrightarrow{\text{硝酸还原菌}} NaNO_2 + H_2O$$

亚硝酸盐在弱酸环境下生成亚硝酸。

$$H^+ + NaNO_2 \longrightarrow HNO_2 + Na^+$$

肌肉中的糖经糖酵解途径生成丙酮酸，肌肉中血液循环停止，丙酮酸在无氧条件下生成乳酸；乳酸在肌肉中堆积，使得组织pH由7.2～7.4降低为5.5～6.4。因此这为硝酸盐还原为亚硝酸盐和亚硝酸盐生成亚硝酸提供了酸性环境。此外，发酵型腌制过程中微生物产生的有机酸也提供了酸性环境。

亚硝酸是不稳定的化合物，在腌制过程中易发生歧化反应分解生成一氧化氮。

$$3\ HNO_2 \xrightarrow{\text{还原性物质}} HNO_3 + 2\ NO + H_2O$$

在此过程中，亚硝酸既被氧化又被还原，介质的酸度、温度和还原性物质影响着 NO 的生成速率，因此在腌制时需要一定的时间才能形成亚硝基肌红蛋白。在实际生产中，直接使用亚硝酸盐的发色较使用硝酸盐发色快。

NO 与肌红蛋白和血红蛋白结合，NO 提供孤对电子与色素蛋白分子中心的 Fe^{2+} 配位、取代原有配位体 H_2O，形成共同键络合物 NO- 肌红蛋白和（NO–Mb）/ 或 NO- 血红蛋白形成（NO–Hb）。

$$NO + \text{肌红蛋白/血红蛋白} \longrightarrow NO - \text{肌红蛋白}/NO - \text{血红蛋白}$$

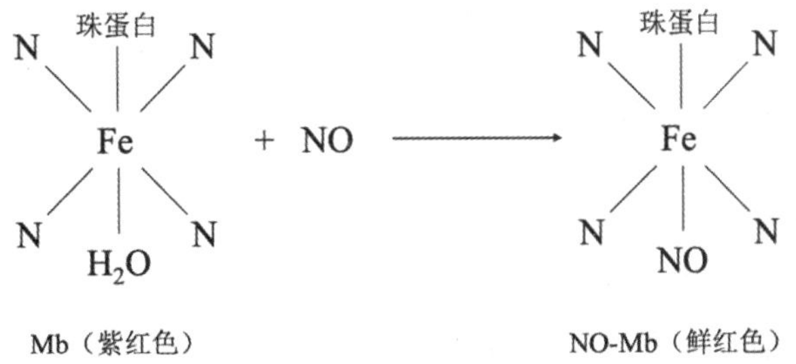

珠蛋白 N N Fe N N H_2O + NO ⟶ 珠蛋白 N N Fe N N NO

Mb（紫红色）　　NO-Mb（鲜红色）

4. 护色作用

抗坏血酸、异抗坏血酸有利于高铁肌红蛋白还原为亚铁肌红蛋白，并增加 NO 的生成，从而促进发色、缩短腌制时间。因此，可将抗坏血酸、异抗坏血酸等物质称为发色助剂。抗坏血酸和异抗坏血酸能稳定腌制肉的色泽和风味，还能减弱光线导致的褪色现象。当抗坏血酸 / 异抗坏血酸用量为 550 mg/kg 时，可减少亚硝胺的形成。

糖能吸收氧气、防止肉品变色而具有助色作用。糖还能作为硝酸盐还原菌的能源物质，加速硝酸盐向亚硝酸盐转变，生成 NO，而使发色效果更佳。

5. 美拉德反应

果蔬和肉类原料中的蛋白质、氨基酸或被蛋白酶水解生成的氨基酸在腌渍过程中会与糖发生美拉德反应，生成褐色或黑色物质，这是果蔬和肉类腌渍品变成黄褐色或黑褐色的主要原因。但在美拉德反应中，除生成色素物质，糖和含硫氨基酸反应还能生成醛类等羰基化合物和含硫化合物，明显增加腌渍品的风味。

6.4　常用的食品腌渍方法

食品的腌渍方法有多种，根据所用腌制剂可分为盐腌、糖渍和酸渍等。根据用盐方式的不同，盐腌可分为干腌法、湿腌法、注射腌制法、混合腌制法、快速腌制法等，其中干腌法和湿腌法是最基本的两类方法。为保证腌渍过程的顺利进行和腌渍品的品质，腌渍时需按照工艺要求使用各原料。

6.4.1 盐腌

1. 干腌法

干腌法是直接用食盐、混合盐或盐腌剂直接撒于或涂于食品原料表面，层堆在腌制架或层装在腌制容器内，每层间均匀撒上盐。在盐形成的高渗透压作用下，细胞组织液渗出，并将盐溶解，形成盐溶液，盐逐步扩散至食品原料内部。盐水的形成较缓慢，因此向食品原料内部的渗透较慢，腌制时间较长，但盐腌制品的风味较好，常用于火腿、咸肉、咸鱼及多种蔬菜腌制品的制作。干腌法通常在水泥池、缸、坛等容器内或腌制架上进行。为保证腌制均匀，需定期进行翻倒。通常腌菜采用机械抓斗倒池，腌肉上下层翻倒、覆盐（2～6 次）。蛋类也可采用干腌法进行加工，如咸蛋和松花蛋。蛋类的干腌通常将盐拌入黄泥或使用稻草灰包裹在蛋的表面，根据蛋的大小密封放置约 1 个月后即可完成腌制，此法制作的咸蛋黄易“出油”。此外，也可将蛋洗净擦干后用白酒润湿、包裹食盐后在低温条件下密封腌制 7～30 d。在蛋类完成腌制后，需及时清洗表面含盐黄泥、结晶盐或其他包裹成分，避免腌制蛋品质劣变。

干腌法的用盐量因原料和季节变化而变化。腌制火腿的用盐量通常为鲜腿质量的 9%～10%，当腌房的平均温度为 15～18 ℃时，用盐量需增加至 12% 以上。夏季需添加不超过 30 mg/kg 的亚硝酸钠进行发色。在生产西式火腿肠类制品时，通常在低温条件下采用混合盐进行腌制，以防止微生物污染。干腌蔬菜时，冬季用盐量一般为菜重的 7%～10%，夏季为 14%～15%，若需长时间储存则用盐量为 15%～20%。发酵型腌制需为乳酸菌的生长繁殖提供适宜的条件，因此用盐量一般为 2%～3.5%。同时，食品原料在装坛时需捣实后封坛，防止好氧菌生长繁殖使腌渍品劣变。

干腌法可分为加压干腌法和不加压干腌法，以及一次下盐法和分批下盐法。一次下盐法为腌渍时将所需的盐加入，后续不再添加；分批下盐法在腌渍时分 2 次或 3 次加盐。

分批下盐可控制形成的盐溶液在相对较低的浓度，从而减轻原料因剧烈失水而造成的皱缩，从而使得腌渍品具有较饱满的外观。腌渍初期是乳酸菌大量繁殖的阶段，相对较低的盐浓度有利于乳酸菌的生理活动，发酵旺盛产生大量乳酸，从而抑制有害微生物。分批下盐可缩短细胞组织与腌渍液可溶物浓度达到动态平衡时所需的时间，从而缩短腌渍时间。

干腌法具有操作方便、用盐量少、腌制品含水量低便于贮藏、营养成分流失较少的特点。但因其操作方法，易使腌渍品出现内部盐分分布不均的现象，且失水量大、减重多的原料的出品率较低；由于盐卤不能完全浸没原料，使畜肉、禽蛋、鱼肉暴露于空气的部分易引起“油烧”现象，使蔬菜暴露于空气的部分则易出现“生花”和“长膜”等劣变。

2. 湿腌法

湿腌法又称盐水腌制法，是将原料浸没在盛有一定浓度的盐溶液中，利用溶液的扩散作用和渗透作用使盐均匀渗入细胞组织内部，直至细胞组织内外溶液的盐浓度达到动态平衡的腌制方法。畜肉类、鱼类和蔬菜均可采用湿腌法进行腌渍。橄榄、李子、梅等制作凉果的胚料也可采用湿腌法进行保藏。

湿腌法的操作因原料的不同而各不相同。畜肉类多采用混合盐液进行腌制，且根据口味嗜好分为咸味和甜味；前者的盐糖比为 42～25，后者盐糖比为 7.5～2.8。畜肉类因营养成分丰富、易腐败变质，因此采用湿腌法加工时通常在低温下（2～4℃）进行，原料和盐溶液均需预冷至 3～4℃后才能腌渍。待腌制的肉块洗去附着的血液后放置于腌制液中，最上层放置木筐再压重石，防止肉块上浮。腌制时间由肉块大小决定，通常每 1 kg 肉块需腌制 3～5 d。当肉块较大、腌制时间较长时，腌制期间每隔 4～5 d 需倒垛 1 次，以保证腌制效果。畜肉类在湿腌时，蛋白质和其他可溶物的流失导致营养物质和风味消失，并转移进入腌渍液；使用老卤（多次使用的卤水）能在一定程度减少营养物质和风味的流失，但随着使用次数增加，含盐量会降低，可能滋生特殊微生物，因此需及时补充足量的食盐和硝酸盐，并定时去污杀菌。

鱼类腌制时需在低温下进行，通常为 5～7℃，但小型鱼类可采用较高温度进行腌渍。鱼肉中的水分渗出会降低盐水浓度，因此在腌制时需搅拌并及时补充食盐，维持腌渍液盐浓度，从而加快盐渗入鱼肉的速率。采用高浓度盐水腌制可缩短鱼肉腌制时间，因此通常采用饱和食盐水。近年来逐渐发展出了高温腌渍法，通过高温使酶失活并杀灭微生物，加快腌渍速率。咸蛋同样可采用湿腌法制作，将清洗后的蛋类泡入盐水中，30 d 左右即可完成腌制，但湿腌法制作的咸蛋蛋黄不容易“出油”。

果蔬湿腌时，盐溶液浓度可低至 2%～3%，通常以 10%～15% 为宜。果蔬的湿腌法包括如下几类。①浮腌法。该法是向果蔬中按比例加入盐水，使果蔬漂浮在腌渍液中，并定时搅拌，最终形成深褐色产品。在腌制过程中水分的蒸发会增加盐浓度。②泡腌法。该法是利用盐水循环浇淋腌池中的果蔬，能使果蔬快速腌成。③低盐发酵法。该法是以低于 10 % 的食盐水腌制果蔬，腌制期间有明显的乳酸发酵作用，成品的咸味和酸味适中。④暴腌法。该法是以低浓度盐水快速腌制果蔬原料，应现腌现吃，以保持果蔬的爽脆口感。若用盐腌法制作盐果胚时，应使食盐溶液的浓度达到 15% 至饱和，在后续加工时，盐胚需脱盐处理。

湿腌法是将原料完全浸没在浓度一致的盐溶液中，因此在保证腌渍品组织中的盐分分布均匀的同时，还能有效避免原料接触空气出现的“油烧”现象，但腌渍品的色泽和风味不如干腌法。

3. 注射腌制法

注射腌制法是广泛用于肉类的改良的湿腌法。为加速盐溶液的扩散作用、缩短腌制时间，首先发展出动脉注射腌制法，随后发展出肌肉注射腌制法。动脉注射腌制法主要用于完整的前后腿肉腌渍，肌肉注射腌渍法主要用于西式火腿和分割肉的腌渍。

（1）动脉注射腌制法

动脉注射腌制法是将腌制液经动脉血管运送到前后腿肉的腌制方法。

腌制时，将针头插入前后腿股动脉切口内，用注射泵将腌渍液压入，肉多的部位可再注射几针。虽然此法是从动脉注入，但腌渍液同时通过动脉和静脉在肉内分布，因此更准确的名称应为脉管注射。工业生产注射的腌渍液一般为 16.5° Be 或 17° Be，通常还会加入一定量的蔗糖，用量为 2.4～3.6 kg/L。此外，腌渍液中还需添加 150 mg/L 的亚硝酸钠。

动脉注射腌制法具有腌制速度快、出品率高的优点。但只能用于前后腿肉的腌制、使用范围有限，胴体分割时需保证动脉的完整性，且所得的腌渍品易腐败变质、需冷藏。

（2）肌肉注射腌制法

肌肉注射腌制法是用针头将腌渍液注射在肌肉内的方法，所用的针头在侧面也有孔，腌渍液可向四周射出。根据使用的器具，其可分为单针头注射法和多针头注射法两种。

使用肌肉注射腌制法时，腌渍液主要集中于注射部位的四周，难以迅速分散均匀，因此在注射后通常会用滚揉机、嫩化机等设备对肌肉组织进行一定强度的破坏，能有效促进腌渍液的扩散和渗透。单针头注射法通常为手工操作，主要用于实验、小批量生产或特殊产品使用。多针头注射法的注射密度大，腌渍液能快速在肌肉中分布；再对肉块进行滚揉，可加速肉块中盐溶蛋白的稀释，增加黏着力和持水力，改善产品的切片性，提高出品率。因此目前工业化生产主要使用多针头注射法，广泛应用于西式火腿和分割肉的腌制。

4. 混合腌制法

混合腌制法是将两种或两种以上腌制方法相结合的腌制技术。肉类加工时可将干腌法和湿腌法结合。干腌时，盐会溶解于腌渍液，能有效避免细胞液外渗导致的盐溶液浓度降低；湿腌能避免腌制品表面的脱水状态，减少营养成分的流失，使腌制品呈现良好色泽，且咸淡适中，但此法工艺较复杂、生产周期长。非发酵性果蔬腌制品采用干腌法和湿腌法结合腌制，先进行低盐干腌，脱盐 / 不脱盐后再进行湿腌，可获得独特的风味。

5. 快速腌制法

（1）滚揉腌制法

滚揉腌制法是肉类快速腌制的一种。肉类原料首先在 3～5℃下腌制 15 h 左右，随后放入滚揉机内间歇或连续滚揉，滚揉温度为 2～5℃，转速为 3.5 r/min，根据原料大小滚揉时间为 5～24 h。滚揉时，原料会在滚揉机内翻滚，有效促进了腌渍剂的渗透、盐溶蛋白的溶解及表面组织的破坏，从而缩短了腌渍时间、增加了肉块的持水力。此法通常与肌肉注射腌制法和湿腌法结合使用。

（2）高温腌制法

高温腌制法是将腌渍液在储液罐中加热并保持在 50℃左右，在腌制罐和储液罐间循环，而使腌制品保持在较高温度的腌制方法。高温可加快腌制液的扩散和渗透，从而缩短腌制时间，还可使腌制肉具有较好的嫩度和风味。但此腌制法在操作时应防止微生物污染腌渍液而造成腌制品变质。

（3）烫漂腌制法

烫漂腌制法是先将新鲜果蔬置于沸水中烫漂 2～4 min，再浸泡在常温水中降温，最后经盐腌制。烫漂可除去原料中的空气、钝化果蔬中影响产品感官品质的氧化酶类，而使腌制品表现出鲜艳的颜色。此外，烫漂还可杀灭果蔬表面携带的微生物、虫卵等。

6.4.2 糖渍

糖渍即用食糖对食品原料进行腌制，使糖渗入组织内部。用于糖渍的腌制原料主要为水果，除了选择适宜的品种，所用原料还需一定的成熟度。虽然形成的糖渍食品多种多样，但根据糖渍产品的加工方式和形态，糖渍可分为保持原料组织形态的糖渍和破碎原料组织形态的糖渍。

1. 保持原料组织形态的糖渍

保持原料组织形态的糖渍是将原料经洗涤、去皮、去核、切分、烫漂、护色、保脆等预处理，再经糖渍，形成的产品保持着原料的组织结构且形态完整饱满。由于此糖渍法需保持果实或果块组织形态，果蔬组织透糖的难易程度影响加工的效果。因此，此类糖渍可分为糖煮和蜜制两种方式。

糖煮是将原料用热糖溶液煮制并浸渍的加工方式，适用于肉质致密的原料，主要应用于果脯生产。糖煮工艺生产周期短、应用范围广，但原料经热处理后，产品的感官品质有所下降、维生素 C 损失较多。

蜜制是将原料用浓度 60%～70% 的冷糖溶液浸渍的加工方式，适用于肉质柔软且不耐糖煮的原料，主要应用于蜜饯的生产。蜜制能最大限度地保持果蔬产品原有的形态和外观，维生素 C 的损失也较少，但此法生产的产品含水量高、不利于保藏。

此外，李、梅、橄榄等原料经盐腌制成果胚后可长期保存；脱盐后添加多种辅料并以砂糖或糖液蜜制，可形成能保持原有组织形态的半干态产品，即凉果。

2. 破碎原料组织形态的糖渍

破碎原料组织形态的糖渍是将原料形态破坏，并利用果胶质的胶凝性质，加糖熬煮浓缩形成黏稠状或胶冻状的高糖高酸食品。常见的产品有果酱、果糕、果泥等。糖煮及浓缩是此工艺的关键工序，因此除了要求原料含 1% 左右的果胶质、1% 以上的果酸，还需根据原料的特点加入不同浓度的糖，以促进凝胶的成型与干燥。对终止加工的判断主要是通过折光计测定可溶性固形物含量或测定沸点的温度。

虽然糖渍类食品受到消费者的喜爱，但越来越多研究表明，高糖食物会对人体健康造成影响，因此降低糖含量但同时保持良好的感官品质是糖渍类食品面临的一大问题。

6.4.3　酸渍

酸渍是利用有机酸腌制食品的方法，通过提高有机酸浓度抑制微生物生长发育。根据有机酸的来源，可将酸渍分为人工酸渍和微生物发酵酸渍。

1. 人工酸渍

人工酸渍是以食醋及辅料配制成腌渍液浸渍食品的方法，主要用于果蔬类如黄瓜、大蒜等产品的酸渍。通常在酸渍前，需先对原料进行低盐腌制再按比例加入腌渍液进行酸渍。

2. 微生物发酵酸渍

微生物发酵酸渍是利用微生物发酵产生的乳酸腌制食品的方法，常见的酸制品包括泡菜、酸豆乳等。发酵的微生物为兼性厌氧菌，在腌制前期需要有氧环境促进微生物的繁殖，发酵时需要保证厌氧环境以促进酸类物质的生成。在利用微生物发酵酸渍食品时需注意防止杂菌的污染。

6.5　食品的烟熏

2500 多年前中国人就很好地掌握了烟熏肉制品的方法；欧洲的熏制食品真正发展于十二世纪前后。烟熏是一种可预防氧化、防止食品腐败变质而大大延长货架期的保藏手段，同时也是一种可产生特殊烟熏风味、形成诱人色泽、开发新产品的加工工艺。烟熏是在腌制的基础上，将原料放置在烟熏器具或烟熏室中，利用熏材不完全燃烧产生的烟气，使食物逐渐干燥并形成相应色泽和特殊风味的方式。烟熏主要应用于动物性食品，包括畜肉类、禽肉类和鱼类；少量植物性食品，如豆干等豆制品和乌枣等干果。

6.5.1　烟熏的作用

1. 防腐抑菌作用

食品在烟熏时会伴随着加热，当温度达到 40℃时即可直接发挥抑菌、灭菌作用。烟熏时可有效脱除原料中的水分，降低水分活度；原料表面也会因高温出现脱水现象、可溶性成分在组织内部转移，使得表层食盐浓度增加、抑制微生物生长繁殖；原料的表面蛋白因烟熏发生凝固，形成蛋白质变性薄膜，可在一定程度上阻止微生物进入食品内部，也可阻止食品内部水分蒸发和风味物质挥发。熏烟中的醛类和苯酚类物质具有杀菌作用，其中，甲醛具有很强的杀菌作用，且可与食品表面的蛋白质或氨基酸的游离氨基相结合，中和碱性。熏烟中的甲酸、醋酸等有机酸附着在原料表面，会使食品表面 pH 降低，可有效杀灭和抑制微生物。

2. 发色作用

烟熏可使食品具有良好的色泽，包括褐变形成的色泽和发色剂形成的色泽。

（1）褐变形成的色泽

肉类烟熏的一个很重要的作用是在表面通过美拉德反应形成烟熏特有的棕褐色，即蛋白质或氨基化合物与羰基化合物发生羰氨反应。在温度升高、水分含量降低的时候，美拉德反应会加快。羰基化合物除了可由原料或腌渍液中的糖类或碳水化合物提供，还可由熏材在产生熏烟的过程中产生。因此，烟熏制品的色泽与熏材的种类、熏制温度及原料表面的水分含量有关。熏材为山毛榉木，则熏制的肉品呈现金黄色；熏材为赤杨和栎树，可使熏制品呈现深黄色或棕色。当原料表面较干、熏制温度较低时，形成的褐色较浅；当原料表面潮湿、熏制温度较高时，形成的褐色较深。

（2）发色剂形成的色泽

肉类在烟熏前通常会在加入硝酸盐和 / 或亚硝酸盐的腌渍液中腌制，形成鲜红色一氧化氮肌红蛋白（NO–Mb）。但 NO–Mb 不稳定，需在加热 / 烟熏和盐的共同作用下，蛋白变性与血红素解离，形成一氧化氮肌血原，才能形成稳定粉红色。

$$\text{一氧化氮肌红蛋白} \xrightarrow{\text{盐，加热 / 烟熏}} \text{一氧化氮肌血原}$$

3. 呈味作用

肉类原料中含有丰富的前体物质，在高温作用下会形成醛类、酮类、酯类、呋喃类、吡嗪类和含硫化合物等香气物质。肉中的蛋白质、氨基酸、多肽、核酸、糖类和脂类会在烟熏过程中发生水解、氧化、脱水和脱羧基等反应，还原糖类和氨基酸或多肽发生美拉德反应，所产生的挥发性物质和非挥发性物质在高温条件下会发生反应，从而形成多种香气物质。

熏材在不完全燃烧的情况下产生的烟气中，不仅含有酸味和苦味等物质，还含有香气物质，即熏香。食品原料在烟熏的过程中，通过吸附作用吸附这些香气物质，结合自身的香气物质就形成了烟熏制品的特征性风味。

6.5.2　烟熏风味主要成分

熏烟是气体、液体和固体微粒组成的混合物。熏烟的成分复杂，受熏材种类、燃烧温度、燃烧条件等因素影响，目前已从木材熏烟中分离出200多种化合物。烟熏风味主要成分为酚类物质、醇类物质、有机酸呋喃类物质等，这些具有烟熏特征的挥发性风味物质决定了烟熏制品的品质。

1. 酚类物质

酚类物质及其衍生物是木质素分解产生的，在400℃时木质素分解最强烈。酚类物质被描述为烟味、焦味、酚味和刺鼻味等风味物质，在低浓度条件下表现为烟熏风味。酚类物质阈值较低，为10～3500 μg/kg。酚类物质是烟熏制品的特征风味物质，熏制后其种类和数量均有所增加，通常被认为是烟熏风味的关键物质。

酚类物质是木材熏制品中含量最高的特征风味物质，熏制的肉制品中酚类物质的种类和含量的差异较大。苯酚、2-甲基苯酚、愈创木酚、4-乙基愈创木酚等是烟味、木味、灰烬味和呛鼻等烟熏风味物质。常见烟熏肉制品中主要的酚类物质为27种，包括愈创木酚、苯酚、4-乙基愈创木酚、2,4-二甲基苯酚和丁香酚。酚类物质在烟熏制品中还起着抗氧化、防腐抑菌作用，并促进烟熏色的产生。

2. 醇类物质

熏烟中醇类物质种类好多，其中最常见的是甲醇。甲醇是熏材分解的主要产物之一，因此也称为木醇。熏烟中还含有伯醇、仲醇和叔醇等，但通常被氧化成对应的酚类物质。醇类物质在烟熏的过程中主要作为挥发性物质的载体，对风味的形成无显著作用，且杀菌抑菌作用弱。

3. 有机酸

熏烟中含有简单有机酸（C_1～C_{10}），其中C_1～C_4的有机酸主要存在于蒸气相，C_5～C_{10}的有机酸则附着在固体载体微粒上。有机酸主要来自熏材中纤维素和半纤维素的分解。纤维素分解最强烈的温度为300℃左右，半纤维素分解最强烈的温度为250℃左右。有机酸对烟熏制品的风味影响极弱。酸类具有较强的杀菌作用，但在烟熏过程中产生的有机酸仅聚集于烟熏制品表面，仅当聚积到一定浓度才能具有杀菌作用，因此有机酸在烟熏制品中更多的作用是促进表面蛋白质变性、凝固，形成外皮。

4. 呋喃类物质

呋喃类物质能缓解酚类物质的强烈烟熏味，形成易接受的混合烟熏风味，包括2-甲基呋喃、2- 乙酰基呋喃、5- 甲基糠醛、糠醇和糠醛等。一些呋喃类物质阈值较低，对整体风味贡献较大。糠醛、5- 甲基糠醛存在于大部分烟熏制品中。糠醛具有苦杏仁味、肉桂味、土豆味、面包味及焦糖味等；5- 甲基糠醛具有焦糖味、杏仁味、烤红薯味和焦香味等。

5. 羰基化合物

熏烟的蒸气相和固体颗粒中存在大量的羰基化合物。现已确定的羰基化合物包括 2- 戊酮、戊醛、2- 丁酮、丁醛、丙酮、丙醛、丁烯醛、乙醛、异戊醛、丙烯醛、异丁醛、丁二酮（双乙酰）、丁烯酮等。存在于蒸气相内的羰基化合物具有非常典型的烟熏风味，且大多数可参与美拉德反应，使食品形成棕褐色。因此，羰基化合物对烟熏制品的色泽、风味有重要的作用。

6. 吡嗪类物质

吡嗪类物质是杂环含氮化合物，在木烟中易检出。吡嗪类物质阈值较低，能提供坚果香等风味，修饰烟熏风味。

7. 烃类物质

烟熏食品中分离得到的多环芳烃（PAH）中包括苯并（α）蒽、二苯并（α，*h*）蒽、苯并（α）芘、苯并（*g*，*h*，*i*）芘，芘和 4- 甲基芘等。三环以下的芳烃无致癌作用，四环芳烃致癌作用较弱，而五环以上的芳烃具有较强的致癌作用，以 3,4- 苯并芘含量最多、污染最广、致癌性最强，是熏烟中安全控制的重要指标。多环芳烃对烟熏制品无防腐作用，不会产生特有风味，多附着在熏烟的固相上，因此可以去除掉。

目前，减少 3,4- 苯并芘的方法如下。①控制生烟温度。苯并芘和苯并蒽由木质素分解产生，温度在低于 400℃时生成量极微；400～1000℃时生成量随温度上升急剧增加，生成量从 5 μg/100 g 木屑增加到 20 μg/100 g 木屑。因此，燃烧温度控制在 400℃以下时可有效减少此类物质产生。②多环芳烃相对分子质量大，大多附着在熏烟的固相上，可用棉花过滤或淋水除去。③使用烟熏液。目前已有不含 3,4- 苯并芘的烟熏液可供使用，可避免直接使用熏材生烟产生有害物质。④食用时去皮。烟熏形成的 3,4- 苯并芘约有 80% 累积在烟熏制品表面，因此食用时去除肠衣可大大减少此类物质的摄入。

6.5.3 传统烟熏方法

传统烟熏方法是将待熏原料悬挂于燃烧的木材或锯末上直接熏制。随着工业化的进行，逐渐开发出了新的烟熏方法，使得操作更简单或得到的烟熏制品品质更均一。

1. 按原料的加工过程分类

（1）熟熏

待烟熏的原料在熏制前已熟制的烟熏方式称为熟熏，具有熏制温度高、熏制时间短的特点，酱肉类、烧鸡等产品的熏制均为熟熏。

（2）生熏

熏制前只对原料进行修整、腌制等处理，具有熏制温度低、但熏制时间长的特点，通常用于西式火腿、培根等的制作。

2. 按熏烟的生成方法分类

（1）直接火烟熏

直接火烟熏是最原始的烟熏方法，是将待熏产品垂挂在烟熏室，直接燃烧熏材进行熏制。此法无须复杂设备，但因熏烟密度、温度、湿度不均匀，因此所得的烟熏产品品质不均一。

（2）间接发烟法

间接发烟法是利用熏烟发生装置获得一定温度和湿度的熏烟，再送入烟熏室对待熏产品进行烟熏，是目前广泛使用的烟熏方法之一。熏烟发生装置和烟熏室是两个独立的结构，因此可有效解决熏烟温度和湿度不均匀的问题。同时还可通过调节熏材燃烧的温度、湿度、氧气量控制熏烟的成分。

3. 按熏烟过程中的温度范围分类

（1）冷熏

熏制时熏烟和空气混合气体的温度不超过 25℃（一般为 15～20℃）的烟熏过程称为冷熏。熏制前，原料需进行腌渍。此法熏制时间较长，通常为 4～20 d，最长可达 35 d。采用冷熏熏制时，原料的水分损失大、成品含水量低（40% 以下），使产品风味增强、盐含量和熏烟成分聚积量增加，有效延长制品的保质期。冷熏主要用于干制的香肠，特别是烟熏生香肠的制作，也可用于培根等无需加热工序的熏制品的生产。

（2）温熏

熏制时熏烟和空气混合气体的温度为 30～50℃的烟熏过程称为温熏。温熏熏制时间为 1～2 d，低温条件下可熏制 2～3 d。温熏的温度超过了脂肪的熔点，脂肪易游离，所得的熏制品质地略硬。温熏常用于脱骨火腿等产品的生产。在熏制时温度缓慢上升、产品减重少、风味良好，但因烟熏的温度利于微生物生长，熏制品的耐藏性差，生产的熏制品在完成烟熏后或食用前需水煮。

（3）热熏

熏制时熏烟和空气混合气体的温度为 50～85℃的烟熏过程称为热熏，实际生产中常用 60℃混合气体进行熏制。因烟熏的温度较高，能有效抑制微生物的生长繁殖，短时间内熏制品能形成较好色泽，因此烟熏时间较短（4～6 h）。在熏制时，温度需缓慢升高，若升温过快会出现发色不均匀的现象，还会在熏制品表面快速形成干膜，阻止内部水分渗出，但也阻碍了熏烟成分向内部的渗透，熏制品的内渗深度和色泽较冷熏浅。

（4）焙熏

熏制温度为 90～120℃的烟熏方法称为焙熏。由于熏制温度较高，熏制和熟制同时进行。焙熏熏制时间短，一般为 2～12 h。但焙熏时，因温度高，原料表层的蛋白质会迅速凝固形成干膜，妨碍熏制品内的水分外渗，延缓了干燥过程，熏制品的含水量较高（50%～60%），盐分及熏烟成分含量低，脂肪受热容易熔化。熏制品可直接食用，无需熟制，但贮藏时间较短，一般仅为 4～5 d。

4. 烟熏工艺控制

（1）熏烟浓度

烟熏时，熏房中熏烟浓度一般可用 40 W 电灯来确定：若离 7 m 可见物体，则熏烟不浓，离 60 cm 就不可见物体时，表明熏烟很浓。

（2）烟熏方法的选择

高档产品、非加热制品最好采用热熏；热熏时，以不发生脂肪熔融为宜。如烟熏火腿以足以杀死肉内旋毛虫的热量为限，中心温度最终达到 60℃；各类肠制品和方形肉制品的最终肉中心温度为 68.5℃。

（3）烟熏程度判断

烟熏程度可从制品表面一定深度（5 mm 或 10 mm）采样分析，测定所含酚醛量。

6.5.4 新型烟熏方法

1. 电熏

电熏是应用静电进行烟熏的一种方法，是将原料通 1～2 万 V 直流电或交流电而使烟熏味渗入肉品内部的熏制方法。熏烟的粒子会急速吸附于制品表面，从而大大增加熏烟的吸附速率。电熏法能有效杀灭微生物，但成本较高，且会导致肉品内部甲醛含量升高。

2. 液熏

液熏又称无烟熏法，是利用熏材干馏生成的木醋液或其他方式将熏烟制成无毒液体，将原料浸泡 10～20 h 或喷涂后干燥，以代替传统烟熏方法。液熏不仅能使肉制品具有诱人的色泽，也可赋予肉制品烟熏的风味，且可有效避免 3,4- 苯并芘等有害物质的产生，是一种安全的熏制方法。液熏所使用的烟熏液成分稳定，整个液熏工艺简单、操作简单，有利于实现烟熏的机械化和连续化，是食品烟熏的发展趋势。

（1）烟熏液

烟熏液也称液体烟熏剂，为淡黄色至红棕色液体，具有浓郁的烟熏风味。烟熏液是以天然植物成分及枣核、山楂核等为原料，热解后将烟雾引入有逆向水流或循环烟吸收液的吸收塔，使可溶性成分被吸收并达到一定浓度，随后冷却、静止，使大多数多环芳烃聚集于焦油液滴，并将其过滤、去除。烟熏液中主要为酸类（甲酸、乙酸、丙酸、丁香酸、香草酸）、酚类（愈创木酚、丁香酚、2,6- 二甲氧基 -4- 甲级酚，4- 甲级愈创木酚）、羰基类（丙酮、糠醛、巴豆醛、乙二醛、甲基乙二醛、丙酮醇、乙醛）及烃类化合物。

烟熏液的生产易于实现机械化、电气化、连续化生产。烟熏肉制品企业可直接购买成品液熏液，从而减少传统熏制方法在厂房、设备方面的投资。烟熏液因不含 3,4- 苯并芘等致癌物质，熏制的食品安全性较高。但由于活性羟基化合物间及与酚类物质间存在聚合倾向，会影响食品形成棕褐色的潜力，因此熏制品需低温存放。

（2）烟熏液的性能

烟熏液在使用时需稀释成不同浓度，因此应具有良好的水溶性。水溶性烟熏液应保持天然形成的形态。不论以何种方法使用，烟熏液需有良好的渗透性，保证进入食品内部发挥熏制效果。烟熏液的易氧化性可使熏制品形成诱人的色泽，增强感官品质，并能使熏制品表面形成薄膜，防止水分和油脂流失，从而改善质地。此外，烟熏液还需具有杀菌、抗氧化作用，从而延长熏制品的货架期。烟熏液可贮存在棕色玻璃瓶或塑料桶内，但需长时间、大量贮存时，应用大缸密封并置于干燥通风环境中。

（3）烟熏液的使用方法

① 调合法：适用于香肠、火腿肠等肉糜类食品。将烟熏液稀释后与肉糜混合，搅拌均匀后按工艺熏制即可。此方法主要偏重产品风味的形成，不能促进产品色泽的形成。

② 浸渍法：适用于块状肉制品。将稀释的烟熏液与香料混合制成腌制液，将预处理的原料肉浸渍一定时间后再进行后续生产。

③ 置入法：适用于罐头类肉制品。将烟熏液与香料混合后注入已装罐的罐头并封口，利用杀菌过程使烟熏风味剂分布均匀。

④ 涂抹法：适用于块状肉制品。利用刷子将一定量的烟熏液涂在原料肉上，当原料肉较大时会使烟熏液的浸渍变慢，需分次涂刷。

⑤ 喷淋法：适用于小块肉制品。将烟熏液喷洒于肉表面，为使熏味均匀，需边喷洒边翻转；此外也可加热烟熏液使挥发性成分附着于肉表面。

⑥ 注射法：适用于火腿等大块的肉制品。利用注射器将烟熏液注入肌肉，每个部位均需注射，且需边注射边辊揉，使烟熏液均匀分布在原料肉中，再按相应工艺熏制。

烟熏液主要用水进行稀释，可添加醋或柠檬酸。如以20%～30%烟熏液、5%醋或柠檬酸及65%～75%水配制成使用烟熏液。添加醋或柠檬酸等酸类物质可促进风味，并减少烟熏液的使用。生物质炭对咸味和烟熏风味具有调节作用，可辅助33%木醋液获得风味良好的熏制品。虽然烟熏液使用方便，但熏制品褪色较传统烟熏法快，且口感脆度稍差。

3. 纸熏

纸熏是继液熏后的新方法。该方法是将特质吸墨纸浸没于烟熏液中充分吸收烟熏液，再干燥并密封制成具有浓郁烟熏风味的烟熏纸。烟熏纸是一种清洁的烟熏材料，可形成与木熏相同的风味，且大大降低了有毒成分的含量，但该方法目前还处在研究阶段，未进行工业化生产。

4. 水蒸气渗透烟熏

水蒸气渗透烟熏是一种新型烟熏方法，利用具有烟熏风味的盐对原料肉进行腌制，并通过控制温度、湿度及盐腌过程，从而调节熏制品对氯化钠的吸收，并促进原料的脱水过程，该方法主要应用于烟熏鱼制品。

6.5.5 熏烟产生的方法

1. 燃烧法

燃烧法是将熏材放在电热燃烧器上使其燃烧产烟，通过控制空气流通速度和熏材湿度来控制燃烧温度。

2. 摩擦发烟法

摩擦发烟法是利用熏材与带有摩擦刀刃的高速转轮间剧烈摩擦产生的热，使削下的熏材热分解产生熏烟的方法。

3. 湿热分解法

湿热分解法是将空气与水蒸气混合并加热至300～400℃后，使热气通过熏材，使熏材发生热分解。熏材是锯末、稻壳、碎甘蔗皮等时，采用此法易产生熏烟。因熏烟和水蒸气同时流动，产生的烟气潮湿，使用前需除湿。熏烟在使用时需先将温度降低至80℃，使烟气凝缩并附着在食品上，因此该法也称凝缩法。

4. 流动加热法

流动加热法是利用压缩空气将熏材吹入反应室，与300～400℃过热空气混合，使浮游于反应室内的熏材发生热分解，产生的熏烟随空气进入烟熏室。因烟气的流速较快，灰化的熏材易混在熏烟中，因此需用分离器分离。

5. 炭化法

炭化法是将熏材装入管内，用电热炭化装置在300～400℃将其炭化。此法生产熏烟时，因空气被排出，因此产生的熏烟干燥、浓密。

6. 两步法

两步法按熏烟的成分及含量分为热分解与后续氧化两步的方法。为得到石炭酸、有机酸含量较高但不含多环烃类物质的安全熏烟，将产烟过程分为两步：①将N_2或CO_2等不活泼气体加热至300～400℃，使熏材发生热分解；②将200℃的烟气与加热的N_2或CO_2混合，使其氧化、缩合，最后送入烟熏室。

6.5.6 影响烟熏风味的因素

烟熏风味的形成过程烦琐，通常对熏材进行焚烧或热分解，直接利用或通过冷凝干馏产生的烟气，分离获得烟熏风味剂，风味受到多种因素的影响。

1. 熏烟成分

熏烟是熏材极慢燃烧或不完全氧化产生的蒸气、气体、液体（树脂）和微粒固体的混合物，包括酚类、呋喃类、酮类和吡嗪类等200余种物质。当熏材缓慢燃烧或不完全氧化时，若温度低于100℃，会产生CO、CO_2和挥发性短链有机酸；若温度达到200℃，开始发生热分解，形成熏烟；若温度达到260～310℃时，产生焦木液和焦油；若温度在310℃以上时，木质素裂解产生酚及其衍生物；3,4-苯并芘和苯并蒽等致癌物质多在400～1000℃时产生。石炭酸类、有机酸类、乙醇类、羰基类成分及碳氢化合物的含量和比例均是影响烟熏风味的重要因素，其在600℃时形成最多，因此一般将熏烟生产温度控制在400～600℃，再结合过滤、冷水淋洗及静电沉降等处理，排出致癌物，即可获得高品质的熏烟。

2. 熏材

熏材是影响烟熏风味的重要因素。不同熏材的木质素、纤维素和半纤维素等主要成分含量不同，造成燃烧的烟气中挥发性成分和半挥发性成分的含量不同，从而使得特征风味具有较大差异。由于树脂含量较高的松木等熏材会在燃烧时产生大量黑烟，使肉制品表面发黑并产生苦味及多萜烯类不良气味。因此，传统肉制品通常选用树脂较少的阔叶树木，如柞木、杨木、桦木、山核桃木、樱桃木、苹果木、山毛榉木、胡桃木等，其中以胡桃木为优质熏材。与常用的山毛榉木相比，杨木烟气中愈创木酚、4-甲基愈创木酚、丁香醇、丁子香酚及反式异丁子香酚等酚类物质总含量更高。

木屑、玉米穗轴和谷壳等是常用的熏材。有的地方特产使用松柏木熏制，如河北柴沟堡熏肉用当地的柏木作为熏材，山东济南的鱼火腿用松木作熏材。稻壳等原料也可作为熏材。通过对蔗糖、红茶、面包粉不完全燃烧烟气回收冷凝液的分析发现，其挥发性化合物的主要成分为呋喃类、糠醛、5-甲基糠醛、咖啡因、5-羟甲基-2-糠醛及2,6-二甲基吡嗪，其中呋喃类物质是蔗糖烟气中的主要化合物，咖啡因等物质主要由红茶叶热分解产生，吡嗪类物质是面粉和红茶叶烟气中的风味化合物。

3. 烟熏设备

不同的烟熏设备会使熏烟的特征成分出现显著差异。常用的烟熏设备为阴燃烟气发生器、蒸气烟气发生器、摩擦烟气发生器和触摸式烟气发生器等。其中阴燃烟气发生器是利用木片进行发烟，温度为500～800℃，可通过控制供氧量控制熏烟成分。蒸气烟气发生器是在400℃左右利用过热蒸气产生熏烟。摩擦烟气发生器通过摩擦使木材表面温度升高至300～400℃产生熏烟。触摸式烟气发生器是通过加热板直接接触熏材使其热分解产生熏烟。由于熏烟产生的方式、温度和氧气量不同，而使熏烟的组成和特征成分差异较大。

4. 烟熏工艺

熏材在不同燃烧阶段产生成分不同的熏烟。燃烧温度和氧气含量也对熏烟成分有较大影响。石炭酸是熏烟的理想成分，氧气充足时生成量增多，供氧量为完全氧化所需氧气的8倍时，石炭酸产生量达到最大。此外，在400℃时，石炭酸的产生量最大，是理想的烟熏温度。但此温度也是苯并芘等多环芳烃的最大生成带，因此不利于食品安全，目前熏材燃烧的温度控制在340℃。烟熏的温度有利于提高原料肉中内源酶的活性，因此熏制温度通常为50～80℃。例如香肠通常在66～70℃条件下熏制3～3.5 h。烟熏液在精馏过程中会去除一部分挥发性成分，因此传统方法烟熏肉制品中的特征风味物质的种类和含量均高于烟熏液肉制品。

6.6　烟熏风味的提取与检测

6.6.1　烟熏风味的提取

1. 固相微萃取

固相微萃取是利用熔融石英纤维或具有选择性固相/液相聚合物膜的石英纤维头层从烟熏肉制品中提取待分析成分。该方法操作简便、快捷，样品使用量少，是目前风味提取广泛使用的方法。但固相微萃取的数量有限，难以提取非挥发性成分和大分子物质，因此制约了其在更多领域的应用。

2. 同时蒸馏萃取

同时蒸馏萃取利用蒸馏水蒸气将挥发性成分带出，与有机溶剂蒸气混合、萃取，再冷却循环，将蒸馏和萃取有机结合，从烟熏肉制品中提取挥发性风味物质。蒸馏萃取设备简便、成本较低，风味物质的浓缩效果好，可用于半挥发性成分和大分子物质的提取。但水加沸需经过较长时间，易水解成分易被破坏，且样品和有机溶剂用量较多，可能产生衍生物，并造成环境影响。

3. 超临界流体萃取

超临界流体萃取是利用超临界流体溶解并分离食品中的挥发性成分，通常以无毒无害的 CO_2 作为萃取剂。该方法能有效地溶解和分离有机物，且不会产生新物质。但超临界流体萃取的设备昂贵，且主要用于香料、油脂和饮料的制取，在肉制品中应用较少。

4. 吹扫–捕集法

吹扫–捕集法也称动态顶空提取法，为非平衡动态连续萃取，通过惰性气体吹扫出样品的顶空挥发性物质并利用吸附管捕获，经再加热或溶剂洗脱使挥发性物质溶解并进入气相色谱–质谱联用仪进行分离、分析并提取挥发性成分。吹扫–捕集法取样量少、受基质干扰小，能有效分离低沸点物质和高沸点成分，且无高温加热过程，有利于不稳定成分的提取。但该方法步骤烦琐，易引入杂质，前处理条件严格。

6.6.2 烟熏风味的检测

1. 气相色谱法

气相色谱法是用微量注射器吸入一定量气体或液体样品注入气相色谱仪，不同组分通过固定相的速率不同，从而在不同时间离开色谱柱出口，利用检测器在色谱柱出口检测每个组分到达出口的时间及组分的量。气相色谱法常用检测器包括真空紫外线检测器、热导检测器、原子发射检测器、氢火焰离子化检测器、火焰光度检测器、光电离检测器、电子捕获检测器等。

2. 气相色谱–质谱联用法

气相色谱–质谱联用法是气相色谱与质谱联用的综合检测技术，是目前最常用的风味物质检测方法之一，可进行定性和定量分析。质谱能利用标准谱图的信息库与待测物对比，有效鉴定未知化合物，并通过保留指数，完善定性分析。但该法不能确定风味物质的特征，也不能评价某个成分对整体风味的贡献程度。

3. 气相色谱–嗅辨法

气相色谱–嗅辨法是在气相色谱柱出口安装分流口，使分离的气味一半流向检测器，一半流向嗅闻口，通过评价人员对气味的嗅闻和仪器对组分的检测完成风味物质的分析。评价人员需进行一定的训练，并利用专业的化学术语和标准词汇描述香气特征。

4. 电子鼻

电子鼻是利用仿生原理模仿哺乳动物嗅觉器官，对整体挥发性组分进行分析、识别和检测的方法。与感官评价相比，电子鼻受主观因素及外界环境的影响不大，测量结果更加客观，可在一定程度上取代感官评价，目前主要在肉制品中用于新鲜度、品质和卫生的判断、整体风味分析。但由于电子鼻传感器与人类嗅觉细胞仍有较大差距，因此对嗅觉信息的选择有限，使得部分信息无法被检测到，因此常与电子舌、气相色谱－质谱联用仪、气相色谱－嗅辨仪、近红外光谱及紫外可见光谱等仪器联用。

思考题

1. 试述扩散和渗透作用在食品腌渍中的主要作用及影响因素。
2. 试述盐腌的主要方法及特点。
3. 试述烟熏的目的与作用。
4. 试述熏烟中的主要成分及其作用。
5. 试述主要的烟熏方法及其适用范围。

第 7 章　食品化学保藏

食品化学保藏有着悠久的历史，是食品保藏的重要组成部分和重要分支，也是食品科学研究的一个重要领域。随着化学工业和食品科学技术的发展，天然提取和化学合成的食品保藏剂逐渐增多，食品化学保藏获得新的发展，现已成为当代食品保藏不可缺少的技术。食品化学保藏广泛应用于食品的各领域，如果蔬制品、肉制品、饮料、面糖制品、调味品、快餐食品、预制菜等。

7.1　食品化学保藏及其特点

7.1.1　食品化学保藏的概念

食品及其加工的原材料往往都具有丰富的营养物质，在食品生产、加工等过程中，微生物的活动、氧化作用和酶作用是食品保藏的主要问题。微生物能在食品中生长繁殖，导致食品的腐败；食品中油脂及其他成分的氧化会导致油脂酸败、食品营养价值降低、维生素破坏、食品变色等问题。食品化学保藏就是在食品生产、加工、储存、运输、储藏、销售过程中使用化学物质（食品添加剂）来延长食品的储藏期、保持食品原有品质的措施。

7.1.2　食品化学保藏的特点

与其他食品保藏方法如罐藏、冷（冻）或低温保藏、干藏等相比，食品化学保藏具有使用简单方便、经济实惠的特点，一般不影响食品感官特征。但它只能在一定的范围和有限时间内保持食品原来的品质状态或减缓、防止食品变质，属于一种暂时性或辅助性的食品保藏方法。食品化学保藏需要掌握好保藏剂添加的时机，若控制不当就起不到预期的作用。食品保藏剂的使用并不能改善低质食品的品质。

通常在人口集中、农业产区偏远和交通运输不便等情况下，采用食品化学保藏运输、贮藏食品比较适用。在炎热的地区比冷凉地区需要使用更多的防腐剂和抗氧化剂，这是因为高温、高湿的环境易于微生物的生长繁殖和食品氧化酸败的发生。

7.1.3　食品化学保藏的发展简史

用化学制品保藏食品有着悠久的历史，如盐渍是我国一种非常古老的食品化学保藏法。在没有化学合成食品保藏剂之前，人们已经寻找到了大量使食品保质期延长的办法，如高盐腌制、高糖蜜制、酸渍、泡酒、烟熏等，这些方法早已是人们在食品加工保藏过程中的有效措施，也是我国人民智慧的结晶。随着食品工业的发展，传统食品保藏方法已不能满足需要，人们对食品保藏方法提出了更高的要求，如操作更简单、保质期更长、保藏成本更低等。基于此，化学产品用于食品保藏的做法开始流行。食品化学保藏最早是在20世纪初开始发展的，早期的化学保藏剂主要有甲醛、硝酸盐类等高毒产品，以后又研究出苯甲酸、苯甲酸钠、脱氢醋酸钠、双乙酸钠等化学合成的食品保藏剂。1906年，市场上用于食品保藏的化学制品已达到12种之多，随后的40多年却发展缓慢，直至20世纪50年代，随着化学工业和食品科学的发展，化学合成的食品保藏剂逐渐增多，在世界各国的食品储藏中得到了普遍应用并呈现日益增长的趋势。

食品保藏剂能有效防止食品由微生物所引起的腐败变质现象，充分保护有限的食品资源，从而延长食品的储藏期，以减少已收获的食物和已制成的食品的各种损失。例如在油脂中加入抗氧化剂以防止油脂氧化变质，在酱油中加入苯甲酸来防止酱油变质，等等。有数据显示，粮食由于储藏的损失约占总量的14.8%，食品、水果的变质损耗达25%～30%，蔬菜损耗约占30%。因此，食品化学保藏剂已成为减少食物变质损失的重要手段。可以说，没有食品化学保藏剂就没有现代食品工业，食品化学保藏剂对现代食品工业的发展作出了很大贡献。

现代食品工业的产品不再是传统概念的食品，而是要经得起长期贮存，耐得住长途运输，还要适宜密封包装，因此防腐和保鲜是必需的，现阶段我国的食品添加剂中防腐剂和保鲜剂的需要量一直在增加。但国内生产该类产品的产量小、品种少、成本高，不能满足实际生产的要求。随着科学技术的进步、人们生活和消费水平的提高以及营养知识的普及，人们发现化学合成的食品化学保藏剂存在对人体健康的巨大威胁，对食品的安全水平提出了更高的要求，食品化学保藏剂的发展将呈现新的趋势。

7.2　食品化学保藏剂及其使用要求

7.2.1　食品化学保藏剂的概念

在食品生产和贮运等过程中添加的用于延长食品耐藏性或防止食品原材料及产品品质（如色、香、味等）变化的化学合成或天然物质，通称为食品化学保藏剂。

7.2.2　食品化学保藏剂的种类

食品化学保藏剂的种类繁多，按照食品化学保藏剂的生产原料和加工工艺，可分为天然食品添加剂和人工合成食品添加剂。

按照食品化学保藏剂的理化性质和参与保藏情况，可分为直接参与食品组成的食品化学保藏剂和以改变或控制食品内外环境因素对食品起保藏作用的食品化学保藏剂。

按照保藏作用机制，食品化学保藏剂可分为防止或延缓由微生物引起的食品腐败变质的防腐剂以及防止或延缓因氧化作用、酶作用等引起的食品变质的抗氧化剂、脱氧剂、酶抑制剂、干燥剂等。与之对应的就有食品防腐保藏剂、食品抗氧化保藏剂及食品保鲜保藏剂等。

7.2.3　食品化学保藏剂的使用要求

在食品加工过程中为改善食品品质（包括色、香、味等）以及为防腐、保鲜和加工工艺的需要而加入的化学合成或天然物质属于食品添加剂，故食品化学保藏剂属于食品添加剂，应必须按照食品添加剂进行管理，并要符合《食品安全国家标准 食品添加剂使用标准》（GB 2760—2024）的要求，以保证消费者的身体健康。

《中华人民共和国食品安全法》规定：食品生产者、经营者应当依照食品安全国家标准关于食品添加剂的使用原则、允许使用的食品添加剂的品种、使用范围、最大使用量或残留量的规定使用食品添加剂；不得在食品生产中使用食品添加剂以外的化学物质和其他可能危害人体健康的物质。

在使用食品化学保藏剂时应符合以下基本要求。

① 不应对人体产生任何健康危害；②不应掩盖食品腐败变质；③不应掩盖食品本身或加工过程中的质量缺陷，不得以掺杂、掺假、伪造为目的而使用食品添加剂；④不影响食品的感观、理化和营养；⑤在达到预期的效果下尽可能降低在食品中的用量；⑥少量使用时就能达到防止腐败变质或改善品质的要求；⑦不会引起食品发生不可逆性的化学变化，并且不会使食品出现异味，但允许改善风味；⑧不会与生产设备及容器等发生化学反应；⑨在提出使用新的食品保藏剂时，必须通过动物实验和安全性评估确定其安全性对消费者有益的证据；⑩在选用保藏剂时，要保证足够纯度，有效地避免在保藏剂中出现有害杂质；⑪ 不允许将食品保藏剂用来掩盖因食品生产和贮运过程中采用错误的生产技术所产生的后果；⑫ 已建立经济上切实可行的合理生产过程并能取得良好的保藏效果时，不应再添加食品保藏剂；⑬ 食品中加有保藏剂等添加剂时应向消费者说明，如在商标纸或说明上标明所用的食品添加剂种类。

7.3 食品化学防腐剂

从广义上讲，凡是在食品生产、贮运、销售、消费过程中能抑制微生物的生长、延缓食品腐败变质或食品内各成分的新陈代谢活动，从而避免在食品保质期内出现发酵、霉变和腐败等化学变化的物质都可称为防腐剂，包括在食品加工中经常添加的食盐、食醋、蔗糖和其他调味料物质。食品防腐保藏是使用防腐剂抑制微生物生长繁殖的保藏方法。因食品防腐剂能抑制微生物生长繁殖或杀灭微生物的物质，亦称抑菌剂或杀菌剂。食品防腐剂大多以添加剂的形式融入食品之中，成为食品的组成部分。因此，卫生安全、使用有效、不破坏食品的固有品质是食品防腐剂应具备的基本条件，三者缺一不可。

为了正确有效地使用食品防腐剂，应该充分地了解引起食品腐败的微生物种类，各种食品防腐剂的理化特点、功能特性、使用方法和影响防腐效果的主要因素，根据食品的性质、保藏状态和预期保藏时间长短来确定所用食品防腐剂的种类、用量及使用方法。

7.3.1 引起食品腐败变质的微生物

引起食品腐败变质的微生物包括细菌、霉菌和酵母菌。微生物分为病原性微生物和非病原性微生物，或者有芽孢微生物和无芽孢微生物，或者嗜热微生物、嗜温微生物和嗜冷微生物，或者好氧微生物和厌氧微生物，或者分解蛋白能力强的微生物和分解碳水化合物能力强的微生物。有的微生物会导致食品变质而使人中毒，而食物中毒又分为感染性中毒和毒素型中毒。

1. 引起泡菜腐败变质的微生物

泡菜在发酵过程中会产生大量的微生物，有些微生物可以促进泡菜的发酵，而有些微生物则会引起泡菜的腐败。从腐败榨菜中分离得到7株细菌菌株和3株酵母菌菌株，其中坚强芽孢杆菌和蜡状芽孢杆菌可以引起榨菜变质。工业泡青菜的细菌主要有：乳杆菌属、盐单胞菌属、假单胞菌属、弧菌属、盐弧菌属、欧文氏菌属等，其优势菌属为乳杆菌属；真菌主要是德巴利氏酵母菌属、假丝酵母属、酵母属、柯达酵母属等，其优势菌属为德巴利氏酵母菌属。

2. 引起肉制品腐败变质的微生物

冷却肉生产、储存于低温条件下，霉菌和酵母菌作用不大。细菌中假单胞菌属的荧光假单胞菌、莓实假单胞菌、隆德假单胞菌为主要的肉制品腐败菌种。肉脯、肉干制品中，曲霉菌、青霉菌、镰刀霉菌为主要的肉制品腐败菌种。烟熏肉中，微球菌、乳酸菌、链球菌、明串珠菌、微杆菌，还有部分酵母菌和霉菌为主要的肉制品腐败菌种。

3. 引起烘焙类食品腐败变质的微生物

烘焙类食品营养物质丰富、水分含量高，特别适合霉菌的生长。蒸蛋糕中的腐败微生物主要有7种细菌和11种真菌，前期主要的腐败霉菌是青霉菌和球孢枝孢菌，后期主要的腐败霉菌是黑曲霉菌和黄曲霉菌。面包在贮存过程中，表皮微生物繁殖速度高于内部，因此霉斑最先出现于表皮。

4. 引起饮料类食品腐败变质的微生物

饮料类食品中最常见的腐败菌有醋酸杆菌、芽孢杆菌、梭菌、葡糖杆菌、乳杆菌、明串珠菌、糖杆菌、霉菌和酵母菌。超高温瞬时灭菌处理能够杀死不耐热的微生物，但耐热的霉菌依然能够存活。通过对滇橄榄汁饮料分析，发现耐热性霉菌纯黄丝衣霉是导致其胖听的主要微生物。

7.3.2 常用防腐剂的作用机理及影响因素

防腐剂的种类很多，不同种类防腐剂的作用机理、抗菌条件、对微生物的敏感程度不同，其主要的作用机理有以下几类：干扰微生物的细胞膜的功能，如增加细胞膜的通透性，使细胞内的物质外流；干扰微生物的细胞酶活力甚至使酶失活，如抑制菌体内与能量相关酶的活性，使其代谢过程受阻，影响细胞的呼吸作用和正常生长；干扰微生物的遗传机理，如作用于细胞内部的核酸和蛋白质等物质，影响其表达和合成，使细胞丧失生长的物质基础；通过使蛋白质变性而抑制或杀灭微生物。

按照防腐剂抗微生物的主要作用性质，可将其大致分为具有杀菌作用的杀菌剂（与用量有关，用量少时，可能只起到抑菌作用）和仅具抑菌（防止或抑制微生物生长繁殖的作用称抑菌）作用的抑菌剂。一种化学制剂或生物制剂的作用是杀菌或抑菌，通常是难以严格区分的，也是无绝对严格界限的。同一种抗微生物剂，浓度高时可杀菌（即致微生物死亡），而浓度低时只能抑菌；作用时间长可杀菌，作用时间短却只能抑菌。由于各种微生物的生理特性不同，同一种防腐剂对某一种微生物具有杀菌作用，而对另一种微生物仅具有抑菌作用。

1. 杀菌剂定义、分类及作用

杀死微生物营养体和繁殖体的作用称为杀菌。具有杀菌作用的物质称为杀菌剂。杀菌剂按其杀菌特性可分为三类：氧化型杀菌剂、还原型杀菌剂和其他杀菌剂。不同类型杀菌剂的作用如下。

（1）氧化型杀菌剂

氧化型杀菌剂的作用就在于它们的强氧化能力。在食品储藏中最常用的氧化型杀菌剂有过氧化物和氯制剂，都是具有很强氧化能力的化学物。过氧化物的作用机理主要是通过氧化剂在分解时会释放出具有强氧化能力的新生态氧［O］，使微生物被氧化致死。氯制剂则是利用其释放出的有效氯［OCl^-］成分的强氧化作用杀灭微生物的，有效氯对微生物细胞壁有较强的吸附穿透能力，渗入微生物细胞后，会破坏微生物含巯基的酶蛋白及核蛋白或者抑制对氧化作用敏感的酶类，从而使微生物死亡。

（2）还原型杀菌剂

在食品加工贮藏过程中，二氧化硫、亚硫酸及其盐类（如无水亚硫酸钠、连二亚硫酸钠、焦亚硫酸钠等）具有双重作用，属于常见的还原型杀菌剂，其杀菌机理是利用亚硫酸的还原性，消耗食品中的氧，使好氧微生物缺氧致死，此外还能增强食品的酸度、抑制微生物生理活动中酶的活性、破坏其蛋白质中的二硫键、氧化氨基酸等，从而控制微生物的生长繁殖。亚硫酸属于酸性杀菌剂，其杀菌作用除与其浓度、温度和微生物种类等有关外，pH 的影响尤为显著；其对细菌杀灭作用强，对酵母杀灭作用弱，这是因为此类杀菌剂的杀菌作用是由未电离的亚硫酸分子来实现的，如果发生了离解，则会丧失其杀菌作用，亚硫酸的离解程度与食品的酸度（pH）密切相关，即只有当食品保持在较强的酸性条件（$pH<3.5$）下时，亚硫酸才能保持分子状态不发生离解，此时杀菌效果最佳。随着浓度的加大和温度的升高，亚硫酸杀菌作用增强，但是考虑到高温会加速食品质量变化（如油脂氧化等）和促使二氧化硫挥发，所以在实际生产中多在低温下使用还原型杀菌剂。还原型杀菌剂具有漂白作用和抗氧化作用，能够破坏或者抑制食品色泽形成，使其食品色泽褪色或者避免食品褐变。

（3）其他杀菌剂

醇、酸等杀菌剂的杀菌机理既不是利用氧化作用也不是利用还原作用。如 50%～75%（体积分数）乙醇杀菌能力最强，是因为乙醇通过和蛋白质竞争水分，促使蛋白质脱水而变性凝固，从而导致微生物的死亡。其杀菌能力对细菌的繁殖体比较敏感，而对细菌的芽孢效果不理想。

2. 抑菌剂的作用

仅具有抑菌作用的物质称为抑菌剂。在使用限量范围内，抑菌剂抑菌作用主要是通过改变微生物生长曲线（图 7-1），使微生物的生长繁殖停止在缓慢繁殖的缓慢期（也称迟滞期，即图 7-1 中 AB 段），而不进入急剧增殖的对数期（即图 7-1 中 CD 段），从而延长微生物繁殖一代所需要的时间，即起到所谓的“静菌作用”。微生物的生长繁殖之所以受到阻碍，是与抑菌剂控制微生物生理活动，特别是呼吸作用的酶系统有密切关系。

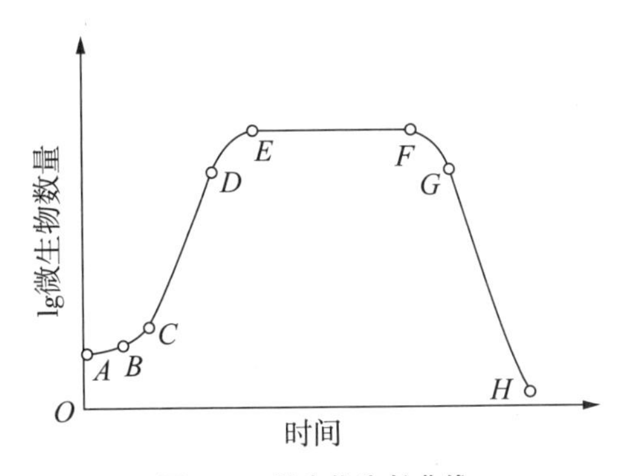

图 7-1　微生物生长曲线

近年来的研究表明，抑菌剂对微生物的抑制作用是使细胞亚结构发生变化进而抑制细胞繁殖。细胞亚结构主要指细胞壁、细胞膜、代谢酶、蛋白质合成系统及遗传物质等基础的细胞结构，代谢酶和蛋白质合成系统等是参与细胞生长的物质。每个细胞亚结构是细胞生长发展必不可少的结构，所以食品防腐剂只要能够影响或干扰到细胞亚结构，即能实现抑菌或杀菌的目的。

在食品工业中，酸性防腐剂最常用的有山梨酸及其盐类、苯甲酸及其盐类、丙酸等。弱酸防腐剂有良好的亲脂性和亲水性，亲脂性赋予了防腐剂透过细胞膜的能力，使其更易进入菌体，而其亲水性使细胞膜两侧 pH 发生变化，脂溶性酸对质子过膜结构产生了破坏作用使质子无法通过膜。酸性防腐剂的酸性越强（pH 越低）、防腐效果越佳的特点，而在碱性条件下，酸性防腐剂几乎没有防腐效果。酯类防腐剂最常用的有抗坏血酸棕榈酸酯和尼泊金酯类等防腐剂，其具有低毒广谱、对人体危害弱、宽泛的有效 pH 等特点。无机盐类防腐剂应用较多的主要有二氧化硫、亚硫酸盐、焦亚硫酸盐等，由于这类防腐剂的食品中易残留二氧化硫，尤其对哮喘等呼吸道疾病患者的危害极大，故国家对无机盐类防腐剂的使用（食品范围、添加量、残留量等）有特殊规定和严格限制。

抑菌剂的常见抑菌作用机理有以下 3 个方面：一是作用于细胞壁和细胞膜系统，如阻碍或破坏微生物细胞膜的正常功能等；二是作用于遗传物质或遗传微粒结构，如通过对菌体部分遗传机制的抑制或干扰作用，进而影响细菌等微生物的正常生长，甚至令其失活，从而使细胞死亡；三是作用于酶或功能蛋白，如抑制微生物酶系统活性（如与酶的巯基作用，破坏多种含硫蛋白酶的活性），或与微生物酶系统中的某些酶的一些基团结合，使酶变性、失活、交联等，干扰微生物体的正常代谢，从而影响微生物生长和繁殖。常见抑菌剂干扰微生物的呼吸酶系有乙酰辅酶、A 缩合酶、脱氢酶、电子传递酶系等。

7.3.3　食品防腐剂抗菌特征

1.pH 敏感性

在食品防腐过程中，防腐剂尤其是酸性防腐剂的防腐效果受 pH 影响较大。醋酸的作用机理是醋酸分子中的氢离子（H^+）能够使 pH 低于微生物群落增长的最适 pH（通常为 5～8），可以引起细胞膜的酸性破坏，使得细胞内部的各种微生物分子被破坏，从而导致细胞死亡；醋酸还可以使得细胞的 DNA 受到损伤，从而阻止微生物的繁殖和生长。苯甲酸和山梨酸的作用机理是通过分子状态在菌体内部抑制生物酶系统（苯甲酸能选择性抑制微生物细胞呼吸酶系的活性，尤其是对乙酰辅酶 A 缩合反应具有较强的阻碍作用；山梨酸能抑制菌体内脱氢酶系的活性），从而控制菌体生长。pH 为 4.5 是防腐效果的临界值，荚膜芽孢杆菌在 pH 小于 4.5 的环境下无法生长，大多微生物在 pH 为 4.5 的环境下基本都会受到抑制。尼泊金酯类防腐剂的羟基被酯化，防腐效果不会受 pH 的影响。

2. 溶解特性

防腐剂在油、水中的溶解度对食品脂肪含量高的食品防腐效果有一定的影响。因微生物仅在水相中生存，若防腐剂相对更易溶于油，则防腐剂会进入油中，防腐效果会出现损失，故水溶性大与油溶性小的防腐剂的防腐效果更佳。不同微生物耐水分活性能力不同，通常细菌生存所需的水分活性高于 0.9，霉菌高于 0.7，酵母高于 0.8。防腐剂若能有效地调节水分活性，则可以起到一定的防腐效果。

3. 微生物类群的抗菌谱

不同的食品防腐剂在抗菌谱方面存在差异（表 7–1），目前尚不存在某种可抑制所有微生物的食品防腐剂，但是对于微生物种群而言，都存在相对可以起到抑制其生长的某种防腐剂。

表 7–1　不同的食品防腐剂在抗菌谱方面的差异

食品防腐剂	抗菌谱
脂肪酸单甘油单酯	细菌、芽孢
月桂酸甘油单酯和单辛酸甘油酯	G^+ 菌、真菌
月桂酸中的蔗糖酯	G^- 菌
有机酸和有机酸酯类	酵母、霉菌
尼泊金酯类	霉菌
长链尼泊金酯	G^+ 菌
短链尼泊金酯	G^- 菌
脱氢醋酸钠	G^+ 菌
低 pH 条件下的丙酸钙	霉菌
乳酸链球菌素	G^+ 菌
低 pH 环境下使用苯甲酸	真菌、酵母

4. 常用食品防腐剂的协同增效性

不同的防腐剂在抑制微生物种类范围上效果不同，一些微生物在生长发育时会形成较强的抵抗防腐作用。因此，为了提升防腐剂抑菌效果，利用不同防腐剂之间存在的协同增效性，需要将多种食品防腐剂联合使用，达到单一防腐剂无法实现的效果，如有效提升抑菌效果、扩大抑菌谱、降低使用量、提高食品安全性等。协同增效性是指抑菌物质联合应用的效果高于各个成分单用时的效果之和。食品防腐剂的协同增效性，既包括天然防腐剂和化学防腐剂的协同、天然防腐剂之间的协同、化学防腐剂之间的协同、食品防腐剂和其他非防腐剂抑菌物质及食品环境因素的协同、添加防腐增效剂等方法提升防腐剂的防腐效果。如山梨酸钾和过氧化氢混合可以保障食品中微生物被快速地消灭，同时起到抑制微生物大量繁殖的效果。

7.3.4　常用食品化学防腐剂

按性质，食品化学防腐剂可分为有机防腐剂和无机防腐剂。根据来源，食品化学防腐剂可分为人工合成化学防腐剂和天然物质防腐剂。

人工合成化学防腐剂是指通过化学反应合成的防腐剂，具有高效、方便、廉价等特点，成为我国应用最广泛的一类防腐剂。根据化学成分不同，人工合成化学防腐剂进一步分为酸性防腐剂、酯类防腐剂、无机盐防腐剂、其他化学防腐剂等。酸性防腐剂包括苯甲酸、山梨酸、丙酸、脱氢乙酸等；酯类防腐剂包括单辛酸甘油酯、对羟基苯甲酸酯类等；无机盐防腐剂包括硝酸钾、亚硝酸钾、醋酸钠等。

人工合成化学防腐剂可分为人工合成化学有机防腐剂和人工合成化学无机防腐剂。目前人工合成化学有机防腐剂在生产中使用最广泛。

天然物质防腐剂是指从植物、动物和微生物体内或其代谢产物中分离提取的一类具有抗菌防腐作用的功能性物质，具有抗菌性强、安全性高、热稳定性好等优点。根据其来源可分为植物源防腐剂、动物源防腐剂和微生物源防腐剂。

1. 人工合成化学有机防腐剂

常用的食品防腐剂有 50 多种，我国允许在食品中使用的防腐剂约 30 种，其中最常用的有苯甲酸、山梨酸、对羟基苯甲酸酯类、丙酸、乙酸、脱氢醋酸、富马酸、乳酸、酒石酸及其酯类或盐类等。我国《食品安全国家标准 食品添加剂使用标准》((GB 2760—2024)) 中规定了各种食品防腐剂的使用范围以及最大使用量或残留量。

一般在 pH<5.5 情况下使用的防腐剂，属于酸性防腐剂。酸性防腐剂对霉菌、酵母及多数腐败菌均有抑菌效果，且其酸性越大，防腐效果越好。有研究结果表明防腐剂的含酸量与对微生物的抑制作用呈正相关性，在碱性条件下几乎无效。各种微生物都有其生长的最适 pH 范围，如大肠杆菌、假单胞菌属、芽孢杆菌属等食品细菌生长的最适 pH 为 4.0～5.0，乳酸菌等产酸菌生长的最适 pH 为 3.3～4.0，霉菌、酵母菌生长的最适 pH 为 1.6～3.2。通过调整食物的 pH 为酸性，可破坏微生物的繁殖环境，使微生物发生解离现象。未解离的有机酸易溶于脂和聚集在细胞膜周围，一定程度上改变微生物细胞膜的通透性，使微生物体内的一些重要物质外渗，阻碍微生物的代谢以杀灭菌体，进而阻碍微生物的繁殖。同时这些有机酸使蛋白质变性，并与辅酶金属离子络合，抑制微生物代谢关键酶，从而抑制微生物生长，甚至促使微生物死亡。表 7–2 列出了 pH 对几种常见酸性防腐剂解离的影响。

表 7-2　pH 对几种常见酸性防腐剂解离的影响

pH	山梨酸未解离质量分数 /（%）	苯甲酸未解离质量分数 /（%）	丙酸未解离质量分数 /（%）
3	98	94	99
4	86	60	88
5	37	1.3	42
6	6	1.5	6.7
7	0.6	0.15	0.7

食品中有机酸的来源因食品种类而异。鲜食水果及其加工品中的有机酸通常是果实固有的，食用醋、酸乳饮料及各种酸性发酵饮料中的有机酸，是通过发酵产生的。虽然很多有机酸对食品不产生任何毒副作用，但是，有机酸对食品的风味影响很大，从食品的可口性考虑，对其含量应进行合理的调配。

总体而言，对于不易腐坏的食品如罐头、淀粉及其制品，根据国家标准，罐头中不允许添加苯甲酸和山梨酸。除直接添加食品添加剂外，厂家在生产产品时，不可忽略食品原料中调味料的添加对添加剂的引入。如，酱油中含有苯甲酸作为食品添加剂，厂家在生产豆干的过程中虽未主动添加苯甲酸，伴随大量酱油腌制的过程中，苯甲酸渗入豆干，导致豆干苯甲酸添加过量。厂家需要严格把控酸性防腐剂的添加量，准确计算防腐剂添加总值，以避免过量的防腐剂对人体造成危害。

（1）苯甲酸及其盐类

苯甲酸和苯甲酸盐又分别称为安息香酸和安息香酸盐，以苯甲酸分子的形式发挥防腐作用，是允许使用而且历史比较悠久的食品防腐剂。苯甲酸和苯甲酸钠的分子式和结构式如图 7-2 所示。

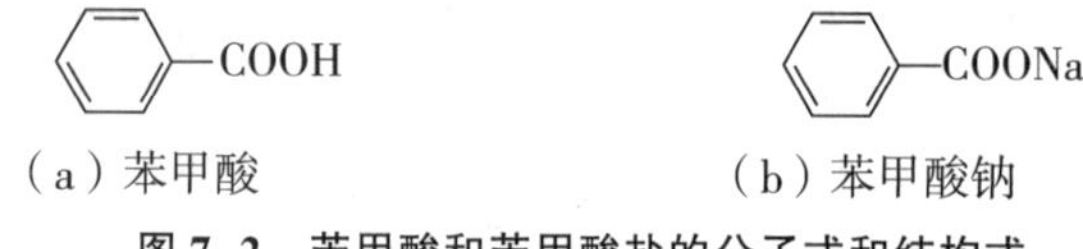

（a）苯甲酸　　（b）苯甲酸钠

图 7-2　苯甲酸和苯甲酸盐的分子式和结构式

萨尔科夫斯基于 1875 年发现苯甲酸（分子式为 C_6H_5COOH）及其钠盐有抑制微生物生长繁殖的作用。苯甲酸抑菌机制是阻碍微生物细胞的呼吸系统、阻碍乙酰辅酶 A 的缩合反应、阻碍细胞膜的通透性等正常生理作用，使三羧酸循环（TCA）中乙酰辅酶 A →乙酰醋酸及乙酰草酸→柠檬酸之间的循环过程难以进行。

苯甲酸为白色鳞片状或针状晶体，苯甲酸钠外观呈白色结晶（颗粒）或无色粉末，一般微带安息香或苯甲醛的气味，有甜涩味，性质稳定，但有吸湿性。苯甲酸易溶于酒精和乙醚，难溶于水，25℃时在水溶液中的溶解浓度仅达 0.35%。苯甲酸钠则易溶于水、乙醇、甘油、甲醇，20℃时在水中的溶解度为 61%，100℃时则为 100%。由于苯甲酸难溶于水，食品防腐时一般使用苯甲酸钠，但实际上苯甲酸钠的防腐作用仍来自苯甲酸本身。苯甲酸钠亲油性较大，易穿透细胞膜进入微生物体内，干扰细胞膜的通透性，抑制细胞膜对氨基酸的吸收。苯甲酸钠进入微生物体内电离酸化细胞内的碱储，并抑制微生物的呼吸酶系的活性，阻碍乙酰辅酶 A 的缩合反应。

苯甲酸钠天然存在于蓝莓、苹果、李子、小红莓、蔓越莓、梅干、肉桂和丁香中，其杀菌力较苯甲酸弱，1.180 g 苯甲酸钠的杀菌力约相当于 1 g 苯甲酸。在酸性环境（低 pH 范围）中，苯甲酸钠对多种微生物有明显抑制作用，对细菌的抑制作用差，对乳酸菌几乎不起作用，常用于酱腌菜、调味料、碳酸饮料、浓缩果汁、人造奶油、果酱、果冻、酱油等。pH 为 3.5 时，0.05% 苯甲酸钠溶液可以完全抑制酵母生长；pH 大于 5.5 以上时，对很多霉菌及酵母的作用较差。当 pH 由 7 降至 3.5 时，其防腐效果可提高 5～10 倍。在碱性溶液中几乎无作用。为此，保藏食品的酸度对防腐效果是极为重要的。

苯甲酸及其钠盐作为广谱抑菌剂，在生物转化过程中，或与甘氨酸结合成为尿酸，或与葡萄醛酸结合成葡萄糖苷酸，并全部从尿中排出人体外，不在人体内蓄积。在正常用量范围内，苯甲酸及其钠盐对人体无毒害作用，是较安全的防腐剂。国际化学品安全规划署的研究发现，每天摄入 647～835 mg·（kg^{-1} 体重）的苯甲酸钠不会对健康产生负面影响。但近年来有报道称苯甲酸及其钠盐可引起过敏反应，对皮肤、眼睛和黏膜有一定的刺激性。苯甲酸钠还可引起肠道不适。有调查显示，人体过量食用苯甲酸及其盐类，会出现肝脏的代谢功能障碍，血压升高，心脏、肾功能异常等不良现象，甚至会引发肌肉酸中毒、昏厥和哮喘等病症，故其应用范围日益缩小，有些国家如日本已经停止生产苯甲酸钠，并对它的使用做出限制。

使用苯甲酸及其盐类防腐剂时需要注意下列事项。

① 苯甲酸加热到 100℃时迅速升华，在酸性环境中易随水蒸气一起蒸发，因此操作人员需要有防护措施，如戴口罩、手套等。②苯甲酸及其钠盐防腐剂最好在食品 pH 为 2.5～4.0 时使用。因为该类防腐剂在酸性条件下防腐效果良好，但对产酸菌的抑制作用却较弱。联合国粮食及农业组织和世界卫生组织下的食品添加剂联合专家委员会建议每日容许摄入量为 0～5 mg·kg^{-1}·bw^{-1}（以苯甲酸计）。③根据我国《食品安全国家标准　食品添加剂使用标准》（GB 2760—2024）规定，苯甲酸和苯甲酸钠可用于果汁、汽水、酱油、醋、果酱、果酒等多种食品中。碳酸饮料最大使用量为 0.2 g·kg^{-1}；果汁（果味）为 1.0 g·kg^{-1}；食品工业用塑料桶装浓缩果蔬汁为 2 g·kg^{-1}；果酒为 0.8 g·kg^{-1}。

（2）山梨酸及其盐类

山梨酸及其盐类又称为花楸酸和花楸酸盐，通常以钾盐、钙盐等形式出现，最常用的是山梨酸钾。在食品中山梨酸及其盐类允许的最大使用量为 0.2%。山梨酸及山梨酸钾的分子式和结构式如图 7-3 所示。

图 7-3　山梨酸和山梨酸钾的分子式和结构式

山梨酸（2,4- 二烯己酸）为无色针状晶体或白色粉末，无臭或稍有刺激性臭味，耐光耐热，但久置空气中易被氧化变色，如山梨酸在 60℃时就可发生升华，在空气中易被氧化而颜色变暗，防腐效果也有所降低；在 228℃时分解。山梨酸难溶于水，微溶于乙醇，具体溶解度分别为：20℃时，100 ml 水中的溶解度为 0.16 g；常温时，100 ml 无水乙醇中的溶解度为 1.29 g。故使用前，须先将其溶于乙醇或硫酸氢钾中。

山梨酸对微生物的抑制作用于 1645 年被古丁发现。其抑菌机制为抑制微生物尤其是霉菌细胞内脱氢酶系统活性，并与酶系统中的巯基（—SH）结合，使多种重要的酶系统被破坏，酶丧失活性。山梨酸及其盐类能有效抑制霉菌、酵母和一些好氧型细菌（如沙门氏菌、大肠杆菌、假单胞菌等），但对于能形成芽孢的厌氧型微生物和嗜酸乳杆菌的抑制作用甚微，主要用于乳制品、果酱、水果制品、饮料的保鲜。肉类中添加山梨酸钾可抑制真菌、肉毒梭菌及一些有害微生物（沙门氏菌、金黄色葡萄球菌等），从而可减少亚硝酸盐的用量。

山梨酸钾是山梨酸的钾盐，化学名称为 2,4- 己二烯酸钾，在密封状态下性质稳定，暴露在潮湿的空气中易吸水、氧化而变色，热稳定性较好（分解温度为 270℃），易溶于水（20℃时，100 ml 水中的溶解度为 67.8 g）和乙醇，也易溶于高含量蔗糖和食盐溶液。山梨酸钾的使用范围广，常用于饮料、果脯、罐头等食品中。

山梨酸为酸性防腐剂，防腐作用是未解离分子的作用（详见表 7-3 山梨酸在不同 pH 下的解离度），pH 越低，未解离分子越多，故适用于 pH 小于 5.5 的食品防腐，pH 最高不超过 6.5，较苯甲酸广（苯甲酸适用范围在 pH 为 4 以下）。pH 升高，则山梨酸的抑菌效果降低。山梨酸及其盐类的防腐效果是同类产品苯甲酸钠的 5～10 倍，对食品味道的失真比苯甲酸小，安全性却比苯甲酸高（毒性仅是苯甲酸钠的 1/40）。从国外发展方向看，山梨酸及其盐类有逐步取代苯甲酸的趋势。

表 7-3　山梨酸在不同 pH 下的解离度

pH	未解离的酸 /（%）	pH	未解离的酸 /（%）
7.0	0.6	4.4	70.0
6.0	6.0	4.0	86.0
5.8	7.0	3.7	93.0
5.0	37.0	3.0	98.0

山梨酸是不饱和的六碳酸，在被人体摄入后，可在多个器官中分布，能参与体内的正常代谢活动，和其他单不饱和脂肪酸代谢方式一样，最终被氧化成二氧化碳和水，排出到体外，属于较安全的食品防腐剂。现阶段研究表明，山梨酸及其钾盐的微核试验、体内外染色体畸变试验等遗传毒性检测结果多为阴性。短期或亚慢性毒性试验结果以阴性为主，尚未观察到有意义的生物学改变。国际粮食及农业组织和世卫组织下的食品添加剂联合专家委员会规定人体可对山梨酸钾的接受量为 0～25 $mg \cdot kg^{-1} \cdot d^{-1}$（以山梨酸计）。我国对山梨酸及其钾盐的使用标准规定见表 7-4。为提高防腐效果，山梨酸与苯甲酸、丙酸、丙酸钙等防腐剂结合，产生协同作用，提高防腐效果。但与其中任何一种防腐剂并用时，山梨酸的使用量按山梨酸和另一种防腐剂的总量计，应低于山梨酸的最大使用量。

表 7-4　我国对山梨酸及其钾盐的使用标准

名称	适用范围	最大使用量 /（g/kg）	备注
山梨酸及其钾盐	酱油、醋、果酱、调味糖浆、低盐酱菜、面包、糕点	1.0	
	蜜饯饮料类、加工食用菌类和藻类、风味冰	0.5	
	熟肉制品、预制水产品	0.075	
	果酒	0.6	
	浓缩果蔬汁	2.0	

苯甲酸和山梨酸均具有低毒性、味觉干扰少、防腐能力强等特点，应用极为广泛。苯甲酸钠的毒性比山梨酸钾强，且在相同的酸度下抑菌效力仅为山梨酸的 1/3，因此许多国家逐渐广泛使用山梨酸钾。因苯甲酸钠价格低廉，我国仍普遍使用，苯甲酸用于碳酸饮料、淀粉制品、酱类、蜜饯、酒类、调味料等。山梨酸钾抗菌力强、毒性小，可参与人体的正常代谢，转化为 CO_2 和水。山梨酸除了能应用苯甲酸可使用的以上食品，还可应用于肉类制品、鱼干制品。

根据山梨酸及其盐类的理化性质，在食品中使用时应注意下列事项。

① 山梨酸容易被加热时产生的水蒸气带出，所以在使用时，应该将食品加热冷却后再按规定用量添加山梨酸，以减少损失。②山梨酸及其盐类对人体的眼睛、皮肤和黏膜有一定刺激性，要求操作人员佩戴防护措施。③山梨酸对微生物污染严重的食品防腐效果不明显，因为微生物可以利用山梨酸作为微生物的营养物质（碳源），不但不能抑制微生物繁殖，反而会加速微生物的生长繁殖，导致食品快速腐败。

（3）对羟基苯甲酸酯类

对羟基苯甲酸酯类又称为对羟基安息香酸酯类或尼泊金酯，是苯甲酸的衍生物，包括乙基、丙基、异丙基、丁基、异丁基等，它们的结构式如图 7-4 所示，其中对羟基苯甲酸丁酯的防腐效果最佳。

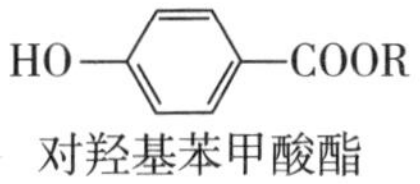

HO—⌬—COOR

对羟基苯甲酸酯

R 分别为：

$-CH_2CH_3$　乙基（乙酯）

$-CH_2CH_2CH_3$　丙基（丙酯）

$-CH(CH_3)CH_3$　异丙基（异丙酯）

$-CH_2CH_2CH_2CH_3$　丁基（丁酯）

$-CH_2CH(CH_3)CH_3$　异丁基（异丁乙酯）

图 7-4　对羟基苯甲酸酯类的结构式

对羟基苯甲酸酯类多呈无色小结晶或白色结晶性粉末，无臭，开始无味随后稍有涩味，无吸湿性，对光和热稳定，微溶于水而易溶于乙醇、丙酮、丙二醇等有机溶剂。

对羟基苯甲酸酯类属广谱性抑菌剂，对霉菌、酵母菌和细菌的抗菌作用较强，而对革兰氏阴性杆菌和乳酸菌的作用较差。对羟基苯甲酸酯类的抗菌性与烷基链的长短有关，烷基链越长，抗菌作用越强。其抑菌机理与苯甲酸基本相同，主要抑制微生物细胞的呼吸系统和电子传递酶系统的活性，破坏微生物细胞膜的结构，从而起到防腐的效果。对羟基苯甲酸酯类的抗菌作用比苯甲酸和山梨酸强。对羟基苯甲酸酯类在人体内的代谢途径与苯甲酸基本相同，但毒性比苯甲酸低，其毒性与烷基链的长短有关，烷基链短者毒性大，故对羟基苯甲酸甲酯类很少作为食品防腐剂使用。

对羟基苯甲酸酯类在 pH 为 4.0～8.0 时有较好的防腐效果，其防腐作用是由其未电离的分子发挥抑菌作用的，这些分子的羟基被酯化，且可以在更广泛的 pH 范围内保持不电离，故抑菌作用不像酸性防腐剂那样受 pH 的影响，可用来替代酸性防腐剂。

对羟基苯甲酸酯类在世界各国普遍使用，通常用于清凉饮料、果酱、醋、酱油、酱料等食品的防腐，其 ADI 为 0～10 mg/kg。我国规定其最大用量以对羟基苯甲酸计，不超过 $0.5\ g \cdot kg^{-1}$。常见食品中对羟基苯甲酸酯类的最大用量见表 7–5。

表 7–5　常见食品中对羟基苯甲酸酯类的最大用量

食品名称	最大用量 /（g/kg）	食品名称	最大用量 /（g/kg）
酱油	0.25	调味酱	0.25
醋	0.25	焙烤食品馅料	0.5
碳酸饮料	0.2	经表面处理的新鲜蔬菜	0.012

注：最大用量以对羟基苯甲酸计

（4）丙酸盐

丙酸盐属于脂肪酸盐类抑菌剂，常用的有丙酸钠和丙酸钙，两者均为白色的结晶颗粒或结晶性粉末，无臭或略有异臭，易溶于水，其分子式如图 7–5 所示。

$C_3H_5O_2Na$　　　　$C_6H_{10}O_4Ca$

（a）丙酸钠　　　　（b）丙酸钙

图 7–5　丙酸钠和丙酸钙的分子式

沃尔福德和安徒生最早发现：用 15% 丙酸钙溶液浸渍或喷淋无花果，能延缓霉菌和微生物的生长；若用 5% 或 10% 丙酸钠溶液浸渍或喷淋浆果，浆果 10 d 内不长霉，而未处理的浆果则在 24 h 后就长霉。

丙酸盐属酸性防腐剂，所以必须在酸性环境中才能产生作用，即它实际上是通过丙酸分子来起到抑菌作用的，在 pH 较低的介质中抑菌作用强，最小抑菌浓度在 pH=5.0 时为 0.01%，pH=6.5 时为 0.5%。丙酸盐对霉菌、需氧芽孢杆菌或革兰氏阴性杆菌有较强的抑制作用，对引起食品发黏的菌类如枯草杆菌的抑制作用好，对防止黄曲霉毒素的产生有特效，但是对酵母菌几乎无效。丙酸是食品中的正常成分，也是人体代谢的中间产物，丙酸盐基本不存在毒性问题。在以上食品中，丙酸盐（以丙酸计）的最大用量为 $3.0\ g \cdot kg^{-1}$。

根据丙酸盐抑制霉菌的特性，其一般用于面包、糕点、豆类制品、果冻、酱油、醋和生面湿制品（如面条、馄饨皮等）。

（5）脱氢醋酸及其钠盐

脱氢醋酸为无色到白色针状或片状结晶，或白色结晶性粉末；无臭或有微臭；极难溶于水，易溶于乙醇和苯等有机溶剂；无吸湿性。多用脱氢醋酸钠作防腐剂。脱氢醋酸钠为白色或近白色结晶性粉末，无臭或略有特殊味道，易溶于丙二醇、水及甘油，微溶于乙醇和丙酮，耐光、热，其水溶液于 120℃加热 2 h 仍保持稳定。脱氢醋酸和脱氢醋酸钠对霉菌和酵母菌的抑制作用较强，对细菌的抑制作用较差。其抑制机理是由三羰基甲烷结构与金属离子发生整合作用，损害微生物的酶系统而起到防腐效果。脱氢醋酸及其钠盐的结构式如图 7-6 所示。

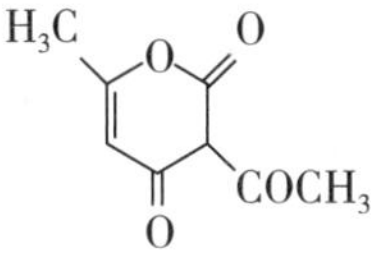

（a）脱氢醋酸 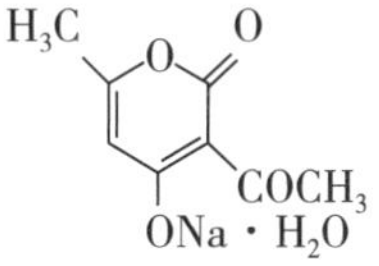　　（b）脱氢醋酸钠

图 7-6　脱氢醋酸及其钠盐的结构式

脱氢醋酸和脱氨醋酸钠是毒性很低、对热较稳定的防腐剂，适应的 pH 范围较宽，但在酸性介质中的抑菌作用更好。

（6）醇类

醇类包括乙醇、乙二醇、丙二醇等，其中乙醇较为常用。

乙醇（又称酒精）是一种无色透明、易挥发、易燃烧、不导电的液体，其分子式为 C_2H_5OH，有酒的气味和刺激的辛辣滋味，微甘。乙醇可由乙烯直接或间接水合法生产制成，也可用发酵法制成。发酵法是在酿酒的基础上发展起来的，在相当长的时期内，曾是生产乙醇的唯一工业方法，即用糖质原料（如糖蜜）、含淀粉的农产品（如玉米、高粱、甘薯等）或者用含纤维素的木屑、植物茎秆等发酵蒸馏制成。通常发酵液中乙醇的质量分数为 6%～10%，还含有其他一些有机杂质，经精馏可得 95% 的工业乙醇。

纯乙醇不是消毒杀菌剂，只有稀释到一定浓度后的乙醇溶液（60%～95%）才有杀菌作用。乙醇的杀菌作用以 70%～80% 为最强，可以作防腐剂。当食品中含乙醇浓度达 1%～2% 时，便可对葡萄球菌、大肠杆菌、假单胞菌属等具有杀死作用，使食品的保存期延长 2～3 倍。含有乙醇成分 30% 以上的溶液（如各类酒饮料），可以抑制一切微生物的繁殖，使产品得以长期保藏。乙醇的杀菌作用主要机理如下。①使蛋白质变性。乙醇是蛋白质的变性剂，具有较强的脱水能力，故作用于细菌细胞起到脱水作用，乙醇分子进入蛋白质分子的肽链环节，破坏蛋白质的肽键，使蛋白质发生不可逆变性沉淀，这种作用以 70% 的乙醇溶液最强。如果使用纯的或高浓度的乙醇，则易使细菌表面凝固形成保护膜，使乙醇不易进入细胞内，导致杀菌作用极小或者全无。②破坏细菌细胞壁。乙醇具有很强的渗透作用，60%～85% 的乙醇溶液比较容易渗入菌体内，使得细菌细胞破坏溶解。乙醇溶液属中效消毒剂，能杀灭细菌繁殖体、结核杆菌、大多数真菌和病毒，但不能杀灭细菌芽孢。③破坏微生物酶系统。乙醇溶液通过抑制细菌酶系统，特别是脱氢酶和氧化酶等，阻碍细菌正常代谢，抑制细菌生长繁殖。乙醇溶液和其他物质如柠檬酸、甘氨酸、蔗糖脂肪酸酯等复配使用，可降低乙醇浓度，抑菌效果更好。乙醇溶液的杀菌作用多用于食品操作人员的手及与食品接触工具、设备、容器表面的消毒。

啤酒、黄酒、葡萄酒等饮料酒中的乙醇含量不足以阻止微生物引起的腐败，但却能抑制微生物的生长。一般来讲，12%～15% 发酵乙醇就能抑制酵母生长，20% 以上足以防止变质和腐败，故白酒、白兰地等蒸馏酒中的乙醇含量足以抑制微生物的繁殖。食品中的乙醇可以通过发酵产生，也可以添加而得，其添加量应视需要而定，以不对食品固有感官质量造成不良影响为原则。

2. 无机防腐剂

二氧化硫、亚硫酸及其盐类是强还原剂，易溶于水，溶于水后产生亚硫酸而起杀菌防腐作用，还具有漂白和抗氧化作用，亚硫酸盐比亚硫酸具有更强的还原性。常见的亚硫酸盐有亚硫酸钠、亚硫酸氢钠、焦亚硫酸钠和低亚硫酸钠等。硫磺熏蒸可以生成亚硫酸，同样可起到杀菌防腐作用。一些亚硫酸盐的活性二氧化硫含量见表 7–6。

表 7–6　一些亚硫酸盐的活性二氧化硫含量

名称	活性二氧化硫含量 / (%)
二氧化硫	100
无水亚硫酸钠	50.82
七水亚硫酸钠	25.41
亚硫酸氢钠	61.56
焦亚硫酸钠	67.39
焦亚硫酸钾	57.68
亚硫酸钙	64.00

（1）二氧化硫

二氧化硫又称为亚硫酸酐，在常温下是一种无色透明且具有强烈刺激臭味的气体，溶于水、乙醇和乙醚，对人体有害。二氧化硫的熔点为 –76.1℃，沸点为 –10℃，在 –10℃时冷凝成无色的液体。二氧化硫在水中生成亚硫酸，在 338.32 kPa 水中溶解度为 8.5%（25℃）。亚硫酸不稳定，即使在常温下，如不密封，很容易分解，当加热时迅速地分解放出二氧化硫。

二氧化硫是强还原剂，常用于植物性食品保藏，可以减少植物组织中氧的含量，抑制氧化酶和微生物的活性，从而能阻止食品的腐败变质、变色和维生素 C 的损耗。二氧化硫的浓度为 0.01% 时，大肠杆菌停止生长；酵母则在二氧化硫浓度超过 0.3% 时才受到损害。用完好的优质原料制成的果汁若添加 0.1% 二氧化硫，装瓶条件适宜，可以在 15℃下保存 1 年以上；若仅用于阻止氧化，二氧化硫加入量还可降低。在有独特风味的蔬菜和果汁中添加少量二氧化硫就能保持其原有的新鲜味。

亚硫酸及其盐类杀菌或防腐的机理：利用亚硫酸的还原性消耗食品中的氧，使好氧微生物缺氧致死和抑制嗜气菌的活性，进而达到防腐效果；亚硫酸能穿过微生物细胞壁与半胱氨酸结合形成硫酯，减少酶中必需的二硫键；且能与乙醛反应形成亚硫酸氢盐的加成化合物，降解硫胺素和辅酶Ⅱ（NAD^+），干扰呼吸作用；亚硫酸还能阻碍或抑制微生物生理活动中酶的活性，从而控制微生物的繁殖。

亚硫酸对细菌的杀灭作用强，对酵母菌的作用弱。

亚硫酸属于酸性杀菌剂，是由未解离的亚硫酸分子来实现杀菌作用的，如果其发生解离则丧失杀菌作用。亚硫酸的电离度与食品 pH 密切相关，故其杀菌作用除与药剂浓度、温度和微生物种类等有关外，pH 的影响尤为显著。当食品所处介质的 pH <3.5 时，在保持较强的酸性条件下，亚硫酸保持分子状态而不发生电离，此时杀菌作用最佳。亚硫酸的杀菌作用随 pH 增大而减弱，当 pH 为 7 时，即使亚硫酸中的 SO_2 浓度为 0.5% 也不能抑制微生物的繁殖。

亚硫酸的杀菌作用随着浓度加大和温度升高而增强。但是考虑到升温会加速食品质量变化和促使二氧化硫挥发，所以在生产实际中多在低温和密闭条件下操作。亚硫酸及其盐类的水溶液在放置过程中易分解逸散二氧化硫而降低其使用效果，所以应该现用现配。

亚硫酸类杀菌剂的漂白和抗氧化作用能够引起某些食品褪色，也能阻止某些食品颜色的褐变。

在实际生产中，二氧化硫杀菌的方法有气熏法、浸渍法和直接加入法。

① 气熏法。气熏法是在密封室内用燃烧硫黄（硫黄燃烧法）产生二氧化硫，或将压缩储藏钢瓶中的二氧化硫导入室内的方法进行气熏，此操作又称为熏硫，常用于果蔬制品或厂房、贮藏库的消毒。在果蔬制品（如我国传统食品果干、果脯、粉丝等）加工中，熏硫时由于二氧化硫的还原作用对酶氧化系统的破坏，阻止果实中单宁类物质不致氧化而变色。此外，二氧化硫还可以改变细胞膜的通透性，在脱水蔬菜的干制过程中，可明显促进干燥，提高干燥率。采用硫黄燃烧法熏硫时，所用硫黄要求含杂质少，其中砷含量应低于 0.03%，硫黄的用量及浓度因食品种类而异，一般熏硫室中二氧化硫浓度保持在 10～20 $g \cdot m^{-3}$，每吨切分果品干制时需硫黄 3～4 kg，熏硫时间在 30～60 min。熏硫需注意熏硫食品中的二氧化硫残留量要符合国家食品卫生标准的规定。联合国粮食和农业组织及世界卫生组织规定二氧化硫的 ADI 值为 0～0.7 $mg \cdot kg^{-1}$。

② 浸渍法。浸渍法就是将原料放入一定浓度的亚硫酸或亚硫酸盐溶液中，酸度不足的食品应与 0.1%～0.2% 的盐酸或硫酸合用。

③ 直接加入法。二氧化硫在溶于水后形成亚硫酸，对微生物具有强烈的抑制作用。直接加入法是将预先定量配制好的亚硫酸或亚硫酸盐直接加入到酿酒用的果汁，保藏的果汁、果泥或其他加工的食品内的方法。由于二氧化硫的漂白作用，它还常用于食品的护色。二氧化硫用于果蔬汁时，国标规定其残留量不得超过 0.05 $g \cdot kg^{-1}$。

当空气中含二氧化硫浓度超过 20 mg/m^3 时，对眼睛和呼吸道黏膜有强烈刺激，如果含量过高则能引起窒息死亡。因此，在进行熏硫时要注意防护和通风管理。一般用亚硫酸处理的果蔬制品往往需要在较低的温度下贮藏，以防二氧化硫的有效浓度降低。亚硫酸不能抑制果胶酶的活性，所以有损于果胶的凝聚。此外，如用二氧化硫残留量高的原料制作罐头时，由于简单的加热方法较难除尽二氧化硫，铁罐受二氧化硫的腐蚀会比较严重。

（2）亚硫酸钠

亚硫酸钠在室温下为白色粉末或结晶，有二氧化硫气味，干燥时稳定，对湿敏感。亚硫酸钠易溶于水和甘油，微溶于乙醇，0℃时在水中的溶解度为13.9%，水溶液呈碱性，亚硫酸钠在空气中能缓慢氧化成硫酸盐而丧失杀菌作用。亚硫酸钠与酸反应产生有毒的二氧化硫气体，有强还原性，所以需要在酸性条件下使用；亚硫酸钠加热时分解为硫化钠和硫酸钠，放置于空气中时逐渐氧化为硫酸钠。自然界中以无水亚硫酸钠、七水亚硫酸钠和十水亚硫酸钠三种形态存在，其中无水亚硫酸钠最不易被氧化。联合国粮食和农业组织及世界卫生组织规定的无水亚硫酸钠ADI值以二氧化硫计为0～0.7 $mg \cdot kg^{-1}$。

亚硫酸钠在食品工业中用作漂白剂、防腐剂、疏松剂、抗氧化剂，对食品有漂白作用且对植物性食品内的氧化酶有强烈的抑制作用。

（3）焦亚硫酸钠

焦亚硫酸钠为白色或黄色结晶粉末或小结晶，有二氧化硫浓臭味，易溶于水与甘油，微溶于乙醇，常温条件下在水中的溶解度为30%，水溶液呈酸性，与强酸接触则放出二氧化硫而生成相应的盐类。焦亚硫酸钠若久置于空气中，易被氧化，不能久存。焦亚硫酸钠与亚硫酸氢钠呈现可逆反应。目前生产的焦亚硫酸钠为以上两者的混合物，在空气中吸湿后能缓慢放出二氧化硫，具有强烈的杀菌作用；还可在葡萄防霉保鲜中应用，效果良好。焦亚硫酸钠比亚硫酸盐有更强烈的还原性，作用与亚硫酸钠相似，在食品加工中作漂白剂、防腐剂、疏松剂、抗氧化剂、护色剂及保鲜剂。联合国粮食和农业组织及世界卫生组织规定其ADI值以二氧化硫计为0～0.7 $mg \cdot kg^{-1}$。

（4）低亚硫酸钠

低亚硫酸钠（也称为保险粉或称连二亚硫酸钠），是一种白色砂状结晶或淡黄色粉末，有二氧化硫浓臭，对光敏感，易溶于水，不溶于乙醇。其与水接触后会释放大量的热和二氧化硫、硫化氢等有毒气体，固体状态存在时有无水和二水结晶形式，二水结晶低亚硫酸钠不稳定，干燥时较潮湿时稳定。低亚硫酸钠受潮受热或露置空气中都能使其分解加速乃至燃烧，分解时释放出二氧化硫和大量热量，250℃时能自燃，加热至75℃以上时发生分解，至190℃能爆炸。低亚硫酸钠通常在碱性介质中较在中性介质中稳定在有湿气时或水溶液中，很快生成亚硫酸氢钠和硫酸氢钠并呈酸性。低亚硫酸钠既具有强还原性，又具有强氧化性，应用于食品储藏时，具有强烈的还原性和杀菌作用。生产冰糖时，多使用低亚硫酸钠作漂白剂，在溶糖时一次加入。在冰糖中的最大用量为0.03 $g \cdot kg^{-1}$（以二氧化硫计）。

使用注意事项：①亚硫酸及其盐类的水溶液在放置过程中容易分解逸散二氧化硫而失效，所以应现用现配制；②在实际应用中，需根据不同食品的杀菌要求和各亚硫酸类杀菌剂的有效二氧化硫含量确定杀菌剂用量及溶液浓度，并严格控制食品中的二氧化硫残留量标准，以保证食品的卫生安全性；③亚硫酸分解或硫磺燃烧产生的二氧化硫具有强烈的刺激性，是一种对人体有害和对金属设备有腐蚀作用的气体，所以在使用时应做好操作人员和库房金属设备的防护管理工作，以确保人身和设备的安全。

3. 硝酸盐和亚硝酸盐

硝酸盐包括硝酸钠和硝酸钾，亚硝酸盐包括亚硝酸钠和亚硝酸钾，以硝酸钠和亚硝酸钠在食品生产中较为常用。硝酸钠和亚硝酸钠为无色、无臭结晶或结晶性粉末，味咸并且稍有苦味，有吸湿性，易溶于水。硝酸盐和亚硝酸盐广泛用于肉制品、火腿、香肠等加工食品中，具有抑制细菌生长、保持肉类红色和增强风味等作用。硝酸盐和亚硝酸盐可抑制引起肉类变质的微生物生长，尤其是对梭状肉毒芽孢杆菌等耐热性芽孢杆菌的发芽有很强的抑制作用。硝酸钠在肉制品中受细菌作用还原为亚硝酸钠，在酸性条件下可与肉中肌红蛋白作用形成亚硝基肌红蛋白而呈鲜红色。硝酸钠还有抗氧化和增强风味的作用。

硝酸盐本身没有毒性，但其代谢产物亚硝酸盐、N- 亚硝基化合物会对人体健康有危害。亚硝酸盐可导致高铁血红蛋白症，还能够与蛋白质分解产物在酸性条件下发生反应产生亚硝胺类致癌物。因此，国家对食品中作为防腐剂、护色剂的硝酸盐的使用范围和最大用量都有比较严格的限定（表 7-7）。硝酸盐和亚硝酸盐的 ADI 分别为 0～5 mg · kg^{-1} 和 0～0.2 mg · kg^{-1}。亚硝酸钠可用于肉类罐头和肉制品，最大用量为 0.15 g · kg^{-1}，残留量（以亚硝酸计）分别不能超过 0.05 g · kg^{-1} 和 0.03 g · kg^{-1}。硝酸钠在肉制品中的最大用量为 0.5 g/kg，残留量控制同亚硝酸钠。联合国粮食和农业组织与世界卫生组织下的食品添加剂联合专家委员会规定硝酸钠的日容许摄入量（ADI）为 0～3.7 mg · kg^{-1}。硝酸盐和亚硝酸盐的 ADI 分别为 0～5 g · kg^{-1} 和 0～0.2 g · kg^{-1}。

表 7-7　硝酸盐的使用范围和最大用量

<table>
<tr><th>食品分类号</th><th>使用范围</th><th>最大用量 /（g/kg）</th><th>备注</th></tr>
<tr><td>08.02.02</td><td>腌腊肉制品类（如咸肉、腊肉、板鸭、中式火腿、腊肠等）</td><td rowspan="7">0.5</td><td rowspan="7">以亚硝酸钠（钾）计，残留量≤30 mg/kg</td></tr>
<tr><td>08.03.01</td><td>酱卤肉制品类</td></tr>
<tr><td>08.03.02</td><td>熏、烧、烤肉类（熏肉、叉烧肉、烤鸭、肉脯等）</td></tr>
<tr><td>08.03.03</td><td>油炸肉类</td></tr>
<tr><td>08.03.04</td><td>西式火腿类（熏烤、烟熏、蒸煮火腿）</td></tr>
<tr><td>08.03.05</td><td>肉灌肠类</td></tr>
<tr><td>08.03.06</td><td>发酵肉制品类</td></tr>
</table>

4. 过氧化氢

过氧化氢的分子式为 H_2O_2，因有两个 O，故又称双氧水，为无色透明液体，无臭，微有刺激性味。过氧化氢是一种活泼的氧化剂，易分解成水和新生态氧。过氧化氢遇有机物会分解，光、热能促进其分解生成新生态氧，接触皮肤能致皮肤水肿，高浓度溶液能引起化学烧伤。过氧化氢分解生成的新生态氧具有很强的氧化作用和杀菌作用，在碱性条件下作用力较强。3% 过氧化氢只需几分钟就能杀死一般细菌；0.1% 过氧化氢在 60 min 内可以杀死大肠杆菌、伤寒杆菌和金黄色葡萄球菌；1% 过氧化氢在数小时能杀死细菌芽孢。过氧化氢还可杀灭肠道致病菌、化脓性球菌、致病酵母菌等微生物，有机物存在时会降低其杀菌作用。过氧化氢是低毒的杀菌消毒剂，可用于器皿和某些食品的消毒，也可用于无菌液态食品包装中对包装材料的灭菌，还可用作食品加工、食品的漂白、防腐和保鲜剂，近年来广泛用于纸塑无菌包装材料在包装前的杀菌。在食品生产中，残留在食品中的过氧化氢，经加热很容易分解除去；同时过氧化氢的化学性质不稳定，容易失效。过氧化氢与淀粉能形成环氧化物，因此对其使用范围和用量都应加以限制。

过氧化氢一般可通过接触、吸入、食入等途径侵入体内，对人体健康产生危害。如吸入过氧化氢蒸气或雾对呼吸道有强烈刺激性，眼睛直接接触过氧化氢可致不可逆损伤甚至失明，口服过氧化氢出现腹痛、胸口痛、呼吸困难、呕吐等症状，经常接触过氧化氢多患皮炎、支气管和肺脏疾病。

值得注意的是，目前包括《GB 2760—2024》在内的标准，尚无对过氧化氢作为食品添加剂以及防腐剂的限量作规定，但标准《GB 2760—2024》中表 C.2 中规定，过氧化氢作为食品加工助剂，可在各类食品加工过程中使用，残留量不需限定。国家质量监督检验检疫总局《关于食品添加剂对羟基苯甲酸丙酯等 33 种产品监管工作的公告》（2011 年第 156 号公告）明确表明：自该公告发布之日起，不再对过氧化氢作为食品添加剂进行生产许可申请，禁止其作为食品添加剂出厂销售，食品生产企业禁止使用过氧化氢。

5. 食品级二氧化碳

二氧化碳分子式是 CO_2，其是一种无色、无味、无毒的气体。目前，食品级二氧化碳广泛应用于碳酸饮料、啤酒、面包、咖啡等食品和饮料的保鲜、杀菌、增味等。

食品级二氧化碳在食品生产中可以替代传统的化学防腐剂和杀菌剂，大大提高了食品的安全性和卫生质量。食品级二氧化碳储藏果蔬可以：降低导致成熟的合成反应；抑制酶的活动；减少挥发性物质的产生；干扰有机酸的代谢；减弱果胶物质的分解；抑制叶绿素的合成和果实的脱绿；改变各种糖的比例。高浓度的二氧化碳能阻止微生物的生长，而且抑菌作用随着二氧化碳浓度的升高而增强。在食品生产和加工过程中，通过注入二氧化碳来降低微生物数量，减少细菌的生长风险。故食品级二氧化碳是一种广泛应用于食品消毒的杀菌剂和有效保鲜剂。一般地讲，如要求食品级二氧化碳在气调保鲜中发挥抑菌作用，浓度应在 20% 以上。在肉类和鱼类的制作过程中，将食品级二氧化碳注入包装袋中可以减少氧气的含量，并且抑制细菌生长。可将食品级二氧化碳注入储存室来延长蔬菜的储存期限。贮存烟熏肋肉需要食品级二氧化碳的浓度为 100%。用食品级二氧化碳贮存鸡蛋，一般认为 2.5% 的浓度为宜。此外食品级二氧化碳还广泛用于饮料中，以防止微生物的生长。食品级二氧化碳常和冷藏结合用于果蔬保藏，但过高的二氧化碳含量会对果实产生不利的影响，因此，不断调整二氧化碳含量是长期气调果蔬保鲜的关键。

食品级二氧化碳是一种安全的食品添加剂。食品生产中使用的二氧化碳可以是酒精发酵产生的，也可以是石灰窑烧制石灰时产生的，还可以是从化肥生产过程中的合成氨尾气中分离或从甲醇裂解得到的。根据相关要求，添加食品级二氧化碳应遵循正确的用量和操作程序，以确保不会对公众卫生造成负面影响。

6. 天然物质防腐剂

天然物质防腐剂也称生物防腐剂，是食品化学保藏的一个重要组成部分，是由生物体组织内或代谢产物或分泌物中提取出来的具有抑菌、防腐作用的一类物质，经人工进一步提取、分离、纯化或者加工而成。生物防腐剂具有抗菌性强、安全无毒、热稳定性好、作用范围广、水溶性好等优点，将它作为食品防腐剂具有明显的优越性，并能增进食品的风味品质，因而是一类有发展前景的食品防腐剂。天然物质防腐剂可根据分离提取原材料的不同归为三大类：动物源食品防腐剂、植物源食品防腐剂、微生物源食品防腐剂。各类天然物质防腐剂的结构特征、组成不同，适用的食品存在差异。酒精、甲壳素和壳聚糖、某些细菌分泌的抗菌素和酶等都能对食品起到一定的防腐保藏作用。

（1）动物源食品防腐剂

动物源食品防腐剂通常指从某些动物体内或其代谢产物中提取的具有天然抑菌、防腐作用成分的生物活性物质，主要由溶菌酶、壳聚糖、精蛋白、组蛋白、蜂胶、抗菌肽、抗氧化肽等构成。

① 溶菌酶

溶菌酶又称细胞壁质酶或N-乙酰胞壁质糖水解酶，属于碱性蛋白酶，含有129个氨基酸残基，相对分子量为14500 Da的单肽链蛋白质。溶菌酶为白色结晶，等电点10.5～11.0，溶于盐溶液，在丙酮和乙醇溶液中沉淀。溶菌酶的化学性质非常稳定，在酸性条件下，遇热较稳定，在pH=4～7，100℃下处理1 min，仍保持原酶活性；但在碱性条件下，溶菌酶的热稳定性差，用高温处理时酶活性会降低，不过溶菌酶的热变性是可逆的。

溶菌酶的抑菌机理主要是通过破坏微生物的细胞壁，溶解许多细菌的细胞膜，使细胞膜的糖蛋白发生分解，而导致细菌不能正常生长，菌体细胞裂解而死亡。根据溶菌酶作用对象的不同和菌体细胞壁成分的不同，可将其分为细菌型细胞壁溶菌酶和真菌型细胞壁溶菌酶。对于细菌来说，溶菌酶主要作用于两个部位：一是细胞壁肽聚糖中N-乙酰胞壁酸和N-乙酰氨基葡萄糖残基之间的β-1,4糖苷键，其是许多生物先天免疫系统的重要组成成分；二是肽链的酰胺部分和“尾”端。对于真菌来说，溶菌酶的主要作用对象为酵母细胞壁的β-1,3-D-葡聚糖、β-1,6-D葡聚糖、甘露聚糖和霉菌细胞壁的壳多糖，它对于酵母菌和霉菌有一定的溶解作用。溶菌酶对微生物细胞壁的破坏并不是它抑菌的唯一机理，研究表明，溶菌酶能够迅速增加大肠杆菌外膜的渗透性，使外膜形成孔洞结构，对大肠杆菌的内膜具有直接的抑制作用。由此，溶菌酶发挥作用的特异性很强，菌种不同，作用的底物和部位会有差异。

因为溶菌酶能够专门作用于菌体细胞壁，而革兰氏阳性菌的细胞壁约90%都是肽聚糖组成的，因此溶菌酶对革兰氏阳性菌的抑制作用十分显著。溶菌酶对枯草芽孢杆菌、好气性孢子形成菌、地衣型芽孢菌等均有良好的抑制作用，对大肠杆菌等革兰氏阴性菌有溶解作用。由于溶菌酶对多种微生物有很好的抑制作用，在食品保藏中的作用越来越受到人们的重视。

溶菌酶是无毒性的蛋白质，作为一种天然抗菌物质，可在肠胃内被消化吸收，不会危害人体健康，此外，它具有一定的保健作用。因此，溶菌酶被广泛应用于肉制品、乳制品、方便食品、水产品、熟食、母乳化奶粉及冰激凌等的防腐。

② 壳聚糖

壳聚糖又称甲壳素（脱乙酰甲壳素），分子式为（$C_6H_{11}NO_4$）$_n$。壳聚糖是一种天然碱性多糖物质，常通过脱乙酰化反应从蟹虾、昆虫等动物硬壳的甲壳素中提取，呈白色粉末状，不溶于水，易溶于盐酸和醋酸。

壳聚糖的抗菌机理，目前被广泛认可的有以下4种。

第一，壳聚糖的抗菌活性源自其 NH_2 基团所带的正电荷（NH_3^+）。当 pH<6.3 时，NH_2 基团容易在葡萄糖单体上出现质子化现象，产生 NH_3^+，且 pH 在 6.0 以下时此现象的趋势最明显，此时的壳聚糖不仅最易于溶解，还可以与细胞表面的羧酸盐结合，使菌体细胞表面被破坏，导致细胞外膜丧失部分功能，胞内物质外泄。

第二，壳聚糖分子降解的产物可以经过细胞壁屏障到达细胞内部，干扰细胞内 DNA，抑制蛋白质和 mRNA 等物质的合成，导致关键酶基因表达发生变化使其活性降低，影响微生物的正常生长和代谢。

第三，壳聚糖具有螯合金属离子的能力。当 pH>6.3 时，壳聚糖能够非常好地吸收螯合金属阳离子，同时作用于带有阴离子的细胞膜，从而改变细胞膜的渗透性，使菌体表面形态被破坏，导致细胞内物质泄漏。

第四，根据壳聚糖聚合成膜的特性，其还可以形成一层不透气的涂膜来抑制微生物生长。该膜阻止营养物质进入细胞的同时也阻止了 O_2 的进入，从而起到了抑制好氧型微生物生长繁殖的作用。

壳聚糖在中性和碱性条件下的抗菌效果不如酸性条件下。对此，有学者对壳聚糖的改性进行了研究，如壳聚糖交联改性、壳聚糖酰基化改性和壳聚糖酯化改性等，有望提高其抑菌性能。目前，壳聚糖及改性制得的水溶性甲壳素衍生物羟甲基甲壳素（CM-CH）和羟甲基壳聚糖（CM-CHS）都没有毒性，且具有较好的抗菌性能，能抑制一些真菌、细菌和病毒的生长繁殖。其用溶液浸渍、喷洒、涂布等容易在果蔬表面形成一层极薄、均匀透明、具有多微孔道的可食性薄膜，是优良的果蔬天然保鲜剂。由于该薄膜具有较低的透水性和对气体的选择透性，不仅降低了果蔬储藏期间的水分损失，而且改变了薄膜内微环境中的气体浓度，对果蔬的生命活动产生抑制作用，而且薄膜本身还具有防霉抑菌作用。

由于壳聚糖天然储备量较为丰富，来源广泛且成本低，还具有无毒、无污染、可降解、防腐效果好等优良特性；壳聚糖对蛋白质具有凝聚作用。其常用于不含蛋白质的酸性食品的防腐，如酱菜、腌菜等。

③ 精蛋白

精蛋白是高度碱性的蛋白质，分子中碱性氨基酸的比例可达氨基酸总量的70%～80%，能溶于水和氨水，与强酸反应能生成稳定的盐。精蛋白加热不凝结，相对分子质量小于组蛋白。其具有较强的抑菌活性和高安全性、耐高温等优点。

④ 组蛋白

组蛋白可从小牛胸腺和胰腺中分离得到。其分子中含有大量的碱性氨基酸，能溶于水、稀酸和稀碱，不溶于稀氨水。

精蛋白和组蛋白等抑菌碱性蛋白，耐热，在 210℃下 190 min 后仍具有抑菌作用，适宜配合热处理，可达到延长食品保藏期的作用。在中性和碱性条件下，组蛋白对耐热芽孢菌、乳酸菌金黄色葡萄球菌和革兰氏阴性菌均有抑制作用，pH 7～9 时的抑制作用最强。组蛋白与甘氨酸、醋酸、盐等合用，再配合碱性盐类，可使抑菌作用增强。组蛋白对鱼糜类制品有增强弹性的效果，如与调味料合用，还有增鲜作用。

⑤ 蜂胶

蜂胶是由蜜蜂从胶源植物芽孢或树干、新生枝芽上采集树脂后，与上颚腺分泌物及其蜂蜡混合加工而成的、具有芳香气味的胶状固体物质。蜂胶含有大量活跃的还原因子，广泛应用在油脂和高油脂等食品中，可以延长食品的保质期，常被用作天然抗氧化剂。蜂胶还可应用于果蔬保鲜中，将其喷洒在果蔬表面可形成一层薄膜，可减小外界环境影响及微生物侵袭，延缓新陈代谢及减少新鲜蔬果表面的水分蒸发现象，从而延长腐败、变质时间，起到良好的防腐保鲜作用。蜂胶不仅无毒无害，而且使用方法简便，抑菌成膜效果好，对设备没有特殊要求，是一种较理想的保鲜剂，具有较好的开发推广前景。

⑥ 抗菌肽和抗氧化肽

抗菌肽是分离于海洋生物、昆虫、甲壳类动物，动物源食品防腐剂中由 20～60 个氨基酸残基构成的抗菌物质，可作用于食品中的细菌、真菌、某些病毒。

抗氧化肽是由蛋白质及其水解物、氨基酸等多肽组成的。该物质中的活性肽能使蛋白质具有抗氧化活性，使食品具有抗氧化作用。研究表明，鱼、鸡的酶解产物放入牛肉糜后，酶解产物会通过抗氧化作用抑制牛肉的脂质氧化，抑制率为 80%～93%。

（2）植物源食品防腐剂

植物是生物活性化合物的天然宝库，其产生的次生代谢产物超过 40 万种，如萜类、黄酮类、生物碱类、植物肽类、木脂素、鞣质、多糖类、醌类、酯类、酚类及多酚类、醛类、芪类、胺类、皂苷、甾类、有机酸、精油类化合物以及其他新型结构的活性物质（如植物提取物的酶解产物），其中部分化合物抗菌活性较强，是替代化学合成防腐剂的重要资源。植物源食品防腐剂主要是从植物的根、茎、叶、花、果实、树皮等部位获取的具有生物活性的物质，常见的主要有某些中草药、香辛料、茶叶、银杏叶等。中草药是我国特有的自然资源，将中草药应用于食物防腐保鲜的过程中发现，适当添加中草药提取物不仅不会对食品原有风味造成影响，还可以降低食物腐败率，增强防腐效果。中草药提取物具有广谱抗菌以及毒性低的优点，已广泛应用于食品保鲜中。

① 黄酮类

黄酮类是一种生理活性物质，有抗氧化、抗衰老、清除自由基和抗菌抑菌活性。黄酮类活性成分的抑菌性能已有很多报道，且很多成分已经被确定。黄酮类成分对人体没有严重的不良反应，已有很多制药方面的应用。据报道，黄酮类化合物特别是异黄酮类化合物具有很强的抗菌作用。

② 酚类及多酚类

植物多酚又称植物单宁，是植物体内的复杂酚类次生代谢产物，主要存在于植物的根、皮、叶和果实中，在自然界的储量十分丰富。植物多酚具有很强的抗氧化、抗癌和抗菌性能，能有效地预防和抑制疾病的发生。

茶多酚是茶叶中多酚类物质的总称，又名茶鞣质、茶单宁，包括儿茶素、花青素、酚酸、黄酮类化合物四大类物质。通过大量试验发现，茶多酚对多种常见食品腐败微生物有良好的抑制效果，还能抑制脂肪酸的合成以及各种酶的活性，阻止或延缓不饱和脂肪酸的自动氧化分解，且安全性较高，无蓄积毒性，无遗传毒性，在果蔬、肉制品等食品的防腐保鲜方面得到广泛应用。

③ 萜类

在各种活性成分中，萜类数量最多，已分离、鉴定的萜类化合物超过 3 万种。萜类化合物包括单萜、二萜倍半萜、三萜等，是所有异戊二烯的聚合物及它们的衍生物的合称。

萜类化合物具有抗菌消炎、抗白血病、抗肿瘤、驱蛔虫和杀虫的生理活性，是食品、医药和化妆品行业的重要原料。

在香辛料的提取物中，萜类有效成分可以降低菌体生物膜的稳定性及菌体的生物活性，从而抑制微生物的生长。萜类可能是通过影响菌类的呼吸作用以及细胞膜的功能从而达到抑菌效果。香辛料含有独特的挥发性物质，被广泛用于食品调味料。香辛料的呈味物质主要集中于植物的种子、果实、花、皮中，不仅具有调味作用，而且具有抗氧化和抗菌防腐的功能，因此，被广泛用作天然食品防腐剂。香辛料类物质抗菌谱广，采用乙醇为溶剂的香辛料提取物对多种细菌均有强烈的抑制作用。

④ 植物提取物的酶解产物

有些植物粗提物本身没有抗菌、杀菌活性，但是经过酶解、水解等可得到较好的抗菌、杀菌活性物质。果胶在食品工业中广泛作为增稠剂和胶凝剂，研究发现果胶的酶解产物在酸性条件下具有抗菌作用，在中性及碱性条件下抗菌作用下降。目前，国外以果胶酶解产物为主要成分，配合其他天然防腐剂，已广泛应用于酸菜、咸鱼、牛肉饼等食品的防腐。从海藻中提取的琼脂，主要成分是琼脂糖，其酶解产物即为琼脂低聚糖，具有较强的抑菌和防止淀粉回生老化的作用。

⑤ 肉桂酸和肉桂醛

桂枝提取物可有效抑制菌体孢子的萌发，使细胞膜结构被破坏，膜的通透性增加，胞内电解质外泄，细胞结构的稳定性和菌体的物质代谢被影响、扰乱，导致菌丝无法正常发育繁殖，甚至致死。

肉桂酸广泛分布于高等植物中，对大多数微生物都有抑制作用。肉桂酸本身具有抑菌作用，能够影响酪氨酸酶的活性。研究表明，肉桂酸对大肠杆菌、伤寒沙门氏菌、金黄色葡萄球菌、表皮葡萄球菌和酿酒酵母菌等具有明显的抑制作用。

肉桂酸的主要抑菌机理是抑制菌体的孢子萌发，破坏细胞膜结构，扰乱其物质代谢，并影响三羧酸循环的过程，使菌体的能量代谢途径受到不同程度的阻碍，从而达到抑菌杀菌的效果。此外还发现肉桂酸对菌体的呼吸代谢作用可产生较大影响，对于能量代谢相关酶如琥珀酸脱氢酶、苹果酸脱氢酶有较好的抑制作用，使氧化磷酸化过程以及电子能量传递等代谢途径受阻，从而影响、阻碍菌体生长，最后致使菌体死亡。在实际应用中将肉桂酸与巴氏杀菌助剂复配，能够显著增强杀菌作用。

肉桂醛是一种醛类有机化合物，大量分布于肉桂等植物体内。有研究表明，肉桂醛的抑菌机理是从很多方面影响微生物的正常发育和代谢，并且不同浓度的肉桂醛对细菌细胞的抑制机理有差异，彼此间呈现剂量—效应关系。高浓度的肉桂醛通过对细菌细胞膜脂肪酸的分布产生影响，从而抑制酶活性，改变细胞膜的流动性，细胞膜渗透作用增强的同时，细胞内物质外渗，导致菌体死亡；中等浓度的肉桂醛通过影响细胞内三磷酸腺苷蛋白酶抑制其活性，细胞内能量供应途径受阻，生物膜的合成遭到破坏，从而起到抑菌作用；低浓度的肉桂醛与菌体细胞内的物质，如蛋白质、激素等因子结合，影响细胞的正常分裂，抑制菌体细胞的生长繁殖，从而达到抑菌的作用。此外，还发现肉桂醛能够深入渗透到菌体细胞的内部，与细胞内 DNA 发生作用，阻碍 DNA 的正常合成。

⑥ 植物精油

从现有的研究结果可以看出，高等植物中抑菌的有效成分主要为精油。植物精油所含化学成分复杂，按化学结构可分为脂肪族、芳香族和萜类三大类化合物以及它们的含氧衍生物如醇、醛、酮、酸、醚、酯、内酯等，此外还有含氮和含硫的化合物。在食品保藏方面，众多植物精油（如牛至、丁香、肉桂、百里香、薄荷、迷迭香、芫荽、鼠尾草等的精油）对食源性病菌具有很强的抑制作用。

⑦ 植物抗菌肽

抗菌肽原指昆虫体内经过诱导而产生的一类具有抗菌活性的碱性多肽物质。自然界中的抗菌肽可分为植物抗菌肽、细菌抗菌肽和昆虫抗菌肽等若干种，几乎存在于所有生命体中。抗菌肽不仅可以破坏细胞膜，还可以损害细胞内核酸和蛋白质等大分子物质，进而影响菌体细胞的代谢等正常生理活动。

大多数抗菌肽来源于食物本身，例如乳酸菌肽又称乳酸链球菌素，是由乳酸链球菌产生的一种多肽物质。该产品对革兰氏阳性菌有抑制作用，可用于乳制品和肉制品的抑菌防腐，但对革兰氏阴性菌、霉菌和酵母菌一般无抑制作用。抗菌肽用于饮料类食品防腐的最大用量为 $0.2\ g \cdot kg^{-1}$，乳制品和肉制品的最大用量为 $0.5\ g \cdot kg^{-1}$。

大豆球蛋白碱性抗菌肽就是从豆粕中提取出来的一种植物来源的阳离子肽，它通过改变细菌细胞膜的通透性，使细胞内钙、钾离子泄漏至细胞外，引起细胞局部结构发生改变形成细槽，从而导致细胞的塌陷。其具有广谱抑菌的特性，且不会对人体健康产生危害和毒副作用。

枯草杆菌素是枯草杆菌的代谢产物，为一种多肽类物质，在酸性条件下比较稳定，而在中性或碱性条件下，可迅速被破坏。枯草杆菌素对革兰氏阳性菌有抗菌作用，能促使耐热性芽孢菌的耐热性降低，能抑制厌氧性芽孢菌生长。因此，有人认为枯草杆菌素应用于罐装食品是合适的。同时，枯草杆菌素在消化道中可很快地被蛋白酶完全破坏，对人体无害，但并未列入我国食品添加剂标准中。

除上述常见的天然物质防腐剂外，许多食用香辛料含有杀菌、抑菌成分，如大蒜素具有较强的抑菌和杀菌作用。魔芋聚甘露糖、海藻酸钠、蜂蜡蔗糖酯以及许多中草药成分等天然有机物都有一定的防腐作用。但是，总体而言，天然物质防腐剂的防腐效果远不及合成有机防腐剂，加之分离和提取费用高，有些成分有特有的不良风味和气味，目前在生产上尚不广泛。

7.4 食品抗氧化剂

食品的变质除了因微生物的生长繁殖，氧化也是一个重要原因。食品氧化即在加工、运输、储藏过程中，食品中一些成分与空气中的氧发生化学反应，使食品出现褪色、褐变、维生素破坏、产生异味异臭等现象，降低了食品质量，甚至导致食品不能食用。比如：油脂或含油脂的食品在运输、储藏过程中由于氧化发生酸败，切开的苹果、土豆表面发生褐变，等等，这些变化不仅降低食品的营养价值，使食品的风味和颜色劣变，还会产生有害物质危及人体健康。为防止食品氧化这种现象的发生，除了可对食品原料、加工和贮运环节采取低温、避光、真空、隔氧或充氮包装等措施，还可在食品保藏中添加适量的抗氧化剂或脱氧剂以延缓或阻止食品的氧化。

7.4.1 食品抗氧化剂的概念和作用原理

油脂的酸败，肉类食品的变色，蔬菜、水果的褐变等均与食品氧化有关。为了防止和减缓食品氧化，常常在食品中添加一些物质延缓或阻止食品氧化，提高食品质量的稳定性和延长食品的储存期，这类物质统称为食品抗氧化剂。食品抗氧化剂必须具备以下条件：使用过程和在人体内分解对人体无毒、无害；不影响食品风味、颜色和组织状态；对食品具有优良的抗氧化效果，用量适当；使用过程稳定性好，分析检测方便易行。我国相关标准中规定了各种食品抗氧化剂的使用范围和最大用量。

食品抗氧化剂的种类繁多，抗氧化剂的作用机理却都是以其还原性为依据的。例如，有的抗氧化剂是通过抑制氧化酶的活性而防止食品氧化，而有的抗氧化剂被氧化后消耗食品内部和环境中的氧而保护食品品质，等等，所有这些抗氧化作用都与抗氧化剂的还原性密切相关（表 7-8）。

表 7-8 食品抗氧化剂的作用机理

抗氧化剂	抗氧化类别	作用机理
酚类化合物	自由基吸收剂	使脂游离基灭活
	氢过氧化物稳定剂	防止氢过氧化物降解生成自由基
柠檬酸、维生素 C	增效剂	增强自由基吸收剂的活性
胡萝卜素	单线态氧猝灭剂	将单线态氧，生成三线态氧
磷酸盐、美拉德反应产物、柠檬酸	金属离子螯合剂	将金属离子螯合，生成不活泼金属物质
蛋白质、氨基酸	还原氢过氧化物	将氢过氧化物还原成不活泼物质

使用食品抗氧化剂时的注意事项如下。

其一，食品抗氧化剂添加时间要恰当。一般应在食品保持新鲜状态和未发生氧化变质之前使用抗氧化剂，在食品已经发生氧化变质现象后再使用抗氧化剂则效果显著下降，甚至完全无效。这一点对防止油脂及含油食品的氧化酸败尤为重要。根据油脂自动氧化酸败的连锁反应，抗氧化剂应在氧化酸败的诱发期之前添加才能充分发挥抗氧化剂的作用。图 7-7 所示为抗氧化剂使用时间与防止油脂氧化酸败的关系。

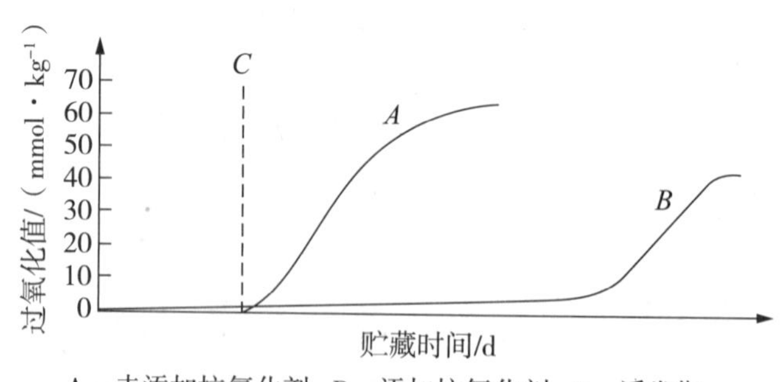

A—未添加抗氧化剂；B—添加抗氧化剂；C—诱发期。

图 7-7 抗氧化剂使用时间与防止油脂氧化酸败的关系

其二，控制影响抗氧化剂性能的因素。油脂的氧化可受到许多因素的催化，如不能很好地控制这些因素，而单纯依靠抗氧化剂往往难以达到预期的目的，或至少是事倍功半。这些因素归纳如下。①温度。与一般的化学反应一样，物料温度每提高 10℃，反应速率提高 1 倍。②光线。紫外线是氧化作用的强激化剂和催化剂。③氧的有效量。氧是氧化的供体，其有效含量越高越易促进氧化。④油脂不饱和度。有两个双键的亚油酸比只有一个双键的油酸更易被氧化。⑤碱。碱性条件和碱性金属离子能催化自由基的氧化。⑥重金属。一般只要有 $mg \cdot kg^{-1}$ 数量级的铁、铜等金属溶于油脂中，就会成为有效的氧化催化剂。只有具有氧化还原电位的两价和多价金属离子才对油脂的氧化有催化作用。⑦色素。植物油中残存的色素能催化氧化反应，如叶绿素能使各种油脂受氧原子的作用而氧化。

温度、光、氧、金属离子及物质的均匀分散状态等都影响抗氧化剂的效果。光中的紫外线及高温能促进抗氧化剂的分解和失效。例如，丁基羟基茴香醚（BHA）在高于 100℃的加热条件下很容易升华而失效。所以在避光和较低温度下，抗氧化剂的抗氧化效果较好。氧是影响抗氧化剂最为敏感的因素，如果食品内部及其周围的氧浓度高，则会使抗氧化剂迅速失效。因此，在添加抗氧化剂时，如果能配合真空和充氮包装，则会取得更好的抗氧化效果。铜、铁等金属离子能促进抗氧化剂的分解，因此，使用抗氧化剂时，应尽量避免混入金属离子，或者添加某些增效剂整合金属离子。在添加抗氧化剂时应采取机械搅拌或添加乳化剂的措施，增加其在食品原料中分布的均匀性，提高抗氧化效果。

其三，抗氧化剂与增效剂结合使用。增效剂是能增加抗氧化效果的物质。例如，在含油脂的食品中添加酚类抗氧化剂和一些酸性物质，如柠檬酸、磷酸、抗坏血酸等，则有明显的增效作用。抗氧化剂与食品稳定剂结合使用，都可以起到增效作用。

7.4.2　常用的食品抗氧化剂

食品抗氧化剂按其来源可分为合成的和天然的两类。天然抗氧化剂是从植物中提取出的一类抗氧化剂，如维生素 A、维生素 C、维生素 E 和多酚类化合物等。按照天然抗氧化剂溶解性质可分为水溶性抗氧化剂、脂溶性抗氧化剂以及兼容性抗氧化剂 3 种，这 3 种已成为食品中使用较为广泛的添加剂，开发利用天然抗氧化剂已成为当今食品科学的发展趋势。常用的合成抗氧化剂有叔丁基对苯二酚、丁基羟基茴香醚、2,6- 二叔丁基对甲苯酚甲苯和没食子酸丙酯。

1. 水溶性抗氧化剂

不少果蔬组织在切制、去皮、切片和磨碎后和氧气直接接触，外层潮湿面上的抗坏血酸就会立刻被氧化；当这种反应结束后，就会出现多酚氧化酶催化氧化和呈色物质反应时形成棕褐色的褐变。水溶性抗氧化剂主要用于防止食品氧化变色（食品褐变），常用的种类是抗坏血酸及其盐类抗氧化剂。此外，还有异抗坏血酸及其钠盐、植酸、茶多酚及氨基酸类、肽类、香辛料和糖苷、糖醇类等水溶性抗氧化剂。

（1）抗坏血酸及其钠盐

抗坏血酸有 L 型和 D 型两种异构体，但只有 L 型具有抗氧化性，人们习惯上将 L 型抗坏血酸（ASA）称作维生素 C，其是人和动物维持正常的生理功能而从食物中获取的一类微量有机物质，在人和动物的生长、发育、代谢等过程中发挥着重要的作用。抗坏血酸类抗氧化剂包括：抗坏血酸及其钠盐、抗坏血酸钙、D 型抗坏血酸（异抗坏血酸）及其钠盐和抗坏血酸棕榈酸酯。其中抗坏血酸及其钠盐的分子结构式如图 7-8 所示。

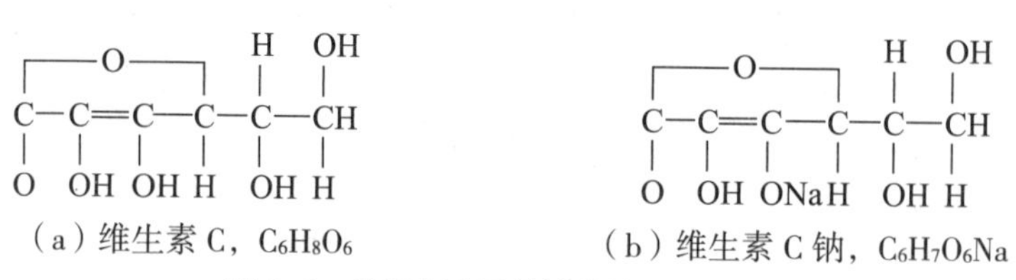

图 7-8 抗坏血酸及其钠盐的分子结构式

抗坏血酸及其钠盐为白色或微黄色结晶或结晶性粉末，或细粒粉末，无臭，易溶于水和乙醇，不溶于氯仿、乙醚和苯，呈强还原性。抗坏血酸主要从植物中提取，带酸味，其钠盐有咸味。其分子中有乙二醇结构，性质极活泼，易受空气、水分、光线、温度的作用而氧化、分解。其在干燥空气中相当稳定；热稳定性差，受光照则逐渐变色，在空气中氧化变黄色；在中性或碱性溶液中若有微量金属离子存在时稳定性更差。在水溶液里，抗坏血酸对氧有很强的亲和力，很容易被氧化成脱氢抗坏血酸，这一反应受重金属的催化。脱氢抗坏血酸又可被还原成抗坏血酸。在氧的存在下脱氢抗坏血酸不可逆地降解为二酮古罗糖酸，最终的分解产物是草酸和苏糖酸。抗坏血酸及其钠盐易溶于水和乙醇，可作为啤酒、无酒精饮料、果汁的抗氧化剂，能防止饮品褐变及品质风味劣变现象；它还可作为 α - 生育酚的增效剂，防止动物油脂的氧化酸败；它在肉制品中起助色剂作用。研究发现抗坏血酸及其钠盐还有阻止亚硝胺生成的作用，所以它是一种防癌物质，在食品中的添加量为 0.5% 左右。

将抗坏血酸作为天然食品抗氧化剂，不仅可以提高人体对食品中营养物质的吸收效果，而且可以改善身体状态，具有预防疾病的效果。抗坏血酸在许多食品中用作抗氧化剂，包括加工过的水果、蔬菜、肉、鱼、干果、果汁、水果罐头、饮料、果酱、硬糖、乳制品、肉制品等。标准规定抗坏血酸可用于去皮或鲜切的鲜水果和蔬菜、小麦粉、果蔬汁的保存，其可以有效抑制水果表面或者果汁的褐变情况，保障食品的品质。而通过将抗坏血酸与乙醇的混合使用，可以控制病原体的生长状况，进而提高酶促褐变的抑制效果，保持鲜切水果的食用价值。

异抗坏血酸为白色至浅黄色结晶或结晶粉末，无臭，味酸，在光线照射下逐渐发黑，在干燥空气中相当稳定，但在溶液中并有空气存在情况下迅速变质。异抗坏血酸的化学性质类似于抗坏血酸，但几乎没有抗坏血酸的生理活性；其抗氧化性较抗坏血酸强，价格较低，但耐光性差；其有强还原性，遇光则缓慢变色并分解，重金属离子会促进其分解；其极易溶于水、乙醇，难溶于甘油，不溶于乙醚和苯。

异抗坏血酸可作为一般的抗氧化剂、防腐剂，也可作为食品的发色助剂。根据使用食品的种类选用异抗坏血酸或其钠盐。为防止肉类制品、鱼类制品、鲸油制品、鱼贝腌制品、鱼贝冷冻品等变质，异抗坏血酸可与亚硝酸盐、硝酸盐合用，可以提高食品的发色效果，防止保存期间食品色泽、风味的变化，以及鱼的不饱和脂肪酸产生的异臭。异抗坏血酸可防止果汁等饮料因溶存氧引起氧化变质，还可防止果蔬罐头褐变。

联合国粮食及农业组织和世界卫生组织规定，异抗坏血酸在食品中的最大用量：苹果调味酱罐头为 150 $mg \cdot kg^{-1}$，午餐肉、熟肉末、熟猪前腿肉、熟火腿为 500 $mg \cdot kg^{-1}$，肉类制品为 0.5～0.8 g · kg^{-1}，冷冻鱼类常在冷冻前浸渍于 0.1%～0.6% 的水溶液内。在桃子、苹果酱中的用量为 0.2%，水果罐头为 750～1500 mL · L^{-1}，天然果汁为 80～110 ml · L^{-1}。

（2）植酸及植酸钠

植酸又称肌醇六磷酸，分子式为 $C_6H_{18}O_{24}P_6$，相对分子量为 660.08，其结构式如图 7-9 所示。

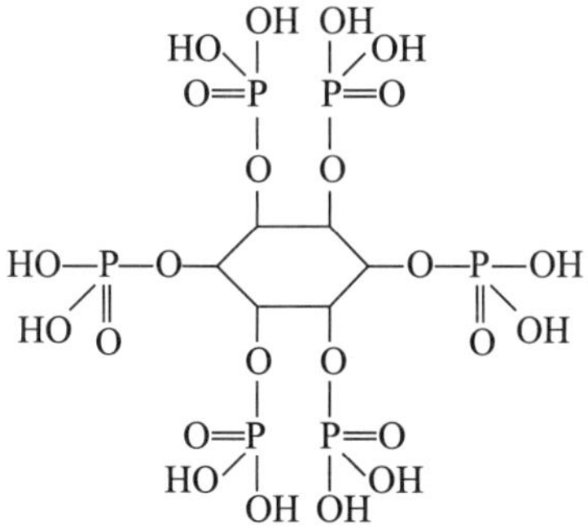

图 7-9　植酸的结构式

植酸为淡黄色或淡褐色的黏稠液体，无臭，有强酸味，易溶于水，对热比较稳定。植酸有较强的金属螯合作用，因此具有抗氧化增效能力。植酸对油脂有明显的降低过氧化值作用（如花生油加 0.01% 植酸，在 100℃下加热 8 h，过氧化值为 6.6，而对照值为 270）。虽然 pH、金属离子的类型、阳离子的浓度等因素对植酸溶解度有较大的影响，但在 pH 为 6～7 的情况下，植酸几乎可与所有的多价阳离子形成稳定的螯合物。植酸螯合能力的强弱与金属离子的类型有关，在常见金属中螯合能力的强弱依次为 Zn、Cu、Fe、Mg、Ca 等。植酸的螯合能力与 EDTA 相似，但比 EDTA 有更宽的 pH 范围，在中性和碱性条件下，植酸也能与各种多价阳离子形成难溶的络合物。

植酸具有防止罐头特别是水产罐头结晶与变黑等作用。植酸及其钠盐可用于虾类的保鲜（残留量为 20 mg · kg^{-1}），食用油脂、果蔬制品、果蔬汁饮料及肉制品的抗氧化，及果蔬原材料表面农药残留的清洗。

（3）茶多酚

茶多酚是 30 余种酚化合物总称，主体为儿茶素类，主要提取自茶叶。茶叶中一般含有 20%～30% 的多酚类化合物，包括儿茶素类、黄酮及其衍生物类、茶青素类、酚酸和缩酚酸类，其中儿茶素类约占总量的 80%。茶多酚具有较强的氧化性，主要由一些黄酮类化合物和酚类化合物组成，在应用时可以抑制食品内的脂质发生过氧反应，同时降低维生素 E 和胡萝卜素的消耗，有较强的维稳性。茶多酚的基本结构如图 7-10 所示，其中 R 和 R′ 基团的不同即为不同种类的儿茶素（表 7-9）。

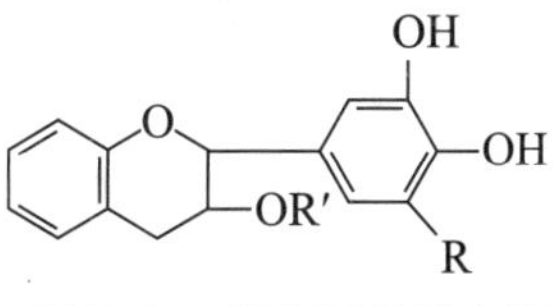

图 7-10　茶多酚的基本结构

表 7–9　茶多酚中的不同儿茶素种类及相应的 R 和 R′ 基团

化合物名称	R	R′
儿茶素	H	H
没食子儿茶素	OH	H
儿茶素没食子酸酯	H	$-\mathrm{C(=O)-C_6H_2(OH)_3}$
没食子儿茶素没食子酸酯	OH	$-\mathrm{C(=O)-C_6H_2(OH)_3}$

茶多酚为淡黄至茶褐色略带茶香的水溶液或灰白色粉状固体或结晶，有涩味，易溶于水、乙醇、乙酸乙酯、冰醋酸等，微溶于油脂，难溶于苯、氯仿和石油醚。茶多酚对热、酸较稳定，在 160℃油脂中 30 min 可降解 20%；在 pH 为 2～8 时稳定，在 pH>8 且光照下易氧化聚合；遇铁变绿黑色络合物；略有吸潮性；在水溶液 pH 为 3～4 时，在碱性条件下易氧化褐变。茶多酚与苹果酸、柠檬酸和酒石酸有良好的协同效应，与柠檬酸的协同效应最好；与生育酚、抗坏血酸也有很好的协同效应。茶多酚的抗氧化性能优于生育酚混合浓缩物，为丁基羟基茴香醚的数倍。茶多酚多应用于坚果、膨化食品、烘焙食品、饮料、肉制品、乳制品以及罐头中，可以很好地保持上述食品中的营养成分，同时可以降低维生素的消耗。将茶多酚溶液喷洒在肉制品表面可减缓肉制品的腐烂。而在烘焙食品、乳制品中应用茶多酚，可以控制油脂酸败，在保障食品安全的同时延长食品的食用期限。近年来发现，茶多酚除了有很强的抗氧化性能，还有很强的保健作用，如抑制肿瘤生长、降低血压和血糖。

茶多酚对人体无毒。标准规定其在各类食品中的添加量（以油脂中的儿茶素计）分别为：不含水油脂、焙烤食品馅料、腌腊肉制品类为 0.4 $g \cdot kg^{-1}$；酱卤、熏、烧烤、油炸、火腿、肉灌肠、发酵肉制品、预制或熟制水产品为 0.3 $g \cdot kg^{-1}$；油炸食品、方便面为 0.2 $g \cdot kg^{-1}$。

（4）花青素

花青素主要从葡萄籽中提取，是一种人体无法自然合成的天然抗氧化剂。其抗氧化活性是维生素 C 的 20 倍，维生素 E 的 50 倍。其是一种天然食用色素，安全、无毒。花青素天然存在于葡萄、浆果、红色卷心菜、苹果、萝卜、郁金香、玫瑰和兰花等中，在预防神经性、心血管疾病、癌症和糖尿病等方面发挥了重要作用。将花青素作为天然食品抗氧化剂，可以促使其含有的黄酮类物质发挥作用，清除人体自由基，进而增强人体的免疫力和抵抗力。与此同时，在肉制品中使用花青素，还可以改变脂肪的氧化情况。现阶段对于花青素的使用研究，多以美国、法国、英国等国家为主，以葡萄籽提取物作为原料开发出多种保健食品、药品和化妆品，在日本已经开发出了以葡萄籽为原料的早餐食品和饮料。在我国，葡萄产量丰富，随着葡萄酒酿造在我国的快速发展，大量的葡萄废料产生，其中 20%～30% 为葡萄籽，但因加工能力不足，葡萄籽作为食品添加剂的开发和利用受到限制，因此我国在葡萄籽的开发和利用方面具有较大的空间，而且我国的标准没有对葡萄籽提取物使用作出规定。

（5）氨基酸

一般认为氨基酸既可以作为抗氧化剂，也可以作为抗氧化剂的增效剂。如蛋氨酸、色氨酸、苯丙氨酸、丙氨酸等，均为良好的抗氧化增效剂，主要是由于它们能整合促进氧化作用的微量金属。色氨酸，半胱氨酸、酪氨酸等有 π 电子的氨基酸，对食品的抗氧化作用较大，如鲜乳、全脂乳粉中加入上述的氨基酸时，有显著的抗氧化效果。

（6）其他天然水溶性抗氧化剂

除了上述抗氧化剂外，还原糖、甘草抗氧物、迷迭香提取物、竹叶抗氧化物、柚皮苷、大豆抗氧化肽、植物黄酮及异黄酮类物质、单糖氨基酸复合物（美拉德反应产物）、二氢杨梅素、一些植物提取物等都具有抗氧化作用，不少已经列为食品抗氧化剂。

① 甘草抗氧化物

甘草抗氧化物呈黄褐色至红褐色粉末状，有甘草特有气味，耐光、耐氧、耐热，与维生素 E、维生素 C 合用有协同效应，能防止胡萝卜素类的褪色及酪氨酸和多酚类的氧化，有一定的抗菌效果，不溶于水和甘油，溶于乙醇、丙酮、氯仿。

甘草抗氧化物是由甘草等同属种植物的根茎用水提取甘草浸膏后的残渣，用微温乙醇、丙酮或已烷提取而得。其主要成分是甘草黄酮、甘草异黄酮、甘草黄酮醇等。标准规定：食用油脂、油炸食品、腌制鱼、肉制品、饼干、方便面与含油脂食品中甘草抗氧化物最大用量（以甘草酸计）为 $0.2\ g \cdot kg^{-1}$。

② 迷迭香提取物

迷迭香提取物呈黄褐色粉末状或褐色膏状，液体，不溶于水，溶于乙醇和油脂，有特殊香气，耐热性、耐紫外线性良好，能有效防止油脂的氧化，比 BHA 有更好的抗氧化性能，一般与维生素 E 等配成制剂，有协同效应。

迷迭香提取物由迷迭香的花和叶可用二氧化碳或乙醇提取而得，也可用温热甲醇、含水甲醇提取后除去溶剂而得。其主要成分是迷迭香酚和异迷迭香酚等。标准规定：动物油脂、肉类食品和油炸食品中迷迭香提取物最大用量为 $0.3\ g \cdot kg^{-1}$，植物油脂中迷迭香提取物最大用量为 $0.7\ g \cdot kg^{-1}$。

2. 脂溶性抗氧化剂

脂溶性抗氧化剂是一种可以溶于油脂，对含油脂类食品抗氧化的主要物质，其可以很好地保证食品的口感。天然脂溶性抗氧化剂主要有维生素 E、番茄红素以及白藜芦醇等。

（1）维生素 E

维生素 E 又称为生育酚，广泛分布于豆类和蔬菜等动植物体内，是一种红色或黄色至褐色、没有臭味的黏稠油状物质，可有少量晶体蜡状物，溶于乙醇，不溶于水，能与油脂完全混溶，对热稳定。维生素 E 混合浓缩物在空气及光照下会缓慢地变黑，在较高的温度下有较好的抗氧化性能，耐光、耐紫外线和耐辐射性较 BHA 和 BHT 强，所以除用于一般的油脂食品外，是透明包装食品的理想抗氧化剂，也是目前国际上应用广泛的天然脂溶性抗氧化剂。已知的同分异构体有 8 种，其中主要有 4 种即 α、β、γ、δ 维生素 E，这些物质经人工提取后浓缩成为维生素 E 混合浓缩物，其分子结构式如图 7-11 所示。

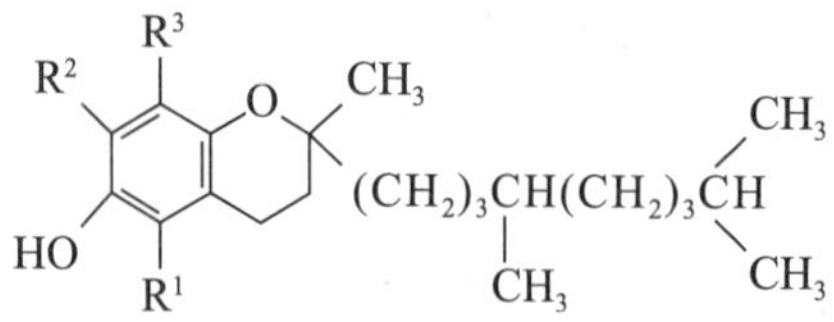

同分异构体名称	相对分子质量	R^1	R^2	R^3
维生素E	388.64	H	H	H
α-维生素E	430.72	CH_3	CH_3	CH_3
β-维生素E	416.69	CH_3	H	CH_3
γ-维生素E	416.69	H	CH_3	CH_3
δ-维生素E	402.67	H	H	CH_3

图 7–11 维生素 E 的分子结构式

维生素 E 可以直接去除游离氧离子，具有强大的抗氧化性能，一方面可以有效抑制食品中的亚硝胺，另一方面可以与柠檬酸、磷脂等合用，有协同效应，进而延长油脂的保存时间。维生素 E 还能防止维生素 A 在 γ 射线照射下的分解作用和 β 胡萝卜素在紫外线照射下的分解作用。此外，它还能防止甜饼干和速食面条在日光照射下的氧化作用。维生素 E 对其他抗氧化剂如 BHA、TBHQ、抗坏血酸棕榈酸酯、卵磷脂等有增效作用。近年来的研究结果表明，维生素 E 还有阻止咸肉中产生致癌物亚硝胺的作用。在生产实践中，维生素 E 多用于一些油炸类面制品、膨化食品、饮料或者一些复合调味料等。我国的食品安全标准对维生素 E 有最大用量的限制，在复合调味料制作中需要坚持适量原则。通过对维生素 E 进行混合利用实验，发现将维生素 E 与大豆卵磷脂配合应用，可以提高整体的抗氧化效果。目前许多国家除使用天然维生素 E 浓缩物外，还使用人工合成的维生素 E，后者的抗氧化效果与天然维生素 E 混合浓缩物基本相同，主要用于保健食品和婴幼儿食品等。美国营养学家指出，维生素 E 可在食品中永久作为添加剂存在，因此维生素 E 在食品中作为抗氧化剂依然被各国青睐，并且在未来具有更广泛的应用。目前，维生素 E 胶囊成为流行的保健品之一。

维生素 E 无毒，世界卫生组织批准维生素 E 用于食品，与其他抗氧化剂不同，维生素 E 不会产生异味。维生素 E 为油溶性抗氧化剂，使用限于脂肪、油和含油食品，其 ADI 为 0.15～2 $mg \cdot kg^{-1}$，$LD_{50}>10\ g \cdot kg^{-1}$（小鼠，经口）。维生素 E 用于油炸面制品、复合调味料、膨化食品和饮料等的最大用量为 0.2 $g \cdot kg^{-1}$。维生素 E 在下列食品中的添加量：强化维生素 E 饮料 20～40 $mg \cdot L^{-1}$，食用油脂 0.2 $g \cdot kg^{-1}$，复合调料中按生产需要量适量使用。

（2）番茄红素

番茄红素属于类胡萝卜素，是存在于成熟西红柿中的一种天然色素，具有更强的抗氧化性，研究表明，番茄红素消除体内自由基的速度、抗氧化能力是 β－胡萝卜素的 2 倍，是维生素 E 的 100 倍，是目前国内外发现的抗氧化能力最强的天然抗氧化剂，对人体内自由基的消除速度很快。食品中使用番茄红素作为抗氧化剂延长食品的保质期，以番茄红素为主要成分的保健品主要作用为降低高血压、高血脂、癌细胞的活性，延缓细胞衰老，抑制低密度脂蛋白氧化。标准规定番茄红素可以用于调制乳制品、果冻制品、糖果、汤料制品以及烘烤食品中，汤料中的番茄红素最大用量为 0.39 $g \cdot kg^{-1}$。从目前番茄红素在各领域的应用来看，其作为天然抗氧化剂在我国具有很大的潜力。

（3）精油

精油是典型的一类小分子挥发性物质，一般分子量在几十到几百，是具有挥发性、抗水解、易分解、较强折光性等特点的芳香物质，可通过蒸馏、吸附、萃取或压榨等方法从含有香脂腺的植物提取出。不同植物依据其品种、生长纬度、气候带的不同，提取出的精油成分不尽相同，同一植物的不同部位的出油率存在差异。精油的分子结构和成分都很复杂，一种精油中通常包含多种有机化合物，如烯萜类、酚类、酮类等。

精油类植物源抗氧化剂的抗氧化机理有两种方式：直接抗氧化与间接抗氧化。直接抗氧化是通过抗氧化剂直接清除 DPPH、OH 等自由基，抑制或者切断氧化链反应传递；或与金属离子螯合，直接阻止氧化作用。精油中酚类物质的酚羟基中的氢离子能与过氧自由基产生反应，将氢离子传递给自由基，生成稳定、低活性的苯氧自由基，进而阻止氧化作用。由于一些金属如镁、铜等不仅具有极强的催化能力且金属离子还有极高的还原性，精油中的酚羟基能够与金属离子螯合，直接阻止氧化作用。间接氧化包括通过抑制脂质过氧化以及调节抗氧化酶水平间接阻止自由基反应。例如，植物精油中的酚羟基可以替代过氧化羟基的生成，阻止脂质过氧化链式反应，达到保护脂类不被过氧化的目的。有研究表明，某些精油中的特定物质能与细胞表面受体结合，发生信号传达，促进机体分泌抗氧化酶，从而间接调控机体氧化水平。

精油及天然杀菌剂可以对抗多种病原微生物，其抗菌活性与植物合成的次生代谢产物有关，可抑制细菌、真菌病害并减少真菌毒素积累。精油可以通过减少炎性细胞因子分泌达到抗炎的作用，显著提高血清免疫蛋白含量，提高免疫力，实现保护机体健康的目的。因为提取自植物的精油具有高纯度、纯天然、低毒性等特点，符合人们对健康的追求，其抗氧化性、抑菌性、抗炎性、促生长性等生物活性被广泛应用于食品、药品及化妆品行业中。

（4）白藜芦醇

白藜芦醇为非黄酮类的多酚化合物，主要产生于植物受到病原性进攻时，也会产生于环境恶变时。其抗氧化作用强于维生素 E、维生素 C，对羟自由基有良好的清除作用，还可降低血液内丙二醛的水平进而抑制脂质的过氧化作用。

3. 兼容性抗氧化剂

羟基酪醇存在于橄榄叶内，为天然多酚类化合物，能阻止不饱和脂肪酸氧化，具有良好的自由基清除能力，抗氧化能力为维生素 E 的 10 倍。

4. 人工合成抗氧化剂

（1）丁基羟基茴香醚（BHA）

BHA 又称叔丁基 4- 羟基茴香醚，化学式为 $C_{11}H_{16}O_2$，为白色或微黄色蜡样结晶性粉末，带有酚类的特异臭气和有刺激性的气味。它通常是 3- BHA 和 2- BHA 两种异构体的混合物（一般 3-BHA 的含量占 90% 以上，通常 3-BHA 的抗氧化能力比 2-BHA 强 1.5 倍，两者合用有增效作用），分子结构式如图 7-12 所示。BHA 不溶于水，易溶于乙醇、丙酮、丙二醇、甘油和油脂（如猪油、玉米油、花生油等）。BHA 对动物性脂肪的抗氧化作用较之对不饱和植物油更有效。

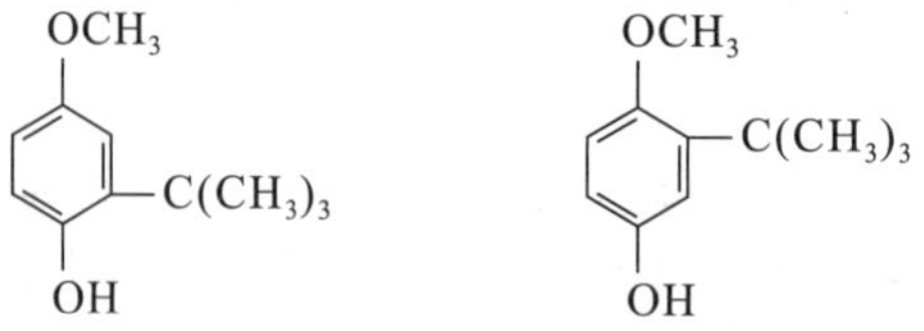

OCH_3 $C(CH_3)_3$ OH
（a）3–BHA

OCH_3 $C(CH_3)_3$ OH
（b）2–BHA

图 7–12　BHA 的分子结构式

BHA 有一定的挥发性，热稳定性强，吸湿性微弱，能被水蒸气蒸馏，在弱碱条件下也不容易被破坏，因此有一种良好的持久能力，并具有较强的杀菌能力（尤其是对使用动物脂的焙烤制品），可与碱金属离子作用而呈粉红色，在高温条件下尤其是在煮炸制品时易损失。BHA 于 1946 年得到 FDA（美国食品药品监督管理局）批准使用，几年后就在全美广泛使用，是目前国际上广泛应用的抗氧化剂之一。有研究表明，BHA 可将猪油的氧化稳定性提高 4 倍，若用柠檬酸增效可提高 10 倍。

BHA 的 ADI 值为 0～0.5 $mg \cdot kg^{-1}$。我国标准规定：BHA 在油脂、油炸食品、方便面、干鱼制品、饼干、速食米、干制食品、早餐谷类、罐头及腌腊肉制品最大用量为 0.2 $g \cdot kg^{-1}$。

（2）二丁基羟基甲苯（BHT）

BHT 又称 2,6– 二叔丁基对甲酚，分子式为 $C_{15}H_{24}O$，目前是我国生产量最大的抗氧化剂之一，其分子结构式如图 7–13 所示。

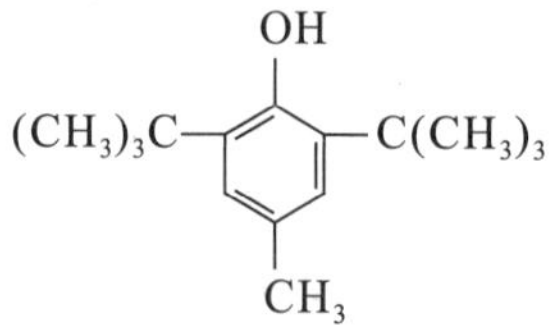

OH $(CH_3)_3C$ $C(CH_3)_3$ CH_3
BHT

图 7–13　BHT 的分子结构式

BHT 为无色结晶或白色结晶性粉末，无臭、无味或有很淡的特殊气味，不溶于水，溶于乙醇、甘油、丙酮、甲醇、苯、矿物油和油脂（如豆油、棉籽油、猪油等），热稳定性强，与金属离子反应不着色，具单酚型油脂的升华性，加热时随水蒸气挥发。BHT 对长期贮藏的食品和油脂有良好的抗氧化效果，在猪油中加入 0.01% 的 BHT，能使其氧化诱导期延长 2 倍。

BHT 的抗氧化作用是由其自身发生自动氧化而实现的。它没有没食子酸丙酯与金属离子反应着色的缺点，也没有 BHA 的异臭，而且价格便宜。BHT 的急性毒性比 BHA 大一些，但无致癌性。

（3）没食子酸丙酯（PG）

没食子酸酯类抗氧化剂包括 PG、辛酯、异戊酯和十二酯。PG 分子式为 $C_{10}H_{12}O_5$，其分子结构式如图 7–14 所示。

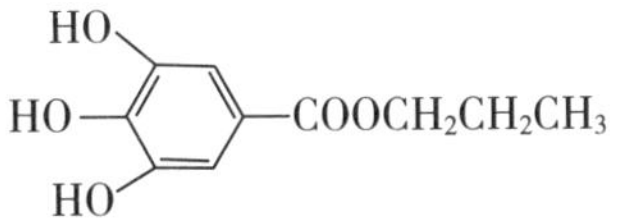

$$\text{HO},\ \text{HO},\ \text{HO}-C_6H_2-COOCH_2CH_2CH_3$$

图 7-14　PG 的分子结构式

PG 为白色至淡黄褐色结晶性粉末或乳白色针状结晶，无臭，略带苦味，其水溶液无味，易溶于醇、丙酮、乙醚，而在油脂和水中较难溶解。20 世纪 40 年代早期，PG 与其他没食子酸酯类已在一些国家使用，没食子酸有 3 个羟基，是一种极性抗氧化剂，其抗氧化能力较 BHA 和 BHT 强，与铁、铜等金属离子发生呈色反应生成紫色或暗紫色化合物。PG 有一定的吸湿性，遇光则能分解，耐高温性差。PG 与其他抗氧化剂并用可增强抗氧化效果。PG 不耐高温，不宜用于焙烤食品。PG 的缺点是使用量达 0.01% 时即能自动氧化着色（易着色），在油脂中溶解度小，故一般不单独使用，但可与 BHA、维生素 E 和 TBHQ 复配使用或与柠檬酸、异抗坏血酸等增效剂复配使用，也可与软脂酸抗坏血酸酯、抗坏血酸和柠檬酸复配使用。PG 与其他抗氧化剂复配使用量约为 0.005% 时即有良好的抗氧化效果。

PG 在国内外广泛用于肉类腌制品、罐头制品、鱼类制品、饼干、糕点、油脂、油炸食品、水果及蔬菜的保鲜，在药物、化妆品、饲料、光敏热敏材料等领域也有着广泛的用途。PG 摄入人体可随尿液排出，比较安全。

（4）特丁基对苯二酚（TBHQ）

TBHQ 又称为特丁基氢醌，其分子式为 $C_{10}H_{14}O_2$，分子结构式如图 7-15 所示。

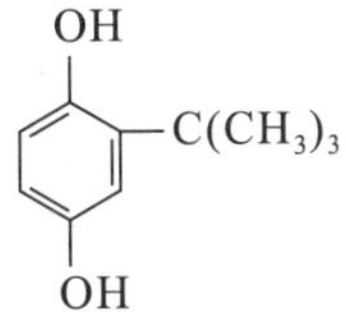

$$\text{OH},\ C(CH_3)_3,\ \text{OH}$$

图 7-15　TBHQ 的分子结构式

TBHQ 为白色至淡灰色结晶或结晶性粉末，有极轻微的特殊气味。TBHQ 微溶于水，在水中的溶解度随着温度的升高而增大；其易溶于乙醇、乙醚、乙酸、乙酯、丙二醇、异丙醇、植物油（如棉籽油、玉米油、大豆油、椰子油、花生油等）、猪油等。

TBHQ 是一种酚类抗氧化剂。TBHQ 的抗氧化活性与 BHT、BHA 或 PG 相等或稍优。TBHQ 的溶解性能与 BHA 相当，超过 BHT 和 PG。在许多情况下，对大多数油脂，尤其是对植物油，TBHQ 具有较其他抗氧化剂更为有效的抗氧化稳定性。TBHQ 不会因遇到铜、铁形成络合物而发生颜色和风味方面的变化，只有在有碱存在时才会转变成粉红色。TBHQ 对炸煮食品具有良好的、持久的抗氧化能力，因此，适用于土豆片之类的生产，但在焙烤食品中的持久力不强，除非与 BHA 合用。TBHQ 对其他的抗氧化剂和螯合剂有增效作用，如 PG、BHA、BHT、维生素 E、抗坏血酸棕榈酸酯、柠檬酸和 EDTA 等。TBHQ 最有意义的性质是在其他的酚类抗氧化剂都不起作用的油脂中有效，柠檬酸的加入可增强其活性。在植物油或动物油中，TBHQ 常与柠檬酸结合使用。TBHQ 的 ADI 值为

0～0.2 mg · kg^{-1}，LD_{50}=700～1000 mg · kg^{-1}（大鼠，经口）。标准规定 TBHQ 的最大用量是 0.2 g · kg^{-1}。

（5）乙二胺四乙酸二钠

乙二胺四乙酸二钠为白色结晶颗粒或粉末，无臭，无味，分子式为 $C_{10}H_{14}Na_2O_2$ · $2H_2O$，相对分子质量为 372.24，微溶于乙醇，不溶于乙醚，易溶于水，2% 水溶液的 pH 为 4.7。乙二胺四乙酸二钠的分子结构式如图 7-16 所示。

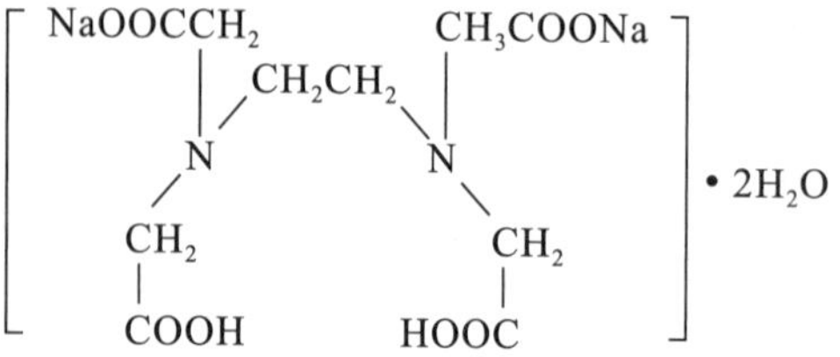

$NaOOCCH_2$　　CH_2COONa
CH_2CH_2
N　　N　　· $2H_2O$
CH_2　　CH_2
COOH　　HOOC

图 7-16　乙二胺四乙酸二钠的分子结构式

乙二胺四乙酸二钠对重金属离子有很强的络合能力，可以形成稳定的水溶性络合物，能够消除重金属离子或由其引起的有害作用，保持食品的色、香、味，防止食品氧化变质，提高食品的质量。

乙二胺四乙酸二钠进入体液后，主要是与体内的钙离子络合，最后由尿液排出，大部分在 6 h 内排出；若体内有重金属离子时则会形成络合物，由粪便排出。乙二胺四乙酸二钠用作抗氧化剂，在饮料中的用量为 0.035 g · kg^{-}。

5. 脱氧剂

脱氧剂又称为 FOA（游离氧吸收剂）或 FOS（游离氧驱除剂），是一类能够吸收氧的物质。脱氧剂不同于作为食品添加剂的抗氧化剂，它不直接加入食品中，而是当脱氧剂随食品密封在同一包装容器中时，在与外界呈隔离状态下，能通过化学反应吸除容器内的游离氧及溶存于食品的氧，并生成稳定的化合物，从而防止食品氧化变质，同时利用所形成的缺氧条件有效地防止食品的霉变和虫害，因而是一种对食品无直接污染、简便易行、效果显著的保藏剂。

脱氧剂的研制始于 1925 年，A.H.Maude 等人以铁粉、硫酸铁、吸湿物质制成了脱氧剂，用于防止变压器的燃爆问题。之后，英国、德国、美国、日本等国家相继开展了脱氧剂的研制工作，并制成多种类型的脱氧剂。脱氧剂至今已有近百年的历史，而被人们重视并用于食品贮藏是在 1976 年以后，目前已发展成为一种应用广泛的食品保藏剂。

6. 脱氧剂的种类和作用原理

脱氧剂种类繁多，基本可以分为有机和无机两大类。目前国内外研究和使用的脱氧剂类型很多（图 7-17），在食品储藏中广泛应用的有三种：特制铁粉、连二亚硫酸钠和碱性糖制剂。

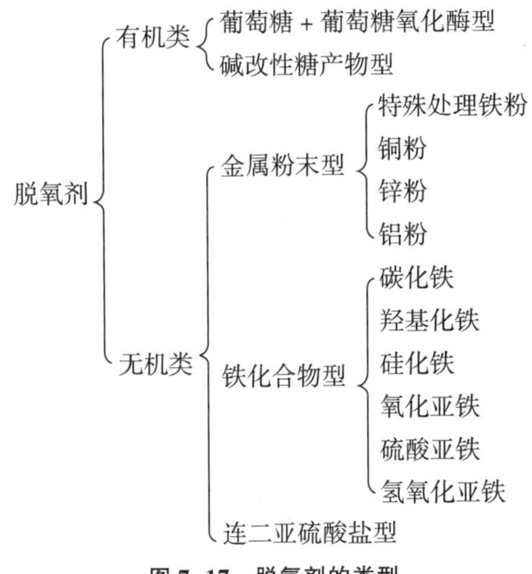

图 7-17　脱氧剂的类型

（1）特制铁粉

特制铁粉由特殊处理的铸铁粉及结晶碳酸钠、金属卤化物和填充剂混合组成，铸铁粉为主要成分。其粒径在 300 μm 以下，比表面积为 0.5 $m^2 \cdot g^{-1}$ 以上，呈褐色粉末状。

脱氧作用原理是特制铁粉先与水反应，再与氧结合，最终生成稳定的氧化铁，反应式如图 7-18 所示。

$$Fe+2H_2O \longrightarrow Fe(OH)_2+H_2\uparrow$$
$$3Fe+4H_2O \longrightarrow Fe_3O_4+4H_2\uparrow$$
$$2Fe(OH)+\frac{1}{2}O_2+H_2O \longrightarrow 2Fe(OH)_3 \longrightarrow Fe_2O_3 \cdot 3H_2O$$

图 7-18　特制铁粉脱氧作用原理

特制铁粉是十分有效且经济的脱氧剂，其脱氧量取决于其反应的最终产物。理论上，1 g 铁完全被氧化需要 300 mL（体积）或者 0.43 g 的氧。因此，1 g 铁大约可处理 1500 mL 空气中的氧。特制铁粉与使用环境的湿度有关，如果用于含水分高的食品则脱氧效果快；反之，在干燥食品中则脱氧效果缓慢。在使用时应该注意其反应中产生的氢，可在铁粉的配制当中增添抑制氢的物质，或者将已产生的氢加以处理。特制铁粉由于原料来源充足、成本较低、使用效果良好，在生产实际中得到广泛应用。

（2）连二亚硫酸钠

连二亚硫酸钠遇水后并不会迅速反应，加入活性炭催化后可产生热量（温度可达 60～70℃）和二氧化硫，具体脱氧作用原理如图 7-19 所示。产物二氧化硫可与 $Ca(OH)_2$（氢氧化钙）反应生成较为稳定的化合物。连二亚硫酸钠在水和活性炭条件下脱氧速率快，在 1～2 h 可以除去密封容器中 80%～90% 的氧，经过 3 h 几乎达到无氧状态。如果用于鲜活食品脱氧保藏时，连二亚硫酸钠并能连同氧一起吸除 CO_2，但需再配入碳酸氢钠作为辅料。

$$Na_2S_2O_4+O_2 \xrightarrow{\text{水、活性炭}} Na_2SO_4+SO_2\uparrow$$

$$Ca(OH)_2+SO_2 \longrightarrow CaSO_3+H_2O$$

总反应式为：$$Na_2S_2O_4+Ca(OH)_2+O_2 \xrightarrow{\text{水、活性炭}} Na_2SO_4+CaSO_3+H_2O$$

图 7–19　连二亚硫酸钠脱氧作用原理

（3）碱性糖制剂

这种脱氧剂是由糖为原料生成的碱性衍生物，其脱氧作用原理是利用还原糖的还原性，进而与氢氧化钠作用形成儿茶酚等多种化合物。

7. 脱氧剂的应用及效果

脱氧剂是一类新型而简便的化学除氧物质，广泛应用于食品和其他物品的保藏中，防止各种包装加工食品的氧化变质现象和霉变。

化学反应的温度、水分、相对湿度、脱氧剂剂量及催化物质都能影响脱氧剂效果，其脱氧反应所需要的时间也各不相同。

7.4.3　食品保鲜剂种类及其性质

为了增加或延长生鲜食品的保质期或品质，防止生鲜食品脱水、氧化、变色、腐败变质等而在其表面进行喷涂、喷淋、浸泡或涂膜的物质称为食品保鲜剂。食品保鲜剂除了能够对微生物发生作用，还可防止食品本身的变化，如鲜活食品的呼吸作用、酶促反应等，故其作用原理和防腐剂有所不同。食品保鲜剂按结构性质可分为蛋白质类、脂类、多糖类、树脂等。

对生鲜食品进行表面保鲜处理，最早始于 12 世纪的我国，当时是用蜂蜡涂在柑橘表面以防止水分损失。16 世纪，英国出现用涂脂来防止食品干燥的方法。20 世纪 30 年代，美国、英国、澳大利亚开始用天然的或者合成的蜡或树脂处理新鲜水果和蔬菜。20 世纪 50 年代后，用可食性保鲜剂处理肉制品、糖果食品。近年来用可食性膜进行食品保鲜进展迅速。

一般来讲，在食品上使用保鲜剂有如下目的：减少食品的水分损失；防止食品氧化；抑制生鲜食品表面微生物的生长，减少有害病菌的入侵；减少食品在贮运过程中的机械损伤；防止食品变色；保持食品的风味；保持和增加食品的质感，如水果的硬度和脆度；提高食品外观的可接受性；维持食品的商品价值。如：用蜡包裹奶酪可防止其变质，涂蜡柑橘要比不涂蜡柑橘保藏期长，保鲜材料如树脂、蛋白质和蜡等可以使产品更有光泽。

1. 蛋白质类

动物源蛋白如角蛋白、胶原蛋白、明胶、酪蛋白和乳蛋白等，可用于肉制品、坚果和糖果保鲜。

植物源蛋白质包括玉米醇溶蛋白、小麦谷蛋白、大豆蛋白、花生蛋白和棉籽蛋白等，可分别或复合制成可食性膜用于食品保鲜。

由于大多数蛋白质膜是亲水的，因此对水的阻隔性差。干燥的蛋白质膜，如玉米醇溶蛋白膜、小麦谷蛋白膜和大豆蛋白膜对氧有阻隔作用。

2. 脂类化合物

脂类化合物包括石蜡油、蜂蜡、矿物油、蓖麻油、菜油、花生油、乙酰单甘酯及其乳胶体等，可单独或与其他成分混合用于食品涂膜保鲜。一般来说，这类物质亲水性差，常与多糖类物质混合使用。

3. 多糖类

多糖类是由多糖形成的亲水性膜，有不同的黏性与结合性能，对气体的阻隔性好，但隔水能力差。

多糖类（纤维素、直链淀粉、支链淀粉、甲壳质以及它们的衍生物）可用于制造可食性涂膜，有报道称这些膜对 CO_2、O_2 有一定的阻隔作用。如：纤维素衍生物羧甲基纤维素（CMC）可作为成膜材料，糊精是淀粉的部分水解产物可以作为成膜剂、微胶囊等。果胶制成的薄膜由于其亲水性，故水蒸气渗透性高。研究表明甲氧基含量为 4% 或更低以及特性黏度在 3.5 以上的果胶，其薄膜强度接受性更强。海藻中的角叉菜胶、阿拉伯树胶、琼脂、褐藻酸盐和海藻酸钠等都是良好的成膜或凝胶材料。

甲壳素也称几丁质，化学名称为 N- 乙酰 -2 氨基 -2- 脱氧 -D 葡萄糖。如将甲壳素分子中 C_2 上的乙酰基脱除后可制成脱乙酰甲壳质，称为壳聚糖。近年来，壳聚糖因其具有成膜性、高杀菌性、抗辐射、抑菌防霉、安全无毒等特殊作用，尤为引人注目，已用于食品、果蔬的保鲜。通常使用浓度为 0.5%～2% 的壳聚糖溶液，喷在果蔬表面形成一层薄膜就可达到保鲜效果。

4. 树脂

天然树脂来源于树或灌木的细胞中。合成树脂一般是石油产物。

紫胶由紫胶桐酸和紫胶酸组成，可与蜡共生，能够赋予涂膜食品以明亮的光泽，在果蔬和糖果中应用广泛。紫胶和其他树脂对气体的阻隔性较好，对水蒸气一般。松脂可用于柑橘类水果的涂膜保鲜剂。苯并呋喃茚树脂也可用于柑橘类水果。

在实际生产中，在使用保鲜剂的同时，通常也添加一些其他成分或采取其他措施，以增加保鲜剂的功能。如：用苯甲酸盐、山梨酸盐、仲丁胺、苯并咪唑类（包括苯来特、特克多、多菌灵、托布津、甲基托布等）作为防腐剂，常用丙三醇、山梨醇作为增塑剂；用 BHA、BHT、PG 作为抗氧化剂；用单甘酯、蔗糖脂作为乳化剂。

思考题

1. 食品化学保藏剂的主要作用是什么？常见的食品化学保藏剂有哪些？
2. 如何选择合适的食品化学保藏剂？选择时应考虑哪些因素？
3. 食品化学保藏剂的使用可能存在哪些安全风险？如何降低这些风险？
4. 除了化学保藏剂外，还有哪些方法可以延长食品的保质期？

第 8 章　食品辐照

8.1　食品辐照的定义及特点

8.1.1　食品辐照的定义

《食品安全国家标准 食品辐照加工卫生规范》（GB 18524—2016）中对食品辐照定义为：利用电离辐射在食品中产生的辐射化学与辐射微生物学效应而达到抑制发芽，延迟或促进成熟、杀虫、杀菌、灭菌和防腐等目的的辐照过程。有专家学者将其定义为利用射线照射食品，以抑制食物发芽和延迟新鲜食物的生理成熟过程，或对食品进行消毒、杀虫、杀菌、防霉等加工处理，使其延长食品保藏期，稳定和提高食品质量的处理技术。

用钴 60（^{60}Co）、铯 137（^{137}Cs）产生的 γ 射线或电子加速器产生的低于 10 MeV 电子束照射的食品为辐照食品，包括经辐照处理的食品原料、半成品。

8.1.2　食品辐照的特点

食品辐照是核技术和平利用的重要领域，是一种安全、经济有效的农产品和食品杀菌保藏技术，联合国粮食及农业组织（FAO）、国际原子能机构（IAEA）和世界卫生组织（WHO）均积极鼓励和支持食品辐照技术的应用。目前，食品辐照早已成为一种新型的、有效的食品保藏加工技术，具有以下主要优点。

① 与传统热处理相比，辐照处理过程中食品温度升高很小，几乎不产生热效应，故有“冷杀菌”之称。辐照可以在常温或低温下进行，因此经适当辐照处理的食品可最大限度地保持食品的营养成分、维持食品原有的感官指标和特性。

② 辐照处理食品能耗低、节约能源。例如，采用冷藏法保藏马铃薯（抑制发芽）300 d 的能耗为 1080 MJ/t，而同时期经辐照后常温保存马铃薯的能耗为 67.4 MJ/t，约为冷藏法能耗的 6%。辐照后的食品即使不冷藏保存，其鲜度也可保存达数月甚至一年之久，可有效地延长食品货架寿命，便于长距离运输以满足边远地区和特殊作业人群的需要。

③ 射线（如 γ 射线）穿透力强，能快速、均匀、较深地透过整个物体，可以照射小包装，也可照射大型包装，适于工业化生产；可在不解开包装或不解冻的情况下照射，消除了在食品生产和制备过程中可能出现的严重交叉污染问题，提高了工作效率。

④ 杀虫、灭菌和抑制根茎类食品发芽等效果良好，可以起到化学药剂所不能起到的作用。辐照杀虫比药物熏蒸节省时间，且杀虫彻底。对某些存于果核深部的害虫，熏蒸剂往往无效，但穿透力强的 γ 射线可以将其杀灭。与化学保藏相比，经辐照后的食品不会

留下残留物，不污染环境，是一种比较安全的物理加工方式。

⑤ 食品辐照加工可减少食品添加剂和农药的使用量，如辐照可以在火腿加工时使亚硝酸盐和硝酸盐用量减少80%。辐照处理还可以改进某些食品的工艺和质量，如酒类的辐照陈化、辐照处理过的牛肉更加嫩滑、辐照后的大豆更易于人体消化吸收等。

⑥ 辐照灭菌速度快、操作简便、易控制。食品辐照加工运行成本低，经济效益较好。

但食品辐照有其缺点。例如：辐照灭菌效果与微生物种类密切相关，细菌芽孢比植物细胞对辐照的抵抗力强，灭活病毒通常要使用较高的辐照剂量；为了提高辐照食品的保藏效果，通常需与其他保藏技术结合，才能充分发挥优越性；食品辐照需要较大的投资及专门设备来产生辐射（辐射源），电子加速器辐照装置需要强大和稳定的电源，前期设备的运行成本较高；各类辐照装置均需要提供安全防护措施，避免辐射对操作人员和环境带来危害；不同产品及不同辐照目的需要的辐照剂量不同，合适的剂量选择才能获得最佳的经济效益和社会效益。

由于历史、生活习惯及法规差异，目前世界各国允许辐照的食品种类及进出口贸易限制仍有差别，多数国家要求辐照食品必须在标签上加以特别标示。

8.1.3　食品辐照的发展与现状

1895年，德国物理学家伦琴发现了X射线，次年，人类第一次发现了X射线对病原细菌有致死作用。利用射线杀死食品中的病原微生物和昆虫便是早期辐照食品加工保藏的探索性研究。20世纪40年代时期，美国为解决军队中战备食品的贮藏保鲜问题，开始了系统的食品辐照研究，并进行了人体试食实验。一些发达国家于20世纪50年代初开始了利用辐照来抑制发芽、灭菌和杀虫的研究。在20世纪后期，许多发展中国家开始对食品辐照进行研究。

1980年10月，联合国粮食及农业组织（FAO）、国际原子能机构（IAEA）和世界卫生组织（WHO）辐照食品联合专家委员会汇总了世界各国辐照食品的研究成果，制定了国际安全线，即总体平均吸收剂量不超过10 kGy射线照射的任何食品都不存在毒理学危险，不会产生特别的营养和微生物学的问题。这一结论推动了世界各国对辐照食品加工技术的研究，加速了辐照食品的批准和商业化应用进程。1983年，国际食品法典委员会（CAC）建立了食品辐照的国际标准，随后许多国家批准了多种食品的辐照，食品辐照开始有了商业化应用。20世纪90年代以来，食品中大规模食源性病原菌引发的中毒事件引起了国际社会对食品安全问题的极大关注，因此食品辐照的应用日益受到重视，香辛料和脱水调味品的辐照杀菌在许多国家得到应用，辐照食品的数量快速增加。目前，全球已超过70个国家和地区批准了548种食品可用辐照处理，40多个国家辐照食品进入大规模商业化生产阶段，全世界每年的辐照食品加工总量在50万吨以上。

当前，我国运行的设计装源量30万居里以上的 γ 辐照装置超过了120座，现有运行和在建的10 Mev的高能电子加速器超过50座。我国这些食品辐照装置辐射加工总产值已超过32亿元，辐照食品产量已占全球总量的三分之一。我国先后开展了辐照马铃薯、大蒜、洋葱、蘑菇、板栗、鲜蛋、鲜猪肉、牛羊肉、鸡鸭肉及其制品、水产品、酒等的试验研究，取得了一系列的科研成果。目前我国已制定和颁布了100多项食品的辐照卫生标准、工艺标准、检疫标准、检测与鉴定标准等，辐照食品的标准化体系逐步形成，辐照食品的加工处理纳入了法治化管理的轨道。这为我国辐照食品标准和商业化实践与国际接轨、确保辐照食品质量符合国际贸易基本准则、促使食品辐照行业的健康发展，创造了良好的条件。

8.2 食品辐照技术基础

辐射是一种能量传输的过程。根据辐射对物质产生的效应，辐射被分为电离辐射和非电离辐射。食品辐照中采用的是电离辐射，包括电磁辐射（γ 射线、X 射线）和电子束辐射。

8.2.1 放射性同位素与辐射

原子核内质子数相同而中子数不同的同一元素的不同原子互称同位素。低质子数的天然同位素（氢除外）的中子数和质子数大致相等，往往是比较稳定的。但某些质子数和中子数差异较大的同位素，因其原子核不稳定，就会发生衰变并放出各种辐射线，这类不稳定的同位素就被称为放射性同位素。每个放射性同位素放出射线后，就会转变成另一个原子核，从不稳定的元素变成稳定同位素，这种转变过程被称为放射性衰变。自然界中存在着一些天然的不稳定同位素，也有一些是利用原子反应堆或粒子加速器等人工制造的不稳定同位素。

放射性同位素可放射出 α、β 和 γ 射线。α 射线是从原子核中射出的带正电高速粒子流，动能可达几兆电子伏特，但 α 粒子质量比电子大得多，因此通过物质时极易使其中的原子电离而导致能量损失，穿透物质的能力弱，易为薄层物质所阻挡。β 射线是从原子核中射出的高速电子流，动能可达几兆电子伏特，由于电子的质量小、速率大，通过物质时不会使其中的原子电离，所以能量损失较慢，穿透物质的能力比 α 射线强很多，但仍无法穿透铅片。γ 射线是波长为 0.001～0.1 nm 的电磁波束，是原子核从高能态跃迁到低能态时放射出的一种光子流，其能量可达几十万电子伏特，穿透物质的能力很强，可穿透一块铅片，但 γ 射线的电离能力较 α、β 射线小。α、β、γ 等射线辐射能使被辐射物质产生电离作用，因此这种辐射常被称为电离辐射。

如果原子核放射出一个 α 粒子（或 β 粒子′或 γ 光子），则这一原子核就进行一次 α（或 β′或 γ）衰变。放射性同位素原子核的衰变规律取决于原子核内部的性质，与外界的温度、压力等因素无关。每个原子核在单位时间内衰变的概率（即衰变常数 λ）是相同的，λ 越大，衰变就越快。原子核数目衰变到原来的一半或放射性强度减少到原来的一半时，所经历的时间称为该给定同位素的半衰期。不同放射性同位素，半衰期相差很大，有的长达几十亿年，有的仅为几十万分之一秒。用作食品辐射源的 ^{60}Co 半衰期为 5.27 年，^{137}Cs 半衰期为 30 年。半衰期越短的放射性同位素衰变得越快，在单位时间内放出的射线越多。

8.2.2 辐照量单位与吸收剂量

1. 放射性强度与放射性比度

（1）放射性强度

放射性强度又称辐射性活度，是度量放射性强弱的物理量，即指放射性元素或同位素每秒衰变的原子数。放射性强度国际单位为贝可勒尔（Becqurel），简称贝可（Bq）。曾采用居里（Curie，简写 Ci）为单位，即若放射性同位素每秒有 3.7×10^{10} 次核衰变，则它的放射性强度为 1 Ci。两者换算公式为：

$$1\ \mathrm{Bq}=1\ \mathrm{s}^{-1}=2.073\times10^{-11}\ \mathrm{Ci}\ （或\ 1\ \mathrm{Ci}=3.7\times10^{10}\ \mathrm{Bq}）$$

（2）放射性比度

一个放射性同位素常附有不同质量数的同一元素的稳定同位素，此稳定同位素被称为载体，因此将一个化合物或元素中的放射性同位素的浓度称为放射性比度，表示单位数量的物质的放射性强度。

2. 照射量

照射量是度量 γ 射线或 X 射线在空气中电离能力的物理量，用符号 X 标识，以往使用伦琴（R）为单位，现改为库仑 / 千克（C/kg），换算公式为 1 R=2.58×10^{-4} C/kg。

在标准状态下（101.325 kPa，0℃），1 cm^3 的干燥空气（0.001293 g）在 γ 射线或 X 射线下照射下，生成正、负离子的电荷分别为 1 静电单位（esu）时的照射量为 1 R。

3. 吸收剂量

吸收剂量指的是电离辐射授予被辐射物质单位质量的平均能量，即被辐照物质吸收的射线能量，用符号 D 标识，法定单位为戈瑞（Gy）。1 Gy 指辐照时 1 kg 食品吸收的辐照能为 1 J。曾使用拉德（rad）作为吸收剂量的单位，即若 1 g 任何物质若吸收的射线的能量为 100 erg 或 6.24×10^{13} eV，则吸收剂量为 1 rad。其换算公式为：

$$1\ \mathrm{rad}=100\ \mathrm{erg/g}=6.24\times10^{13}\ \mathrm{eV/g}$$

$$1\ \mathrm{Gy}=100\ \mathrm{rad}=1\ \mathrm{J/kg}$$

剂量当量用来度量不同类型的辐照所引起的生物效应，是乘了权重系数后的吸收剂量，用符号 H 标识，国际单位为希沃特（Sv）。剂量当量不仅与吸收剂量有关，还与射线种类有关，不同射线的辐射权重系数是不同的，X 射线、γ 射线和高速电子为 1，α 射线为 10。雷姆（rem）是以往的常用的剂量当量单位，1 Sv=100 rem。吸收剂量很难直接测得，通常是利用其与照射量在一定条件下的相互换算关系，先测得物质的照射量，再换算出吸收剂量。辐照场仪器测定的是照射量，而食品保藏中通常讲的是吸收剂量，它们之间的关系为：$D=f\times X$（式中 D 为吸收剂量，X 为照射量，f 为转换系数），空气转换系数 f 为 0.87，食品转换系数 f 为 0.92～0.97，因此，对空气来讲，1 R=0.87 Rad=0.0087 Gy。

8.2.3　食品辐照装置

食品的辐照装置包括辐射源、防护设备、输送与安全系统、源升降联锁装置、剂量安全监测装置、通风系统等。下面仅介绍前三种辐照装置。

1. 辐射源

辐射源是食品辐照处理的核心部分，辐射源有人工放射性同位素和电子加速器。按国际食品法典委员会制定的《辐射食品通用标准》（CODEX STAN 106—1983，Rev.1—2003）的规定，可以用于食品辐照的辐射源有：$^{60}\mathrm{Co}$ γ 射线（1.17 MeV 和 1.33 MeV）或 $^{137}\mathrm{Cs}$ γ 射线（0.66 MeV）、X 射线（能级≤ 5 MeV）、电子束（能级≤10 MeV）。

① 放射性同位素 γ 辐射源

食品辐照处理上用的最多的是 ^{60}Co γ 辐射源，也有采用 ^{137}Cs γ 辐射源。

^{60}Co 辐射源是人工制备的一种同位素源，在自然界中是不存在的。^{60}Co 辐射源的制备是将自然界存在的稳定同位素 ^{59}Co，根据使用需要制成不同形状后置于反应堆活性区，经一定时间的中子照射，少量 ^{59}Co 原子吸收一个中子后就生成了 ^{60}Co 辐射源。^{60}Co 的半衰期为 5.27 年，因此可在较长时间内稳定使用。^{60}Co 辐射源可按使用需要制成不同形状，以便于生产、操作与维护。全世界使用的 ^{60}Co 辐射源主要产自加拿大，其余的来自俄罗斯、中国、印度和南非等。

^{137}Cs 辐射源是由核燃料的渣滓抽提制得的。一般 ^{137}Cs 中都含有一定量 ^{134}Cs，并需用稳定铯作载体制成硫酸铯 137 或氯化铯 137。为了提高其放射性比度，往往把粉末状 ^{137}Cs 加压制成小弹丸，再装入不锈钢套管内进行双层封焊。^{137}Cs 的显著特点是半衰期长（30 年），但是 ^{137}Cs γ 射线能量比 ^{60}Co 弱，因此要想达到与 ^{60}Co 相同的功率，则需要的贝可数为 ^{60}Co 的 4 倍。尽管 ^{137}Cs 属于废物利用，但装置投资费用高、分离较麻烦，而且安全防护困难，因此 ^{137}Cs 辐射源的应用远不如 ^{60}Co 广泛。

② 电子加速器

电子加速器是利用电磁场使电子获得较高能量，将电能转变成射线的装置。电子加速器的类型和加速原理有多种，其中用于食品辐照处理的加速器主要为静电加速器、高频高压加速器、绝缘磁芯变压器、微波电子直线加速器、脉冲电子加速器等。电子加速器可以作为电子射线和 X 射线的两用辐射源。

电子射线又称电子流、电子束，其能量越高，穿透能力就越强。电子加速器产生的电子流强度大、电子射程短、穿透能力差，一般多适用于食品表层的辐照，在食品保藏方面应用不多，但在粮食、干货类食品杀虫方面已经有工业化的应用，用于食品辐照的电子束能量级通常控制在 10 MeV 以下。

X 射线是快速电子在原子核的库仑场中减速时会产生的，加速器产生的高能电子打击在重金属靶子上会产生能量从零到入射电子能量的 X 射线。电子加速器转换 X 射线的效率较低，当入射电子能量更低时则转换效率更低，致使绝大部分电子的能量都转为热能，因此要求靶子能耐热，并加以适当的冷却。在入射电子能量很低时，所产生的 X 射线是向四周发射的，各方向分布几乎差不多，但随着电子能量增大，X 射线发射方向逐渐倾向前方，故在有效利用或屏蔽 X 射线时必须注意这一特点。X 射线穿透能力强，可以用于食品辐照处理，能量级限制在 5 MeV 以下，但电子加速器作 X 射线源的转换效率较低，能量中含有大量低能部分，难以均匀地照射大体积样品，因而没有得到广泛应用。

2. 防护设备

辐射对人体的危害作用有两种途径：一种是通过外照射，即辐射源在人体外部照射；另一种是在人体内部照射，放射性物质经呼吸道、食道、皮肤或伤口侵入人体。食品辐照中一般使用的是严格密封在不锈钢内的 ^{60}Co 辐射源和电子加速器，辐照对人体的危害主要是外部辐射造成的。

电离辐射对人体的作用有物理、化学和生物效应，人体短期受到很大剂量辐射时会患上急性放射病；长期受小剂量辐射则会产生多种慢性病。人体对辐射有一定的适应能力和抵御能力，一般规定全身每年最大允许吸收剂量为 5×10^{-2} Sv（相当于每周 0.001 Sv）。

为了避免辐射源附近的工作人员和其他生物受到射线伤害，辐射源和射线必须进行严格的屏蔽。最常用的屏蔽材料有铅、铁、混凝土和水。铅的相对密度大、屏蔽性能好，铅容器可以用来储存辐射源。在加工较大的容器和设备时常需用钢材作结构骨架，铁常用于制作防护门、铁钩和盖板等。混凝土墙既是建筑结构又是屏蔽物，因为混凝土中含有的水可以较好地屏蔽中子。水具有可见性和可入性，因此可常将辐射源储存在深井内。各种屏蔽材料的厚度必须大于射线所能穿透的厚度，屏蔽材料在施工时要防止产生空洞及缝隙等问题，以防止射线泄漏。

辐照室防护墙的几何形状和尺寸的设计，不仅应当满足食品辐照工艺条件的要求，还需有利于射线的散射，使室外的放射量能达到自然本底值。由于辐照室空气中的氧气经射线照射后会产生臭氧，臭氧生成的浓度与使用的辐射源强度成正比例关系，为防止其对照射食品质量的影响及保护工作人员健康，在辐照室内还需有送排风设备（图 8-1）。

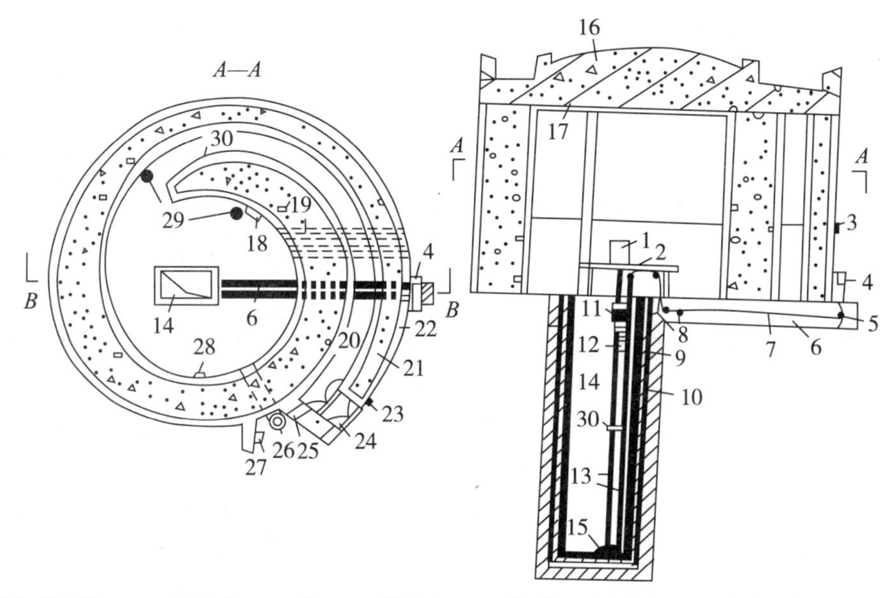

注：1—冷却源罩筒；2—照射台；3—钟；4—操纵台；5—滑轮；6—地沟；7—升降源钢丝绳；8—钢筋混凝土；9—钢板；10—白水泥与瓷砖；11—^{60}Co 辐射源蓄盒；12—上下小车；13—小车道轨；14—水井；15—^{60}Co 辐射源贮藏架；16—源室顶；17—工字钢；18—水斗；19—实验管道；20—强迫退源按钮；21—混凝土（防护墙）；22—砖墙（防护墙）；23—源工作指示灯；24—铁门；25—送风口；26—排风口；27—配电箱；28—电源；29—排水孔；30—导轨上抱圈。

图 8-1　^{60}Co（4.44 × 1015 Bq）辐射源辐照室示意图

3. 被辐照物输送系统

被辐照物输送系统是食品辐照加工设备中的关键组成部分，其负责将食品从辐照室外安全、高效地输送到辐照室内，并在辐照完成后将食品输送出来。这个系统的设计必须考虑辐照食品的安全性、操作的便捷性以及整个辐照过程的连续性和自动化。首先，输送系统需要能够适应不同类型和包装的食品，确保食品在输送过程中不会因为包装破损或位置偏移而受到污染。其次，输送系统必须与辐照装置的辐射源保持精确的距离和角度，以确保食品能够均匀地接受预定剂量的辐照。最后，输送系统还需要具备高度的自动化控制能力，能够根据预设的辐照参数自动调整输送速度和辐照位置，以实现精确的剂量控制。

在安全性方面，输送系统必须与源升降联锁装置和剂量安全检测装置协同工作，确保在任何异常情况下，如辐射剂量超标或源架位置异常时，输送系统能够立即停止运作，防止食品和人员受到不必要的辐射风险。同时，输送系统还需要配备紧急停止和手动操作功能，以便在紧急情况下快速响应。

4. 源升降联锁装置

源升降联锁装置的主要功能是控制辐射源的上下移动，即从辐照室内的辐照位置到地下的安全储存位置。在辐照过程中，源升降联锁装置能够确保放射源在正确的时间和位置进行辐照，而在非辐照状态下，则将辐射源安全地存放在地下，以防止任何未经授权的接触和潜在的辐射风险。

源升降联锁装置包含了多重安全联锁系统，这些系统确保只有在所有安全条件都满足的情况下，辐射源才能被移动。例如，若辐照室的门没有完全关闭或者安全检测装置检测到异常时，源升降联锁装置将阻止辐射源的移动，从而防止潜在的危险。此外，源升降联锁装置还具备紧急降源功能，这使得在发生停电或其他紧急情况时，系统能够自动将辐射源降至地下安全位置，以避免长时间暴露在辐照室内。这种紧急降源功能是源升降联锁装置中的一个重要安全特性，它提供了额外的安全保障，确保在任何情况下都能迅速响应，保护人员和环境免受辐射影响。

5. 剂量安全检测装置

剂量安全检测装置主要用于监测辐照室内的辐射剂量，确保辐照加工过程中的剂量控制在安全范围内。这一装置对于保障食品辐照加工的安全性至关重要，它能够实时监测并记录辐照剂量，帮助操作人员调整辐照参数，以确保食品达到预期的辐照效果，同时避免过量辐照可能带来的风险。

此外，为了提高数据的准确性和可追溯性，剂量安全检测装置还具备数据共享功能，能够将辐照剂量数据与辐照设备进行共享，并通过条形码等手段实现数据溯源。这样，一旦有需要，就可以迅速追踪到具体的辐照批次和相应食品，为食品安全提供了额外的保障。

6. 通风系统

通风系统在食品辐照加工中同样不可或缺。它不仅负责提供新鲜的空气，排出室内的污染空气，还负责调节室内的温度和湿度，为食品加工创造适宜的环境条件。良好的通风系统能够确保生产员工的舒适性，保持安全的工作环境，减少污染的可能性，并帮助确保食品的保质期。

7. 我国的 SQ（F）工业钴源辐照装置

食品工业中应用的辐照装置以辐射源为核心，同时配有严格的安全防护设施和自动输送、报警系统。图 8–2 所示是由我国自主设计和制造的 SQ（F）工业钴源辐照装置示意图。

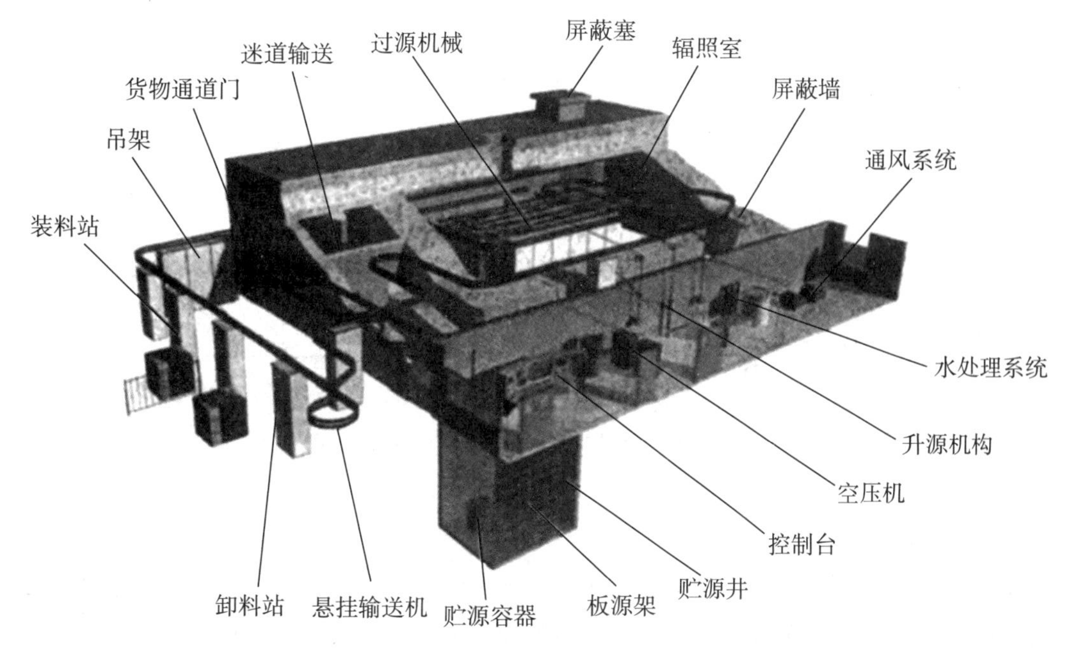

图 8-2　我国自主设计和制造的 SQ（F）工业钴源辐照装置示意图

该系统中所有的运转设备、自动控制、报警与安全系统必须组合得极其严密。例如在 ^{60}Co 辐照装置中，一旦正常操作被中断，相应的机械、电器、自动与手动应急措施能够使辐射源退回到安全储存位置。只有完成某些安全操作工序，确保辐照室不再有任何射线后，工作人员才能进入辐照室。

8.3　食品辐照的基本原理

8.3.1　食品辐照的物理效应

1. α 射线和 γ 射线与物质的作用

当 α 射线、γ 射线（又常被称为光子）与被照射物原子中的电子相遇时，射线有时会把全部能量传递给电子（光子被吸收），使电子脱离原子成为光电子。

若射线的光子与被照射物的电子发生弹性碰撞，在光子的能量略大于电子在原子中的结合能时，光子会把部分能量传递给电子，其自身的运动方向则发生偏转，朝着另一方向散射，获得能量的电子从原子中逸出，发生康普顿散射。散射的光子和电子分别以不同角度射出，所具有的动能均小于入射光子，若散射的光子含有足够能量，则可以连续发生更多的康普顿散射。

用 ^{60}Co γ 射线辐射时，射出的康普顿电子平均能量为入射光子的一半，射出的电子沿其轨迹不加选择地激发或电离而失去自身能量。^{60}Co γ 射线产生的电子轨迹平均约为 1 mm，每一康普顿散射产生的电子可产生上万次的激发或电离。

当射线的光子能量较高时，光子会在原子核库仑场的作用下产生负电子和正电子，即电子对，正电子和负电子结合而消失，产生湮没辐射，这种湮没辐射含有两个光子，每个光子能量为 0.51 MeV。而电子对的形成必须在射线能量大于 1.02 MeV 时才会产生，即光子的能量必须大于正电子和负电子的静止质量所相当的能量，且射线能量越大，电子对的形成越显著。

光电子、康普顿电子和电子对形成的多少，与辐照食品的 X 射线、γ 射线的能量有关。当射线能量低时，主要形成光电子；当射线能量中等时，主要形成康普顿电子；当射线能量高时，则几乎全部形成电子对。

如果 γ 射线和 X 射线的能量大于某一阈值时，能量和某些原子核作用射出中子或其他粒子，从而使被照射物产生放射性。这种放射性的产生取决于射线的能量和被照射物的性质，^{14}N 在能量为 10.5 MeV 的 γ 射线照射下会射出中子同时产生放射性，^{12}C 在能量为 18.8 MeV 的 γ 射线照射下可被诱发产生放射性，^{16}O 在能量为 15.5 MeV 的 γ 射线照射下可产生放射性。在辐照的商业化生产过程中，为了避免辐照食品诱发产生放射性，必须谨慎选用不产生诱发放射性的辐照源。

2. 电子射线的作用

辐射源射出的电子射线通过被照射物时，受到原子核库仑场的作用，会发生没有能量损失的偏转，这个现象称为库仑散射。库仑散射可多次发生，甚至经多次散射后，带电粒子会折返回去，发生反向散射。

能量不高的电子射线能把自身的能量传递给被照射物原子中的电子并使之受到激发，若受激发的电子达到连续能级区域就会跑出原子，使原子发生电离。电子射线能量越高，在其电子径迹上的电离损耗能量比率就越低；电子射线能越低，其在电子径迹上的电离损耗能量比率反而越高。

电子射线在原子核库仑场的作用下，本身速率减慢的同时放射出光子的辐射现象称为韧致辐射。韧致辐射放出的光子能量分布的范围较宽，能量较大的光子就相当于 X 射线光子，能量很大的光子相当于 γ 射线的光子，这些光子对被照射物的作用与 X 射线、γ 射线类似。若放射出的光子在可见光或紫外线范围，就被称为契连科夫效应。契连科夫效应放出的可见光或紫外光对被照射物的作用就如同日常的可见光或紫外线。

电子射线经散射、电离和韧致辐射等作用后，大部分能量被消耗，速率大为减慢，有的被所经过的原子俘获，将原子或原子所在的分子变成负离子；有的与阳离子相遇，发生阴、阳离子湮灭，进而放出两个光子。

为了防止被照射的食品诱发产生放射性，辐照时采用的电子加速器的能量水平一般不得超过 10 MeV。

8.3.2 食品辐照的化学效应

辐照的化学效应指的是被辐照物中的分子所发生的化学变化。食品经辐照处理后，可能会发生化学变化的物质，除了食品本身及包装材料，还可能有附着在食品中的微生物、昆虫、寄生虫等生物体。

通常认为电离辐射包括初级辐射（直接作用）和次级辐射（间接作用）。初级辐射会使被辐射物生成离子、激发态分子或分子碎片，激发态分子可进行单分子分解产生新的分子产物或自由基，而转化成较低的激发状态。次级辐射则是初级辐射产物相互作用生成与被辐射物质不同的化合物。

辐照化学效应的强弱，是指介质中每吸收 100 eV 能量而分解或形成的物质（如分子、原子、离子和原子团等）的数目，即辐射产额，常用 G 来表示。如麦芽糖溶液经辐照后发生降解的 G 值为 4.0，即表示麦芽糖溶液每吸收 100 eV 的辐射能，就会有 4 个麦芽糖分子发生降解。不同介质的 G 值差异可能很大。G 值越大，辐照化学效应越强烈；G 值相同者，吸收剂量大者的辐照化学效应更强烈。

食品辐照引起的食品中各物质成分发生的化学变化比较复杂。食品及其他生物有机体的主要物质成分为水、蛋白质、糖类、脂类、维生素等，这些物质的分子在射线辐照下会发生一系列的化学变化。

1. 辐照对食品中水分的化学效应

绝大多数食品中含有丰富的水分，同时水也是构成微生物、昆虫等生物体的重要成分。辐照时，食品中水分子的激发作用和电离作用比较明显，会产生较多具有高度活性的自由基和水化电子，导致其他食品成分和生物体发生化学变化，即产生水的间接作用。自由基和水化电子与其他有机物作用会产生有机自由基，引起一系列反应，这是食品受到射线处理发生间接作用，形成其他产物的主要原因。

对于含水量很低的食品，有机物的辐照时水的直接作用是化学效应的主要原因。

2. 辐照对食品中蛋白质类物质的作用

当受到辐照时，食品中的蛋白质类物质（包括酶和氨基酸）会随着辐照剂量的不同而产生不同程度的变化。大剂量辐照下，部分氨基酸会受到破坏；30 kGy 辐照处理会破坏明胶中部分胱氨酸和赖氨酸等，使其相应食品的生物效应降低，但是固态食品中的氨基酸比液态食品中的更加稳定。α－氨基和 α－羧基在蛋白质分子中作为端基而存在，在较高剂量辐照下会发生脱氨基作用和脱羧基作用。

蛋白质具有多级结构，辐照容易使其四级结构和三级结构遭到破坏，导致酶失去活性，蛋白质发生变性，尤其是固态食品中的蛋白质，更容易遭到破坏和变性。蛋白质的二级结构，甚至一级结构在高剂量辐照下也会遭到破坏，导致蛋白质变性、酶失去活性。

3. 辐照对食品中碳水化合物的作用

碳水化合物经辐照后会有明显的降解产物和辐解产物形成。单糖和低聚糖的降解产物有羰基化合物、酸类、过氧化氢、氢气、二氧化碳、甲烷、一氧化碳和水等。降解形成的新物质会改变糖类的某些性质，例如辐照使葡萄糖和果糖的还原能力下降，但可提高蔗糖、山梨糖醇和甲基 α－吡喃葡萄糖的还原能力。但实际上，辐照对糖类还原能力的影响比加热处理要低。

在复杂体系食品中，其他成分的保护作用可使碳水化合物对辐照的敏感性降低。多糖在辐照下会引起多糖链的断裂，产生链长不等的低聚糖和糊精碎片，辐照剂量越大，断裂程度就越大。

4. 辐照对食品中脂类化合物的作用

脂类化合物受到辐照时，主要是辐照诱导产生自动氧化作用和非自动氧化作用。脂类中的脂肪酸的不饱和程度越高，产生氧化作用的程度就越大，就越容易出现脱羧、氢化和脱氨等作用，产生烃类物质。食品辐照过程中，若有氧存在，会促使自动氧化作用。辐照诱发的自动氧化作用可能是其促进了自由基的形成和氢过氧化物的分解，并破坏了抗氧化剂所导致的，辐照诱发的食品氧化变化程度主要受剂量和剂量率影响。此外，非辐照引起的脂肪氧化影响因素（如温度、氧气含量、脂肪成分、氧化强化剂、抗氧化剂等）也会影响辐照氧化作用与脂肪的分解。脂类辐照产生的分解产物有甲烷、乙烷、乙烯、丙烷、丙烯等，与加热处理形成的分解产物基本相似，只是在某些成分上存在一些定性和定量的差别。

当辐照剂量大于 20 kGy 时，食品会产生较明显的脂肪气味，辐照剂量越高，脂肪气味越强烈。

5. 辐照对食品中维生素的影响

不同维生素对辐照的敏感性不同。一般认为，维生素 A 和维生素 E 是脂溶性维生素中对辐照最敏感的维生素，而食物中的维生素 D 对辐照似乎相当稳定。在水溶性维生素中，虽然维生素 B_1 和维生素 C 对辐照最敏感，但在辐照剂量低于 5 kGy 时，维生素 C 通常的损失很少超过 30%。

维生素辐照损失程度通常受到维生素存在的环境、辐照剂量、温度、氧气与食品类型等的影响。辐照时，单纯的维生素溶液更容易遭到破坏，而食品的复杂体系对维生素具有明显的保护作用。无论是脂溶性维生素还是水溶性维生素，在食品的复杂体系中的辐照稳定性与其热稳定性相应，与氧气存在状况有关。在氧气中热不稳定的维生素，对辐照的敏感性也越强，更容易遭到辐照破坏。一般来说，在无氧或低温条件下，辐照可减少食品中维生素的损失。

8.3.3 食品辐照的生物效应

食品辐照的生物效应指辐照对生物体（如微生物、昆虫、寄生虫、植物等）的影响。这种影响与生物体内的化学变化有关。已证实辐照不会产生特殊毒素，但在辐照后某些机体组织中有时会发现带有毒性的不正常代谢产物。辐照对活体组织的损伤与其代谢反应有密切关系，并与其机体组织受辐照损伤后的恢复能力和所使用的辐照剂量的大小有关。不同物质经 β 射线和 γ 射线达到各种生物效应所必需的剂量见表 8-1。

表 8-1 不同物质经 β 射线和 γ 射线达到各种生物效应所必需的剂量

生物效应	剂量 /Gy	生物效应	剂量 /Gy
植物和动物的刺激作用	0.01～10	食品辐照选择杀菌	10^3～10^4
植物诱变育种	10～500	药品和医疗设备的灭菌	（1.5～5）$\times 10^4$
雄性不育法杀虫	50～200	食品阿氏杀菌	（2～6）$\times 10^4$
抑制发芽（马铃薯、洋葱）	50～400	病毒的失活	10^4～1.5×10^5
杀灭昆虫及虫卵	250～10^3	酶的失活	2×10^4～10^5
辐照巴氏杀菌	10^3～10^4		

1. 辐照对微生物的作用

① 辐照对微生物的作用机制

辐照对微生物的直接效应，即微生物接受辐照后本身发生的反应，可导致微生物死亡。辐照可引起：细胞内 DNA 受损，即 DNA 分子碱基发生分解或氢键断裂等；细胞内膜受损，膜内蛋白质和脂肪（磷脂）分子断裂，胞质内酶逸出，导致酶功能紊乱，微生物代谢被干扰，新陈代谢中断，从而引起微生物死亡。

辐照对微生物的间接效应则是指来自被激活或电离的水分子所产生的游离基产生的作用。当水分子被激活或电离后成为游离基，这些游离基可以起氧化还原反应。激活的水分子与微生物内的生理活性物质相互作用，影响细胞的生理机能。由机体内水分子产生的间接效应是辐照总反应的重要部分，但在干燥和冷冻组织中很少发生这种间接效应。

② 辐照对病毒的作用

病毒是最小的生物体，无呼吸作用，以食品和酶为寄主，对辐照的稳定性较强，通常要使用 30 kGy 的高剂量才能被抑制，或使用更高剂量才能够被杀灭，然而这样的剂量对食品其他成分的影响巨大，因此不适合食品的处理。病毒对热敏感，所以杀灭病毒通常采取辐照与热处理相结合或者单独采取热处理的方式。

③ 辐照对细菌和真菌的作用

细菌和真菌中的酵母、霉菌等的营养体对辐照的敏感性与无芽孢细菌相同，容易受到辐照的杀灭。辐照剂量与其营养体的种类、状态、菌株浓度、介质的成分和物理状态、辐照处理后的贮藏条件均有关系。霉菌会导致新鲜果蔬的大量腐败，经 2 kGy 左右的剂量辐照即可抑制其发展。酵母可使果汁及水果制品发生腐败，通常可用热处理与低剂量辐照结合的方式杀灭。一些能够产生芽孢和孢子的细菌、真菌等，对辐照的耐受性比较强，远高于果蔬本身的耐受性。因此，杀灭芽孢和孢子的细菌、真菌等所需要的辐照剂量超过了果蔬本身的耐受量，这容易于导致果蔬的胶质软化，产生损伤、腐烂及气味的变化。所以，实际辐照时，往往需要与热处理结合才能够对形成芽孢和孢子的细菌、真菌等产生比较好的杀灭效果。

2. 辐照对虫类的作用

辐照对昆虫的作用与其组成的细胞密切相关。对昆虫细胞来说，辐照敏感性与其生殖活性成正比，与其分化程度成反比。处于幼虫期的昆虫对辐照比较敏感，成虫对辐照的敏感性较低，因此高剂量的辐照才能将成虫杀死，但成虫的性腺细胞对辐照极为敏感，低剂量辐照即可导致成虫绝育或引起遗传上的紊乱。

辐照可引起寄生虫的不育或死亡。辐照导致猪肉中旋毛虫的不育剂量为 0.12 kGy，这个剂量也可防止相应的虫卵生长发育成为成虫；辐照导致猪肉中旋毛虫的致死剂量为 7.5 kGy。辐照导致牛肉中绦虫的致死剂量为 3.0～5.0 kGy。总之，在较低的辐照剂量作用下，寄生虫即可被杀灭，因此辐照是保证肉类等食品安全的重要手段。

3. 辐照对植物的作用

辐照对植物的作用主要是通过对植物性食品（主要是蔬菜和水果）DNA 的部分破坏作用，影响其生理代谢过程，达到抑制块茎、鳞茎类的发芽，推迟蘑菇的开伞，调节水果和蔬菜的呼吸和后熟。

① 抑制发芽

电离辐照可以抑制植物发芽。这是由于电离辐照使植物的分生组织被破坏，核酸和植物激素代谢受到干扰，以及核蛋白发生了变性。0.15 kGy 的辐照即可抑制马铃薯、甘薯、洋葱、大蒜和板栗等的发芽，还可抑制马铃薯在光照条件下的绿变。3 kGy 的辐照可以抑制蘑菇的开伞。

② 调节呼吸和后熟

水果在后熟之前，其呼吸率降低至极小值，后熟开始时其呼吸率大幅度增长并达到顶峰，而后呼吸率又降低，进入水果的老化期。在水果后熟开始之前，即呼吸率最小时采用辐照处理可抑制其后熟。辐照主要是通过干扰果实体内乙烯的合成而推迟水果的后熟。番茄、青椒、黄瓜、洋梨等经 1 kGy 低剂量辐照即可使绝大部分果实延迟后熟。

辐照能使水果中的化学成分发生变化，如维生素 C 遭到破坏、原果胶变成果胶质及果胶酸盐、纤维素及淀粉发生降解、色素的变化等。

8.4 食品辐照工艺及条件控制

8.4.1 食品辐照的应用

1. 食品辐照应用分类

目前世界食品辐照应用主要包含以下 4 个方面。

① 低剂量辐照抑制根茎类或块茎类农产品的发芽和腐烂，主要用于马铃薯、洋葱、大蒜、生姜和薯类。目前中国、阿根廷、孟加拉国、智利、以色列、乌拉圭、菲律宾、泰国、日本等国已有工业化规模辐照的马铃薯、洋葱和大蒜在市场销售。

② 低剂量辐照杀虫以及检疫处理，主要用于谷物、面粉、鲜果、干果等。俄罗斯、德国等已应用辐照杀灭谷物中的虫。美国、南非、菲律宾、泰国等已将辐照作为一种检疫处理手段，用以杀灭热带水果（如芒果、番木瓜）中寄生的果蝇，这种经辐照加工过的水果已在美国、东南亚和欧洲市场上销售。

③ 水分活性高的易腐食品的选择性杀菌。各种畜禽肉及其制品、水产品、香料和调味品等易受致病菌污染，影响食品卫生安全。选择性杀菌可将食品中腐败性微生物降到足够低的水平，同时将辐照与其他贮藏方法相配合，可达到食品保鲜、延长贮藏期的目的。荷兰、比利时等采用辐照加工冷冻海产品和香料调味品，法国用电子束辐照冷冻家禽肉。

④ 高剂量彻底灭菌，满足特殊食品加工要求，主要用于医院特需病员、宇航人员、潜艇人员等需要的无菌食品。一些国家采用高剂量辐照加工应急食品以延长保质期。

食品辐照有时可解决常规保藏方法难以解决的保藏问题，是常规保藏方法的重要补充。根据食品辐照的目的及所需的辐照剂量，食品辐照可分为低剂量、中剂量和高剂量辐照三类（表 8-2）。

① 低剂量辐照：以降低食品中腐败性微生物及其他微生物的数量，延长新鲜食品的后熟期及保藏期（如抑制发芽等）为目的，一般辐照剂量在 1 kGy 以下。

表 8-2　辐照在食品中的应用

类型	辐照目的	采用剂量 /kGy	应用范围
低剂量（1 kGy 以下）辐照	抑制发芽	0.05～0.15	马铃薯、葱、蒜、姜、山药等
	杀灭害虫、寄生虫	0.15～0.5	粮谷、鲜果、干果、干鱼、干肉、鲜肉等
	推迟生理反应（熟化作用）	0.25～1.0	鲜果蔬
中剂量（1～10 kGy）辐照	延长保质期	1.0～3.0	鲜鱼、草莓、蘑菇等
	减少腐败微生物和降低致病菌数量	1.0～7.0	新鲜和冷冻水产品、生畜禽肉以及冷冻畜禽肉等
	食品品质改善	2.0～7.0	增加葡萄产汁量、降低脱水蔬菜烹调时间等
高剂量（10～50 kGy）辐照	杀菌（结合温和的热处理）	30.0～50.0	畜禽制品、水产品等加工食品、医院病人食品等
	某些食品添加剂和配料的抗污染	10.0～50.0	香辛料、酶的制备、天然胶等

② 中剂量辐照：经辐照后食品中检测不出特定无芽孢的致病菌（如沙门氏菌）的辐照处理，包括通常的辐照巴氏杀菌（辐照剂量为 5～10 kGy）、延长食品保质期以及改善食品品质等目的的辐照（辐照剂量为 1～10 kGy）。

③ 高剂量辐照：所使用的辐照剂量可将食品中的微生物减少到零或有限个数，达到杀菌目的。经高剂量辐照处理后，食品在未再次污染情况下可在正常条件下储存较长时间，剂量范围为 10～50 kGy。

2. 食品辐照工艺

（1）食品的辐照保藏

辐照时，食品中的营养成分、微生物、昆虫、寄生虫等均会吸收能量和产生电荷，使其原子、分子发生一系列的变化。这类变化对食品中有生命的生物体的影响较大。水、蛋白质、核酸、碳水化合物、脂肪等分子的微小变化都有可能导致酶的失活，使生物的生理生化反应延缓或停止、新陈代谢中断、生长发育停顿甚至死亡。

辐照时，处于食品表层的微生物或昆虫和食品表层最先受到射线的作用。从食品整体来说，正常辐照条件控制下，食品中发生变化的成分较少，但对生物的生命活动影响较大。因此，食品辐照应用于食品（特别是新鲜食品）保藏有着重要的意义和实用价值。

① 果蔬类

新鲜果蔬具有易腐性、生产的地域性、季节性，这对于果蔬的贮藏保鲜和流通是一个很大的挑战。为延长果蔬保鲜期，满足各地消费者对果蔬的需求，果蔬辐照贮藏保鲜技术在全球不断兴起并发展。对果蔬进行适当的辐照处理，可抑制其呼吸代谢活动及乙烯的产生，杀灭或抑制其携带的虫卵、微生物，达到抑菌、杀虫、抑芽作用，从而实现保鲜的目的，且不会对果蔬的营养成分产生较大影响。

果蔬作为有机生命体，在采摘后仍旧会保持呼吸作用。维持较低的呼吸强度能够减少水分的损失和有机物的消耗，有利于果蔬贮藏保鲜。一定剂量的辐照可抑制果蔬的呼吸作用，使其处于休眠状态，达到延长贮藏期的目的。辐照处理蔬菜还可抑制果蔬发芽、杀死寄生虫，如低剂量 0.05～0.15 kGy 辐照对抑制根茎作物如马铃薯、大蒜、洋葱的发芽是有效的。为了获得更好的贮藏效果，蔬菜的辐照处理常与低温贮藏或其他有效的贮藏方法相结合。如：将收获的洋葱置于 3℃暂存，并在此温度下辐照后可放于室温下贮藏较长时间，还能避免内芽枯死、变褐发黑；大蒜在适宜剂量（0.05～0.1 kGy）辐照后，可在 0℃和相对湿度 85% 条件下贮藏 8～9 个月，或可在 10～11℃和相对湿度 85%～95% 条件下贮藏 6～7 个月。

害虫和微生物对贮藏过程中的果蔬品质影响非常大，控制害虫及微生物的生长繁殖能够有效延长果蔬的贮藏期。多项研究表明，辐照能够有效杀灭病原菌或抑制病原微生物的生长。保鲜期较短的水果，如草莓，较小辐照剂量的辐照即可使其停止生理作用；柑橘类水果要完全控制霉菌的危害，辐照剂量通常需要 0.3～0.5 kGy，但若辐照剂量（≥ 2.8 kGy）过高，则会在果实表面产生锈斑。为了获得较好的保藏效果，水果的辐照通常与其他方法结合：如将柑橘加热至 53℃保持 5 min，并与辐照同时处理，辐照剂量降至 1 kGy，即可抑制霉菌和防止柑橘皮上锈斑的形成；对表皮呈黄色、成熟度为 25% 的木瓜，先用 50～60℃水清洗 20 s，晾凉 2 min，然后包装，再使用 0.75 kGy γ 射线辐照，可显著延长保藏期；上海已有采用辐照与冷藏相结合的方法来控制苹果和草莓的采后腐败；化学防腐和辐照相结合的方法也可有效延长水果贮藏期，复合处理的协同效应可降低化学处理的药剂使用量和辐照剂量，把药物残留量和辐照损伤率降到最低程度，达到既可延长保藏期，又可保证食品的品质和卫生安全的目的。

辐照推迟水果的后熟期，对香蕉等热带水果十分有效。一般对绿色香蕉的辐照剂量常低于 0.5 kGy，但对存在机械损伤的香蕉通常无效；2 kGy 辐照剂量辐照即可延迟木瓜的成熟；对芒果使用 0.4 kGy 的辐照可延长 8 天的保藏期；1.5 kGy 辐照可完全杀死果实中的害虫。水果的辐照处理，除可以延长保藏期，还能够促进水果中色素的合成，如使涩柿提前脱涩、增加葡萄的出汁率。

大量研究表明，在各类果蔬的适宜辐照剂量范围内，辐照处理还能够改善果蔬的感官品质，在维持果蔬营养物质不变的同时达到保鲜、延长贮藏期的效果。使用 0.3～0.9 kGy 辐照苹果后，随着贮藏时间的延长，其硬度高于对照组；采用 0.9 kGy 辐照滑菇后，其在形态和色泽保持中具有显著效果，可有效延缓褐变、降低失重；新鲜采摘的蘑菇经辐照后能有效推迟蘑菇软化；鲜切哈密瓜经 1.5 kGy 辐照后在贮藏至第 13 天时，感官品质依然能够保持良好；辐照后的板栗在经过 8 个月的冷藏后依然能够保持较好的品质，水分、糖、淀粉等成分的含量仍旧保持在较高水平；采用 0.5～1.0 kGy 辐照的猕猴桃，保鲜效果最好，若再结合低温冷藏，可显著抑制 VC、可溶性固形物、可滴定酸含量的下降；用 0.4 kGy 和 1.0 kGy 辐照的柑橘，不仅能够延长货架期，同时 VC、水分含量、总酚等成分不会因辐照发生变化。不同果蔬的生理特性存在差异，故所适宜的辐照剂量也不同。总之，适宜剂量的辐照能够抑制果蔬软化，提高感官品质，降低腐烂率，同时对果蔬的口感及营养价值不会产生较大影响。

除此之外，辐照还能够降低农药等有毒物质的残留。研究表明：5 kGy 辐照能够完全使苹果汁中的有机磷农药的残留降低到检出限值以下，同时还不会对苹果汁的主要理化指标造成影响；1～4 kGy 辐照可加快双孢菇中 4 种农药的降解。

② 粮食类

粮食在生产、储藏和销售过程中易受到害虫侵害。害虫通过直接偷食粮食、产生蛀屑、存留毒素等行为影响粮食品质，引起粮食的生理生化变化。传统的化学熏蒸法成本低、见效快、使用简单，但是化学药剂的残留会对人体健康造成潜在威胁以及对环境造成污染等问题。辐照能深入食物内部，消灭储粮害虫，杀灭引起粮食腐败霉变的真菌、细菌和毒素等，延长粮食储藏期，且不存在残留影响。

杀虫效果与辐照剂量有关，0.1～0.2 kGy 辐照就可以使昆虫不育，1 kGy 辐照可使昆虫几天内死亡，3～5 kGy 辐照则可使昆虫立即死亡。抑制谷类霉菌蔓延发展的辐照剂量为 2～4 kGy，杀灭小麦、面粉中害虫的辐照剂量为 0.20～0.75 kGy。有研究显示，用低于 0.5 kGy 的 γ 射线辐照糙米，既不会引起风味改变，也不会产生不良风味，还能起到较好的驱虫害作用；用 0.6～0.8 kGy 辐照玉米象成虫，辐照后 15～30 天玉米象成虫全部死亡；用 0.2～2.0 kGy 辐照玉米、小麦、大米等，其营养成分不会发生显著变化。

③ 畜禽肉及水产类

辐照对存在于肉类食品中的微生物（如细菌、霉菌、酵母等）和寄生虫（如旋毛虫、弓形虫等）均有明显的杀灭作用，能够有效地提高肉类食品的卫生安全质量、延长保质期，但是辐照会诱导或加速肉类制品中的脂肪氧化。

冷鲜肉营养物质丰富，富含蛋白质、脂肪、氨基酸、维生素等营养成分，是微生物繁殖的良好基质。冷鲜肉的物理状态和品质特征独特，不宜采用高温高压、巴氏灭菌等杀菌方式，而辐照属于非热杀菌，与冷鲜肉所需的低温环境不冲突，可有效降低肉中食源性致病菌和腐败菌的含量。目前对冷鲜猪肉的辐照研究报道最多，也有不少文献对冷鲜牛肉、羊肉、鸡肉等进行了辐照研究。研究表明，采用 1～3 kGy 低剂量 γ 射线或电子束辐照不同形态的冷鲜猪肉或其他畜禽肉后，均使其微生物水平显著降低，这有利于肉类食品的保鲜和减少致病菌的危害；用中等剂量（2～5 kGy）的 γ 射线辐照肉馅，并在贮藏过程中对微生物指标（大肠菌群、假单胞菌属、嗜温好氧菌）、理化指标（酸碱度、色泽、硫代巴比妥酸）和感官变化进行评价，发现在不影响食品品质的前提下，辐照可降低致病菌存在的风险；使用 7 kGy 以上剂量辐照时会产生明显的“辐照味”。生产中选择的辐照剂量需适宜。电子束辐照猪肉后的各项品质指标均优于 γ 射线，因此，建议在肉类食品辐照时应尽可能选择电子束辐照的方式。

相较于冷鲜肉，熟食可采用较高剂量的电子束进行辐照，利用 4～6 kGy 的电子束辐照熟肉制品，既可较好地控制微生物水平，提高货架期，又不会影响其感官品质。采用电子束辐照散装即食酱卤牛肉时，发现 6 kGy 的电子束辐照可控制微生物水平，同时对感官品质和脂质过氧化等指标均无显著影响，并能延长货架期至 10 天；采用电子束辐照熟火鸡肉后，发现对脂质的氧化影响不大，对蛋白质的氧化增加，辐照后出现褪色现象，但腌制过的熟火鸡肉制品比未腌制的氧化耐受性更高。

水产品的辐照保藏多数采用低、中剂量处理，其高剂量处理的工艺与畜肉类相似，但产生的异味明显低于畜肉类。为了延长贮藏期，低剂量辐照鱼类通常结合 3℃以下的低温贮藏。不同鱼类辐照剂量要求不同，如淡水鲈鱼经 1～2 kGy 辐照后，贮藏期可延长 5～25 天；大洋鲈经 2.5 kGy 辐照后，贮藏期可延长 18～20 天；牡蛎经 20 kGy 辐照后，贮藏期能够延长几个月。加拿大已批准商业辐照的鳕鱼和黑线鳕鱼片可延长保质期的剂量为 1.5 kGy。

④ 香辛料和调味品杀菌

天然香辛料容易长霉生虫，传统的加热或化学熏蒸消毒法易导致香辛料香味挥发或药物残留，甚至产生有害物质。使用环氧乙烷和环氧丙烷熏蒸香辛料会生成有毒的氧乙醇盐或多氧乙醇盐化合物，而辐照可有效避免上述不良影响，既能控制昆虫的侵害，又可减少微生物的数量，保证原料的品质。

辐照剂量与原料初始微生物数量有关。研究显示，用 10～15 kGy 的 ^{60}Co γ 射线辐照尼龙 / 聚乙烯包装的胡椒粉、五香粉后，在 6～10 个月保藏期内，未见生虫、霉烂，调味品的色、香、味、营养成分无显著变化。尽管香辛料和调味品的商业辐照剂量可以允许高达 10 kGy，但实际上为避免香味及色泽的变化及降低成本的考虑，香辛料和调味品杀菌的辐照剂量应视品种及杀菌要求来确定，尽量做到降低辐照剂量。胡椒粉、酱油、快餐佐料等直接入口的调味料以杀灭致病菌为主，辐照剂量可高些。部分国家认为引起辐照调味品味道变化的阈值为：黑胡椒及其代用品 12.5 kGy，白胡椒 12.5 kGy，芫荽 7.5 kGy，桂皮 8 kGy，丁香 7 kGy，辣椒 4.5～5 kGy，辣椒粉 8 kGy。

⑤ 蛋类

蛋类的辐照以杀灭沙门氏菌为目的。通常蛋液及冰蛋液的辐照灭菌效果较好。带壳鲜蛋可用 β 射线辐照，辐照剂量为 10 kGy，更高的辐照剂量则会导致蛋白质辐解，使蛋液黏度降低或产生 H_2S 等异味。

（2）辐照改善食品品质

食品中某些成分的辐照化学效应，有时能够产生有益的辐照加工效果。目前，世界各国都已在这个领域展开相关研究，并且有些已投入商业化应用。小麦经辐照后，用其面粉制成的面包体积增大、柔软性好、组织均匀、口感提高；用 2.5 kGy 辐照发芽 24 h 后的黄豆，可减少黄豆中棉籽糖和水苏糖（胃肠胀气因子）等低聚糖的含量；葡萄经 4～5 kGy 辐照可提升 10%～12% 出汁率；脱水蔬菜（如芹菜、青豆），经 10～30 kGy 辐照后，复水时间大大缩短，仅为原来时间的 1/5。

我国在白酒的辐照催陈（陈化）方面已取得显著成绩。辐照处理薯干酒会使酒中酯类、酸类、醛类物质等的含量增加，酮类物质、甲醇、杂醇等含量降低，陈化后的酒口味醇和、苦涩和辛辣味减少，酒质提高。有研究显示，使用 0.888 kGy 和 1.331 kGy 的 ^{60}Co γ 射线辐照两种白兰地酒，存放 3 个月后的酒质相当于 3 年老酒，辐照酒的总酸、总酯含量均有不同程度的增加，辛酸乙酯和癸酸乙酯等酯类物质的气相色谱的谱峰显著提高。

（3）辐照的其他应用

进口果蔬（特别是热带和亚热带果蔬）进行检疫以杀灭果蝇等传染性病虫。化学熏蒸消毒法会污染环境，并可能影响操作人员的健康，使用上受到限制，辐照是目前最可行的替代方法。满足检疫条例杀灭果蝇所需辐照剂量（约 0.15 kGy）并不会改变大多数果蔬的物理化学性质和感官特性。0.1 kGy 的低剂量辐照即可以防止大多数种类的果蝇卵发育成为成虫。此外，辐照是杀灭在羽化为成虫之前留居在种子内的芒果种子象鼻虫的唯一技术，0.25 kGy 的辐照就足以阻止其羽化为成虫。国际上已确立了防止所有昆虫虫害的检疫可靠性辐射保证剂量为 0.3 kGy。

8.4.2　影响食品辐照效果的因素

1. 辐照剂量与剂量率

根据各种食品辐照的目的及特点，选择辐照剂量是食品辐照的首要问题。剂量等级与微生物、虫害等的杀灭程度有关，也与不同程度的辐照物理化学效应有关，两者需要兼顾考虑。一般来说，辐照剂量越高，食品保藏的时间越长。

剂量率是影响辐照效果的重要因素。相同的剂量，剂量率高，辐照的时间就短；剂量率低，则辐照的时间就长。通常较高的剂量率可获得较好的辐照效果。例如对洋葱辐照，每小时 0.3 kGy 的剂量率与每小时 0.05 kGy 的剂量率相比，较高剂量率的辐照效果更明显。但产生高剂量率的辐照装置需配备高强度辐照源，且应当有更严密的安全防护设备。因此，剂量率的选择必须根据辐照源的强度、辐照品种和辐照目的而定。

2. 食品接受辐照时的状态

食品种类繁多，即使同种食品的化学成分及组织结构也会存在差异。污染食品的微生物、害虫等种类与数量以及农作物、畜禽等的生长发育阶段、成熟状况、呼吸代谢的快慢等，对辐照效果影响很大。例如大米的品质和含水量不仅影响剂量要求，也影响辐照效果。同等辐照剂量，品质好的大米，食味变化小；反之，品质差的大米，食味变化大。用牛皮纸包装的大米，若含水量在 15% 以下，2 kGy 辐照即可使保藏期延长 3～4 倍；若含水量在 17% 以上，辐照剂量低于 4 kGy 时，就不可能延长保藏期。优质大米的变味剂量极限为 0.5 kGy，次等大米的变味剂量极限为 0.45 kGy。

洋葱在采收后 40 天内辐照，辐照效果很好，但若到了苞芽期（40 天后）后再辐照，50% 的洋葱会发芽。

食品的种类及水分活度不同，能杀灭的腐败菌和致病菌所需的最小辐照剂量也不相同。平均剂量为 2.5 kGy 的辐照可杀灭水分活度为 0.87～0.90 的即食食品中的所有腐败菌。杀灭水分活度为 0.85～0.89 的即食鱼中腐败菌所需的最小剂量为 2.5 kGy，杀灭水分活度为 0.93～0.94 即猪肉中腐败菌所需的最小剂量为 10 kGy。

食品的含水量直接影响辐照剂量和食品的保质期。例如：含水量 18% 的熟制半干猪肉，经 6 kGy 辐照后，保质期可以延长 150 天；含水量 36% 的半干小虾，经 4 kGy 辐照后，保质期可延长 49 天；中等水分含量的口利左香肠，经 10 kGy 辐照后，肠道链球菌的（使 10^6 数量级的微生物降低所需要的辐照剂量）D_{10} 变为 1.25 kGy，好氧菌减少 4 个对数级。

3. 辐照过程的环境条件

氧的存在可增加微生物对辐照 2～3 倍的敏感性，且对辐照化学效应的生成物也有影响，因此辐照过程中维持氧压力的稳定是获取均匀辐照效果的条件之一。

适当提高辐照时食品的温度（采用加热或热水清洗），可在杀菌、杀虫的同时，降低辐照剂量，从而可减少对果蔬的损伤；适当加压、加热处理，可使细菌孢子萌发，再使用较小的辐照剂量，就可以把需要高辐照剂量的孢子杀死。在冻结点以下进行低温辐照，则可大大减少肉类辐照产生的异味和减少维生素的损失。

4. 辐照与其他保藏方法的协同作用

高剂量的辐照会对食品产生不同程度的影响，例如引起食品质构改变、维生素破坏、蛋白质降解、脂肪氧化、异味等。因此在辐照技术研究中，应注意筛选食品的辐照损伤保护剂和提高、强化辐照效果的物理方法，如在低温下辐照、添加自由基清除剂、使用增敏剂、与其他保藏方法并用、选择适宜的辐照装置等。

用 1～3 kGy ^{60}Co、^{137}Cs 的 γ 射线辐照桃子，能促进乙烯生成和成熟。但若先用 CO_2 处理，再用 2.5 kGy γ 射线辐照，在（4 ± 1）℃下贮藏一个月，仍可保持桃子的新鲜度。橘子的辐照保藏，可先用 53℃温水浸 5 分钟，再在橘子表面涂蜡处理，最后用 1～3 kGy 剂量的 0.1～1 MeV 电子射线照射，便可减少橘子果皮的辐照损伤，延长保藏期，并且果肉不会变味。腌制火腿时若辅以辐照处理，可将火腿中硝酸盐的使用量从 156 mg/kg 降到 25 mg/kg，从而减轻产生致癌物质亚硝胺的风险，同时不影响火腿的色、香、味，还有助于抑制肉毒梭状芽孢杆菌的增殖，明显提高火腿的品质。

在食品辐照的过程中，辐照装置的设计效果、食品在辐照过程中剂量分布的均匀性等均会影响辐照食品的质量。

作为一种食品加工保存手段，辐照并不是解决所有食品保藏问题的万能方法，换言之，它既不可能取代传统良好的保藏方法，也不是适用于所有食品，如牛奶、奶油等乳制品经辐照处理后会变味。许多食品存在剂量阈值，高于剂量阈值就会发生较大程度的感官性质变化。某些食品的辐照剂量不一定能消除全部的微生物及其毒性。低剂量的辐照难以杀灭细菌芽孢，为了防止肉毒芽孢杆菌的生长繁殖和毒素产生，在采用辐照处理畜肉类和鱼类时，都要求在贮藏期内保持适宜的低温。黄曲霉毒素或葡萄球菌毒素都不会因辐照而失活，因此，易受此类微生物污染的食品需在毒素产生之前就进行辐照处理，并且应在防止毒素形成的条件下保藏。用于延长大多数食品保存期的低剂量辐照处理不能消灭病毒。

食品辐照技术的商业应用从一开始就受到怀疑和抵制，主要是大众缺乏对辐照作用的正确认识，担心辐照食品残留放射性，消费者接受辐照食品需有一个过程。但许多已批准辐照食品生产的国家并非都在实际生产中应用了辐照技术，因为在验证辐照食品的卫生安全性方面，许多批准都是带有附加条件的。食品辐照技术的实际应用取决于效能、需要、经济可行性和市场要求。可以预见的是，随着食品辐照技术知识的普及，食品辐照化学效应、生物效应研究的深入，以及各种食品辐照工艺条件的精准控制，将有更多的辐照食品投放市场。

8.5 食品辐照的安全与法规

8.5.1 辐照食品的卫生安全性

食品安全指食品无毒、无害，符合应有的营养要求，对人体健康不造成任何急性、亚急性或者慢性危害。食品卫生是指为确保食品安全性和适合性在食物链的所有阶段必须创造的一切条件和采取的措施。严格说来，没有哪种食品在所有情况下都是完全安全的，只能说食品的安全性存在的风险极小，并且能被有利的效益所平衡。

食品辐照能够杀灭害虫、腐败微生物和病原菌，延长食品货架期。从这一角度看，辐照处理能够提高食品的卫生安全性。然而，辐照与其他食品保藏方法一样，可能会对所处理的食品带来一定的物理、化学和生物变化。这些变化是否会产生潜在的毒性，是否符合食品的营养和卫生标准，是否涉及对人体健康的未知危害，都直接关系到了消费者的健康和辐照食品的发展。因此，应当充分论证辐照食品在营养学、毒理学与微生物学的卫生安全性以及有无感生放射性的问题。

为了确定辐照食品的卫生安全性，各国科学家在食品的辐射化学、营养学、毒理学与微生物学方面进行了大量细致的研究，积累了很多数据。在较早期的辐照食品卫生评价研究中，通常对每一种辐照食品都进行了分门别类的评估。随着食品辐照化学研究的不断发展，越来越多的证据显示，尽管特定的辐照效应可能与具体的食品相关，但是成分类似的食品对辐照具有共同的、绝大部分是非特异性的反应。因此，现在普遍认为没有必要分门别类地评估每一种辐照食品的卫生安全性。

大量辐照化学研究结果显示，辐照产物的量，即使是采用辐照灭菌剂量下所产生的物质量也是很少的。研究数据表明，辐照灭菌的牛肉中，各类挥发性辐解化合物的总量约为30 mg/kg。在一定剂量和温度辐照下，各类挥发性化合物的实际生成数量随牛肉中成分，尤其是脂肪的含量而变化。辐照完全灭菌的牛肉中已鉴定出大约65种不同的挥发性化合物，每一种挥发性化合物的数量都非常少。随着辐照剂量的增加，辐照产物的数量随之增加。不同辐照剂量下处理相同食物，可能会形成同样的辐照产物，但数量有所差异。食品在大于规定的剂量下进行辐照的卫生性试验是不可取的，因为过量的辐照有可能会改变食品的感官接受性，使食品不适合人类消费。

辐照食品的卫生评价涉及毒理学、畸胎学、营养学、感生放射性、致癌性、致突变性、微生物学、食品包装等方面。评价方法包括物理学方法、化学方法、动物试验或微生物测定等。各国科学家进行了多方面的长期深入研究，其中包含动物实验，人群试食，毒理、病理分析实验等，已确定了辐照食品的安全性，并得出如下结论。

（1）经辐照处理的食品不存在放射性物质和次生放射性物质

食品经辐照处理后，是否会产生放射性核素取决于辐照的类型、所用射线能量、核素的反应截面、引起放射性食品核素的丰度百分率以及产生放射性核素的半衰期。

用于辐照食品的辐照剂量不足以诱发食物中的放射性物质，所以辐照食品不存在放射性物质的诱发问题，即这些剂量不足以让辐照食品产生次生放射性物质。要使组成食品的基本元素（碳、氮、氧、磷、硫等）变成放射性核素，需要接收10 MeV以上的高能射线辐照，而且它们所产生的放射性核素的寿命（即半衰期）大多数都是非常短暂的，辐照一天以后，其在食品中的剂量可忽略不计。尽管中子或高能电子射线在辐照食品时可感生放射性化合物，但食品的辐照保藏不采用中子进行照射，通常采用^{60}Co γ射线（能量为1.33 MeV和1.17 MeV）和^{137}Cs γ射线（能量为0.66 MeV），以及最大能量水平为10 MeV的电子加速器或最大能量水平为5 MeV的X射线机，这些辐射源的电离能用于食品辐照都不会在食品中产生放射性核素。

在进行辐照时，食品从未直接接触过放射性核素（放射性同位素），只会在辐射场接受射线的外照射，不会被放射性物质污染，也不会存在放射性物质残留。

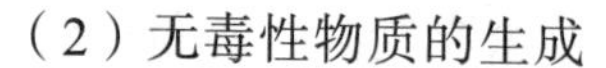

（2）无毒性物质的生成

食品辐照化学以及大量的毒理学研究结果均证明了辐照食品的卫生安全性。在迄今为止所做的各种动物实验中，即使投以多种经 50 kGy 辐照过的食品饲养的实验动物，也从未发现引起实验动物急性中毒和慢性中毒的现象，也没有发现由此引发的癌病变。1977 年，国际食品辐照咨询组明确宣布：食品辐照属物理加工方式，不存在化学物质污染。

（3）无微生物类变异的危险

食品辐照加工所达到的生物学上的安全性，与现行其他食品处理方式相比并无差异。对于某些耐辐射性强的微生物，已对其天然的耐辐射性及辐照后可能复活的后果进行了多次研究，证明这些微生物实际没有产生新的健康危害及环境危害。总之，微生物在辐照后不会增加其致病性及毒素的形成力，也不曾诱发其抗性。1980 年，JECFI 专家会议一致认为：辐照食品在微生物学和营养学上都不存在问题，不需要再进行毒性实验，可以作为“推荐接受”。

（4）对营养成分的破坏力不大

食品中的主要营养成分（如碳水化合物、蛋白质、脂肪等）在辐照过程中仅发生了微小的变化，维生素、氨基酸和矿质元素的变化也非常小。辐照对食品中部分营养成分的影响可以通过化学分析加以评价，然而综合评价所有营养成分的优选方法还是通过喂养实验研究诸如生长繁殖、食品消耗和利用效率、出现个体异常性等。国内外大量动物喂养和人体食用实验证明，辐照对食品营养价值的影响很小。同时由于辐照食品在食物中所占的比例很小，对食物的吸收和利用几乎没有影响，因此辐照食品具有可接受的营养价值。

8.5.2 辐照食品的管理法规

1979 年，食品法典委员会（CAC）发布了《食品辐照加工推荐性国际操作规范》（CAC/RCP 19—1979，Rev.2—2003），规定将辐照食品按辐照前、辐照中和辐照后进行管理，对所有可能影响辐照效果的因素都提出了要求，包括：待辐照食品的采收、处理、贮存、运输、包装，辐照场的设计和布局，辐照设施的设计和控制，辐照源的种类，操作程序，操作人员的卫生，剂量设计，过程控制，剂量检测，危害控制，辐照标签，等。该规范引进了《危害分析关键控制点系统》（HACCP）和《推荐性国际操作规范——食品卫生通用原则》（RCP 01—1969，Rev.4—2003，Amd 1—1999）。

1983 年，CAC 颁发了《辐照食品通用标准》（CODEX STAN 106—1983，Rev.1—2003）。该标准规定了可以用于食品辐照的辐照源类型、10 kGy 的剂量限制、重复辐照的限制、辐照后的验证方法及辐照标签的细则等，标准还要求辐照过程的控制应当符合《食品辐照加工推荐性国际操作规范》（CAC/RCP 19—1979，Rev.2—2003）的要求，辐照食品的卫生控制应当符合《推荐性国际操作规范——食品卫生通用原则》规定的要求。CAC 在《预包装食品标签通用标准》（CODEX STAN 1—1985，Rev.3—2010）中规定，经电离辐照处理的食品标签上，必须在紧靠食品名称处用文字表明食品经辐照处理，配料中有辐照食品的也必须在配料表中指明。与之相关的文件还有 CAC 颁布的《食品辐照处理设备操作规范的推荐性国际准则》（CAC/RCP 19—1979，Rev.2—2003）等。这些标准为世界各国和地区制定与辐照食品相关的法规和标准提供了参考。CAC 国际食品辐照咨询组（ICGFI）推荐的辐照食品种类包括豆类、谷物及其制品，干果及果脯类，熟畜禽肉类，冷冻包装畜禽肉类，香辛料类，新鲜水果、蔬菜类，水产品。

2005 年，国际标准化组织颁布了《食品安全管理体系——对食品链中各组织的要求》（ISO 22000：2005），其附录中规定了不同食品加工企业的操作规范，包括了《辐照食品通用标准》和《食品辐照加工推荐性国际操作规范》。2010 年，ISO 通过了《食品辐照——食品电离辐照过程的发展、验证和常规控制要求》（ISO 14470：2010），该标准是开展食品辐照机构质量认证的依据，要求食品辐照机构建立质量管理体系、定义产品和加工过程、提出对辐照装置和剂量检测系统的要求，并规定了对技术合同、常规控制、过程验证、辐照加工等的要求。

我国为了加强对辐照加工业的监督管理，先后制定了有关法规和标准，使我国辐照加工业逐步走向法治化和国际化。1986 年，卫生部发布了《辐照食品卫生管理暂行规定》，该规定被 1996 年《辐照食品卫生管理办法》〔卫生部令第 47 号〕所替代。《辐照食品卫生管理办法》规定：食品辐照机构应获取食品卫生许可证和放射工作许可证，辐照食品的累计剂量不得超过 10 kGy，增加新的辐照食品种类应申请并得到批准。

《食品安全国家标准 食品辐照加工卫生规范》（GB 18524—2016）规定：辐照食品的种类应在规定的范围内，不允许对其他食品进行辐照处理，辐照食品种类与 CAC 推荐的基本一致。

《辐照熟畜禽肉类卫生标准》（GB 14891.1—1997）、《辐照花粉卫生标准》（GB 14891.2—1994）、《辐照干果果脯类卫生标准》（GB 14891.3—1997）、《辐照香辛料类卫生标准》（GB 14891.4—1997）、《辐照新鲜水果、蔬菜类卫生标准》（GB 14891.5—1997）、《辐照猪肉卫生标准》（GB 14891.6—1994）、《辐照冷冻包装畜禽肉类卫生标准》（GB 14891.7—1997）、《辐照豆类、谷类及其制品卫生标准》（GB 14891.8—1997）系列标准中的食品包括：熟畜禽肉类，花粉，干果果脯类，香辛料类，新鲜水果、蔬菜类，猪肉，冷冻包装畜禽肉类，豆类、谷类及其制品 8 大类。《食品安全国家标准 食品辐照加工卫生规范》（GB 18524—2016）规定：食品（包括食品原料）的辐照加工必须按照规定的生产工艺进行，并按照标准实施检验，凡不符合卫生标准的辐照食品，不得出厂或者销售；严禁用辐照加工手段处理劣质不合格的食品；一般情况下食品不得进行重复照射；辐照食品包装上必须有辐照标识，散装的必须在清单中注明“已经电离辐照”。

2003 年，我国颁布并实施了《中华人民共和国放射性污染防治法》。2005 年，国务院发布的《放射性同位素与射线装置安全和防护条例》指出：国务院环境保护主管部门对全国放射性同位素、射线装置的安全和防护工作实施统一监督管理。国务院公安、卫生等部门按照职责分工和本条例的规定，对有关放射性同位素、射线装置的安全和防护工作实施监督管理。

我国颁布的食品辐照国家标准还有《γ 辐照装置食品加工实用剂量学导则》（GB 16334—1996）、《γ 辐照装置设计建造和使用规范》（GB/T 17568—2019）、《γ 射线和电子束辐照装置防护检测规范》（GBZ 141—2002）、《电离辐射防护与辐射源安全基本标准》（GB 18871—2002）、《操作非密封源的辐射防护规定》（GB 11930—2010）；辐照食品工艺国家标准 16 项：《豆类辐照杀虫工艺》（GB/T 18525.1—2001）、《谷类制品辐照杀虫工艺》（GB/T 18525.2—2001）、《红枣辐照杀虫工艺》（GB/T 18525.3—2001）、《枸杞干、葡萄干辐照杀虫工艺》（GB/T 18525.4—2001）、《干香菇辐照杀虫防霉工艺》（GB/T

18525.5—2001）、《桂圆干辐照杀虫防霉工艺》（GB/T 18525.6—2001）、《空心莲辐照杀虫工艺》（GB/T 18525.7—2001）、《速溶茶辐照杀菌工艺》（GB/T 18526.1—2001）、《花粉辐照杀菌工艺》（GB/T 18526.2—2001）、《脱水蔬菜辐照杀菌工艺》（GB/T 18526.3—2001）、《香料和调味品辐照杀菌工艺》（GB/T 18526.4—2001）、《熟畜禽肉类辐照杀菌工艺》（GB/T 18526.5—2001）、《糟制肉食品辐照杀菌工艺》（GB/T 18526.6—2001）、《冷却包装分割猪肉辐照杀菌工艺》（GB/T 18526.7—2001）、《苹果辐照保鲜工艺》（GB/T 18527.1—2001）、《大蒜辐照抑制发芽工艺》（GB/T 18527.2—2001）。

检测鉴定标准有《食品安全国家标准 含脂类辐照食品鉴定 2-十二烷基环丁酮的气相色谱-质谱分析法》（GB 21926—2016）、《食品安全国家标准 辐照食品鉴定 筛选法》（GB 23748—2016）。

《食品安全国家标准 预包装食品标签通则》（GB 7718—2011）明确规定，经电离辐射线或电离能量处理过的食品，应在食品名称附近标明“辐照食品”。如：经过辐照处理的泡椒凤爪，需要在食品名称处标示“辐照食品”；经电离辐射线或电离能量处理过的任何配料，应在配料清单中标明，若使用了经辐照处理过的香辛料，应当在配料表中标明“香辛料（辐照加工）”。

思考题

1. 简述食品的辐照保藏原理及特点。
2. 简述食品辐照的分类及应用。
3. 简述影响食品辐照效果的因素。

第 9 章　食品的罐藏

将食品密封在一个容器中，利用杀菌手段，将食品中的大部分微生物杀灭，再维持罐头真空和密闭，可以使食品在常温下长期贮存的保藏方法称为食品罐藏。食品罐藏应用非常广泛，常用于果蔬、畜产品的贮藏和包装。1804 年，法国的一位厨师阿培尔经过长时间的研究，发明利用玻璃瓶罐装加热并密封保藏食品的方法。1810 年，英国的彼特·杜兰德发明了镀锡薄板金属罐，他在英国申请并获得了用于包装罐头食物的玻璃容器和金属容器的专利。1820 年，世界上第一个罐头食品厂开始建立，至今已有两百多年的历史。

罐装食品具有众多的优点，广泛地应用于食品加工和保藏。罐装食品不但食用方便，而且常温下可以长期保存不腐败。利用罐藏技术，罐头能够使新鲜容易腐败的食品得以保存。现代的罐藏食品在运输和携带上较为方便。本章将从罐藏的原理和相关参数、罐藏食品的加工工艺、罐头容器的材料、罐头食品及常见问题分析与控制这 4 方面进行介绍。

9.1　罐藏的原理和相关参数

9.1.1　罐藏食品常用术语

商业无菌：罐头食品经过一定程度的热杀菌之后，其内部不含有致病菌，也不含有在室温下能够大量繁殖的非致病微生物，这种情况称为商业无菌。

胖听：又称为胀罐，是因为罐头内部的微生物通过化学作用产生了气体，导致罐头的一端或者两端外凸的现象。

泄漏：罐头的密封结构被破坏而穿孔，导致微生物侵入罐头内部的现象。

低酸性罐头食品：除了酒精类食品，最终杀菌后平衡的水分活度 A_w>0.85、pH>4.6 的罐头食品。

酸性罐头食品：杀菌后最终平衡的 pH≤4.6 的罐头食品。

爆节：杀菌时罐内压力过高导致的罐身接缝爆裂的现象。

9.1.2　罐藏的原理

罐藏的原理就是通过密封和杀菌的手段，使罐头食品达到并保持商业无菌状态。所以杀菌和密封是罐藏的关键技术。常用杀菌技术为高温杀菌，一般当温度高于 60℃时，对大多数微生物就有致死作用。而对于不同种类的微生物而言，其所需要的致死条件有很大的差异（表 9–1）。

表 9-1 不同种类微生物的致死条件

微生物种类	致死条件
大多数微生物	50～65℃，100 min
耐热菌	80℃，120 min
芽孢杆菌	100℃，几十分钟到数小时

各种微生物都在一定的温度范围内才能生长繁殖。若外界温度高于生长温度范围，微生物将会被杀死；若外界温度低于生长温度范围时，微生物的代谢活动将会被抑制。

1. 高温对微生物的影响

微生物的酶类、细胞壁、核酸、蛋白质因为热力的作用发生了凝固和变性，生物活性消失，并发生代谢障碍使微生物死亡。热力灭菌方式分干热和湿热两种。在同一温度下，湿热灭菌的效力往往大于干热。

目前湿热灭菌的方式主要有巴氏消毒法、间歇灭菌法、加压蒸气灭菌法、流通蒸气灭菌法、煮沸法。

① 巴氏消毒法：主要有两种方式，一种是温度为 61.1～62.8℃，时间为 30 min；另一种是 71.7℃，时间为 15～30 s。该法目前广泛应用于乳制品或者液体食品的杀菌消毒。

② 间歇灭菌法：该法采用将待灭菌的物品置于阿诺（Arnold）灭菌器内，在 100℃的温度下，加热 15～30 min，每日灭菌一次，连续灭菌 3 d。每次灭菌后，取出物品再置于温度为 37℃的孵化箱中过夜，残存的芽孢将再次被发育成繁殖体，第二天再通过热蒸气将其杀死。这样的处理方式既可以杀死芽孢，又可以使不耐 100℃的物质保存下来。

③ 加热蒸气灭菌法：利用密闭的高压蒸气灭菌器，保证蒸气不外溢的情况下，使锅内压力提升，蒸气的温度也随之提升，大大加强杀菌效力。一般在 103.4 kPa 的压力条件下，温度为 121.3℃时候，杀菌时间为 15～20 min，可杀死掉所有的细菌芽孢。

④ 流通蒸气灭菌法：常常使用阿诺流通蒸气灭菌器或者蒸笼，利用 100℃（一个标准大气压下）进行消毒，经过 10～30 min，大量微生物将会被杀死，但对芽孢的作用不显著。

⑤ 煮沸法：温度为 100℃，时间为 5 min，就可以杀死细菌繁殖体，若往水中加入 2% 的碳酸钠，则可以将温度提高到 105℃，这样不但可以杀死芽孢，而且可以防止金属器皿生锈。

2. 低温对微生物的影响

一般微生物在低温环境下，代谢活动将降低，甚至不再繁殖，但是能够较长时间地维持生命，故将罐装食品灭菌后，常常采用低温保藏。

影响微生物的耐热因素有很多，主要包括初始活菌数、微生物的生理状态、热处理温度和时间、罐内食品的成分、食品的 pH。

（1）初始活菌数：罐头食品杀菌前被污染的菌数和杀菌效果有直接关系。芽孢全部死亡所需要的时间与原始菌数有很大的关系，一般原始菌数越多，全部死亡所需要的时间就越长，这可能和细菌细胞分泌较多的蛋白质保护物质有关。

（2）微生物的生理状态：同样的条件下，对数生长期的菌体抗热性较弱，而稳定期的老龄细菌较强，幼龄细菌的芽孢比老龄的更加敏感。

（3）热处理温度和时间：不同的热处理温度和时间对杀菌的效果影响很大，杀菌温度越高，微生物被致死需要的时间越短；热处理温度越低，微生物被致死所需的时间就越长。

（4）罐内食品的成分：罐内食品的水分含量、糖的种类和含量、盐浓度、脂肪、蛋白质等成分均影响杀菌效果。一般情况下，水分活度的高低与微生物的耐热性成反比，水分活度越高，微生物的耐热性就越弱；水分活度越低，微生物的耐热性就越强。因此，在相同温度下，湿热杀菌比干热杀菌效果好。糖可以增强微生物对热的抵抗力，一般来讲，食品中糖的含量越高，杀灭微生物芽孢需要的时间就越长。主要原因是糖吸收了微生物细胞内部的水分，导致了细胞内部原生质的脱水，这会影响蛋白的凝固速度，进而增强了细胞的耐热性。脂肪可以增强细菌的耐热性，长链脂肪对微生物的保护作用更强，可能原因是脂肪或油脂本身是不良导热体，妨碍了热的传导。一般盐类浓度小于 4% 时，细菌的耐热性增强；当盐类浓度大于 4% 时，随着浓度的增加，细菌的耐热性明显下降。这种削弱和保护的程度常随腐败菌的种类而异。可能原因为盐浓度低会使得微生物适量脱水，而使得蛋白质不好凝固；当盐浓度高时，微生物细胞大量脱水，导致蛋白质变性，进而使微生物死亡。蛋白质对微生物的耐热性有一定的增强作用，由于明胶、血清等蛋白质的存在，在加热时会对微生物起保护作用。比如将细菌芽孢放入 1/15 mol pH 为 6.9 的混合液中时，其耐热性比没有明胶时提高了 2 倍。因此，要达到同样的杀菌效果，含蛋白质多的食品需要比含蛋白质少的食品进行更大程度的加热处理。

（5）食品的 pH：在罐头食品中，以 pH 为 3.7、4.6、5.0 为分界线，将罐头食品分为低酸性罐头、中酸性罐头、酸性罐头、高酸性罐头（表 9–2）。

表 9–2 不同酸度罐头的分类

酸度	pH	食品种类	常见腐败菌	杀菌要求
低酸性	大于 5.0	虾、蟹、畜肉类、蘑菇	嗜热菌、嗜温厌氧菌、嗜温兼性厌氧菌	高温杀菌，105～121℃
中酸性	4.6～5.0	蔬菜肉类混合制品、汤类、面条		
酸性	3.7～4.6	荔枝、草莓、番茄酱、苹果汁、梨汁	非芽孢耐酸菌、耐酸芽孢菌	沸水或 100℃以下介质中杀菌
高酸性	小于 3.7	菠萝、酸泡菜、柠檬汁	酵母菌、霉菌	

9.1.3 微生物耐热性参数

1. 罐头的杀菌规程

罐头的杀菌规程主要涉及杀菌操作过程中的一些参数，包括杀菌温度、杀菌时间、反压力等。

$$\frac{t_1-t_2-t_3}{T} \quad 或 \quad \frac{t_1-t_2}{T}p$$

式中 T——杀菌温度（℃）；

t_1——使罐头升温到杀菌的温度所需要的时间（min）；

t_2——维持杀菌温度所需要的时间（min）；

t_3——罐头降温冷却需要的时间（min）；

p——反压冷却时，杀菌锅内应采用的反压力（Pa）。

t_1 一般为 10 min 左右，t_3 一般为 10～20 min。在升温和降温时可以采用快速升温、降温的方式，这样更有利于食品的色香味形，以及食品的营养价值。

2. 热力致死速率曲线

科学家对微生物及其芽孢的耐热性的研究发现微生物的死亡数量呈指数递减，或者按照对数循环下降。热力致死速率曲线是以恒温加热的时间作为横坐标，将微生物数量为纵坐标（图 9-1）。热力致死速率是表示某一种特定的菌在特定的温度下和固定的条件下，其残留的微生物的数量随着时间的变化而发生的变化。

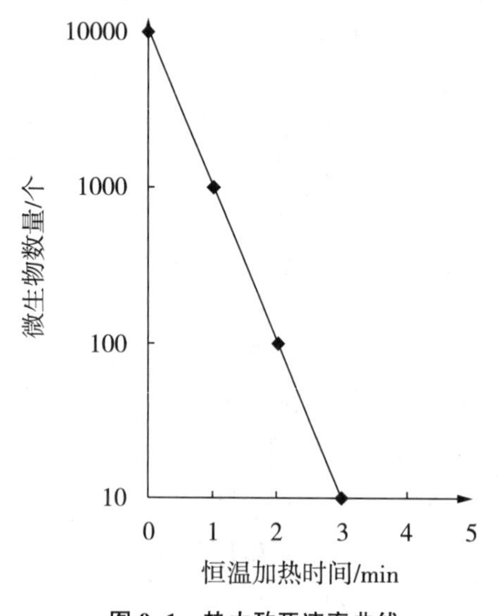

图 9-1　热力致死速率曲线

（1）D 值

D 表示在一定的热力致死温度下和固定的处理环境中，某类细菌中每杀灭 90% 原有残存活菌数时所需要的时间。D 值越小，意味着该细菌的耐热性越弱，细菌的死亡速率越快。因此 D 值的大小和细菌的耐热性呈正相关。细菌数量、菌种、加热时间等都影响着 D 值的大小。

D 值的计算公式：$D=t/(\lg a-\lg b)$

式中　t——加热时间（min）；

a——原始细菌数量；

b——残存细菌数量。

［例 9-1］用 100℃高温对某罐头进行热处理，原始细菌的数量是 1×10^4，热处理 3 min 后，剩余的活菌数量是 10，求出该菌的 D。

答：在 100℃度下，$D=3/[\log(1\times10^4)-\log10]=1$

（2）热力指数递减时间（TRT）

TRT 表示在某一温度下，将对象菌数减少到某一程度所需要的时间。第一个 D 值：杀灭 90%，第二个 D 值：杀灭 9%，第三个 D 值：杀灭 0.9%，第四个 D 值：杀灭 0.09%。

［例 9-2］给定蘑菇罐头的目标细菌 $D_{121℃}$=4 min，希望在 121℃下把目标细菌杀灭 99.9%，需要多长的杀菌时间？如果希望使活菌的数量减少到原来的 0.001%，求需要多长的杀菌时间？

答：目标细菌杀灭 99.9%，$t=3D=12$（min）

目标细菌杀灭 99.99%，$t=4D=16$（min）

活菌减少为原来的 0.001% 时，$t=5D=20$（min）

（3）Z 值

Z 值是指在热力灭菌时，将作用时间减少 90%，或 D 值减少一个对数单位温度，所需相应调节温度的度数（℃）。Z 值是表示微生物对热敏感性的指标。Z 值表示了微生物在不同温度下的相对耐热性，不同微生物的 Z 值不同，某微生物所处食品环境不同，Z 值也不相同。Z 值越大，表示微生物的耐热性就越强，温度上升所取得的杀菌效果就越小。

［例 9-3］Z=10.0℃的某细菌，在 100℃中加热 7 min 全部死亡，可以使用 $F_{10}100$= 7 min 来表示。低酸性食品一般按照 Z=10℃来计算。酸性食品在低于 100℃杀菌时，可按照 Z=8℃计算。

［例 9-4］肉毒梭菌芽孢加热致死时间 110℃为 35 min，100℃为 350 min，则 Z 是多少？

解：Z=10℃

（4）F_0 值

F_0 值是指在 121℃的温度条件下，杀死一定浓度的细菌所需要的时间。F_0 值与菌种、菌量和环境都有关系。F_0 值是将各种灭菌温度的灭菌效果等价转变为 121℃灭菌的等效值。也就是说，F_0 值是指在一定的杀菌温度 T（℃）下，当 Z=10℃时所产生的灭菌效率，与 121℃、Z=10℃所产生的灭菌效率相同时所对应的时间（min）。

F_0 值的公式：$F_0=\Delta t\Sigma 10\,(T-121/Z)$

式中 Δt——温度 T 下测试的间隔时间；

T——食品灭菌时间 t 时对应的温度；

Z——温度系数，它是 D 值变化一个对数单位需调节的温度度数。

影响 F_0 值的因素主要包括：①温度。由公式可以看出 F_0 值将随着食品温度 T（℃）的变化而呈现指数的变化。因此，温度即便是很小的差别，对于 F_0 值将产生显著的影响。②被灭细菌的大小、形状、热穿透系数。③被灭细菌的溶液黏度、填充量。④被灭细菌的数量及摆放。

安全杀菌 F 值的估算如下。

在某一个恒定的杀菌温度下，杀灭一定数量的微生物所需要的加热时间，称为安全杀菌 F 值，一般用 $F_{安}$表示。而实际杀菌的 F 值，一般用 F_0 值表示。如果已知某种罐头食品杀菌时所选择的对象菌的 D 值，其安全杀菌的 F 值可以由下式计算得到。

$$F_{安}=D_T(\lg a-\lg b)$$

式中 D_T——在一个固定的加热致死的温度下，每杀死 90% 的目标菌所需要的时间（min）；

a——在杀菌前食品中所含目标菌的芽孢总数；

b——罐头允许的腐败率。

［例 9-5］某工厂在生产蘑菇罐头时，依据该工厂的卫生设施条件以及原料的污染情况，并参考微生物检验的情况，选择以嗜热脂肪芽孢杆菌作为目标菌。设定每克（g）罐头

内容物在杀菌以前含有的嗜热芽孢杆菌数不超过 2 个。通过 121℃的高温杀菌后，再经过保温、贮藏后，允许的腐败率小于 0.01%。嗜热脂肪芽孢杆菌在蘑菇罐头中的 $D_{121℃}=4$ min，若生产 500 g 蘑菇罐头，则在 121℃杀菌时，所需安全杀菌 F 值多少？

解：$D_{121℃}=4$（min）

$a=500$ g/罐 ×2 个/g = 1000（个/罐）

$b=1\times10^{-4}$（个/罐）

则：$F_{安}=D_{121℃}(\lg a-\lg b)$

$=4\times[\lg1000-\lg(1\times10^{-4})]$

$=4\times(3+4)$

$=28$（min）

利用安全杀菌的 F 值，可以作为判别某一杀菌条件是否合理的标准值。

当 $F_0<F_{安}$时，说明该杀菌条件不合理，杀菌的程度还不能满足需求，罐内的食品仍然可能出现因为微生物作用而导致的腐败。

当 $F_0\geqslant F_{安}$时，说明该杀菌的条件较为合理，杀菌的程度已经满足了商业灭菌的一般要求，并且在规定的保存期限内，罐头不会出现微生物作用导致的腐败变质，可以安全食用。

当 $F_0>>F_{安}$时，说明该杀菌条件（主要包括温度和时间）是非常不合理的，不但造成了资源的浪费，而且导致食品遭受了不必要的热损伤，应当进一步缩短杀菌时间或降低杀菌温度，这样可以提高和保证食品品质。

9.2 罐藏食品的加工工艺

罐藏食品的加工工艺（图 9–2）主要包括空罐及其盖的清洗、消毒、沥干，原料预处理主要包括装罐、排气密封、杀菌冷却、包装、检验、成品。原料预处理随原料的种类和产品的类型不同而不同，但是排气密封和杀菌冷却是必经阶段。

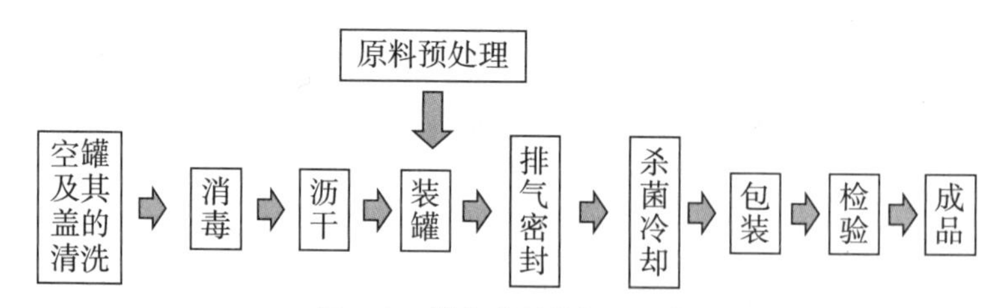

图 9–2 罐藏食品的加工工艺

9.2.1 原料预处理

原料预处理对于罐藏食品的加工非常重要，直接影响食品的品质。

1. 果蔬罐头的原料预处理

果蔬罐头的原料预处理主要包括挑选、分级、洗涤、去皮、切分、去核（心）、抽空、热烫。

去皮的方式有很多，主要包括机械去皮、热力去皮、化学去皮、手工去皮。机械去皮主要采用旋皮机、擦皮机、专用去皮机。热力去皮主要利用高压蒸气、沸水热烫后迅速冷却去皮。化学去皮主要采用酸碱腐蚀去皮。目前最广泛采用的仍然是手工去皮。原料预处理的最后一步热烫是非常必要的，主要为了达到以下几个目的：①破坏食品原料组织中酶的活性，进而改进原料的品质，并改善风味，稳定食品原料色泽；②对于果蔬的组织有软化的作用，便于更好地加工和装罐；③脱除食品中部分水分，并保证开罐时固形物的含量；④促进排除原料组织内的空气，以减少氧化作用；⑤杀灭大部分食品原料中的微生物，可以进一步减少半成品加工罐头的细菌数量，并且能够提高罐头的杀菌效果。

热烫往往采用蒸气、沸水，以过氧化物酶失活为准。

2. 畜肉罐头的原料预处理

畜肉罐头的原料预处理主要包括以下几个步骤：解冻、肉的分割、剔骨与整理、预煮、油炸。畜肉罐头对原料的基本要求如下：原料为宰前和宰后均经检验合格的畜肉，并且要求原料来自非疫区。

冷鲜肉需要存放在 0～4℃下放置 12～24 h，这样可以使大多数微生物受到抑制，肉中的酶将部分蛋白质分解成氨基酸，排除积聚在肌肉组织中的乳酸。肉需要经历解僵过程，这样的肉柔软有弹性、易熟易酥、口感细腻、味道鲜美。

3. 水产品罐头的原料预处理

水产品罐头的原料预处理需要经过以下几个步骤：解冻、清洗、预处理、盐渍、脱水，其主要有以下几个目的：①脱除水产品原料中部分可溶性蛋白质和血水；②能够使水产品原料吸收部分盐分；③防止水产品罐头内部血蛋白的凝结；④改变最终成品的色泽；⑤使鱼肉的组织收缩变硬；⑥能够更加有效地防止鱼皮的掉落。

9.2.2 罐藏容器的清洗、消毒、钝化处理

罐藏容器的清洗与消毒是装罐前的准备工作，分人工清洗和机械清洗两种。金属空罐清洗后置于沸水或蒸气中消毒 0.5～1 min。玻璃罐清洗后再用清水冲净，最后用蒸气或热水（95～100℃）消毒。清洗、消毒后还需进行钝化处理，即将空罐放在化学溶液中处理，使其表面产生一保护薄层，使金属的活泼性变得迟钝而不易与食品发生作用，避免食品对罐壁的腐蚀。

9.2.3 装罐

根据食品的形状、性质和要求的不同，应选用不同的装罐方式。目前主要的装罐方式有两种，一种是人工装罐，另一种是机械装罐。原料质量（如大小、形状、色泽、成熟度等）差异较大，装罐时要进行严格的挑选，并进行合理的搭配。机械装罐一般用于半流体、流体、糜状、颗粒状等产品的装罐，如果汁、果酱、午餐肉等。

装罐的注意事项如下。①应确保装罐食品质量符合产品要求，允许质量误差在 ±3% 以内。②罐内应保留 4～8 mm 的顶隙，这样可以避免因温度升高而爆罐。但是若顶隙过小，将导致形成的真空度较小；若顶隙过大，杀菌冷却后易导致瘪罐，同时如果罐头内部的残

留气体较多，将会导致食品产品的氧化变色、变质，也会促进罐内壁的腐蚀。③应保证生产出的产品的内容物在罐内的一致性。④尽可能地缩短装罐时间，提高装罐效率。

装罐后，部分罐头产品还会灌注汁液，灌注汁液不但能够提升杀菌效果、促进对流传热、提高食品初温，还能够减少罐头内容物的氧化变色和变质、减轻罐内壁的腐蚀、降低加热杀菌时罐头内部的压力。根据罐头品种的不同，灌注汁液也不同，通常有清水（清水马蹄）、糖液（糖水苹果）、盐水（蘑菇、青豆）、调味液（红烧猪肉）。

9.2.4 排气

在封罐之前要排除一定量的气体，在装罐注液后，将食品罐头内部和食品组织内部的空气全部排出，这样可以使罐头在封盖之后，能形成一定的真空度以防止食品腐败，并且也更有助于保证和提高罐头的品质。

（1）排气的主要作用

排气的主要作用有以下几点：①避免食品内部的色香味的劣变；②阻止罐头内部的霉菌、需氧菌的生长发育和繁殖；③避免或者防止罐头的内壁出现腐蚀；④阻止或缓解加热时玻璃瓶出现跳盖或者容器变形；⑤避免食品中的维生素和其他营养遭受破坏；⑥避免将假胀罐误认为腐败变质性胀罐。

（2）排气的方法

排气的方法主要包括热力排气法、蒸气喷射排气法、真空密封排气法等。

① 热力排气法适用于食品的组织形态不会因加热时的搅拌而被破坏的食品，常见的有糖浆苹果、番茄酱、番茄汁等。热力排气法中排气箱加热至罐头中心温度 75℃以上。

② 蒸气喷射排气法是在封罐前瞬间向罐内顶隙部位喷射高压蒸气，并立即封罐。由于此法不能排除食品内部的气体，并且杀菌冷却后的罐内食品表面是湿润的，所以若食品组织内部气体含量比较高，或者表面不允许湿润的原料，则不适合利用此法排气。

③ 真空密封排气法是可以在较短的时间内在罐头内部获得较高的真空度，将罐头置于真空封罐机的真空仓内部，在抽气的同时进行密封的排气方法，可以使罐头真空度达到 33.3～40 kPa，或者更高。这种方法适用于各种罐头的排气，且封罐机体积小、占地少，但缺点是只能排除罐头顶隙部分的空气，食品内部的气体则难以抽除，需要在装罐前对食品进行抽空处理。

各种排气方法比较见表 9-3。

表 9-3 各种排气方法比较

排气方法	加热排气法	真空密封排气法	蒸气喷射排气法
占地面积	大	小	无
应用范围	局限	广泛	局限
蒸气耗用量	多	无	少
对高真空的适应性	较好	好	好
对高速生产的适应性	较好	好	好
其他	对食品有热损伤	难排除组织内部的气体	对顶部间隙要求严格，难排除组织内部气体

（3）真空度（p）

罐头的真空度是指罐外大气压（p_B）与罐内残留气压（p_W）的差值，计算公式如下。

$$p=p_B-p_w$$

［例 9-6］在标准大气压下真空封罐时，真空度为 61 kPa，试问真空罐内的实际压力为多少？

$$p_w=p_B-p=101.3-61=40.3\text{（kPa）}$$

与 40.3 kPa 对应的沸点温度为 109℃。

目前可利用罐头真空计、非破坏性光电检测仪等仪器对罐头的真空度进行检测。罐头真空度的影响因素有很多，主要包括罐头的容积和顶隙的大小、排气温度和时间、食品原料的种类和新鲜度、外界气压和气温的变化、食品的密封温度和酸度等。

为达到良好的排气效果，采用真空密封排气法时须注意罐头的真空度、食品密封的温度和真空仓的真空度的关系。罐头的真空度的水平取决于真空封口时的真空罐内部的水蒸气分压和真空度。食品的温度越高，罐内的水蒸气分压就越大。所以，罐头成品的真空度会随着真空封口机真空仓的食品密封温度和真空度的增大而增大。

9.2.5 密封

为了使罐内的食品与外界完全隔绝而不再受到其他微生物的污染，需要对罐头进行密封。罐头的封口主要依靠封口机完成，封口机的主要构件包括二道滚轮、压头、托盘、头道滚轮，在这些部件的协同作用下才可以完成金属罐的封口（图 9-3）。

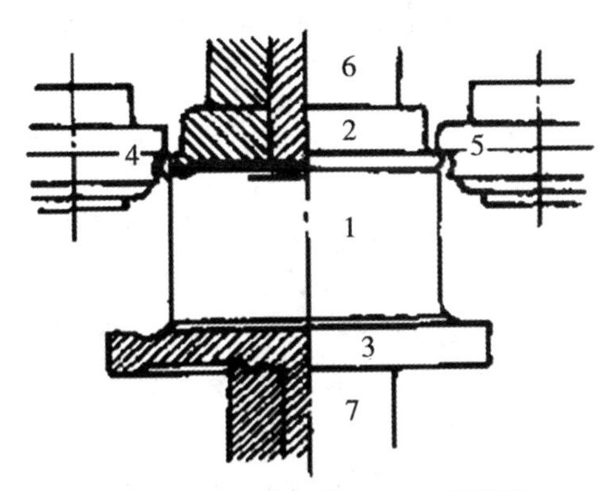

注：1—罐头；2—压头；3—托盘；4—头道滚轮；5—二道滚轮；6—压头主轴；7—转动轴。

图 9-3 封口机的部件

罐头密封的方法和要求视容器的种类而异。玻璃罐的密封有多种方法，主要包括卷封式密封、揿压式密封、旋开式密封。揿压式密封是一种开启非常方便的密封方式。旋开式密封广泛应用于果酱、果冻、调味酱的密封。

金属罐的密封是罐盖的圆边和罐身的翻边利用封口机卷封，使罐身和罐盖相互卷合，从而形成重叠的卷边，这种重叠的卷边称为二重卷边（图 9-4）。

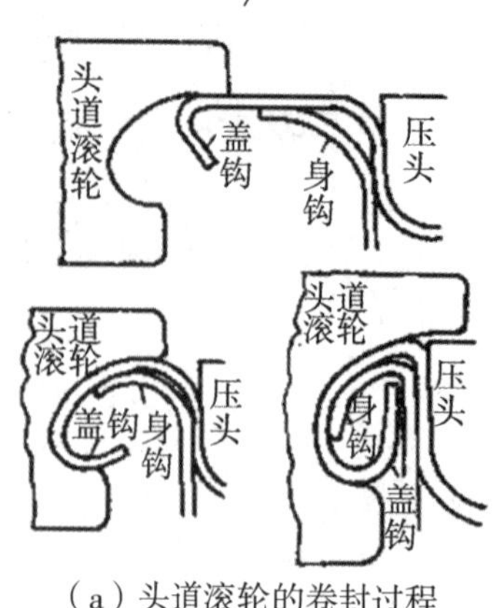

（a）头道滚轮的卷封过程

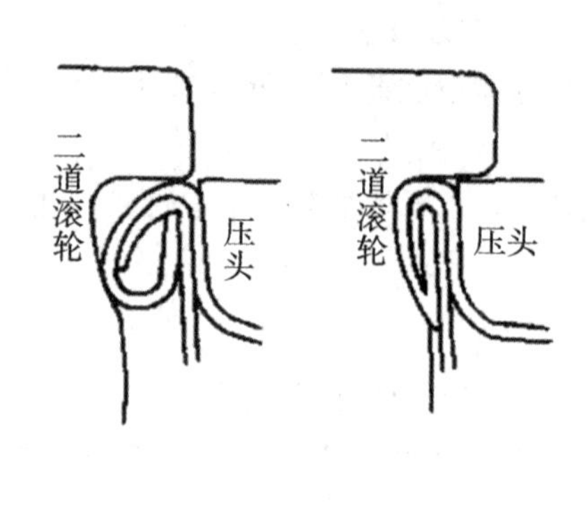

（b）二道滚轮的卷封过程

图 9-4　二重卷边示意图

软罐头的密封一般要求复合材料的薄膜边缘上的内层薄膜要熔合在一起，所以常采用热熔封口方法，复合材料薄膜袋热熔时的压力、时间和温度，以及复合材料薄膜袋材料的性质决定了热熔强度。

热熔封口的方法一般为电加热密封法或者脉冲密封法。电加热密封法是由金属制成的热封棒，表面用聚四氟乙烯布作为保护层。通电后，热封棒将发热到一定的温度，其袋内层薄膜熔融，通过加压黏合，提高了密封强度，热熔密封后再进行一次冷压。通过高频电流使加热棒发热并持续 0.3 s，将其密封后再自然冷却，这样的方式称为脉冲密封法。这种方法的特点是即使接合面上有少量的水或者油附着，热封仍能密切地接合，操作方便，适用性广，接合强度大，密封强度也优于其他密封方法。脉冲密封法是目前使用最普遍的方法。

9.2.6　杀菌

杀菌指的是杀灭食品中的致病菌的过程，但物体中还含有芽孢、嗜热菌等非致病菌。罐头在杀菌的工艺过程中可以杀灭绝大多数腐败菌和致病菌，以达到商业无菌。罐头在杀菌的同时会破坏食品中酶的活性，进而会保证罐内食品在保存期内不会发生腐败变质。除此之外，罐头的加热还有增进风味、软化组织等作用。因此，杀菌工艺是保证产品良好品质和食用安全性的重要因素。

不同微生物的耐热度不一样，嗜冷性细菌一般在 14.4～20.0℃生长繁殖，主要涉及霉菌和部分细菌，一般对食品安全影响不大。嗜温性细菌一般在 30～36.7℃生长繁殖，主要涉及细菌，如肉毒杆菌和生芽孢梭状芽孢杆菌，容易引起食物败坏，影响食品安全。嗜热性细菌一般在 50～65.6℃缓慢生长，少数嗜热性细菌甚至可以 121℃幸存 60 min 以上，容易引起食品败坏，但一般不产毒素。

罐头自身的酸度是选定目标菌的重要考虑因素。一般在 pH≤4.6 的酸性或者高酸性的食品中，目标菌主要考虑霉菌和酵母菌这类耐热性非常低的微生物。在对 pH > 4.6 的低酸性罐头食品杀菌时，那些在无氧或微氧条件下，仍然能够活动而且产生芽孢的厌氧性细菌主要考虑为目标菌。

罐头的传热速度显著影响杀菌效果，影响罐头传热速度的因素主要包括食品种类和装罐状态、罐头容器种类和形式、罐内食品的初温等。

流体食品在加热杀菌时会产生对流，传热速度较快。半流体食品加热杀菌时产生的对流很小，主要靠传导传热，传热速度中等。而固体食品加热杀菌时主要靠传导传热，传热速度很慢。当流体和固体食品混装时，传导传热和对流传热同时存在。

罐头容器种类和形式也影响传热速度，一般罐壁厚度 δ 的增大和热导率 λ 的减小都将使热阻 σ 增大。其公式为 $\sigma=\delta/\lambda$。不同容器种类传热速度排序为：蒸煮袋 > 马口铁罐 > 玻璃罐。容器的几何尺寸和容积大小对传热速度也有影响。

罐头的杀菌温度与罐内食品的初温之间的温差越小，罐中心加热到杀菌温度所需要的时间就越短。杀菌锅的形式和罐头在杀菌锅中的位置也会影响传热速度，一般回转式杀菌锅比静置式锅传热好。罐头在杀菌锅中远离进气管路在温度未达平衡时传热较慢。

9.2.7 冷却

高温杀菌后，罐内食品呈高温状态，若不冷却，罐头将在高温阶段停留时间过长，便会促进嗜热性细菌繁殖，导致罐头腐败变质。不同杀菌方法和不同材料的金属罐头冷却方式不一样。常压杀菌金属罐头可直接放入冷水池或冷柜中冷却，常压杀菌玻璃罐头分阶段逐渐降温，高压杀菌罐头将进行反压冷却。一般罐头冷却终温在 40℃左右。常使用的冷却用水一般为清洁水、加氯水，要求游离氯 3～5 mg/kg。

9.2.8 检验

对于罐头的检验，一般采用保温检验法。保温检验法是将杀菌冷却后的罐头放入保温室内，中性或低酸性罐头在 37℃下保温 7 d，酸性罐头在 25℃下保温 7～10 d，未发现胀罐或其他腐败现象的罐头，经感官、理化和微生物检验后合格，则贴标签。保温检验法涉及外观检查、感官检查、细菌检查、化学指标、重金属和添加剂指标检查。保温检验法存在一定的局限性，主要是破坏罐头色泽和风味。

9.2.9 包装和贮藏

罐头需要贴商标、装箱、涂防锈油，通过包装将食物与水、空气进行隔离，并且能够防止罐头的金属材料生锈。罐头的贮藏中要注意防潮、防晒、防冻，并注意控制温度和湿度，避免罐头出现“出汗现象”。

9.3 罐藏容器的材料

食品的罐藏容器材料须对人体无毒无害，具有良好的密封性能和耐腐蚀性能，体积小、质量轻、容易开启，适合大规模的工业化生产。常见的罐藏容器材料有金属、玻璃、陶瓷、铝箔、纸板等。

9.3.1 罐藏容器材料的性能和要求

1. 对人体无毒无害

罐藏的食品中含有蛋白质、脂肪、碳水化合物、有机酸、矿物盐等成分，这些成分长时间与罐藏的容器材料接触，相互之间不应发生各种化学反应。

2. 具有良好的密封性能

为了保证食品经过杀菌后能够与外界完全隔离，要求罐藏容器的材料应当具备良好的密封性能。

3. 具有良好的耐腐蚀性

食品尤其是果蔬含有的有机酸、蛋白质、矿物盐等都具有腐蚀性。在高温杀菌时，随着温度的升高，食品的溶解度提升，腐蚀性更强。罐藏容器材料应具有良好的腐蚀性，防止被食品成分腐蚀。

4. 体积小、质量轻、容易开启

罐藏容器应该便于运输携带，所以要求罐藏容器的材料体积小、质量轻。近几年流行的铝箔、纸板就更加轻便，并且要求罐藏容器容易开启。

5. 适合于规模化的工业化生产

罐藏容器材料应能适应大规模的机械化生产和自动化生产，并且能在生产过程中保持质量稳定。

9.3.2 常见的罐藏容器材料

按照罐藏容器材料的性质，现在市场上常用的罐藏容器可分为金属罐和非金属罐（图 9-5）。金属罐包括镀铬罐、镀锡罐、铝罐、涂料铁罐等。非金属罐主要包括玻璃罐、软包装罐（高温蒸煮袋、纸罐、塑料罐、纸塑复合材料罐等）。

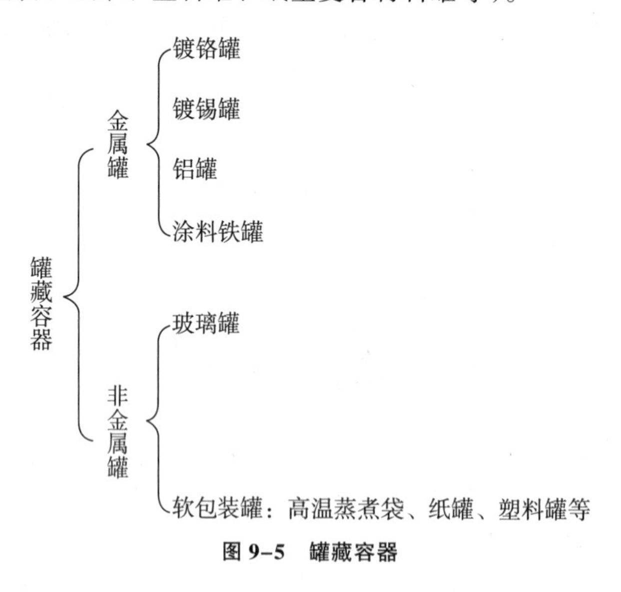

图 9-5 罐藏容器

1. 金属罐

金属是在食品罐装中使用得最多的罐装材料，金属罐对水分、空气、光有阻隔效果，对内容物有优良的保护性能。金属罐的传热性能好、耐热性强。但是金属罐也有一些不足，比如金属罐无法透视内容物，比纸罐和塑料罐重，而且容易生锈。

金属罐按照制造工艺分可分为接缝焊接罐、冲底罐；按罐形可分为圆形罐、方形罐、椭圆形罐、马蹄形罐；按材料可分为镀锡罐、镀铬罐、铝罐、涂料铁罐。

（1）金属罐制作材料

① 镀锡薄钢板。

镀锡薄钢板，俗称马口铁，是金属罐中最常用的金属材料。其结构如图 9–6 所示。

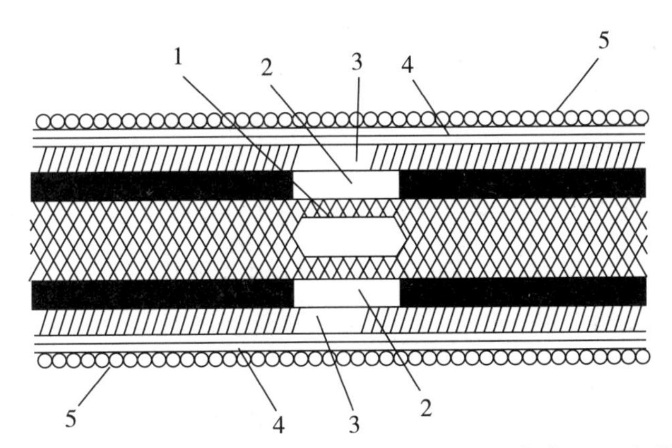

1—钢基层；2—锡铁合金层；3—镀锡层；4—氧化膜；5—油膜。

图 9–6 镀锡薄钢板的结构

镀锡薄钢板中间为钢基层（0.2 mm 左右），在钢基层的上下各有一层镀锡层（约 $1.5\sim2.3\times10^{-3}$ mm），两者之间存在有锡铁合金层（1.3×10^{-4} mm 左右），两面镀锡层的面上还各有一层氧化膜和油膜（10^{-6} mm）。

镀锡薄钢板的厚度在 0.15～0.5 mm，镀锡层不但保持了美观的金属光泽，而且还保护钢基层免受腐蚀。锡对人体无毒害作用，有良好的延展性，不易变色，与氧气形成的氧化锡，化学性质比较稳定。但是镀锡薄钢板不适合存放鱼类、肉类、贝类等含硫蛋白质食品，因为加热容易导致镀锡薄钢板产生硫化斑或硫化铁，污染食品。有色水果也不适合用镀锡薄钢板进行储存，因为有色水果在二价亚锡的作用下容易褪色。高酸食品用镀锡薄钢板进行储存时，容易出现氢胀罐、穿孔和金属味。

② 镀铬薄钢板。

镀铬薄钢板又称为无锡钢板，是在低碳钢薄板上镀上一层薄的金属铬制成的。其中心向表面顺序为钢基板、金属铬层、水合氧化铬层和油膜。镀铬薄钢板铬层薄、价格低、抗腐蚀性能比镀锡薄钢板差，常需内层、外层涂料后使用，可用于一般食品、软饮料和啤酒的包装。

③ 铝材。

铝材是常用的制罐材料，铝中加入锰、镁等制成铝锰合金、铝镁合金，可增强其强度和硬度。铝材轻便、美观、耐腐蚀性好，不产生黑色硫化斑，可用于蔬菜、肉类、水产类食品的罐装；其涂料后可用于果汁、碳酸饮料、啤酒等食品的罐装。但是铝材的机械性能差，适合罐内有正压力的食品的罐装。

铝材分为硬性铝和柔性铝。硬性铝罐装多指易拉罐，主要用于啤酒与饮料的包装。柔性铝罐装指用铝箔或由铝箔复合的可扭曲包装材料制成的软包装。铝箔常用于复合包装材料内壁或中间层，如利乐纸包装和蒸煮袋。

④ 涂料铁。

使用涂料的作用是防止食品成分与铁发生不良的化学反应，或降低其黏结能力，保护铁不受食品的腐蚀。涂料铁罐对涂料有一定的要求。

目前常见的涂料有抗酸涂料、抗硫涂料、双抗涂料、防黏涂料。抗酸涂料主要使用的是油树脂涂料，如环氧树脂、环氧酸性树脂等。抗酸性的主要成分包括干性油，如芥子油、亚麻仁油、桐油、脱水蓖麻油。抗硫涂料主要是在环氧树脂中加入氧化锌的涂料，氧化锌能够与食品中的硫作用产生白色沉淀硫化锌，这可以避免生成硫化斑和硫化铁，可以用于水产罐头或者禽肉罐头的内涂料。双抗涂料主要是兼具抗硫和抗酸作用的涂料，主要用于蔬菜、鱼、肉罐头的内涂料。防黏涂料主要是将环化橡胶进行溶解，并与高熔点的合成蜡共同研磨制成，常用于清蒸鱼和午餐肉罐头的内涂料。

（2）罐头密封胶

密封胶与罐头的板材结合时应当具备良好的耐磨性和附着力。密封胶应当具备良好的抗氧化、抗热、抗油和抗水的耐腐蚀性能。

（3）焊料及助焊剂

焊料主要是为了对三片罐的罐身进行焊接，并保障容器的密封性。常见的焊料为锡或者铅的合金。在焊接过程中常常会使用助焊剂，助焊剂俗称焊锡药水，常常是松香溶液或者酸、盐等。在焊锡前，助焊剂需要涂布在接缝处，焊锡时受热被分解了，将会析出有机酸或者其他，并能够清除镀锡板表面的油污或金属氧化物，这便可以使含锡或铅的焊料顺利地渗入罐身的接缝，并焊接牢固。

（4）金属空罐的制造

金属空罐制造按照不同方法分为接缝焊接罐和冲底罐两大类，其中接缝焊接罐主要包括焊锡接缝罐和电阻焊接缝罐。

焊锡接缝罐：常见的焊锡接缝罐为三片罐，主要由罐身、底、盖三部分构成。罐身有接缝，接缝可以用熔焊法、焊锡法进行焊接。焊锡接缝罐主要罐材是镀锡钢板，其生产效率高、成本低，但是焊料中常含有铅，容易污染食品。焊锡接缝圆形罐制造的工艺如下。

a. 罐身：镀锡钢板→切板→切角切缺→端折→成圆→涂焊锡药水→钩合→踏平→涂焊锡药水→焊锡→揩锡→翻边。

b. 罐盖：镀锡钢板→切板→冲盖→圆边→注胶→干燥硫化。

c. 罐身、罐盖→封底→检查→包装→入库。

电阻焊接：电阻焊接罐也称为熔焊罐，是将镀锡钢板本身熔焊在一起，这样罐内的食品和饮料不会受到锡和铅的污染，在这个过程中并且不使用任何锡、铅以及其他任何附加的材料，如助焊剂等。

冲底罐：冲底罐是指罐底罐身为一体的部分与盖再构成的金属罐，这种杯状容器的成型方法属冲底加工，也为二片罐。二片罐生产线的投资较大，投资金额相当于三片罐生产线的 8 倍，罐的尺寸互换性上不如三片罐。但是二片罐省去了侧缝，消除了镀锡钢板中铅对食品的污染，而且没有侧缝和底部接缝，减少了渗漏的可能性。

2. 玻璃罐

玻璃与食品的成分基本不起化学反应，性质非常稳定。目前玻璃罐正向着瓶型新、耐压强度高的方向发展。在急热温差60℃之内、急冷温差40℃以内，玻璃罐不会破裂。玻璃罐耐压强度和硬度高，但不耐机械冲击，可以回收循环使用，这有利于降低成本。玻璃罐可以应用于各种酒、饮料、果酱、罐头、调味料等的包装。

3. 软包装罐

常用的软包装材料结构如图9-7所示，外层是12 μm聚酯薄膜，为了加固及耐高温；中层是9 μm铝箔，为了避光、防水、防透气；内层是70 μm聚烯烃薄膜，能符合食品卫生要求，并能热封。

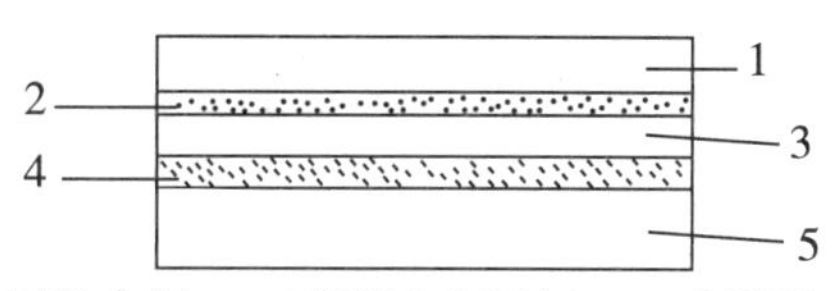

1—聚酯薄膜（外层）；2—外层黏合剂；3—铝箔（中层）；4—内层黏合剂；5—聚烯烃薄膜（内层）。

图9-7 常用的软包装材料结构

根据软包装的材料结构及内容物的保存性可分为普通透明型、铝箔隔绝型、透明隔绝型和直立型。普通透明型为两层薄膜复合；铝箔隔绝型一般为三层，中层为铝箔；透明隔绝型一般为三层，中层为具有高隔绝性的聚偏二氯乙烯薄膜；直立型大多采用4层结构，强度高。

目前常采用的软包装罐是高温蒸煮袋。高温蒸煮袋是由一种能耐高温杀菌的复合塑料薄膜如聚酯、铝箔、尼龙、聚烯烃等薄膜借助胶黏剂复合，一般有3～5层，多者可达9层。

软包装还有纸罐和塑料罐。纸罐的罐身一般是由经过处理的厚纸板制成的，不易透水。其底盖仍用铁皮制成，可以装干燥食品及某些果汁等。塑料罐的罐身是由丙烯腈塑料喷射吹塑成型，具有一定的机械强度及耐化学性能，重量较轻，仅是玻璃罐的10%，带有金属盖的塑料罐可用于蔬菜汁、果冻、果酱、果汁等热装的食品。

9.4 罐头食品及常见问题分析与控制

目前，我国现有400多种罐头食品，而全世界有2500余种罐头食品。罐头食品分为肉类、禽类、水产类、蔬菜类等。肉类罐头有烟熏类肉罐头、清蒸类肉罐头、腌制类肉罐头、内脏类肉罐头、香肠类肉罐头。禽类罐头主要包括去骨类禽罐头、白烧类禽罐头、调味类禽罐头。水产类罐头包括清蒸类水产罐头、油浸类水产罐头、调味类水产罐头。蔬菜类罐头主要包括盐渍类蔬菜罐头、调味类蔬菜罐头、酱渍类蔬菜罐头、醋渍类蔬菜罐头、清渍类蔬菜罐头。

9.4.1 金属罐头胀罐

胀罐也称胖听，是罐头底或盖出现外凸的现象。根据产生的原因，胀罐可分为物理性胀罐、化学性胀罐、细菌性胀罐。一般物理性胀罐产生的原因有冷冻结冰，或装罐时温度低，或高气压地区运输到低气压地区。化学性胀罐产生的原因是酸性物质与金属反应产气。生物性胀罐产生的原因是微生物（表 9-4）繁殖产气。

表 9-4 常见胀罐的微生物

pH	常见微生物	原因
pH<4.0	小球菌、乳酸菌、酵母菌	杀菌不足、真空度不够
4.0≤pH≤4.6	厌氧嗜温芽孢杆菌	杀菌不足
pH>4.6	厌氧嗜热芽孢菌	杀菌不足

为了应对胀罐，常常采用的预防措施有：①装罐时，严格控制装罐量，并留顶隙；②排气要充分，使其密封后，罐内形成较高的真空度；③控制杀菌条件，杀菌彻底；④采用加压杀菌时，降压与降温的速度不要太快。

9.4.2 玻璃罐头跳盖现象及破损率高的原因和预防措施

玻璃罐头跳盖现象及破损率高的原因主要包括：罐头排气不足，真空度不够；罐头杀菌时降温、降压的速度太快；罐头内容物装得太满，顶隙太小；玻璃罐本身的品质差，尤其是耐热性差。

预防玻璃罐头跳盖及破损率高的措施主要包括：玻璃罐头排气要充分，保证罐内真空度；玻璃罐头冷却时，降温、降压的速度不要太快；玻璃罐头进行常压冷却时，禁止冷水直接喷淋到罐体上；玻璃罐头内容物装量不能太满，保证留有顶隙；定做玻璃罐时，必须保证玻璃罐具有一定的耐热性；利用回收的玻璃罐时，装罐前必须认真检查，去除所有不合格的玻璃罐。

9.4.3 被微生物污染的原因以及预防措施

罐头被微生物污染的主要原因是杀菌不彻底或者漏气等。罐头被微生物污染后一般产生的现象有 2 种，主要包括霉变、平酸败坏。霉变是罐头食品的表面出现霉菌生长的现象，主要由于被腐败菌污染，如青霉或曲霉。为了控制霉变，一般选择新鲜的原料进行制作，并严格控制真空度，及时去除破损的容器，并对环境进行消毒处理。平酸败坏是罐头外观正常，但内容物酸度增加，主要原因是被平酸菌污染。酸性罐头中常见的平酸菌为凝结芽孢杆菌，低酸性罐头中常见的平酸菌为嗜热脂肪芽孢杆菌。防止平酸败坏常常采取的控制措施主要包括：利用新鲜原料进行生产制作，严格控制操作时间，进行灭菌测定。

9.4.4 绿色蔬菜罐头食品色泽变黄的原因与预防措施

绿色蔬菜罐头食品色泽变黄产生的原因主要包括：叶绿素在酸性条件下很不稳定，即使采取了各种护色措施，但很难达到护绿的效果；叶绿素具有光不稳定性，所以绿色蔬菜的玻璃瓶罐头经长期光照，会导致蔬菜变黄。防止绿色蔬菜罐头食品色泽变黄常见的预防措施包括：在灌注阶段调整绿色蔬菜罐头灌注液的 pH 至中性或偏碱性；采取适当的护绿措施，例如热烫时添加少量锌盐；绿色蔬菜罐头最好选用不透光的包装容器。

9.4.5 罐头食品在加工过程中发生褐变的原因与预防措施

罐头食品在加工过程中发生褐变的原因主要包括：水果中固有的一些化学成分引起的变色，抗坏血酸氧化引起的变色，加工操作不当引起的变色，罐头成品贮藏温度不当引起的变色。

水果中固有的一些化学成分会引起罐头食品在加工过程中发生褐变，常见的化学成分有单宁。单宁在酸性条件、有氧存在时氧化缩合成“红粉”而使水果变红，如梨变红、荔枝变红等。单宁遇三价铁离子变黑色，如糖水莲藕变色。单宁在碱性条件下变黑，如碱液去皮后桃子黑变。由酶和单宁引起的酶褐变则是果蔬加工中经常出现的现象，如苹果、香蕉、梨等在加工中褐变。

坏血酸氧化也会引起罐头食品在加工过程中发生褐变，罐头食品中适量的抗坏血酸或D-异抗坏血酸钠对一些糖水罐头食品如苹果、李子、桃等有防止变色的作用。如果罐头食品内含氧量过高或添加的抗坏血酸过少，会使抗坏血酸完全氧化并与氨基酸反应导致非酶褐变。

加工操作不当也会引起罐头食品在加工过程中发生褐变。当采用碱液去皮时，果肉在碱液中停留时间过长或冲碱不及时、不彻底都会引起变色。若果肉在加工过程中的烫漂时间和温度失控，如桃肉在预煮、排气或杀菌过程中温度过高或时间过长，变色程度增加。

贮藏温度也会引起罐头食品在加工过程中发生褐色。罐头食品长时间在高温下贮藏，加速了罐内一些成分的变化，如糖水桃罐头长时间高温下贮藏会加速单宁的氧化缩合等。

为了防止罐头食品在加工过程中发生褐变，常常采用以下预防措施：选用花色素、单宁等成分含量少的原料品种，并严格掌握原料成熟度；向罐头食品内添加保护剂，如抗氧化剂、金属螯合剂等；严格控制各操作工序；严格控制罐头食品仓库的贮藏温度；根据原料性质预煮、抽空等方法抑制酶和氧；在加工过程中避免与铁、铜等金属离子接触，并注意加工用水的重金属含量。

9.4.6 固形物软烂与汁液混浊产生的原因与预防措施

罐头食品中的固形物容易出现软烂与汁液混浊的现象，主要原因可能是：果蔬原料成热度过高；原料进行热处理或杀菌的温度高、时间长；运销中的急剧震荡、内容物的冻融、微生物对罐内食品的分解。

通常采用的预防措施有：选择成熟度适宜的原料，尤其是不能选择成熟度过高而质地较软的原料；热处理要适度，特别是烫漂和杀菌处理，要求既起到烫漂和杀菌的目的，又不能使罐内果蔬软烂；食品原料在烫漂处理期间，可配合硬化处理；避免罐头在贮运与销售过程中的急剧震荡、冻融交替以及微生物的污染；等等。

9.4.7 罐头容器的腐蚀

金属罐头食品的内壁发生腐蚀是内壁中的锡或者铁等金属溶解于电解质溶液中的一种现象，实际上是一种电化学反应。罐头容器的腐蚀可以分为酸性腐蚀、集中腐蚀、硫化腐蚀、异常脱锡腐蚀，主要受有机酸、氧、亚锡离子、食盐、硝酸盐、硫及硫化物、铜离子、花青素等因素的影响。

酸性腐蚀是在酸性或高酸性的罐头食品的内壁发生均匀的、全面的溶锡现象。这会导致整个内壁表面上的锡箔外露，罐内食品的锡含量增大。被酸性腐蚀的罐头内壁上会出现鱼鳞状、斑状腐蚀。

集中腐蚀是在罐内壁局部面积内出现的金属铁的溶解现象，集中腐蚀严重时会出现穿孔现象，集中腐蚀造成的食品败坏比酸性腐蚀要快，一般在罐头食品容器的腐蚀中，集中腐蚀更为常见。

硫化腐蚀是添加物有硫化物或者本身含硫的罐头食品中，出现铁、锡被腐蚀的现象。含硫蛋白质会分解产生硫化氢，或者与锡罐上的锡铁作用，使罐内壁出现灰黑色硫化斑，导致罐内的食品被污染。

异常脱锡腐蚀是含有特殊腐蚀因子的某些食品与罐的内壁进行接触时，就会直接发生化学反应，导致短时间内出现大量的脱锡现象，一般番茄制品罐头食品、橙汁罐头食品等容易发生异常脱锡腐蚀。

思考题

1. 罐藏食品的基本原理是什么？罐藏过程中如何确保食品的商业无菌状态？
2. 罐藏食品的常见质量问题有哪些？如何预防和控制这些问题？
3. 罐藏食品在贮藏过程中可能会发生哪些变化？这些变化对食品品质有何影响？
4. 罐藏技术在现代食品工业中有哪些应用和发展趋势？

第 10 章　食品保藏新技术

食品保藏是现代食品工业最重要的环节之一，是保障食品品质和食品安全的有效手段。一般来说，食品保藏技术通过抑制有害微生物的生长来达到保藏的目的。本章重点介绍一些新的食品保藏技术。

10.1　冰温贮藏

10.1.1　冰温贮藏原理

食品在冰温下贮藏不会被冷冻，并将保持“鲜活”，与此同时，有害微生物的繁殖受到最大程度的抑制。冰温贮藏可以保存不想冷冻或不应该长时间冷冻的食品，食用时不需要解冻，这不仅可以防止食品冷冻时失去新鲜度，还可以节省解冻时间。冰温贮藏食品有很多好处：不会破坏细胞，可抑制有害微生物的活性和各种酶的活性，储存期延长，提高水果和蔬菜的品质。提高水果和蔬菜的品质是冷藏及气调贮藏方法都不具备的优点。零度和冰点之间的温度范围称为冰温带。在这个温度范围内贮藏、干燥的食物被称为冰冷温度的食物，冰冷温度的食物的新鲜度和风味具有独特的优势。冰温贮藏能将食物的贮藏温度控制在冰温带，维持食物的鲜美口感；也能在食物冰点较高时利用一些无机物和有机物作为调节剂，降低食物的冰点，扩大冰温带，维持食物的新鲜度。

细胞在冰温度以下时，为了防止被冻死，体内会分泌大量的不动物质。这种不动物质的主要成分是游离氨基酸类、氨基酸类和氨基酸。在冰温度下可减少沙门氏菌、弧菌肠炎菌、金黄色葡萄球菌等有害微生物，冰温制法是维持食物的新鲜度、引出食物本来的“味道”和甜味的方法。

在冰温度条件下，动物性食品可以保持新鲜，主要是因为微生物的生长能有效抑制由微生物引起的食品的分解和变质，抑制动物性食品细胞的呼吸代谢。动物性食品的蛋白质、多糖和其他高分子复合体可以三维网络的形式存在，有效地阻碍了水分子的运动。动物细胞在低温下不容易冷冻，这将导致细胞的冰点低于纯水的冰点。大多数动物性食物的冷冻温度相对较低。如果某些食品的冷冻温度非常高，可以在储存期间添加糖、盐和酒精等冷冻调节剂，以降低冰点，扩大回火冰并延长食品的保质期。

10.1.2　冰温贮藏工艺

1. 果蔬冰温贮藏

冰温是指 0℃以下、冰点以上的温度范围，果蔬在冰温下贮藏即为果蔬冰温贮藏。冰温贮藏是一种非冻结的方式，是第三代保鲜技术。冰温贮藏对细胞影响较小，可以降低果蔬呼吸强度和微生物的活动，从而减少果蔬的腐败变质，提高果蔬价值，满足消费者对新鲜果蔬的质量要求。

在冰温贮藏过程中必须严格把控贮藏温度。对于不同的果蔬或者同类果蔬的不同品种必须通过预实验确定准确的冰点。目前有多种制冷系统，单一 CO_2 制冷系统已在多座自动化立体冷藏库中成功运行，与传统冷库制冷系统相比具有以下显著优势：①利用 CO_2 压力高的优势使系统成功在大型立体库中独立运行，无须借助外力（如制冷剂泵的使用）；② CO_2 作为天然介质，符合国家倡导的环保政策；③在库温控制上，可以达到 ±0.5℃以内的波动范围；④自动化系统的成熟应用可大幅度取代人力，降低人力成本的同时，提升管理管控水平。

2. 水产品冰温贮藏

水产品因其独特的风味受到人们的喜爱。然而，水产品在运输过程中，温度、运输方法和其他因素的影响，往往会导致水产品死亡，造成巨大经济损失。事实上，冰的温度范围与 0～1℃的差异非常小，但这是细胞组织是否冻结的临界温度区间。如果温度稍微失控，细胞组织将开始结冰，因此冰温贮藏技术的要求非常严格。

① 利用原冰点温度带的冰温贮藏，主要用于水产品等。

② 采用冰点下降法的冰温贮藏，主要与脱水物质或盐和其他可以与水结合的物质一起添加，以减少游离水并降低冰点。

在冰温带，越接近冰点时，水产品新鲜度变化的温度系数越高。在这个温度带内，水产品的大多数细胞组织接近冷冻，水产品体内酶的活性和微生物的生长得到了非冷冻状态下的最大抑制，不仅延长了保质期，还保持了新鲜产品的良好口感和风味。微冷冻在略低于水产品冰点的温度下进行处理。此时，水产品的部分水分会冻结，因此也称为部分冻结。非冷冻部分的肌肉组织仍然接近新鲜组织，蛋白质的变性很小。

冰温贮藏的储存时间比传统冷藏要长得多。然而，贮藏温度接近冰点，是最大的冰晶生成温度区，如果贮藏温度波动范围超过 ±0.5℃，很容易反复冻结和解冻，这将导致食品品质严重下降。因此，在整个贮藏过程中实施严格的温度控制在技术上又难又贵。而且，冰点因食品的种类不同而不同，所以储存和循环温度不容易设置，也难以管理。冰温贮藏技术的核心是对冷空气和温度调节的感知。通过温度调节，可以改变食品储存的组织组成，减少组织细胞的活动能力，减少能量消耗。

10.2 可食性包装膜保藏

10.2.1 概述

可食性包装膜即食用包装膜，它的基本原料是蛋白质、淀粉、多糖、植物纤维、可食性胶等人体能消化吸收的天然可食用物质，通过不同分子之间的相互作用形成具有多孔网络结构的包装膜。这种类型的包装膜不影响食品的味道，具有许多优点，如质量轻、卫生、无毒无味、良好的保存效果。食用包装膜主要防止气体、水蒸气、溶质和芳香成分的迁移，以防止在储存和运输过程中食品的风味、质地和其他方面发生变化，以保证食品品质并延长食品的保质期。

我国食品包装的一个重要的革新措施是从 2000 年 1 月 1 日开始引进“分解性”食用包装材料，分阶段禁止使用非分解性包装材料。

食用包装膜的历史悠久。我国在汉朝就开始用蜂蜡密封水果，使水果可以长期储存，并不受环境气候的影响。近代把糯米粉做成薄膜，用于糖果的内包装。

食用油脂包装膜是利用食品的脂肪组织纤维密度做成的包装材料。根据油源，该材料可以分为 3 种类型，植物油膜、动物油膜和蜡膜。

食用蛋白质包装膜是一种以蛋白质为基本材料的包装材料。它利用蛋白质的胶体特性，通过添加剂来改变蛋白质胶体的亲水性。根据蛋白质供应来源，食用蛋白质包装膜分为胶原膜和蛋白质膜。

食用淀粉包装膜以淀粉为主要原料。把淀粉成型剂和黏合剂按一定比例放置后，完全均匀地摇晃，通过延迟或热压加工，制作成具有一定刚性的包装膜。这类食用包装膜中使用的淀粉包括玉米淀粉、红薯淀粉、土豆淀粉、魔芋淀粉、小麦淀粉等，添加的大部分黏合剂是无毒的天然植物性黏合剂、动物黏合剂、天然树脂黏合剂等。

食用多糖包装膜主要由基于多糖凝胶的食品原料多糖制成。根据原料的不同，食用多糖包装膜可以分为 4 种：纤维素薄膜、霉菌多糖膜、水解淀粉膜和壳聚糖薄膜。

食用包装膜是对现有的食品包装问题的理想解决方案。食用包装膜功能多样、不污染环境、易于降解。食用包装膜的一些技术还处于实验室研究阶段，预计在不久的将来会广泛用于果蔬、饮料、速食食品、糕点、肉类等罐头食品的包装。食用包装膜不仅可保护食品，还可为人体提供某些营养物质。此外，食用包装膜是酶、香料、药品、微生物和其他物质的载体，在食品、化妆品、制药等领域被广泛使用。随着对食用包装膜的研究加深，科学技术的发展，预计会开发出越来越多的食用包装膜并被广泛应用。食用包装膜的发展前景广阔，但具有挑战性。

10.2.2 可食性包装膜的特性

可食性包装膜的特性如下。

1. 阻气性

蛋白质、多糖、脂质等都是大分子、高分子，凝聚密集，分子间空隙小，分子结合力大，具有阻气性，特别是阻氧气性好。一般其成膜方向性好、结晶程度高、分子间空隙小、有无孔裂痕、膜形成质量，则分子间结合力会提高，抵抗性也会提高。蛋白质膜阻气性受膜形成溶液的 pH、黏度、蛋白质浓度、温度、时间等的影响，因为这会影响分子交叉连接程度和薄膜质量。各种可食用薄膜要使用增塑剂等来强化薄膜的功能性，适当的增塑剂强化亲水性。吸收水分后薄膜的结构松动，微孔的大小变大，可把阻气性下降的不良影响降到最低。适当的薄膜加工方法、干燥速度等可以减少薄膜的水分吸收和扩散、气体通过的机会，提高阻气性。

2. 保香性

可食性薄膜的保香性与气体阻力有密切的关系，例如，食品的芳香成分吸附、扩散、渗透、通过薄膜的能力弱。膜内芳香成分的浓度低，膜厚度大，膜单位面积香味传递速度慢，香味的渗透量少，则膜的保香性好。环境温度和湿度对膜的保香性有影响。

3. 水蒸气渗透性

可食性薄膜的水蒸气渗透性受膜成分、基质亲水性、膜方向、膜厚度、环境温度和湿度等因素的影响。蛋白质膜的水蒸气渗透性受到蛋白质特性、膜形成溶液的 pH、蛋白质的交叉连接等因素的影响。增加膜的微小孔的大小，水蒸气的渗透性会上升。脂肪膜的脂质物质为薄膜提供良好的水阻断蒸气渗透性能，适合种类、适当容量的脂质物质在膜形成溶液的中粒子越小、分布越均匀，薄膜的水阻断蒸气渗透性越好。理想质感的假腐蚀性薄膜的水蒸气渗透性与膜厚度无关，受环境温度、湿度的影响，相对湿度和温度越低，膜的分子密度、微孔大小、指向性越稳定，膜的吸收扩散速度越慢，水阻断蒸气渗透性越高。

4. 阻油性

部分食用包装膜具有阻油性，特别是由亲水气膜制成的膜，如羟甲基纤维素膜、甲基纤维素膜、淀粉膜、明胶膜、玉米蛋白膜、苏打酸盐膜等。这种膜的基质分子量大、分子密度高、孔隙小、分子键强度大、胶体溶液充足，因而膜非常致密，油不能轻易渗入。膜的阻油性因厚度增加、油黏度增加、吸附性减少等得到了提高。

5. 机械性

可食性包装膜的机械性主要是撕裂强度和延伸性，因为这两个功能对其加工性能有直接影响。

① 撕裂强度。

撕裂强度与阻气性影响因素相似，蛋白质基质在酸性条件下适当地使用交叉连接剂，可以强化高分子的分子结构，增加膜的阻断性，并可以大大提高撕裂强度。膜溶解液中含有适当的脂质物质时，脂质的粒子越小、分布越均匀，膜的撕裂强度越高。适当的增塑剂可以提高膜的撕裂强度。

② 延伸性。

种类和性质不同的大分子生物聚合物的分子量、分子链结构和长度不同，膜的延伸性（柔韧性、弹性和可扩展性）不同。一般分子链的长侧链越少，混在高分子中的小分子的数量越少，膜的延伸性越大，加工方法是影响膜的延伸性的因素。例如，加工乳蛋白膜时，利用超过滤法去除基板中小分子乳糖，膜的延伸性会大大提高；环境温度变高，高分子的分子运动抵抗会减少，分子运动加速，分子链被外力拉直，膜表现出很大的延伸性。

总的来说，与塑料膜相比，大部分可食性包装膜的机械性较低。

6. 稳定性

在加工和使用过程中，由于消毒需要，可食性包装膜经常暴露在紫外线下。膜的成分不同，则分子结构不同，暴露在紫外线下的特性也不同。以大豆蛋白膜为例，膜通过紫外线（容量 <103 J/m）辐射 6～48 h 后，机械性变强，特别是撕裂强度大大提高，这是因为

蛋白质暴露在紫外线下后发生交叉连接。高容量、短时间的紫外线辐射交感效果相同，紫外线照射使酪酸钠膜的机械性提高。除了上述特性，可食性包装膜具有营养性、风味性、无毒性、无害性。可食性包装膜可自行分解，不会污染环境。

10.2.3　可食性包装材料在生活中的应用

1. 保鲜膜

保鲜膜主要由大豆提取的蛋白质，添加无害的甘油、山梨糖醇、其他增塑剂等制成。这种包装膜具有优异的耐湿性、弹性和硬度、高抗性和一些抗菌消毒能力，对保持水分有良好的效果，防止氧气渗透和内容物氧化。当这种膜用于高脂肪食品包装时，可以保持食品的原始风味。

2. 包装膜

包装膜是合成聚合物膜，将玉米蛋白与增塑剂和除膜剂混合后，经过特殊工艺制成，阻气性、保香性非常好。在玉米蛋白的原材料中添加纸浆纤维或其他纤维，可制成玉米蛋白包装纸，该包装纸具有一定的撕裂强度、延伸性和优异的耐热性、耐油性。多样的水果液体包装膜（涂层或涂料）通过变性玉米蛋白质制成，具有形成性、耐热性、与其他材料的良好合成性，可以用作食品包装材料的内部涂层，也可以直接涂抹在水果、鸡蛋和其他食品的表面，以保持食品的新鲜度并防止水蒸气渗透。

3. 冷冻食品包装材料的可食性

冷冻食品的包装材料主要是乳清蛋白。乳清蛋白是蛋白的一种，易溶于水，所以制作可食性包装材料时必须添加甘油、山梨糖醇和蜂蜡等增塑剂。

乳清蛋白包装材料具有低透氧性、高撕裂强度等特点。

小麦麸质蛋白包装材料主要由从面粉中提取的蛋白质制成，利用面粉的膨胀性、弹性、韧性和其他特性，将小麦麸质蛋白溶解在乙醇中，然后添加甘油和氨等增塑剂。这种包装材料韧性好，但是防湿性差，所以经常用于包装冷冻食品。

4. 糕点包装材料

用变性淀粉做的糕点包装材料主要由变性淀粉添加多糖（甘油、山梨醇、甘油衍生物和聚乙二醇等），使用脂质原料（脂肪酸、单甘油、表面活性剂等）作为增塑剂，添加原料的动植物作为增强剂制成。这种材料具有优异的抗牵引性和抗折叠性，透明度高、不溶于水、透气性低，是干粮和水果的优异包装材料。

5. 调味料包装材料

调味料包装材料主要使用变性纤维素或胶体食用材料作为主要原料。变性纤维素是包装材料生产中重要的物质，膜的形成和包装材料的黏度与纤维素有着不可分割的关系，如甲基纤维素、羧甲基纤维素等。用含有硬脂酸、莲花酸、蜡、琼脂和其他增塑剂以及增强剂的原料制成的包装膜是半透明的、柔软的，这种包装膜抗拉强度高、水分渗透性和渗透性低。胶体塑料包装材料由基于动物黏合剂（凝胶、骨黏合剂、蠕虫等）或植物黏合剂（葡聚糖、海藻酸钠、普鲁士蓝等）的增塑剂制成，这类材料具有耐热性、耐湿性、耐油性、印刷效果好等特点，被广泛用于调味料的包装。

① 大豆蛋白食用包装膜。

这种包装膜有许多优点，例如保持湿度、防止氧气进入、保证脂肪食物的原始风味；易于处理，完全符合环保要求。

② 壳聚糖食用包装膜。

这种包装膜以海鲜提取物的基托酸作为主要原料，主要用于水果和蔬菜食品的包装。基托酸和月桂酸的组合可以制作 0.2～0.3 mm 厚的均匀食用膜。

③ 含有蛋白质复合物、脂肪酸和淀粉的食用包装膜。

这种包装膜的主要特征是不同比例的蛋白质、脂肪酸和淀粉可以根据需要与具有不同物理特性的食用膜结合，脂肪酸分子越大，减少水分损失的性能越好。

④ 防水蛋白膜。

这是一种可以代替泡沫的新包装材料，达到与一般食品包装中使用的合成薄膜相媲美的撕裂强度。因为它的主要成分是玉米，具有可生物降解的特性，不会污染环境。

⑤ 由大豆废料制成的食用包装纸。

这种包装纸最适合包装快餐面条，它的特点是遇热水融化而不破坏包装。

⑥ 食用包装容器。

这种包装容器主要用于油炸薯条的包装。

⑦ 玉米蛋白包装膜（纸张、涂层）。

这种包装膜主要用作快餐盒和其他脂肪食品的包装和涂层，是由纸张和玉米蛋白合成的包装材料。

⑧ 昆虫薄膜或蛋白质涂层包装纸（容器）。

这种材料是溶解虫胶或蛋白质后通过特殊工艺制成的薄膜，或通过涂层工艺在纸板或纸容器中制成的包装纸或包装容器。这种材料无毒、易于处理，可以承受一定的温度和湿度。

⑨ 玉米淀粉、海藻酸钠或由壳聚糖（纸）组成的包装膜。

这种包装膜（纸）分别以玉米淀粉、海藻酸钠或壳聚糖为基础，然后用一定量的增塑剂、黏合剂和防腐剂加工制成，可用于水果、蛋糕、方便面汤等食品的内包装。它的主要特点是高撕裂强度和延伸性，以及良好的防水性。这种包装薄膜在沸水中浸泡超过 10 分钟，性能几乎没有太大变化。

⑩ 生物胶涂层包装纸。

这种涂层包装纸是一种防水和耐油的涂层包装纸，通过在纸张表面涂抹（或喷洒）一定数量的添加剂制成的生物胶，可用于快餐或需要一定温度和湿度的食品。

10.3 超高压食品贮藏技术

10.3.1 超高压处理技术

超高压处理技术是利用高压力对食品中的微生物和酶进行破坏，使微生物和酶失去活性。超高压可以使食品中的小分子间的距离缩短，水分子便会发生渗透和填充的现象，但超高压并不会破坏蛋白质等大分子团组成的物质形状，水分子通过进入并且黏附在蛋白质等大分子团内部的氨基酸周围来改变蛋白质的性质。超高压会使食物的体积被压缩，引起细胞形态的改变，引起微生物死亡、淀粉变性、蛋白凝固、酶被钝化或激活。

超高压处理技术的特点如下。

（1）采用超高压处理技术有助于提升原材料的使用效率

超高压处理技术是一个完全基于物理原理的过程，能够实现食品瞬时的压缩，具有低功耗、安全卫生的操作特点。这项技术有潜力被应用于多个不同的领域，如植物性蛋白质的组织、食品的消毒，动物性蛋白质的变性处理，淀粉的明胶化，提高肉类质量，乳制品的处理，等等。

（2）营养成分几乎不受影响

超高压处理技术能最大限度地保持食品原有的营养成分，只有食品的高分子物质的立体结构中非共价键的结合才会对处理范围有影响，食品的营养成分和风味物质都不会受到影响，并且经过超高压技术处理后的食品更容易被人体消化吸收。

（3）不会出现变色、异味

传统的热处理技术在加工过程中食品会出现变色、异味的情况，因为该技术会使食物高分子物质的共价键断裂或形成，而超高压处理技术可以消除这些弊端，因为超高压可以改善食物高分子物质的结构，从而获得新型物性的食品。

超高压对食品基础成分构成的影响如下。

① 对蛋白质的作用：当施加压力时，盐键和部分疏水键可能会被破坏，而氢键在一定程度上得到加固。共价键的可压缩性相对较低，对于压力的微小变化并不十分敏感。

② 适当的压力（<150 MPa）有助于解离低聚蛋白质结构：三级结构在 200 MPa 或更高的压力条件下发生明显的改变。二级结构在高压作用下 200～700 MPa 出现变动，产生不可逆的变性。超高压（700 MPa 以上）不会影响蛋白质一级结构，有助于二级结构的稳定性，但同时也有可能导致三级结构和四级结构遭受损害。

超高压导致原有蛋白质结构的延展，分子可能从有序和紧凑的结构转变为无序和松散的状态，结构发生了变形和转变，其活性中心遭到破坏，导致生物活性降低。

在超高压条件下，蛋白质胶体溶液会被破坏，导致蛋白质凝结并最终形成凝胶。用电镜观察时发现在凝胶中存在着大量的小分子物质，这是一种特定的蛋白质，这种蛋白质在非常高的压力下处理，具有弹性和硬度的优良特性，同时在味道、光泽和颜色上都能得到提高。

10.3.2　决定超高压处理技术灭菌效果的关键因素

1. 压力的大小与承受压力的时长

在特定的范围内，压力越大，灭菌的效果就越出色。因此，应根据实际需要来选择合适的灭菌压力。在同样的压力条件下，灭菌所需的时间越长，灭菌效果就越出色。

2. 压力的施加方式

阶段性压力变化的灭菌效果显著优于持续静态压力的灭菌效果。

3. 水分活度

水分活度（A_w）对灭菌效果影响较大。A_w 越低，会有越多的细胞在超高压条件下存活下来，因为在低 A_w 的情况下，细胞收缩，继而产生对生长的抑制作用。

4. 温度范围

由于微生物对温度的高度敏感性，在温度较低或较高的环境中，超高压对微生物的作用增强。压力过高会使微生物生长繁殖受到抑制，甚至死亡。因此，在温度较低或较高的情况下，超高压处理技术对一定温度条件下的食品具有更好的灭菌效果。几乎所有的微生物对低温的耐受性都很低，这是因为蛋白质对低温下的超高压很敏感。在低温条件下，由于冰晶的析出，超高压破坏细胞的程度增加。低温条件下的超高压处理可以保持食品的多样性，特别是可以减少对热敏感部分的破坏。

5. pH

pH 是影响微生物在超高压条件下生长的必要因素之一。在超高压条件下，培养基的 pH 有可能发生变化，细菌的最适 pH 的范围变小，导致酸性条件下微生物的耐受程度变差。

利用超高压对蛋白质的影响，可以将其应用于食品保藏和加工处理如下几方面。

① 释放蛋白酶，提高蛋白质食品的敏感性，提高消化性。

② 酶和毒物的钝化（如蔬菜的漂白、蛋白质酶的抑制剂）。

③ 通过释放提高结合蛋白质特殊配位基的能力，可以增强分子表面的疏水性，并能与味觉成分、维生素、染料、无机化合物以及盐等物质结合。

④ 通过解链和聚合（低温凝胶化、形成低盐或无盐的肌蛋白凝胶和乳化食品中的流变性变化）可以对物质的质地和结构进行重组。这些过程是在加热条件下，由脂肪氧化产生的自由基引发脂质过氧化反应而引起的。

⑤ 采用解离、解链或对蛋白质进行水解，可以有效地提高肉的嫩滑程度。

10.3.3 超高压对酶的作用

当对酶进行超高压处理时，保持酶的空间结构所需的氢、生理盐水和疏水键的结合会受到损害，肽结合分子被伸展成不规则的直链肽，活性部位不存在了，酶就会失去活性。酶的失活在 100～200 MPa 下是可逆的，但在 350 MPa 以上是永久性的、不可逆的。

压力对酶的作用效果可以分为两个方面：非常高的压力可导致酶失活，较低的压力会激活一些酶。

超高压处理可以使果蔬中的一些酶失活或活化，这种作用使食品的质量、香气以及颜色都得到显著的提升。当加入一定量的蛋白酶后，如果酶能被重新激活，其活力将提高很多。每一种酶都存在一个最小的失活压力，如果压力低于这个界限，酶就不会失活，但如果压力超过这个界限，酶失活的速度会加快，直至完全失活。因此，如果要得到一种好的加工产品，必须使酶处于最佳失活状态。某些酶存在一个最大的压力，使其不会再次失活。在处理时间相同的情况下，可以采用周期性谐冲压力对水改善酶进行失活处理。

10.3.4 超高压对颜色、风味物质等的影响

维生素、芳香物质、颜色物质是小分子物质，当这些小分子物质结合形成共价键时，超高压对食品的影响微乎其微。但实际上，食品的黏性和均匀性等特性对压力非常敏感，

这种变化是有利的。因此，在食品加工中必须考虑超高压处理的效果。

超高压对某些食品的品质产生的影响如下。

1. 食品原料所受的影响

经过超高压处理之后，水果和蔬菜可以保持单一的颜色、单一的味道和营养成分，如葡萄柚汁和橙子汁可以抑制苦味的产生。

2. 食物中酶促反应的控制和分解

在超高压条件下，被抑制的酶可以在常压环境中被激活，这些被激活的酶的活性得到了提升。在超高压条件下，某些在常压下反应较慢或完全停止的反应会加速进行。

10.3.5　超高压处理食品的包装工艺

固体食品：在包装固体食品时，首先采用柔和、无毒且能承受压力的包装，然后真空包装，最后放入高压容器进行压力处理。固体食品的超高压工艺是加压 – 维持压力 – 减压，这个过程通常是不连续的。

液体食品：超高压处理液体食品的基本过程是加压 – 保压 – 减压。液体食品的保存阶段非常短。牛奶、果汁、饮料等液体食品可直接替换为水等压缩传导介质（压力介质）的加工材料，实现食品供应和排放的连续生产，但需要配套设备的预灭菌工艺。在实验室进行小规模的超高压处理时，一般的做法是先将果汁进行脱气处理，然后进行密封包装，最后将其放入高压缸内进行处理，可以使用油作为实验的传导介质。

超高压下只能用软材料包装，包装材料不仅具有气密性，还必须要有耐热性。

10.3.6　超高压处理过程中的核心控制因素

1. 对消毒过程产生影响的关键因素

细菌年龄、微生物种类、pH、食物成分、温度、压力和水分含量等因素对消毒过程的影响是至关重要的。

2. 超高压处理效果的指示菌

超高压处理效果的指示菌一般为革兰氏阳性产芽孢杆菌及其芽孢。

10.3.7　超高压速冻和不冻结贮藏

1. 压力变动冷冻

把高水分食品加压到 200 MPa，同时冷却到 −20℃，高水分食品中的水分在此温度下不发生冻结，之后迅速消除压力至常压，此时 0℃成为冰点，而食品的温度远在冻结点温度以下，−20℃的水呈极不稳定的过冷状态，水分瞬间在食品原来位置发生相态变化，产生大量极细微冰晶且均匀分布于冻品组织中。

2. 高压解冻

通过高压使冻结食品中的冰晶融化，再提高融化的食品温度（即提供适当的融化潜热），使食品的温度达到常压时的冰点之上，可以在短时间内实现均匀的快速解冻，从而避免受热不均匀和常压外部升温解冻时间长而造成的食品品质变劣和营养损失的缺点。

在高压条件下，冻藏食品的温度下降，当压力达到恒定时，食品的传热特性以及冻藏食品与传压介质之间的温度差决定了解冻速度的快慢，压力升高会使冻藏食品与传压介质之间的温度差增大，从而使解冻速度加快。

3. 高压空气冷冻

高压空气冷冻是在自然对流条件下，高压空气冷冻可有效地缩短食品冷冻时间，提高冻结速度，加压冷冻可减少冷冻过程中食品的消耗量。

利用压力瞬间传递和高压冰点下降的原理完成食品的快速冷冻。高压冻结时，一般先将欲冻结的食品加压，达到一定的压力后再降温。在实际操作中，也可以先将传压介质降低到所需的低温，放入欲冻结的食品后再迅速加压。

4. 低温高压下的不冻结贮藏

利用低温高压下水的冻点下降，可以将高压技术用于食品或生物制品的不冻结贮藏，低温高压下的不冻结贮藏更需要控制好温度和压力，使食品处在不冻结温度内。对贮藏温度而言，压力为 0～209.9 MPa 时，贮藏温度越低，所对应的压力就越高。

不冻结贮藏过程中，食品始终是处在压力容器中，降温前首先将欲贮藏的食品加压，然后在保持压力的情况下对食品进行冷却，直至所需的贮藏温度。贮藏结束时，必须是先升温再降压。

10.3.8 超高压处理设备

1. 超高压处理设备的特点和要求

超高压处理设备主要是超高压容器和加压装置（高压泵和增压器等），其次是辅助设施，包括冷却或加热系统、监测和控制系统及物料的输入输出装置等。超高压处理设备应能产生并承受要求的超高压（700～1000 MPa），保证安全生产，在循环载荷多次作用下，有较长的使用寿命；卫生条件较高，传压介质最好采用水，与食品接触的部分应使用不锈钢；有一定的处理能力，生产附加时间短、效率高；费用低。

2. 超高压处理设备的分类

（1）按分压方式分类

① 外部加压式

外部加压式的加压装置和超高压容器分离，可用增压器和超高压泵产生高压介质，并通过高压配管将高压介质送至超高压容器。

增压器为增压和传压的装置，它通过低压大直径活塞驱动高压小直径活塞，将压力提高，压力增加的倍数为大活塞的横截面积与小活塞的横截面积之比，一般为 20∶1。加压介质可以用油或水，但食品接触的介质一般用水。被处理过的食品一般会经过包装置于超高压容器中进行打压，包装材料应选用耐压、无毒的软包装材料。液体食品可以不经过包装，可以作为介质直接进行处理。

② 内部加压式

内部加压式的设备主要由加压缸（低压腔）与超高压容器（高压腔）组成。

超高压容器与加压缸配合工作，在加压缸中，活塞向上运动的冲程中将容器中的介质压缩，产生超高压，使食品受到超高静压作用；在活塞向下运动的冲程中，减压卸料。根据超高压容器与加压缸连接的形式分为分体型和一体型，前者的加压缸与超高压容器连成一体，后者则分开，通过活塞相连，活塞兼具超高压容器一端端头的功能。分体型内部加压式超高静压装置的上部为超高静压容器，多用高强度不锈钢制造，传压介质一般是水；下部是加压缸，食品加压介质一般是油。

（2）按处理食品状态分类

① 固体食品的超高压灭菌设备

固体食品一般需经过包装后进行处理，压力处理不会影响固体食品的形状，因为超高压容器内的液压具有各向同压，但食品本身是否具有耐压性可能会影响食品处理后的体积。超高压固体食品灭菌设备的关键是超高压处理室中超高压容器，也是整个装置的核心。

② 液体食品的超高压灭菌设备

根据液体食品超高压灭菌方式的不同，其对应设备可归结为两大类：①由液体食品代替压力介质直接用超高压处理；②类似于固体食品的处理方式。采用液体食品代替压力介质进行处理时，对超高压容器的要求较高，每次使用后容器必须经过清洗、消毒等。

（3）按处理过程和操作方式分类

① 间歇式超高压设备

大多数的超高压设备为间歇式，可处理固体、液体及其不同大小形状的食品。间歇式超高压处理先将经过包装的食品装进容器内，然后将该容器放入超高压容器中，最后关闭容器。在超高压处理之前要排出容器内的空气并升压到操作压力，恒压一定时间卸压再取出食品。超高压处理包装好的食品时，残留的空气虽然一般不会影响微生物的杀菌效果和杀菌动力学，但残留空气会增加升压时间。

② 半连续式超高压设备

低压食品泵将食品送入超高压容器内，高压泵将高压饮用水注入超高压容器内，推动自由活塞对食品进行加压，卸压时打开出料阀，由于要保持超高压处理后的杀菌效果，所以用低压泵通过饮用水推动活塞，将食品排出超高压容器出料管道，后续的容器必须经过杀菌并处于无菌状态，且处理后的食品也必须采用无菌包装。

10.4　生物酶贮藏保鲜技术

10.4.1　酶的定义

酶是具有特殊作用的蛋白质，是具有高效性和高度专一性催化功能的生物大分子。绝大多数酶是活细胞产生的蛋白质，具有球蛋白的主要特征。因为酶来源于生物体，所以被称为生物催化剂。酶能够在生命体内（包括动物、植物和微生物）催化一切化学反应，以维持生命特征。酶是生命活动的基础，细胞的化学变化无不是在各种酶的参与下进行的，所以没有酶就没有生物的新陈代谢，就没有生命活动。

按照起催化作用的主要组分不同，酶可以分为蛋白类酶（P 酶）和核酸（R 酶）两大类。

与传统保鲜方法相比，应用酶制剂进行食品保鲜具有许多优点，概括如下。

① 酶制剂的催化活性高，即使是低浓度的酶也能快速进行催化反应，如 1ga- 淀粉酶在 65℃、15 min 内即可将 2 t 淀粉转化为糊精。

② 酶制剂本身无味、无毒、无臭，不会影响食品的食用价值和安全性。

③ 催化反应的结束点很容易控制。简单的加热处理就可以使酶制剂失效，从而结束其反应过程。

④ 酶制剂对其基底有着高度的专一性，因此在成分复杂的食品中不会产生任何不必要的化学变化。例如：柑橘汁中的苦味成分柚苷可用柚苷酶分解而且不影响风味，啤酒中的蛋白质可用蛋白酶去除。

⑤ 酶的作用所需的 pH 和温度等条件是温和的，不会破坏食物的营养分子和味道。例如：在 pH 为 6.0～6.5 的条件下使用 α－淀粉酶，淀粉在温度为 85～93℃时被分解为糊精。糊精在 pH 为 4.5～5.0、温度为 55～65℃时被分解为葡萄糖。酸被用作将淀粉分解为葡萄糖的催化剂，在 135～145℃的高温和 0.25～0.3 MPa 蒸气压的作用下，分解反应才能进行。

10.4.2 作用机理

酶保鲜是为了保持食品原有的特性，通过酶的催化作用，外界因素带来的不良影响都会被预防、减少，甚至消除，有利于食品品质的提高。酶的作用机制有以下 3 个方面。

1. 杀菌保鲜

食品主要是由富含营养的动植物和微生物等经过加工制作出来的。由于各种原因，食品中不可避免地存在着微生物，某些微生物能使人生病或引起食物中毒，这种情况最终会导致食品在营养成分、口感、颜色和香气方面的损失，这就是食品腐败变质的主要结果。因此，避免微生物污染成了食品保存过程中的关键环节。食品加工中最常用的是加热杀菌，有高温高压杀菌、巴氏杀菌等。辐照灭菌是一种低温杀菌方法，不能完全补偿加热杀菌的不足之处，但由于难以精确控制辐照剂量，很容易产生辐射气味。某些酶制剂可杀灭导致食品腐败变质的某些微生物，达到保鲜效果。

2. 消除氧气保鲜

氧化作用是导致食品在颜色、香气和口感上劣化的关键原因，即使氧气含量极低，也可能导致食品发生氧化而变质。天然果蔬原料及其制品中含有丰富的色素物质，如胡萝卜素、叶绿素、酮类衍生物（红曲色素、姜黄素）、多酚衍生物色素（花青素、花黄素）等，极易与氧气发生反应而使食品失去原有颜色，甚至褐变。在氧气存在时，鲜牛肉中血红素铁卟啉环原本的鲜红色会逐步转为暗色，甚至可能转为绿色。氧化过程有可能引发动植物油脂或奶油的氧化酸败现象，从而显著降低食品的品质，并可能生成如过氧化物和环状物质，还可能导致维生素 C、维生素 E 等还原类营养物质被严重破坏。

解决这种问题的基本方法就是除氧。葡萄糖氧化酶被认为是一种高效的脱氧剂。由于双氧水能分解淀粉产生单糖，使食品变得松软可口。葡萄糖与氧气发生化学反应，产生了过氧化氢（也称为双氧水）和葡萄糖醛酸。双氧水有灭菌功能，有助于实现食品的长时间保存。

3. 脱糖保鲜

在特定条件下，食品中的葡萄糖醛酸和蛋白质氨基会发生化学反应，导致黑色素的生成，这类色素导致食品外观品质的下降。脱糖保鲜的原理是，在添加葡萄糖氧化酶等制剂的同时，加入足够量的氧，当葡萄糖被彻底氧化时，它的反应会被阻断。在生产过程中，利用酵母、乳酸菌等微生物进行蛋白脱糖处理是一种高度安全的方法，但是处理时间比较长，效价比不太理想。

10.4.3　生物酶技术在食品保鲜方面的作用机制

生物酶技术在食品保鲜方面的作用机制是利用特定的生物酶制剂，从食品包装中消除氧气，降低食品氧化的速度；或使一些不良酶的生物活性丧失；或生物酶制剂本身有良好的抑菌效果。在技术工艺上，我们可以从三个关键领域来观察：生物酶制剂的包装处理技术、装入和密封处理、酶钝化处理。这种酶的钝化处理是用电方法进行的新鲜产品具有特定酶的钝化，对环境反应不敏感。生物酶制剂处理是以酶为主要原料，蛋白质是酶的主要成分，对环境敏感，在强酸、强碱、重金属、紫外线等环境中失去活性，不能耐受高温，酶催化反应宜在温和的条件下进行。酶选择性地作用于底物，只能对指定的几个底物起催化作用。因此，根据所含酶的种类，选择适合的酶生物制剂，防止食品变质腐烂。

10.4.4　酶法保鲜技术

酶法保鲜技术主要原理是在食品中加入适当浓度的酶后，通过微生物发酵代谢活动，使食品中有害物质分解并转化成无害物质而被排除，从而达到保存食品的目的。酶因其高度的专一性、出色的催化效率以及温和的作用条件，被广泛应用于各类食品的保鲜工作中。目前，葡萄糖氧化酶、溶菌酶等已应用于果汁、果酒、水果罐头、脱水蔬菜、肉类、低度白酒、糕点、饮料、干酪、水产品、啤酒、清酒、鲜奶、奶粉、奶油、生面条等各种食品的防腐保鲜，并取得了较大的进展。

1. 异淀粉酶保鲜

异淀粉酶只能分解淀粉类物质中 α-1,6 糖苷键。在麦芽、蚕豆、大米、甜玉米和土豆中，都检测到了异淀粉酶的存在。只需使用异淀粉酶，就可以把支链淀粉转换成直链淀粉。在食品工业中，特别是用作包装材料时，直链淀粉占很大比重，因为直链淀粉的特性是容易凝结成块状，从而容易形成结构稳固的凝胶物质。因此，直链淀粉有潜力成为一种稳固的食品封装薄膜，显示出优良的氧气和润滑脂绝缘特性。

2. 溶菌酶保鲜

溶菌酶是一种专门用于催化细菌细胞壁中肽多糖分解的水解酶。它具有高度的特异性，能够作用于肽多糖分子中的N–乙酰氨基葡萄糖之间的β–1 4–糖苷键和N–乙酰胞壁酸，进而破坏细菌的细胞壁，导致细菌在溶解的过程中死亡。溶菌酶有许多不同的来源，包括微生物溶菌酶和人类及哺乳动物的溶菌酶等。根据所影响的微生物种类，将溶菌酶分类为真菌细胞壁溶菌酶和细菌细胞壁溶菌酶。

由于溶菌酶对机体无毒无害或低毒副作用而被广泛应用于食品加工领域。用溶菌酶加工食品可以杀死食品中的细菌，达到杀菌和保鲜的效果，因而广泛用于水产品、啤酒、鲜奶、奶粉、奶油、生面条等。食品中的羧基和羟基会对溶菌酶的功能产生影响，因此溶菌酶经常与葡萄酒、植酸和甘氨酸等成分共同使用。在浓度较低的葡萄酒中加入20 mg/kg的溶菌酶，不但不会对葡萄酒的口感产生负面效果，还有助于抑制产酸菌的生长。在浓度较高的葡萄酒中加入溶菌酶，防腐效果比低度酒好。溶菌酶不会受到酒精澄清剂的干扰，已成为葡萄酒的优质防腐剂。

3. 葡萄糖氧化酶保鲜

葡萄糖氧化酶是用黑曲霉等经过发酵后制得的淡黄色透明液体酶制剂，相对分子质量为15万左右，最适pH为5.6，在pH3.5～6.5的条件下具有很好的稳定性，最适作用温度为30～60℃。

如前所述，葡萄糖氧化酶的保鲜作用主要源于其与底物反应的耗氧作用或反应去除食品中葡萄糖的作用。通过葡萄糖氧化酶反应耗氧达到保鲜目的的具体做法是：预先将底物葡萄糖和葡萄糖氧化酶混合均匀，密封包装于透气性好但透水性差的薄膜袋中，置于装有需保鲜食品的密闭容器内，当密闭容器中氧气透过薄膜进入袋中后，在葡萄糖氧化酶作用下，氧气与葡萄糖发生反应，从而达到除氧效果。实践中常将过氧化氢酶和葡萄糖氧化酶联合使用，以增强保鲜效果。葡萄糖氧化酶可直接加入果酒、果酱等流体或半流体制品中，起到防氧化和防变质的作用。如在啤酒加工过程中加入适量的葡萄糖氧化酶可以除去啤酒中的溶解氧，阻止啤酒的氧化变质。因为葡萄糖氧化酶的专一性，其并不会对啤酒中的其他物质产生作用，因此葡萄糖氧化酶在保持啤酒风味、防止啤酒老化、延长保质期上有显著的效果。葡萄糖氧化酶在防止食品中脂类因氧化而酸化、葡萄酒因多酚氧化酶的作用而变色、果汁中的维生素C因氧化而破坏、罐装容器内壁因氧化而腐蚀等方面均有作用。用葡萄糖氧化酶去除食品中残留的葡萄糖，目前应用最多的是生产脱水制品（如蛋白片、蛋白粉等）中。禽蛋的蛋白质中含有0.5%～0.6%的葡萄糖，蛋白质的氨基与葡萄糖的羟基发生美拉德反应，而使产品出现小黑点、褐变，或使全蛋粉的溶解度下降，等等。在蛋液中加入适量的葡萄糖氧化酶，并不断地供给适量的氧气，在30～32℃条件下处理一段时间，使葡萄糖完全氧化，可很好地保持蛋类制品的溶解性和色泽。葡萄糖氧化酶用在鱼类制品的保鲜，一方面是除去了氧，降低了脂肪氧化酶、多酚氧化酶的活力；另一方面是利用其氧化葡萄糖产生的葡萄糖酸，使鱼类制品表面M4降低，抑制了细菌的生长。利用葡萄糖氧化酶可防止虾仁变色。如果将虾仁在过氧化氢酶溶液和葡萄糖氧化酶中浸泡一下，或将酶液加入包装的盐水中，可较好地防止虾仁酸败的产生和颜色的改变。

4. 纤维素酶保鲜

纤维素酶是降解纤维素生成葡萄糖的一组酶的总称，它不是单体酶，而是起协同作用的多组分酶系，是一种复合酶，主要由内切β–葡聚糖酶、外切β–葡聚糖酶、β–葡萄糖苷酶、木聚糖酶等组成，作用于纤维素以及从纤维素衍生出来的产物。微生物纤维素酶在果蔬汁中破坏细胞壁从而提高果蔬汁得率以及在转化不溶性纤维素成葡萄糖等方面具有非常重要的意义。细菌产纤维素酶的产量较少，大多数对结晶纤维素无降解活性，且所产生的酶多是胞内酶或吸附在细胞壁上，不分泌在培养液中，增加了提取纯化的难度，所以对细菌产纤维素酶的研究较少。在进行酒精发酵时，纤维素酶的添加可以增加原料的利用率，并对酒的质量有所提升。

纤维素酶广泛存在于自然界的生物体中。真菌、细菌、动物体内等都能产生纤维素酶。一般用于生产的纤维素酶来自于真菌，比较典型的有青霉属、曲霉属和木霉属。但是产生纤维素酶的菌种容易退化，导致产酶能力降低。

纤维素酶具有分解细胞壁中纤维素的能力，因此在经过纤维素酶处理之后，细胞壁会发生膨胀、软化，食品更容易被消化且味道更好。胡萝卜、土豆等果蔬经过纤维素酶处理，干燥后可回收，加入水中可以复原，便于果蔬的运输和贮藏。

10.4.5　酶法食品保鲜所遭遇的问题

从目前来看，酶法保存食品的应用研究依然处于起步阶段，并且在实际应用过程中还面临着一些挑战和问题。单一使用某种酶的抗菌谱比较窄，必须考虑产酶菌株的安全性，只能抑制某些细菌，或只适合于某些类型的食品；某些酶的抗氧杀菌作用的发挥需要具备一定的条件，如某些酶的加入或催化底物、产物会对食品感官造成影响或者从理论上讲，有些酶不能被微生物降解；酶的生产成本相对较高。这些因素限制了酶在食品保鲜中的进一步应用，因此这一领域的应用研究需要进一步加强。

10.5　臭氧保鲜

臭氧在果蔬贮藏中的应用，除了具有杀灭或抑制细菌生长防止腐烂作用外，还具有保鲜、防止老化的作用。其作用机理是臭氧可以氧化分解果蔬呼吸分解出的催熟剂——乙烯（C_2H_4），乙烯反应中的副产物对霉菌等微生物有抑制作用。臭氧在快速分解乙烯与杀菌防霉这两个方面发挥作用，并减缓腐烂、老化、推迟后熟和新陈代谢，利用臭氧应同包装、气调、冷藏等手段一起配合，更好地提高保鲜效果。细菌是保鲜行业最大的敌人，是引起食物腐败变质的最主要的原因。臭氧具有杀菌广、杀菌力强、可自行分解和不产生残留污染等优点，而且对致病菌的杀灭效率极高；臭氧可快速分解果蔬呼吸排出的乙烯，乙烯是催熟剂，会增强呼吸，加速果蔬成熟过程，乙烯被臭氧分解后，果蔬的新陈代谢会减慢，生理老化进程也会被减慢，继而实现了果蔬保鲜的目的。有关实验表明：臭氧保鲜的水果出库后的保鲜时间长于一般冷库保鲜的水果，同时臭氧还可以去除冷库内的异味。

10.5.1　臭氧保鲜的机理

臭氧是氧气的同素异构体，分子式为 O_3，与氧气 O_2 组成元素相同，构成形态相异、性质不同。在标准压力和温度下，臭氧在水中的溶解度是氧气的 13 倍。臭氧的比重大，是空气的 1.658 倍。臭氧很不稳定，容易分解为 O_2，具有很强的氧化能力。

臭氧可以用于冷库杀菌、保鲜、除臭、消毒。由于臭氧具有不稳定性，在冷库中辅助贮藏保鲜更为有利，因为它分解的最终产物是氧气，在所贮食品里不会发生有害残留。清华大学研究表明，臭氧在冷库中有3个方面的作用：一是使新陈代谢的产物被氧化，从而抑制新陈代谢过程，起到保质、保鲜的作用；二是杀灭微生物，起消毒杀菌的作用；三是使各种有臭味的有机物、无机物被氧化，起氧化作用。

1. 臭氧消毒和杀菌作用

在微生物细胞内，臭氧会与多个成分发生化学反应，导致不可逆转的改变。这种现象称为代谢紊乱或异常反应。普遍的看法是，当微生物的细胞膜开始活动时，臭氧会破坏细胞膜的组成，导致代谢失调，抑制增长；同时臭氧持续渗透并损害细胞膜内的结构，直到这些结构被完全破坏。在自然环境中，提高湿度有助于增强臭氧的杀菌效果。微生物细胞膜的组织在高湿环境中很容易受到臭氧的损害。在高湿环境中应用臭氧消毒灭菌时，应注意保持一定的温度。臭氧因其强烈的氧化能力，对病毒、霉菌以及细菌都展现出了显著的破坏效果。臭氧有穿透细胞壁的能力，很有可能渗透到外壳的脂蛋白和内部脂多糖壁内，从而改变细胞膜的渗透性，导致内容物的损失，进而形成两溶微生物的死亡通道。臭氧的氧化作用可能会对细胞的酶系统和不饱和脂肪酸造成损害，导致蛋白质被转化为短肽，从而影响微生物的正常代谢过程。臭氧会影响细胞膜通透性，从而使细菌产生耐药性。臭氧具有分解DNA的能力，并且它是消除微生物的关键要素。因此，臭氧保鲜可以作为一种有效手段用于食品保藏中。通过将臭氧溶解在水里，我们得到了臭氧的水溶液，它具有很强的杀菌作用，对酵母菌、霉菌、李斯特菌、大肠埃希氏菌等生物致病菌都展现出了显著的杀菌效果。臭氧杀菌的优点是：成本低；臭氧的最终产物是氧气，因此安全；臭氧在整个空间都有杀菌作用。食品储存时不会有污染物残留，对食品没有影响。

2. 诱导抗病性

在果蔬保藏时，臭氧可诱导果实休眠，提高抗病能力。除了具有杀菌作用，臭氧抑制葡萄腐烂可能与由臭氧触发的果实在采摘后的抗病能力有所关联。无论是在接种葡枝根霉之前还是之后，对葡萄果实进行臭氧处理都能有效地控制病原菌的数量。葡萄果实的腐烂程度有所减缓，植物保护剂含量显著增加，表明其对臭氧诱导的病害形成了抗性。

3. 保鲜效果

臭氧可以延缓果蔬的新陈代谢、后熟和老化过程，这是通过臭氧分解乙烯来实现的。果蔬在贮藏前必须经过适当处理，才能达到理想效果。果蔬在被采摘之后依然保持生命活力，而在储存过程中，呼吸速度会加快，从而逐步达到成熟状态。当外界温度高、果蔬开始软化时，就会发生呼吸跃变，此时如果能及时采取措施进行降温或调气，可延缓成熟速度。果蔬保鲜的一个重要途径是抑制乙烯的形成和释放，臭氧能迅速地氧化并分解乙烯，最终导致二氧化碳和水的生成。

4. 消除异味

臭氧消除异味，主要得益于臭氧所具备的高度氧化性，这使得它能够在果蔬储存过程中有效地氧化分解所产生的各类异味，如氨、硫化氢、甲硫醇、二甲硫化合物和二甲二硫化物等，有助于维持库内空气的新鲜度。

5. 抑制呼吸

呼吸的强度被视为反映组织新陈代谢的关键指数，是预测产品存储能力的主要参考，在一定程度上反映了微生物生长和代谢活动状况以及对环境变化的适应性，因此，测定呼吸作用对于研究微生物生理、探讨食品保鲜具有十分重要的意义。当呼吸的强度增加时，营养成分的消耗速度会加快，从而导致产品更快地老化且缩短其储存期限。臭氧可以有效地限制鲜切果蔬的呼吸活动，降低营养成分的消耗，延长保鲜时间，并减少果蔬在储存过程中的重量损失。

10.5.2　关于臭氧发生器的挑选与使用准则

在食品保鲜行业中，由于消毒和保鲜的空间相对较大，因此建议选择尺寸较大的强制扩散式臭氧生成器，并将其安装在仓储的上方，以便更有效地扩散臭氧。由于臭氧具有杀菌效果好、无二次污染等优点，故被广泛应用于农产品的加工贮藏保鲜领域。在保鲜库中，消毒浓度的保存要求相对较高，同时臭氧的消耗也比较大，通常 300 m^3 的存储空间可以根据 10～15 g/h 的标准来选择。臭氧对贮存食品中微生物的影响是由臭氧浓度、处理时间、微生物种类、墙壁、屋顶和土壤等多个因素共同决定的。为了对空仓进行有效的灭菌消毒，首先需要对空仓内的物品进行清空并清扫，然后清洗垫仓板，待其干燥后再进行后续处理。在臭氧浓度 6～10 ppm 的环境中先进行 2 h 以上的灭菌处理，然后暂停机器进行 24～43 h 的密封工作，利用臭氧对空仓进行灭菌消毒，可达到 90% 的杀菌率。

10.5.3　臭氧在仓库保鲜业中的应用

1. 对鸡蛋进行保鲜和消毒处理

当从鸡舍中取出鸡蛋时，蛋壳的表面会带有大量的细菌和病毒。这些细菌和病毒不仅可能进入人体，还可能对蛋体造成损害，破坏鸡蛋的晶体结构。对于种蛋而言，这会对其孵化率和雏鸡的质量产生不良影响。在处理车间，通过浸泡臭氧水对鸡蛋进行杀菌可以非常有效地消灭鸡蛋表面的各类细菌和病毒，同时不会引起其他形式的污染。因此，鸡蛋贮存过程中采用臭氧水来清洗蛋壳是完全可行的。由于臭氧水可有效杀灭空气中除大肠杆菌外所有的细菌，因此，使用臭氧水处理过的鸡蛋还具有良好的卫生性。通过安装消毒灭菌的储存系统，在蛋库中维持一定水平的臭氧浓度，能有效地减少蛋壳表面微生物的数量，这不仅有助于延长鸡蛋的保质期，还能满足客户对鸡蛋卫生标准的期望。对蛋库而言，相对较高的湿度有助于减少鸡蛋内水分的蒸发，但湿度过高可能会刺激真菌的增长。因此，在实际应用时，应尽量降低空气中氧含量和避免真菌量的增加。在蛋库里，臭氧的浓度一般只需维持在 0.5～1.5 ppm。

2. 水果保鲜储存

采用低温低氧空气作为保鲜手段，可有效解决储存过程中可能出现的腐败、长毛、成熟和水果变质等一系列问题。在储存之前，需要对空的果蔬仓库进行消毒处理，可以杀死或降低微生物数量。众多的科学研究已经证实，臭氧具有显著地抑制霉菌孢子发芽和生长的能力，可以杀死微生物细胞壁上附着的细菌及真菌毒素。臭氧在冷库中具有极高的杀菌效果。当臭氧的浓度为 24 mg/m^3 时，3～4 h 内就可以消灭霉菌。在实验室条件下，我们发现了一些新的霉菌，包括具有极高耐受性的非发芽孢子。臭氧在常温下可长时间保存食品不变质或基本无变化。经过长时间的实验性研究，我们确定冷库消毒的最理想臭氧浓度范围是 12～20 mg/m^3。为了验证该理论并确定最佳臭氧杀菌时间，我们进行了大量的试验研究和对比分析。对冷库进行 24 h 的密封处理，细菌的杀灭率可以超过 90%，霉菌的杀灭率可以达到 80%，这基本上满足了对果蔬仓库进行消毒的预期效果。在已有的机械冷藏库基础之上，采用臭氧保鲜系统结合冷库的加湿设备，成功地解决了一系列水果的储存和保鲜问题。Horvath 等人的研究总结显示，草莓、悬钩子和葡萄等浆果在储存过程中极易受到霉菌的侵害，但如果使用 4.28～6.42 mg/m^3 的臭氧进行处理，可以使果实的口感和品质保持不变，从而延长其储存时间。

3. 蔬菜病害防治和农药降解

利用温室植物病害臭氧防治器产生的低质量分数的臭氧，可以防治温室黄瓜、青椒、茄子等蔬菜类作物的所有气传病害和大部分土传病害。低质量分数的臭氧能有效预防黄瓜霜霉病、白粉病、炭疽病、蔓枯病、花叶病毒的大面积发生，对茄子、菜豆灰霉病也有预防作用。除对病害有显著防治效果外，臭氧对部分虫害也有防治效果，如对蚜虫的防治率为 63%～68%。经臭氧水浸泡，不但可以显著减少鲜切蔬菜表面的微生物，提高蔬菜在微生物方面的安全性，还能明显抑制了鲜切蔬菜中叶绿素的降解，对多酚氧化酶的活性有抑制作用，保护了维生素 C。蔬菜采收后仍是活的有机体，呼吸作用是蔬菜采收后最主要的生理活动之一。臭氧可以抑制呼吸作用，使蔬菜的保鲜期延长。另外，臭氧还能破坏有机物或无机物的污浊气味，具有除臭、净化空气的作用，因此可用于蔬菜贮藏环境的消毒和维持有利于蔬菜活力保持的环境。

传统的清水浸泡几乎不能去除蔬果残留农药，高浓度臭氧水浸泡才能有效去除农药残留。有研究表明，用臭氧培养豆芽可以有效降解豆芽上的农药。将豆芽用 3 mg/L 的臭氧水浸泡 30 min 后再培养 8 h，其中的农药降解率如下：克菌丹 100%，二嗪农 76%，敌敌畏 96%。用臭氧处理蔬菜上的白菌清、氧化乐果、敌百虫和敌敌畏，处理后的农药残留均达到允许标准。利用臭氧的氧化和杀菌作用清洗蔬菜，不仅能有效地杀死蔬菜表面上附着的致病菌和腐败菌，而且能除去蔬菜表面残存的其他有毒物质，是保持和提高蔬菜食品安全性的方法之一。

4. 饮用水消毒

水是传染疾病的主要媒介。有关研究表明，用氯处理的自来水中含有三氯甲烷、卤代有机化合物等多种致癌物。用臭氧处理饮用水可以杀死病菌及其他微生物，还可以有效去除水中有机污染物，从而消除饮用水致病的途径。

5. 其他物品的防霉

对于那些需要长时间存放在湿润且封闭的环境中，容易产生变质或腐败的食品，如果这些食品本身对臭氧并不敏感，那么应当采用臭氧来除臭和预防霉菌，臭氧浓度可以控制在 0.3～1.0 ppm。

10.5.4　臭氧保鲜的优点

采用溶菌法、广谱杀菌和完全杀菌是臭氧的主要杀菌方式。臭氧能有效杀灭细菌。传统的消毒和杀菌手段，都有其不足之处，如消毒深度不够、难以触及的死角、可能的残留污染和异味，这些都可能对人体健康造成伤害。臭氧可扩散覆盖整个消毒区域，确保杀菌过程没有任何死角。臭氧的稳定性相对较低，会加速分解，可迅速转化为氧气或单独的氧原子，这些氧原子有能力自行结合形成氧分子，没有毒素残留，臭氧实际上是一种没有污染的保鲜和消毒剂。

10.5.5　臭氧保鲜存在的问题

由于臭氧能杀灭水中某些有机物，因而可以用作饮用水消毒剂。实验结果显示，臭氧具有几乎完全消灭所有细菌、真菌、病毒的能力。溴酸根是一种强致癌剂。然而，臭氧是通过氧化含有溴化物的原水来生成溴酸根的。在我国许多城市的水源水中都有溴酸盐存在，其中自来水中的溴酸根最多。溴酸根已经被国际癌症研究机构鉴定为一种可能的 2B 类致癌物质。根据世界卫生组织的建议，饮用水中的溴酸根最大浓度应为 25 μg。

美国环保署制定的饮用水标准中，溴酸根的最高允许浓度被规定为 101 g/L。水中溴酸根的存在对人体健康是有害的，因此必须去除。在臭氧氧化的过程中，溴酸盐的形成有两个主要路径：臭氧与氢氧自由基的氧化以及臭氧氧化。溴酸盐在水中的存在形式主要是无机形态，也可由有机物转化而得。溴酸盐的生成及其后续的消除过程都可以被有效地控制。为了控制溴酸盐的生成，我们可以考虑增加氮、降低 PH、寻找最佳的臭氧环境以及使用氯氨。在臭氧催化下，溴酸盐可以转化为溴乙烷或其他卤代物。因此，为了实现臭氧的平衡，我们需要进一步研究溴酸盐与致病菌之间的关系。

10.5.6　臭氧杀菌的优点

臭氧杀菌在速度和效能上都表现得非常出色和迅速。臭氧处理是一种很有效的水处理工艺。它所具有的高氧化还原电位是决定其杀菌效能的关键因素，因此被广泛应用于氧化、去臭和去色的过程中。科学研究揭示，溶解在水中的臭氧几乎具备了消灭水中所有有毒物质的能力，例如铁、锰、氧化物和硫酸盐等，相较于传统的消毒方法，臭氧杀菌有如下优点。

（1）使用便捷。臭氧灭菌器一般被安置在空气净化系统、洁净室或者灭菌室的内部环境中，例如通道窗和臭氧灭菌柜等。

（2）具有很高的清洁水平。臭氧具有迅速转化为氧气的能力，这正是其作为一种消毒和灭菌剂所独有的优点。在消毒的过程中，30 min 后，多余的氧气会与氧分子结合，不会有任何残留。利用臭氧杀菌可以有效地解决二次污染的问题，并避免了杀菌结束后的二次清洁问题。

（3）工作效率非常高。臭氧杀菌是以空气作为传播介质的，无须额外的辅助材料或添加剂来对生物体进行全面的消杀，具有很好的包容性和较强的杀毒能力。

果蔬的运输和存储问题亟待解决，如果处理不当，可能会导致巨大的经济损失。如果能将这些腐烂后的果蔬进行处理，不仅能够减少损失，还可以提高产品的附加值。在我国，每年有 30%～40% 的果蔬因为保存状况不佳造成堆积而被视为废弃物。臭氧能够有效地清除空气中的氧气，使之与二氧化碳形成稳定的混合气体，从而抑制微生物繁殖并杀死有害细菌。负离子与氧的结合，对于保护果蔬表现出了显著的效益。目前，臭氧已经广泛地应用于食品加工中，如果蔬脱水处理、速冻保鲜等。因此，采用臭氧处理技术能够显著地延长果蔬的保质期、保存期限以及运输范围。另外，在水中加入少量的臭氧能使微生物产生抗药性。在臭氧层消耗和枯草果蔬的简单杀菌效果的模拟实验中，经过使用 50PPV 浓度的次酸钠进行 2 min 的消毒处理后，细菌并没有被彻底消除；经过使用 5 ppm 浓度的真氧水进行 20 s 的杀菌处理后，99.9% 的细菌得到了成功的消灭。经过臭氧化处理的水被认为是最优质的植物菌剂，同时，这种水可对果蔬表面的农药进行有效氧化。

10.5.7 展望

臭氧由于其独特的性质，在食品行业中获得了大量的关注，这是因为与传统的食品保鲜方法相比，臭氧更利于食品保鲜，并且具有更广泛的杀菌能力。目前，臭氧被证明是一种安全有效的灭菌方法。臭氧的分解过程非常迅速，不会在食品的表面留下任何污染。在食品加工和包装方面，臭氧的使用将使食品更加安全、卫生。应用臭氧处理技术不会对工作流程产生不必要的环境压力。我们相信，臭氧技术的进步将为食品安全带来某种程度的保障。

10.6 复合生物保鲜技术

近年来，复合生物保鲜技术在食品行业中的应用吸引了越来越多的研究人员的关注，研究成果层出不穷。

10.6.1 复合生物保鲜剂

复合生物保鲜剂是指从动物、植物和微生物中提取或通过生物工程技术获得的天然防腐剂，大体分为三类：①乳酸链球菌、芽孢杆菌等的微生物代谢物；②溶菌酶、葡萄糖氧化酶、谷氨酶等生物酶；③茶多酚、壳聚糖酸、鱼蛋白等的天然生物提取物。

复合生物保鲜剂是具有不同功能的生物保护剂的复合防腐剂，可以提高食品保鲜。如果乳酸链球菌、二胺四乙酸和纳他霉素的组合可以扩大抗菌谱并抑制革兰氏阴性细菌；曲霉菌和温酸的组合可以显著提高防腐效果；一些研究表明，壳聚糖具有成膜特性，与溶菌酶结合，抑制乳酸菌和大肠杆菌的生长。

复合生物保鲜剂的保鲜机理是通过改变微生物细胞膜通透性与核酸分子结构，使其细胞壁受损；或抑制酶的活性与核酸的合成，影响其代谢的过程。例如，基多酸大分子吸附在微生物细胞表面，形成高分子膜，防止营养素传递到细胞，起到杀菌和细菌抑制作用。茶多酚减少细菌的附着，破坏细胞膜。细胞壁的糖苷键的减压会影响细胞壁的结构，所以细胞壁的一部分被遗漏，形成 L 型细菌，失去细胞保护和细胞质的分解能力。与此同时，溶酶体可以穿透细胞，用细胞中的离子吸附细胞质，导致它们絮凝并破坏细胞的正常生理活动，然后杀死细菌。该研究认为，壳聚糖 –NH3+ 的有效组可以与细菌细胞膜中的脂蛋白复合物发生反应，降解蛋白质，改变细胞膜的通透性，或与细菌细胞壁形成带负电的环境。壳聚糖可以破坏细胞壁的完整性或溶解细胞壁，直到细胞死亡。壳聚糖溶于酸后成为阳离子生物絮凝剂，可以沉淀细菌细胞并在细菌体表面形成聚合物膜，影响细菌对营养物质的吸收，防止细菌代谢物的排泄并导致细菌代谢紊乱，从而发挥杀菌和抑菌作用。

10.6.2　复合生物保鲜技术应用

1. 水产品保鲜

随着生活水平的提高，人们对水产品的品质和安全提出了更高的要求。无毒无害的天然生物保鲜剂被广泛用于水产品保鲜。为提高保鲜效果，传统保鲜技术可以与复合生物保鲜剂结合，并可以降低生产成本，这是未来水产品保鲜的一个重要研究方向。

2. 果蔬

在储存新鲜玉米的过程中，种子的颜色、形状、风味和其他感官品质会发生很大变化。t测试和分析表明，复合生物保鲜剂对新鲜玉米的保存效果极其显著。用复合生物保鲜剂处理的新鲜玉米在储存30天后仍然保持良好的颜色、香味、风味和其他感官品质。新鲜玉米具有很强的呼吸作用，在储存过程中很容易失水。用复合生物保鲜剂处理过的新鲜玉米的水分含量在储存过程中缓慢下降，水分含量在30天时保持在60.2%。由脂质、蛋白质、多糖等制成的复合生物保鲜剂可以抑制果蔬的呼吸，降低果蔬的腐败率，防止微生物污染，对果蔬起到保鲜作用。复合生物保鲜剂不仅在储存过程中抑制了果蔬的呼吸，延缓了果蔬营养成分和水分的流失，延长了果蔬的保质期。由芽孢杆菌组成的复合生物保鲜剂可以在室温下更好地保持肉桂果实的品质，减缓褐变过程。

10.7　低温高湿技术

低温高湿技术是国内外使用最广泛的除霜方法。低温高湿除霜剂的工作原理是利用低温高湿的循环空气，以相对较小的温差缓慢地通过冷冻食品表面，使冷冻食品解冻。若水分流失很少，则冷冻食品的颜色相对新鲜，表面和中心之间的温差可以控制在2℃内，失重率可以控制在1%内。解冻加热方法以电加热或蒸气源的形式，控制空气的湿度、温度、风速和风向，以满足除霜要求（湿度要求为90%～98%）。高湿空气有利于减少肉类解冻时汁液的流出。

10.7.1　低温高湿技术的原理

热空气不断在冷冻食品周围循环，使食品均匀受热而温度升高，促进冰晶的融化。使用低温和高湿的清洁空气均匀地吹过冷冻产品的表面，可均匀地解冻冷冻产品。解冻空气的温度、湿度和时间决定了解冻食品的品质。理论上，为了保持食品品质，冷冻时间越短越好，解冻时温度越低、解冻时间越短越好。根据解冻肉的内部温度和外部温度自动调整解冻过程。冷却管直接进入除霜室，空气由冷却机输送。在除霜过程中，空气被冷却风扇和轴流风扇吸收，以确保除霜室气体循环流动。在除霜室顶部的两侧有风扇，以确保空气供应压力的平衡。与此同时，空气供应在雾气循环中将湿度驱动到低温区，以确保解冻期间的湿度。在除霜室的中心，回风进入冷却机，自动控制除霜室的温度和湿度。在除霜过程中，排气风扇自动改变空气，冷却设备自动处理霜冻，以确保设备管道的平稳流动。解冻时，制冷设备和制冷空气机将根据程序自动工作，以保持肉类新鲜。

10.7.2 低温高湿解冻食品的步骤

冷冻肉被放入解冻装置中时，在解冻的初始阶段，冷冻肉解冻会吸收大量的热量，储存温度会降低。当存储温度低于6℃（工艺设定的值）时，蒸气加热系统被激活，湿热蒸气通过一个小喷嘴喷洒，供气风扇使仓库中的蒸气迅速解冻。循环加热罐中的空气，直到罐中的温度上升到6℃。加热系统停止后，仓库的温度逐渐升高。当储罐的温度高于8℃时，制冷蒸发器启动，制冷蒸发器冷却的空气到达空气管道。冷冻肉在仓库中进行冷却，直到仓库温度达到过程设定的温度，系统将直接关闭。当仓库的湿度低于90%时，加湿系统启动，湿蒸气通过喷嘴喷入仓库，用于冷冻肉的加热、加湿和融化。以这种方式循环，直到肉块的核心温度达到（−2±1）℃（肉的核心温度可以根据除霜过程的要求确定）。

10.8 高压静电场保鲜技术

10.8.1 高压静电场保鲜的过程

在高压静电场中保持果蔬新鲜的过程是：将整个设备冷藏，果蔬有序地放置在保存测试台的平行杆板上，打开电源，使用两个平行电极板产生高压静电场，通过变压器脉冲产生直流高电压，在极板间处理果蔬。

10.8.2 高压静电场保鲜的影响

高压静电保鲜技术作为一种新型的果蔬保鲜技术，以其良好的保鲜效果受到人们的关注。从实验结果看，高压静电场对果蔬的影响如下。

1. 对果蔬外观的影响

高压静电处理减少了果蔬的分解率、表面的色斑、果肉的褐变、水分流失，延长了果蔬的储存期。经过高压静电场处理的梨心没有受到褐变的影响，未经处理的梨在储存240 d后，梨心的褐变率为25%。经过高压静电场处理的蓝莓，在储存一段时间后果实分解率为50%，而未经处理的果实分解率达到90%。

2. 对果蔬硬度的影响

果蔬的硬度是果蔬感官质量评估的重要指标。研究表明，在储存期间，高压静电场处理的果蔬的硬度明显高于未经处理的果蔬。高压静电场处理的苹果的硬度值在15 d后下降慢于未经处理的苹果。

3. 对细胞膜渗透性的影响

果蔬细胞的细胞膜具有选择性渗透性，任何类型的损害都会导致细胞膜选择性渗透性的变化或丧失。高压静电场对细胞膜有一定的修复作用，可以降低外组织渗出物的导电性。收获的柑橘类水果经过高压静电场处理后，其果皮的渗透性低于未经处理的水果。

4. 对果蔬呼吸强度的影响

果蔬在收获后仍然具有一定程度的生理活动，以进一步成熟并提高自身免疫能力。然而，果蔬呼吸太强会迅速分解营养物质，加速果蔬的分解，并缩短果蔬的储存期，因此，果蔬在储存期间控制呼吸强度非常重要。经过高压静电场处理的果蔬的呼吸强度低于未经处理的果蔬。如果每天用 100 kV/m 的高压静电场处理水果，在储存 20～35 d 后，水果的呼吸强度明显低于未经处理的水果。

5. 对乙烯释放的影响

内源性乙烯将在果蔬的生长和新陈代谢过程中释放，以促进果蔬的成熟。因此，在果蔬的储存过程中，应尽量减少乙烯的释放，推迟果蔬的成熟。高压静电场处理可以在一定程度上减少乙烯的释放。经过高压静电处理的青椒释放的乙烯低于未经处理的青椒。高压静电场处理梨后，其乙烯释放峰值延迟 60 d，且峰值不到未经处理的梨的一半。

6. 对维生素 C、可溶性糖、花青素、叶绿素等物质含量的影响

在储存期间，果蔬仍然进行生命活动，继续分解物质，这影响了果蔬的储存品质和营养价值。因此，确定储存期间各种物质含量的变化是评估果蔬储存品质的指标。高压静电场处理可使果蔬某种营养素的含量高于未经处理的。在储存过程中，高压静电场处理的苹果维生素 C 含量随着储存时间的延长而减少。40 d 后，高压静电场处理的苹果维生素 C 含量明显高于未经处理的。经高压静电场处理的柑橘类水果的营养含量高于未经处理的，收集 110 d 后，柑橘类水果的总糖含量高 14.2%、还原糖高 42.6%、有机酸高 7.7%、维生素 C 高 10%。这表明，用高压静电场处理柑橘类水果后，其营养转化和消耗缓慢，有利于储存。

7. 对果蔬贮藏期相关酶活性的影响

生物体中的所有代谢活动都受到许多酶的催化。果蔬收获后，仍然会经历一系列生理和化学变化，例如继续成熟，直到衰老和死亡，其中有许多类型的酶参与这些变化。一些研究人员认为，果蔬收获后的衰老过程实际上是一个不平衡氧气代谢反应积累的过程。高压静电场处理可以延长果蔬的贮藏期的原因可能是在一定强度的电场的作用下，与消除活性氧相关的酶的活性得到改善。高压静电场处理后，生物体内的过氧化物酶、过氧化酶和超氧化物歧化酶在一定程度上得到改善。与此同时，果蔬老化产物显著减少。植物中的多酚氧化酶会将组织中的酚类物质转化为醌及其聚合产物，这不仅会影响水果的外观，还会降低营养含量。经过高压静电场处理后，草莓的多酚氧化酶的活性低于未经处理的。烯烃醛是组织膜脂质过氧化的产物，其含量水平直接反映了组织老化的程度。用高静电场处理过的草莓中的丙二醛含量低于未经处理的。

8. 对冷害的影响

遭受寒冷后，果蔬很容易诱发病害。高压静电场具有抑制果蔬冷害的作用。高压静电场处理可以降低储存在 5℃的植物豆膜的冷害率、腐蚀率、膜的渗透性和脂质过氧化程度。高压静电场处理对储存在 2℃以下的青椒和茄子具有一定的冷害抑制作用。

高压静电保鲜技术代表性研究包括调查高压静电场对保存西红柿、苹果、青椒新鲜度的影响等。

目前，对于果蔬高压静电保鲜技术的研究刚刚起步，对其所产生的物理、化学和生物效应及应用优化仍处于探索阶段。但果蔬高压静电场保鲜技术作为新型的保鲜技术，在科学研究和生产实践上都有着很大的空间和很广阔的发展前景，是当今果蔬保鲜方面的热点技术。随着研究的不断深入，对这门技术的疑点、难点的了解会更加透彻，从而使我们在应用过程中可以更好地调控各种因素，达到果蔬保鲜、贮藏期延长的目的。

10.9 气调保存技术

气调保存技术是一种通过调节环境气体来延长食品储存和保质期的技术。其基本原理是在封闭系统中，通过各种调整方法来调节与正常大气成分不同的气体，以抑制导致食品腐败的物理和化学过程以及微生物活动。气调保存技术的关键是调节气体。在选择调节气体的成分和浓度时，必须考虑两个非常重要的控制条件，即温度和相对湿度。我们不仅必须关注某个条件的影响，还必须特别关注由几个条件组成的环境的总体影响。

果蔬在收获前后会进行一系列生化反应，其中最重要的是呼吸，我们必须抑制它们的有氧呼吸，避免它们的厌氧呼吸。果蔬有氧呼吸的显著特征是碳水化合物（如糖和水果酸）的分解，这些碳水化合物储存在果蔬的组织细胞中，以产生二氧化碳、水蒸气、热量和一些芳香化合物。实践表明，果蔬的呼吸越强，成熟期越早，储存时间就越短。

影响果蔬呼吸强度的主要因素是储存温度和储存环境气体的成分。长期以来，冷藏是常用的果蔬储存方法，其理论依据是，储存温度保持一定范围，果蔬的呼吸强度就弱，但忽略了储存环境气体成分对果蔬呼吸强度的影响。直到 1821 年，生物学家 Berard 才发现缺氧环境可以有效抑制果蔬的呼吸强度。在 20 世纪初，科学家基德和韦斯特研究了影响果蔬呼吸强度的因素，使气调保存成为一门技术。20 世纪 50 年代末，气调保存技术在一些欧洲国家和美国蓬勃发展。气调保存降低了储存温度、氧气含量，增加了二氧化碳含量，达到了抑制果蔬呼吸强度的目的，延缓了果蔬的成熟期，减少了叶绿素的损失，防止了果胶的水解。与冷藏法相比，气调保存可以更好地节省时间（表 10–1），并能保持果蔬的存储品质。

表 10–1　冷藏法和气调保存对各类果蔬贮藏时间的影响

种类	普通冷藏 /d	真空预冷 /d	真空预冷 + 气调保存 /d
菠菜	7～10	40	50
蘑菇	2～3	10	16
草莓	5～7	9	15
子芋		25	32
芹菜	8	40	54
卷心菜	8	39	50

续表

种类	普通冷藏 /d	真空预冷 /d	真空预冷 + 气调保存 /d
荷兰芹菜	4	40	52
黄花菜		27	35
青豌豆	4～7	30	38

10.9.1　气调的原理和分类

1. 原理

气调主要是为了调节空气中的氧气和二氧化碳，因为食品的物理、化学和生物效应会导致食品品质下降。食品的变质会释放二氧化碳，直接抑制许多导致食物变质的微生物。气调的核心是增加空气成分中的二氧化碳浓度，并在适当的低温条件下降低氧气浓度。

2. 分类

气调分为自然降氧、快速除氧、混合除氧、减压降氧。

（1）自然降氧。其特别适合具有良好的气密性，并且储存的果蔬同时进出的仓库。然而，该方法对气体成分的控制并不好（轻微的改进只是在初始存储中添加一点干冰以快速降低二氧化碳的浓度；氧气还原的速度非常缓慢，通常需要 20 天才能减少氧气）。由于高呼吸强度和存储环境温度的影响，初始阶段气调的效果非常差。如果不注意消毒和添加防腐剂，就很难避免微生物对果蔬的损害。储存一段时间后，仓库中的空气需要稀释二氧化碳并补充氧气。储存果蔬过程中产生的乙烯等气体很容易在仓库中积累。

（2）快速降氧。

①机械洗涤气调。洗涤氮气发生器时，气体被送出仓库，并添加助燃剂，以减少氧气，在仓库中产生一定成分的人造气体（2%～3% 的二氧化碳，1%～2% 的氧气），在仓库中冲洗原始气体，直到氧气达到所需含量，多余的二氧化碳可以通过二氧化碳净化器清除。这种方法不需要仓库的高气密性，但运营成本相对较高，因此通常不使用。②循环空气的机械气调。在氧气发生器中的助燃剂的帮助下，罐中的气体被逆转后送到仓库，以创造低氧和高二氧化碳环境（氧气为 1%～3%，二氧化碳为 3%～5%）。这种方法比机械洗涤气调经济，排氧速度很快，仓库不需要高气密性。可以打开仓库门，把食品放在仓库中间，然后快速确定所需的气体成分，所以这种方法被广泛使用。

快速降氧有很多优点：良好的储存效果，对于不耐储存的水果和蔬菜来说更重要；仓库中的乙烯可以及时去除，以延缓果蔬随后的成熟效果；仓库的气密性不高，降低了施工成本。

（3）混合除氧。

①充氮自然除氧。其是一种将氧气的自然还原与快速还原相结合的方法。使用快速氧气还原方法更容易将氧气含量从 21% 降低到 10%，但将氧气含量从 10% 降低到 5% 则花费较高。因此，使用快速氧气还原法将氧气快速减少到 10% 左右，根据果蔬的自动排汗效果进一步降低氧气含量；二氧化碳含量逐渐增加到指定的气体成分范围，然后根据气体成分的变化进行调整和控制。②天然二氧化碳氧还原方法。将果蔬密封在塑料薄膜中后，

填充一定量的二氧化碳，依靠果蔬本身的呼吸，添加硝酸盐和石灰，同时减少氧气。通过这种混合方式，对氮气进行补充，以补偿储存初期高水平氧气的不利条件，因此效果是显而易见的。

氧气的混合消除有很多优点：储存初期的氧气下降速度很快，控制了果蔬的呼吸，因此它优于自然氧还原法；在贮存中期和晚期，果蔬呼吸高于自然还原氧气法。

（4）减压降氧。该法使用氧气还原方法来降低氧气含量，并相应地降低仓库内空气中每种气体成分的压力，也称为低压空气调节制冷法或真空调节制冷法，是气调制冷的后续发展。

由于考虑了冷藏成本，不会经常改变气体含量，因此仓库中的有害气体会慢慢积累，导致果蔬的品质下降。在低压下，空气的相对湿度高，这可以促进气体交换，减少了仓库中的空气，并相应地获得了气调存储的低氧条件；与此同时，降低了果蔬组织中的生物合成和乙烯含量，有利于延缓果蔬成熟。

减压降氧的特点主要如下。①储存时间长：气调保存结合了低温技术和对环境气体成分的调节，延缓了果蔬的成熟和老化，可以大大延长果蔬的储存期。②良好的保护效果：当应用于新鲜的果蔬时，气调保存可以抑制乙烯的形成，防止病害的出现，并通过空气控制使储存的果蔬颜色明亮，果蔬的味道纯正、多汁、松脆。③减少储藏损失，产生良好的社会效益和经济效益。④保质期长：由于长期低氧水平和气调保存的水果二氧化碳高，气调状态释放后，延迟效应仍然存在很长时间。⑤绿色储存：在储存水果和蔬菜的气体含量调节过程中，通过低温、低氧含量、高二氧化碳含量的相互作用，可以基本抑制细菌生长。在储存环境中，气体的成分与空气的成分相似，不会对果蔬产生有害物质。在储存环境使用密封的循环冷却系统来调节温度，使用饮用水增加相对湿度，都不会污染果蔬，完全符合食品卫生的要求。

10.9.2 影响因素

1. 调节气体含量

（1）含氧量。对于新鲜果蔬，低氧浓度有利于延长果蔬的保质期。然而，必须确保根据果蔬调整储藏室中的氧气含量不低于其临界需氧量。对于新鲜的动物食品，适当调整气体的氧气含量，使食品达到最佳的颜色保留效果。对于不含肌红蛋白（或含肌红蛋白但经过热处理）的动物食品，应尽可能降低氧气含量。为了抑制真菌而处理空气，氧气含量必须降低到 1% 以下才有效。

（2）二氧化碳。高浓度的二氧化碳通常对果蔬有以下影响：减少导致果蔬成熟的合成反应（蛋白质和色素的合成）；抑制某些酶（如琥珀酸脱氢酶、细胞色素氧化酶）的活性；减少挥发性物质的产生；干扰有机酸的代谢；减少果胶物质的分解；抑制叶绿素的合成；改变几种糖的比例。过量的二氧化碳会对果蔬产生不利影响。一般来说，用于调节果蔬气体成分的二氧化碳含量应控制在 2%～3%，蔬菜应控制在 2.5%～5.5%。

（3）氧和二氧化碳的配合。由于果蔬的呼吸会改变任何时候形成的氧气和二氧化碳含量的比例。所有类型的果蔬在特定条件下都有氧气浓度的下限和二氧化碳浓度的上限。因此，在气调保存中，选择和控制适当的气体比是控制操作的关键点。

2. 贮藏温度

（1）果蔬气调保存的温度控制。对于果蔬，通过采取气体控制措施，即使温度很高，也可以达到更好的储存效果。然而，不能认为气体控制的存储可以忽略温度控制。黄瓜在温度为 10～13℃的条件下储存 30 d，绿瓜的比率为 95%；在 20℃时，绿瓜的比率仅为 25%，其余为半绿色或完全黄色，没有腐烂的瓜；在 5～7℃时，尽管黄瓜都保持绿色，但 70% 是冷的。在果蔬的气调保存中，所选温度通常比普通空气的冷却温度高 1～3℃。由于这些植物组织在接近 0℃的低温时对二氧化碳敏感，容易受到二氧化碳的损害，这在稍高的温度下是可以避免的。除香蕉、柑橘类水果外，水果的气调保存温度通常在 0～3.5℃，蔬菜的温度必须更高。

（2）新鲜动物类食品气调保存的温度控制。尽管大多数测试报告表明，在高浓度二氧化碳下，温度对新鲜动物类食品的气调（抑制微生物）不会有重大影响，但从安全的角度来看，气调保存温度应尽可能低。温度下限必须不影响这些产品“新鲜状态”的品质。

3. 相对湿度

在气调保存中，较高的相对湿度可以防止果蔬过度缺水，保持果蔬的新鲜和对病害的抵抗力。对于水果，调节气体的相对湿度控制范围通常为 90%～93%；对于蔬菜，调节气体的相对湿度控制范围通常为 90%～95%。然而，由于相对湿度高，则有必要避免冷凝。新鲜动物类食品通常没有特殊的控制要求来调节气体的相对湿度，选定的包装材料必须具有良好的防潮功能，以保持此类食品新鲜的外观。

10.10　热处理保鲜

热处理是在收获后将果蔬放在适当的温度下一段时间，杀死或抑制病原体的活力，减少与生理代谢相关的某些酶的活性，减少收获后果蔬的分解，并延长果蔬的储存期，以实现储存的目的。热处理方法包括热空气、热蒸气、热水浴、远红外和微波处理。

10.10.1　热处理在果蔬保鲜中的优越性

热处理不需要添加任何物质，可以通过物理方法将果蔬在适当的温度维持一定时间。因为杀死了果蔬表面的微生物并抑制特定的酶，所以果蔬具有抗菌防腐特性。这种方法没有使用杀虫剂和杀菌剂，食品中没有化学残留物。

10.10.2　热处理在果蔬保鲜中的研究与应用

1. 热处理对浆果的影响

实验表明，使用 48℃热空气处理 3 h 可以延缓在 20℃贮存条件下草莓的软化速度，并可以产生热激发的蛋白质，但热处理对蛋白质合成的影响不是长期的。研究发现，在 44℃和 46℃下用热水处理 15 min 的草莓在低于 15℃储存 4 d 后，仍可保持其硬度为 90%，分解率低于 5%。在 45℃下对葡萄进行 8 min 的热处理后，果实的分解率显著降低，这抑制了葡萄相对导电性的降低，提高了果肉的硬度和 CAT 活性，并提高了果实的 POD 活性，从而提高了葡萄的储存质量和保质期。

2. 热处理对水果的影响

苹果收获后在38℃的条件下加工4 d，然后在0℃的冷藏中储存一段时间。它的硬度大于对照组的硬度；在17℃的条件下，货架上苹果的软化速度比对照组慢；在38%的条件下加工4 d也有利于保持苹果的颜色、总固体和有机酸，并可以提高储存期间对生理和微生物疾病的抵抗力。

3. 热处理对核果的影响

将桃子在40～45℃的热水中浸泡1 min，然后在室温下储存。热处理可以显著降低桃子储存中水分流失的发生率，可以更好地保持桃子的维生素C含量，但对硬度有影响。将黄桃在50～55℃的热水中浸泡2～3 min可以显著降低分解率和失重率；将枣浸泡在50～55℃的热水中6～8 min，可以显著提高枣的品质，并抑制分解率、软化率和发生率。

4. 热处理对热带水果的影响

在对芒果进行高温短期热处理后在室温下储存，结果表明，高温热处理可以降低芒果的呼吸阻力，使其可溶性固体含量和pH低于对照组，硬度大于对照组。用52℃的热水泡香蕉10 min后，将其储存在25℃以下，12 d内软化和变色并不明显，而未加热的对照香蕉在12 d内变软、变黄。热处理有诱导收获后对香蕉的抗性并延迟成熟的效果。在54℃采摘木瓜并将其浸泡在热水中4 min后，储存期的条件指数明显低于对照组，这延迟了木瓜的硬度下降，改善了木瓜品质，能抵抗炭疽菌感染，延长了储存期。

5. 热处理对蔬菜的影响

以“Xiangyan NO.3青椒”为试验材料，在48℃使用30 min的热空气，然后在18～20℃的正常温度下储存24 d，这可以显著降低青椒的发生率，抑制软化和失重，并延迟可溶性固体和总量，减少酸含量和维生素C含量，可以防止叶绿素含量的减少，并抑制呼吸强度的增加。储存前对黄瓜进行热处理（33.8℃、37.8℃和41℃，1 d），将增加黄瓜的呼吸强度和抑制细胞膜的渗透性来冷却黄瓜。用33～38℃的热水处理西红柿1 h，可以减少冷损伤，减少陈酿后的分解，抑制陈酿后的呼吸强度，保持细胞膜的完整性，缩短陈酿后的时间，保持良好的食物质量。

10.10.3 热处理在果蔬保鲜中的作用机理

果蔬加工和保温的生理机制主要通过降低收获后果蔬的呼吸强度、控制果蔬内源性乙烯的合成以及调节果蔬中各种酶的活性来实现。许多果蔬属于呼吸转化的果实。果蔬进入生理衰老期后，会有呼吸高峰，大量有毒代谢物会积累，因此果蔬疾病的抵抗力会逐渐减弱，组织会分解和腐烂。在对辣椒、鳄梨、西红柿、柿子等果蔬热处理后，果蔬的呼吸强度在一定程度上受到抑制，果蔬的成熟度几乎与乙烯释放的峰值同时出现。在呼吸高峰之前，除收集的伤口外，影响乙烯正常释放的主要因素是温度。当温度高于35℃时，氨基环丙基羧基氧化酶（ACC）在乙烯合成途径中的活性将受到显著抑制。一些研究人员报告说，对乙烯生产的高温抑制主要是由于乙烯形成酶（EFE）的抑制，以防止ACC转化为乙烯。热处理的效果是通过降低果蔬中乙烯的释放水平来大大延缓果蔬成熟过程，这对延长果蔬储存期有积极作用。热处理在许多果蔬酶中起着不同的调节作用。首先，果胶和果胶酶分解酶（PG）的活性水平与水果收获后的软化过程直接相关。经过适当的热处理后，果蔬的 PG 活性非常低，甚至无法观察到。虽然果蔬的 PG 活性在正常温度后恢复了，但其活性水平相当低。热处理可以延迟软化过程，并保持果蔬的硬度。其次，热处理可以提高超氧化物歧化酶（SOD）的活性，降低脂氧合酶（LOX）的活性和丙二醛（MDA）的含量，这表明热处理有助于提高果蔬消除自由基和保持氧气活性的能力；有助于保持果蔬代谢平衡，防止过度的自由基破坏和损坏膜，以保护细胞膜的完整性并保持细胞的正常功能。

1. 热处理和果蔬保存的病理机制

热处理可以减少收获后果蔬的生理疾病，并具有杀菌作用。热带和亚热带果蔬通过冷却容易对寒冷造成生理损伤。热处理可以预防或减少果蔬的冷损伤。这种对冷损伤的抵抗性可能与热激蛋白的合成有关。这种反应发生在柑橘、黄瓜、芒果、柿子等很多水果。果蔬的短期热处理是抑制微生物引起的疾病并防止昆虫侵入的非化学媒介。为了控制霉菌疾病和害虫，有几种热处理形式：①高温抑制或杀死致病菌、卵、幼虫等，减少感染源；②诱导木质素物质的合成，形成机械屏障，防止病原体入侵宿主；③加强宿主的抗真菌物质（抗毒素）抗性类型。

2. 热处理对果蔬的不良影响

热处理不会影响果蔬质量或造成热损伤。测试表明，鳄梨在 40℃的环境温度下储存 6 d 后无法正常软化。热处理水果表面会出现不规则的粉红色色素斑点，如草莓。果蔬的热处理温度有一个阈值。当处理温度低于阈值时，有利于保持果蔬的硬度，但超过这个阈值会降低果蔬的硬度，损害果蔬的质量。热处理会导致果蔬的味道发生变化。热处理会使鳄梨、苹果等的味道受到影响，但它不会影响草莓、西红柿、甜瓜、香蕉的可溶性固体、滴定酸、维生素 C 和其他化学成分。热处理不足容易对果蔬造成损害，还会产生乙醇和其他气味。

10.10.4 热处理在果蔬保鲜中的展望

近年来，人们越来越关注纯净和绿色的天然果蔬。由于许多禁止或有限的化学保存方法，热处理成为保存果蔬的关键研究课题，国内外学者通过热处理在保护果蔬方面取得了良好成果。然而，值得注意的是，由于热处理时间长、效果不足、缺乏商业应用，严重限制了热处理的普遍应用。热处理仍然有很多不良的影响，特别是需要不同热处理条件的果蔬的不同品种和成熟度。不同的热处理方法、不同的温度和时间是热处理未来研究的重点。

现在热处理和其他技术的结合对果蔬的保存进行了广泛的研究。例如，金桃通过热处理和基土酸涂层保持新鲜感，在 0℃的条件下可以保存 2 个月，基本上保持金桃本身的味道和风味，明显抑制水果的呼吸强度，减少电解质过滤率和 PG 活性，减少水分散失，保持水果的高呼吸强度。热处理、气调保存和低温存储的组合已被广泛使用。热处理与其他存储和保存技术的结合将是发展方向。作为一种无污染的果蔬保存方法，热处理备受关注。据报道，水果的呼吸作用在热处理后减弱，这可以延迟水果的呼吸峰的到来，抑制乙烯的产生，以有效控制水果的软化、成熟和分解以及一些生理疾病。将桃子快速预热到约

44℃，桃子的呼吸频率、细胞膜的渗透性、丙二醛的积累和多酚氧化酶的活性都会降低。在某种程度上，热处理还可以保持水果的硬度，降低酸度和分解率，以便在不属于冷链的条件下安全地进行水果（如桃子）的长途商业运输。

思考题

1. 超高压食品贮藏技术的基本原理是什么？与传统保藏技术相比，超高压食品贮藏技术有哪些优势？

2. 生物酶技术在食品保鲜中有哪些应用？其保鲜机制是什么？

3. 气调保藏技术的原理是什么？如何调节气体成分以满足食品保鲜要求？

4. 新型包装材料在食品保藏中有哪些应用？与相比传统包装材料相比，新型包装材料有哪些优势？

参考文献

[1] 车志敏，李彩红，张福，2004. 微生物控制的食品保藏技术 [J]. 肉类工业，（11）：2–5.

[2] 陈青叶，2015. 食品保鲜中冰温技术的使用分析 [J]. 食品安全导刊，（6）：127.

[3] 陈曦，2011. 食用菌的保藏加工方法研究进展 [J]. 绿色科技，（6）：97–100.

[4] 陈忠杰，李存法，王璐，2012. 引起罐藏食品腐败变质的微生物探讨 [J]. 郑州牧业工程高等专科学校学报，32（1）：19–21.

[5] 迟玉杰，2009. 蛋制品加工技术 [M]. 北京：中国轻工业出版社 .

[6] 邓林艳，张婉婷，李放，等，2023. 预制食品保藏技术研究进展 [J]. 农产品加工，（5）：78–81.

[7] 高庆超，常应九，王树林，2018. 冰温贮藏技术在食品保藏中的应用 [J]. 包装与食品机械，36（6）：59–63.

[8] 郭芳，周铭懿，张抒爱，等，2020. 冰温技术结合生物保鲜剂对中国对虾品质的影响 [J]. 食品工业科技，41（15）：274–280.

[9] 洪奇华，王梁燕，孙志明，等，2021. 辐照技术在肉制品加工保鲜中的应用 [J]. 核农学报，35（3）：667–673.

[10] 胡卓炎，染建芬，2020. 食品加工与保藏原理 [M]. 北京：中国农业大学出版社 .

[11] 黄福南，孙梅君，钱英燕，等，2000. 碘盐在食品工业中应用的研究 [J]. 食品与发酵工业，（6）：20–27.

[12] 黄圣明，2005. 对中国食品工业发展的思考 [J]. 中国食物与营养，（5）：9–11.

[13] 纪俊亭，1991. 论高酸性罐藏食品低温杀菌低酸性罐藏食品高温杀菌 [J]. 食品工业科技，（2）：26–30.

[14] 姜竹茂，宋焕禄，马力远，1998. 食品保藏的障碍技术 [J]. 粮油食品科技，（2）：24–27.

[15] 焦晓尘，赵晖，王霞，2021. 食品工业企业诚信管理体系（CMS）评价作用浅析 [J]. 轻工标准与质量，（4）：59–60，63.

[16] 金昌海，2018. 畜产品加工 [M]. 北京：中国轻工业出版社 .

[17] 孔保华，韩建春，2011. 肉品科学与技术 [M]. 2 版 . 北京：中国轻工业出版社 .

[18] 李建芳，周枫，方玲，2010. 食品保藏技术课程的教学改革初探 [J]. 农产品加工（创新版），（2）：75–76.

[19] 李建颖，李明，2005. 腌制技术与实例 [M]. 北京：化学工业出版社 .

[20] 李剑，高向阳，马丽萍，2021. 冰温技术在食品保藏中的应用与研究进展 [J]. 江苏调味副食品，（4）：10–13.

[21] 李志涛，2017. 食品保藏原理与技术教学改革探索 [J]. 农业科技与装备，（9）：91–92.

[22] 凌静，2009. 肉类保藏技术（八） 高压脉冲在食品保藏中的应用 [J]. 肉类研究，（1）：69–73.

[23] 刘达玉，王卫，2014. 食品保藏加工原理与技术 [M]. 北京：科学出版社 .

[24] 刘红英，2012. 水产品加工与贮藏 [M]. 2 版 . 北京：化学工业出版社 .

[25] 刘民安，樊金拴，2007. 枸杞叶罐藏加工中乙醇的护绿效果研究 [J]. 西北农林科技大学学报（自然科学版），（5）：199–202.

[26] 刘岩莲，2017. 食品保藏原理与方法的类型 [J]. 现代食品，（10）：34–36.

[27] 卢晓黎，杨瑞，2014. 食品保藏原理 [M]. 2 版 . 北京：化学工业出版社 .

[28] 陆冰怡，刘宝林，刘志东，等，2021. 食品罐头包装材料研究进展 [J]. 包装与食品机械，39（4）：46–51.

[29] 马汉军，王霞，周光宏，等，2004. 高压和热结合处理对牛肉蛋白质变性和脂肪氧化的影响 [J]. 食品工业科技，25（10）：63–65，68.

[30] 缪气凌，1989. 罐藏食品变质原因及外观变化 [J]. 中国初级卫生保健，（3）：9–10.

[31] 南庆贤，2003. 肉类工业手册 [M]. 北京：中国轻工业出版社 .

[32] 孙艳丽，木泰华，2005. 高压食品加工技术的研究及应用现状 [J]. 中国食物与营养，（7）：32–35.

[33] 汪勋清，哈益明，高美顺，2005. 食品辐照加工技术 [M]. 北京：化学工业出版社 .

[34] 王鸿飞，2014. 果蔬贮运加工学 [M]. 北京：科学出版社 .

[35] 王建华，程力，纪剑，等，2021. 食品工业高质量发展战略研究 [J]. 中国工程科学，23（5）：139–147.

[36] 王乐，闫宇壮，方天驰，等，2021. 新型食品包装材料研究进展 [J]. 食品工业，42（9）：259–263.

[37] 王盼盼，2009. 肉及肉制品保藏技术综述 [J]. 肉类研究，（9）：60–69.

[38] 王淑杰，赵子瑞，李文龙，等，2022. 高压脉冲电场技术在食品加工及保藏中的应用 [J]. 农业工程，12（2）：63–67.

[39] 王维琴，盖玲，王剑平，2005. 高压脉冲电场预处理对甘薯干燥的影响 [J]. 农业机械学报，36（8）：154–156.

[40] 王小明，王维民，吴巨贤，等，2009. 食品罐藏的基本工艺概述 [J]. 广西轻工业，25（9）：10–11.

[41] 肖欢，翟建青，许亚斌，等，2021. γ 射线辐照及保藏温度对米糕保质效果研究 [J]. 农产品加工，（2）：1–3，9.

[42] 邢敏，费鹏，郭鸰，等，2021. 植物源天然产物的抑菌作用、机理及在食品保藏中的应用 [J]. 核农学报，35（8）：1875–1882.

[43] 许平飞，王向未，2016. 罐藏食品多层共挤阻隔包装共挤技术工艺发展情况 [J]. 轻工科技，32（6）：20–21.

[44] 杨洁彬，郭兴华，凌代文，等，1996. 乳酸菌：生物学基础及应用 [M]. 北京：中国轻工业出版社 .

[45] 叶盛权，侯少波，黄甫，2003. 热烫对罐藏龙眼质地的影响 [J]. 食品研究与开发，（5）：101–102.

[46] 叶兴乾，2009，果品蔬菜加工工艺学 [M]. 3 版 . 北京：中国农业出版社 .

[47] 曾名湧，刘尊英，2023. 食品保藏原理与技术 [M]. 3 版 . 北京：化学工业出版社 .

[48] 曾庆孝，2015. 食品加工与保藏原理 [M]. 3 版 . 北京：化学工业出版社 .

[49] 张刚，2006. 乳酸细菌基础、技术和应用 [M]. 北京：化学工业出版社 .

[50] 张憨，李春丽，2011. 生鲜食品新型加工及保藏技术 [M]. 北京：中国纺织出版社 .

[51] 张浩彦，陈爱强，刘斌，2021. 冰温贮藏技术在食品贮藏中的应用现状与展望 [J]. 冷藏技术，44（1）：52–55.

[52] 张洁，2007. 长三角区域食品工业发展及影响因素研究 [D]. 无锡：江南大学 .

[53] 赵贵兴，陈霞，2004. 水果贮藏保鲜技术 [J]. 北方园艺，（1）：69–71.

[54] 赵含宇，祁明辉，易锬，等，2020. 木薯膳食纤维可食性包装膜制备与性能研究 [J]. 包装工程，41（11）：112–118.

[55] 赵媛，黄浩河，苏红霞，等，2021. 食品包装用抗氧化材料的研究进展 [J]. 湖南包装，36（2）：22–25.

[56] 周翠英，张洪路，2010. 清水马蹄罐头的制作 [J]. 农村 · 农业 · 农民（B 版），288（3）：46.

[57] 周洁，吴萌萌，张安东，等，2020. 石韦辐照保藏技术及抑菌活性评价研究 [J]. 时珍国医国药，31（6）：1454–1457.

[58] 周鹏，刘石林，2022. 基于虫蜡水分散体增强可食性膜表面疏水性的研究 [J]. 食品科技，47（6）：63–71.

[59]A. M. Massadeh，A. A. Al–Massaedh，2018.Determination of heavy metals in canned fruits and vegetables sold in Jordan market[J].Environmental science and pollution research，25（2）：1914–1920.

[60]C. C. Chung，H. H. Chen，C. H. Ting，2016.Fuzzy logic for accurate control of heating temperature and duration in canned food sterilisation[J].Engineering in Agriculture，Environment and Food，9（2）：187–194.

[61]H.W.Yeom，Q.H.Zhang，C.P.Dunne，1999.Inactivetion of papain by pulsed electric fields in a continuous system[J].Food Chemistry，67（1）：53–59.

[62]J. Y. Zheng，L. Tian，S. Bayen，2023.Chemical contaminants in canned food and can–packaged food：a review[J].Critical Reviews in Food Science and Nutrition，63（16）：2687–2718.

[63]M. Farid，A. G. A Ghani，2004.A new computational technique for the estimation of sterilization time in canned food[J].Chemical Engineering and Processing：Process Intensification，43（4）：523–531.

[64]R. Simpson，D. Jiménez，S. Almonacid，et al.，2020.Assessment and outlook of variable retort temperature profiles for the thermal processing of packaged foods：Plant productivity，product quality，and energy consumption[J].Journal of Food Engineering，275：109839.

[65]U. Schillinger，R. Geisen，W. H. Holzapfel，1996.Potential of antagonistic microorganisms and bacteriocins for the biological preservation of foods[J].Trends in Food

Science&Technology，7（5）：158–164.

[66]V. P. Singh，2018.Recent approaches in food bio–preservation–a review[J].Open Veterinary Journal，8（1）：104–111.

[67]W. X. Tsao，B. H. Chen，T. H. Kao，2022.Effect of sterilization conditions on the formation of furan and its derivatives in canned foods with different substrates[J].Journal of Food and Drug Analysis，30（4）：614–629.

[68]Z.Xue，J.Hao，W.Yu，et al.，2017.Effects of processing and storage preservation technologies on nutritional quality and biological activities of edible fungi：a review[J].Journal of Food Process Engineering，40（3）：12437.

[69]Y. Ebrahimi，S. J. Peighambardoust，S. H. Peighambardoust，et al.，2019. Development of antibacterial carboxymethyl cellulose–based nanobiocomposite films containing various metallic nanoparticles for food packaging applications[J].Journal of Food Science，84（9）：2537–2548.